CATALOGUE OFFICIEL

TOME II

CATALOGUE GÉNÉRAL

OFFICIEL

TOME SECOND

GROUPE II.

ÉDUCATION ET ENSEIGNEMENT.

MATÉRIEL ET PROCÉDÉS DES ARTS LIBÉRAUX.

CLASSES 6 à 16.

LILLE

IMPRIMERIE L. DANEL

M DCCC LXXXIX

CLASSIFICATION GÉNÉRALE

TOME QUATRIÈME.

GROUPE IV. — **Tissus, vêtements et accessoires.**

TOME CINQUIÈME.

GROUPE V. — **Industries extractives. Produits bruts et ouvrés.**

TOME SIXIÈME.

GROUPE VI. — **Outillage et procédés des industries mécaniques. — Électricité.**

(¹) La classe 49 est cataloguée avec le Groupe VIII (agriculture, viticulture et pisciculture) et le Groupe IX (horticulture) formant le VIII⁰ volume.

GROUPE II.

ÉDUCATION ET ENSEIGNEMENT. MATÉRIEL ET PROCÉDÉS DES ARTS LIBÉRAUX.

CLASSE 6.

Éducation de l'enfant. Enseignement primaire. Enseignement des adultes.

FRANCE.

1. **ANGOT (Léon-C.-D.),** à Châtillon-sur-Seine (Côte-d'Or). — Causeries pédagogiques. (PALAIS.)

2. **ARMENGAUD Aîné,** à Paris, rue Saint-Sébastien, 45. — Ouvrages et tableaux technologiques. (PALAIS.)

   Tableaux d'enseignement et de décoration scolaire adoptés par le ministère de l'Instruction publique et par la Ville de Paris. Agriculture. — Le froment, les plantes agricoles, les boissons, le bétail et ses produits, les engrais, les industries agricoles.

   Physique appliquée. — Industries chimiques. — Mines et métallurgie. — Industries du bâtiment. — Industries du vêtement. — Histoire naturelle. — Anthropologie. — Cosmographie. — Les Beaux-Arts. (Ensemble 140 tableaux).

   Modèles en relief. — Appareils pour l'enseignement de la géométrie élémentaire et de la géométrie descriptive.

3. **Asile Lambrechts,** à Courbevoie (Seine), rue de Colombes, 46. — Travaux exécutés par les élèves. (PALAIS.)

4. **Association Philotechnique,** Président : **de Lapommeraye.** — Bulletins et documents de l'association. Devoirs et travaux d'élèves. Documents divers. (PALAIS.)

   59° année d'existence. — Reconnue d'utilité publique par décret du 30 juin 1869. Médaille de mérite, à Vienne 1873. Médaille d'or, à l'Exposition universelle de Paris 1878. Médaille d'or, à l'Exposition d'Amsterdam 1883.

5. **Association Philotechnique de Boulogne-sur-Seine,** à Boulogne-sur-Seine (Seine), rue de Billancourt, 31. — Travaux d'élèves. (PALAIS.)

6. **Association Philotechnique de Saint-Denis,** (Président : **Le Roy des Barres),** à Saint-Denis (Seine). — Travaux d'élèves. (PALAIS.)

7. **Association Polytechnique,** (Président : **de Lapommeraye),** à Paris, rue de l'École-de-Médecine, 15. — Annuaires de l'Association. Travaux d'élèves. Documents divers. (PALAIS.)

8. ASSIER (Alexandre), à Courbevoie (Seine), rue de Colombes, 38. — Manuel du premier âge, tenue des livres avec boîte monétaire auxiliaire à la méthode.
(PALAIS.)

9. AUDRY (Clovis), à Paris, avenue du Maine, 11. — Méthode d'écriture cursive en 25 leçons.
(PALAIS.)

10. BARILLOT (L.-Henri), à Paris, rue Brochant, 19. — Ouvrages classiques d'enseignement commercial, technique, spécial et primaire supérieur. (PALAIS.)

11. BELIN (Vve Eugène) & Fils, à Paris, rue de Vaugirard, 52. — Livres, atlas, cartes et tableaux pour l'enseignement primaire.
(PALAIS.)

12. BORDIER, à Paris, rue du Vieux-Colombier, 21. Loge : Les Amis de la Patrie. — Travaux d'élèves.
(PALAIS.)

13. BOURGEOIS, à Clairvaux (Jura). — Herbier.
(PALAIS.)

14. BRICON (E.-P.-Joseph), Successeur de **Sarlit**, à Paris, rue de Tournon, 19. — Ouvrages classiques et tableaux moraux.
(PALAIS.)

15. BUREAU, directeur d'école libre, rue Pixérécourt, 80. — Travaux scolaires.
(PALAIS.)

16. CADET, à Chaville. — Dictionnaire de législation usuelle.
(PALAIS.)

17. CARREY-BESANÇON, à Cannes (Alpes-Maritimes), quai Saint-Pierre, 3. — Manuscrit sur les études grammaticales.
(PALAIS.)

18. CASSAGNE, à Paris, rue de Constantinople, 8. — Tableau d'enseignement commercial et administratif.
(PALAIS.)

19. Cercle Parisien de la Ligue française de l'Enseignement, à Paris, rue Jean-Jacques-Rousseau, 14. — Publications pour la propagande de l'instruction, documents divers.
(PALAIS.)

20. CHAMBON, à Bois-Colombes (Seine), rue Pasteur, 4. — Appareils pour l'étude de la géographie et des sciences, jeux et jouets scientifiques. (PALAIS.)

21. CHEVÉ (Amand), à Paris, rue Vivienne, 36. — Méthodes d'enseignement musical vocales et instrumentales Galin, Paris, Chevé. Tableaux et travaux d'élèves.
(PALAIS.)

22. COLIN, à Paris, rue de Mézières, 5. — Livres, tableaux. Cartes scolaires.
(PALAIS.)

23. Comité d'enseignement libre laïque (Exposition Collective du), — Secrétaire : **Silvestre**, à Paris, rue de Jarente, 8. — Méthodes d'enseignement ; travaux d'élèves.
(PALAIS.)

Anigo (Mme), à Saint-Denis (Seine), place aux Gueldres, 8.

Autier, à Paris, rue Thérèse, 6.

Avril (Mme), à Paris, passage des Petites-Écuries, 16.

Baechelin, à Paris, rue de la Comète, 7.

Barberousse (Mme Louise), à Paris, rue Boucher, 10.

Bellemanière, à Versailles (Seine-et-Oise), avenue de Sceaux, 1.

Brosse, à Levallois-Perret (Seine), rue Chevallier, 82.

Binet, à Paris, rue Daubenton, 7.

Boudaille, à Paris, rue de Ménilmontant, 36.

Brémant, à Fontenay-sous-Bois (Seine) rue du Parc, 3.

Brouillon (Mlle), à Fécamp (Seine-Inférieure).

Bureau, à Paris, rue de Pixérécourt, 80.

Carette (Mme), à Paris, rue de la Villette, 19.

Carrière (Mlle), à Paris, rue Jean-Lantier, 17.

Chabaud, à Paris, rue Servandoni, 2.

Chabert (Mme).

Cheron et Marois (Mlles), à Orléans (Loiret), rue Stanislas-Julien, 38.

Cochès, à Paris, rue Séguin, 22.

Cochoey (Mlle), à Paris, rue de Belleville, 160.

D'Aures (Mme), à Paris, rue Ramey, 37.

Delguey (Mlle), à Paris, rue Ménilmontant, 50.

DELOM (Mlle), à Paris, rue Saint-Honoré, 209.

DESCHAMPS (Mme), à Paris, rue du Regard, 9.

DIOT, à Paris, rue Debelleyme, 28.

DURGET, à Paris, rue de Charonne, 125.

DUPLESSIER, à Poissy (Seine-et-Oise).

FABREGUETTE (Mme), à Pantin (Seine), rue Auger, 9.

FARTIER (Mlle), à Paris, rue Ronsard, 23 bis.

FAUCONNET (Mme), à Fontenay-sous-Bois (Seine).

FÉLIX (Mme), à Paris, rue des Panoyaux.

FÉRET, à Paris, rue Ordener, 15.

FEVRET (Mme), à Paris, rue du Val-de-Grâce, 11.

FONTAINE, à Paris, rue de Vaugirard, 287.

FRANCHOT, à Choisy-le-Roi (Seine).

FRÉNOY, à Paris, rue des Rosiers, 14.

GARNIER, à Thiais (Seine).

GAUDET (Vve), à Saint-Mandé, avenue Victor Hugo, 8.

GAUDIN (Mme), à Levallois-Perret (Seine), rue du Marché, 14.

GIRARD, à Paris, rue du Faubourg-du-Temple, 54.

GODEFROY, à Paris, rue d'Aboukir, 56.

GOMET, à Maisons-Alfort (Seine), parc Saint-George.

GRAZIANI-DESOUCHES, à Malakoff (Seine), rue de la Tour, 35.

GUÉRIN-NICOLOT, à Paris, rue Saint-Martin, 163.

GUERRIER, à Paris, rue Simart, 5.

GUESPIN (Mme), à Paris, rue Jeanne-Hachette, 11.

GUIRANDON-MASSART (Mme), à Épinay (Seine), rue de Paris, 74.

HANLEY, à Choisy-le-Roi (Seine).

HARDOUIN (Mme), à Paris, villa Poissonnière, 16.

HÉNON, à Neuilly-sur-Seine (Seine), rue Poissonnière, 16.

JEAN, à Pierrefitte (Seine), rue de Paris, 10.

JEANNEY, à Paris, rue Hélène, 26.

JEANNIN, à Bois-Colombes (Seine).

LAPLESSELLE, à Paris, rue Labat, 51.

LEROUX, à Paris, rue Vivienne, 6.

LEVASSEUR (Maison), à Paris, rue de Vaugirard, 333.

MADANNE (DE), à Paris, passage d'Athènes, 16.

MANNOURY, à Paris, rue du Faubourg-Saint-Martin, 142.

MÉNY (Mlle Cl.), à Saint-Lambert, près Chevreuse (Seine-et-Oise).

MERVOYER, à Paris, rue de la Grande-Truanderie, 34.

MONNAIX, à Paris, avenue des Gobelins, 17.

MONTAGNE, à Thorigny, près Lagny, rue de la Claye, 51.

MORTAROUX, à Palaiseau (Seine-e[t]-Oise), rue de Paris, 133.

MULLER, à Pantin, rue du Pré-Saint-Gervais, 5.

NOELLET Fils, à Paris, rue Saint-Ambroise, 17.

PAILLARD (Mlle Louise), à Paris, rue Debelleyme, 14.

PÉCLAIR, à Paris, rue de Vaugirard, 32.

PELLENQ, à Paris, avenue de l'Observatoire, 23.

PÉNACHE et DEGROND, à Montmorency (Seine-et-Oise).

PETIT, à Asnières.

PICARD (Ch.), à Neuilly-Plaisance (Seine-et-Oise).

PROU, à Montlhéry.

QUEVRAIS, à Paris, rue Charonne, 118.

RAUBER, à Paris, rue du Corbeau, 34.

REGAUD (Mme), à Malakoff (Seine), rue Turgie, 5.

RINGY, à Paris, rue Davy, 41.

ROLLE (Mlle), à Paris, rue des Amandiers, 42.

RONDANEZ, à Paris, rue Saint-Jacques, 212.

ROUZÉ, à Paris, rue de l'Ermitage, 5.

SILVESTRE, à Paris, rue de Jarente, 8.

SUSERRE (Mlle), à Paris, rue Lesage, 15.

TISSIER (Mme), à Montreuil-sous-Bois.

VENANTE (Mme), à Fontenay-sous-Bois, rue d'Alayrac.

VERDIER, à Paris, cour de Rohan, 3 bis.

---

24. COPPE, à Bourg (Ain), rue Alphonse-Baudin, 9. — Plans d'écoles. **(PALAIS.)**

25. COULET, à Montpellier, rue Durand, 11. — Méthode d'enseignement. Planimétrie. **(PALAIS.)**

26. DANHAUSER, à Paris, rue de Maubeuge, 31. — Tableaux et ouvrages de musique. **(PALAIS.)**

27. DARCHEZ, à Lille (Nord), rue Solférino, 20. — Méthode de dessin. Tableaux muraux, Albums. **(PALAIS.)**

28. DARROUZET, à Bordeaux (Gironde), rue de Belfort, 43. — Ardoise factice en tôle émaillée. **(PALAIS.)**

29. DELACROIX (J.-L.-Modeste), à Versailles (Seine-et-Oise), rue de Noailles, 2. — Les racines et la signification des mots français, dictées raisonnées, exercices sur l'étude des mots, promenades à travers les mots et les choses. **(PALAIS.)**

30. DELAGRAVE (Ch.), à Paris, rue Soufflot, 15. — Livres et matériel scolaires. **(PALAIS.)**

Mobilier, matériel. Publications d'enseignement primaire à l'usage des écoles maternelles, enfantines, primaires, supérieures, professionnelles, commerciales, industrielles, normales primaires, normales primaires supérieures, pédagogie, journaux et revues.

31. DELALAIN Frères, à Paris, rue des Écoles, 56. — Ouvrages classiques d'enseignement primaire. **(PALAIS.)**

32. DELAPLANE, à Paris, rue Monsieur-le-Prince, 48. — Livres classiques et travaux ruraux. **(PALAIS.)**

33. DESNOYERS (Paul-F.-F.), à Paris, rue de Rivoli, 120. — Tableau de calligraphie. **(PALAIS.)**

34. DUMAS, à Queyssac (Dordogne). — Numérateur applicable au système métrique. **(PALAIS.)**

35. DUPLOYÉ (Émile), à Paris, rue Saint-Jacques, 174. — Méthode de sténographie. Journaux, volumes, cartes géographiques imprimés en sténographie. **(PALAIS.)**

Diplôme de mérite, à Vienne 1873. Seule médaille d'or, à Paris 1878.

36. DUPONT (Eugène), à Lorient (Morbihan), rue de la Comédie, 55. — Table d'école, cartonnier en acajou, missel en ivoire. **(PALAIS.)**

37. DUVAL, à Paris, rue des Tournelles, 64. — Microscopes. **(PALAIS.)**

38. École des Sourds-Muets, (Directeur : **Magnat**), à Rueil (Seine-et-Oise), boulevard des Ormes, 19. — Travaux d'élèves. **(PALAIS.)**

39. École des Sourds et Muets, à Villeurbanne, près Lyon (Rhône). Directeur : **M. Hugentobler**. — Plan général, travaux du directeur et des élèves. Documents divers. **(PALAIS.)**

40. École Municipale de Tissage, à Lyon, place Belfort, 2. — Travaux exécutés par les élèves. Tableaux tissés en soie. **(PALAIS.)**

41. École régionale des Arts et Métiers de Clermont-Ferrand, à Clermont-Ferrand. — Travaux d'élèves. **(PALAIS.)**

42. FÉRET (Alfred), à Paris, rue Étienne-Marcel, 16. — Tables hygiéniques. **(PALAIS.)**

Table Féret hygiénique à élévation facultative. Scolaire, Famille, Table Bureau, même système augmenté d'un pupitre à inclinaison mobile. Administrations, études, comptabilité. Membre du Jury, à Barcelone 1888, président du Jury à l'Exp. de sauvetage et d'hygiène en 1888.

43. FLAMENT (E.), à Douai (Nord), rue des Écoles, 7. — Album de calligraphie, méthode d'écriture. **(PALAIS.)**

44. FLAMENT-DUHAUT (Édouard), à Douai (Nord), rue des Huit-Prêtres. — Projet de méthode d'écriture, album de calligraphie. **(PALAIS.)**

45. FONTAINE de RESBECQ (de), à Paris, passage Stanislas, 3. — Ouvrages relatifs à l'enseignement primaire. **(PALAIS.)**

46. FOURAUT, à Paris, rue Saint-André-des-Arts, 47. — Livres classiques. **(PALAIS.)**

47. FRÉTÉ & Cie, à Paris, boulevard Sébastopol, 12. — Agrès et appareils de gymnastique pour les écoles primaires. **(PALAIS.)**

48. GARCET (P.) & NISIUS, à Paris, rue du Quatre-Septembre, 31. — Tables-bancs, bureaux, bibliothèques, tableaux ardoisés, etc. **(PALAIS.)**

  Mobilier général et matériel classique des lycées, collèges et écoles diverses. Tables hygiéniques spéciales pour appartements. Appareils contre la myopie.

49. GASCARD, Laboratoire Saint-Louis, à Boisguillaume, près Rouen. — Tableau relatif à l'enseignement des sciences. **(PALAIS.)**

50. GATILLON (Vve), à Paris, rue Elzévir, 3. — Méthode d'écriture. **(PALAIS.)**

51. GAULTIER (Jules-L.-S.), à Paris, quai des Grands-Augustins, 55. — Cartes géographiques murales. **(PALAIS.)**

52 GAUTTAR, fils (Gabriel-L.-A.), à Paris, rue des Vinaigriers, 31. — Instruments pour l'enseignement du dessin et des mathématiques. **(PALAIS.)**

53. GEDALGE Jeune (E.-J.), à Paris, rue des Saints-Pères, 75. — Enseignement primaire et primaire supérieur ; enseignement manuel, cartes, tableaux, solides géométriques et modèles en relief pour le dessin. **(PALAIS.)**

54. GEORGE (Léopold-A.-M.), à Paris, boulevard Beaumarchais, 109. — Cours de descriptive. Épures de coupe des pierres autographiées et dessinées pour les élèves de 1882 à 1889. **(PALAIS.)**

  Ces cours sont professés à la société civile d'instruction du bâtiment, 12, rue Monge, par M. George (Léopold), architecte, membre de la Société centrale des architectes.

55. GENESTE HERSCHER & Cie, à Paris, rue du Chemin-Vert, 42. — Système de chauffage et de ventilation dans les écoles primaires. **(PALAIS.)**

  Album de dessins et installations de chauffage et de ventilation de types divers ; dispositions hygiéniques de cabinets d'aisances et conduites d'évacuation.

  Voir appareils en nature Pavillon spécial à l'Esplanade des Invalides (classe hygiène). Voir aussi classe 6, école gratuite de travail manuel instituée à Creil (Oise) par MM. Geneste, Herscher et Sonusso. Travaux des élèves, programmes des cours, matériel et mobilier pour écoles manuelles.

56. GILBERT-CLAREY, à Tours (Indre-et-Loire), rue de Jérusalem, 6. — Bons points historiques. **(PALAIS.)**

57. GIRARD, à Mondoubleau (Loir-et-Cher). — Méthode d'enseignement de l'agriculture. **(PALAIS.)**

58. GODCHAUX, à Paris, rue de la Douane, 10. — Livres classiques et cahiers. **(PALAIS.)**

59. GRESSIER (L.-Edmond), à Paris, rue de Lyon, 3. — Appareil démonstratif du système métrique, modèles pour l'établissement des formules de la sommation des piles de boulets. **(PALAIS.)**

60. GROULT, à Paris, rue Sainte-Apolline, 12. — Plan de l'internat manufacturier de l'usine Groult, travaux d'élèves. **(PALAIS.)**

61. GUÉRIN, à Paris, boulevard Voltaire, 175. — Exercices inversables, pupitres et bancs. **(PALAIS.)**

62. GUÉRIN (Gustave) & Cie, à Paris, rue des Boulangers, 22. — Cartes et atlas géographiques, livres classiques. **(PALAIS.)**

  Éditeurs des cahiers-atlas et des cahiers muets de géographie, par G. Pauly et R. Haussermann, format in-4 raisin. Méthode nouvelle de géographie et de cartographie, adoptée par le ministère de l'Instruction publique, par la ville de Paris et par un nombre considérable d'établissements libres.

  Méthode d'écriture par Massicault, compas scolaire, pochette des écoles supérieures, sous-main de la Ville de Paris, papeterie scolaire, plumes Guérin, plumes des écoles municipales supérieures, plumes Massicault, solfèges, dictionnaires, livres de chants, bons points, recueils de dictées, livres d'histoire, cartes Sagansan, cartes et atlas géographiques de G. Pauly.

63. HACHETTE, à Paris, boulevard Saint-Germain, 77. — Ouvrages classiques, matériel scolaire.
(PALAIS.)

64. HENRIET, à Paris, rue de Chabrol, 28. — Dessin linéaire, ornements, dessin d'imitation.
(PALAIS.)

65. HIÉLARD, à Paris, rue Laffitte, 7.— Ouvrages de musique.
(PALAIS.)

66. HOEL, à Paris, rue des Archives, 18. — Baromètres scolaires.
(PALAIS.)

67. JEANJEAN, à Dijon, rue Jacotot, 1. — Travaux de comptabilité.
(PALAIS.)

68. JOLLY, à Paris, passage Barrault, 12. — Exposition micrographique.
(PALAIS.)

69. JOURDE (Pierre-L.), au Perreux (Seine). — Carte géographique en relief.
(PALAIS.)

70. LANÉE, à Paris, rue de la Paix, 8. — Cartes géographiques, tableaux du système métrique.
(PALAIS.)

Agent direct pour la vente de la carte d'État-Major, grand choix de cartes françaises, étrangères, atlas, plans et guide pour le voyage en toutes langues.

71. LAROUSSE & Cie, à Paris, rue du Montparnasse, 19.—Ouvrages classiques.
(PALAIS.)

72. LAVIGNAC, à Paris, rue du Rocher, 58. — Solfège.
(PALAIS.)

73. LEBRUN, à Paris, rue de Rennes, 151 bis. — Encyclopédie de l'enfance, Cours général des connaissances utiles.
(PALAIS.)

74. LEFÈVRE (G.) & CABIN Fils, à Paris, boulevard de Sébastopol, 74.— Dessins et albums de marque, broderie, tapisserie, crochet, tricot, guipure, tulle avec et sans méthode pour les ouvrages à l'aiguille.
(PALAIS.)

75. Légion d'Honneur (Maisons d'éducation de la), Secrétaire-Général de la grande chancellerie : **le Général Rousseau**, à Paris. — Travaux des élèves, devoirs, dessins, travaux à l'aiguille.
(PALAIS.)

76. Ligue de l'Enseignement du canton de Clères, (Président : **Chevallier**), Monville (Seine-Inférieure). — Travaux d'élèves.
(PALAIS.)

77. LINDEN (G.-Adrien), à Paris, boulevard Saint-Germain, 15. — Images, albums, livres propres à la vulgarisation des connaissances élémentaires.
(PALAIS.)

78. LOUVET (Dominique), à Clichy (Seine), rue de Paris, 90. — Tableaux d'instruction sur la natation destinés aux enfants dans les écoles, livres et dessins sur la natation.
(PALAIS.)

79. LOUBENS (Didier), à Paris, rue de l'Écluse, 3.—Plans comparatifs de diverses villes de France. Tableau synoptique de la langue française.
(PALAIS.)

80. LUTZ (Édouard), à Paris, boulevard Saint-Germain, 65. — Instruments d'optique à l'usage des sciences, appareils de projection, prismes, lentilles, microscopes.
(PALAIS.)

81. MALIZARD, à Étampes. — Instruments destinés à l'enseignement des aveugles.
(PALAIS.)

82. MARTANE (Mlle) à Paris, rue Godefroy-Cavaignac. — Balance, Jeux mathématiques. Dictionnaire mathématique.
(PALAIS.)

83. MASSELIN, à Paris, avenue Henri Martin, 94. — Ouvrages juridiques destinés à l'enseignement des adultes.
(PALAIS.)

84. MAURICE (G.), à Paris, rue du Cherche-Midi, 4 bis. — Livres scolaires, livres de prix, cahiers, tableaux, matériel scolaire.
(PALAIS.)

85. MERCADIER (Auguste), à Paris, rue de Rivoli, 70. — Cours de chant.
(PALAIS.)

86. MÉRICANT, à Toulouse (Haute-Garonne), rue d'Alsace-Lorraine, 40. — Alphabet des aveugles à l'usage des voyants. Méthode d'écriture pour les aveugles qui ont déjà vu. **(PALAIS.)**

87. METTEY, directeur d'École communale, à Versailles, (Seine-et-Oise) rue Saint-Simon, 11. — Coupe géologique, notice sur l'école et sur les cours d'adultes. Cahier unique de correspondance. **(PALAIS.)**

88. MINISTÈRE DE L'INSTRUCTION PUBLIQUE ET DES BEAUX-ARTS (Exposition collective des Services du):

DIRECTION DE L'ENSEIGNEMENT PRIMAIRE.

M. Buisson, Directeur.

Direction de l'Enseignement primaire. — Musée pédagogique. — Inspection primaire. — Mémoires et documents sur l'histoire de l'instruction primaire. — Grandes écoles. — Travaux de maîtres et d'élèves. — Exposants individuels. — Collectivités.

DIRECTION DE L'ENSEIGNEMENT PRIMAIRE.

Documents relatifs à l'enseignement primaire. — Statistique. — Rapport d'inspection générale. — Programmes édictés après avis du Conseil supérieur.

Commission de statistique. — États de situation.

Commission de l'imagerie scolaire. — Rapports, catalogues, spécimens de gravures et images pour bons-points.

Commission de la Revue pédagogique. — Collection de la Revue.

Commission des bibliothèques scolaires. — Bibliothèque scolaire type. — Armoire type. — Catalogues, spécimens de livres et installation.

Commission des bibliothèques pédagogiques. — Bibliothèque type d'école normale. — Bibliothèque pédagogique type. — Catalogues et spécimens de livres.

Comité des architectes. — Spécimens d'établissements d'enseignement primaire : écoles normales, écoles primaires supérieures, écoles primaires élémentaires, écoles maternelles.

Maison d'école à une classe, construite conformément aux programmes et règlements administratifs, par M. MARCEL-LAMBERT, architecte du gouvernement, membre du Comité.

MUSÉE PÉDAGOGIQUE.

Mémoires et documents scolaires. — Catalogues et documents relatifs au musée. — Bibliothèque circulante. — Bulletins départementaux et rapports des inspecteurs d'académie. — Bibliothèques de candidats au professorat des écoles normales et à l'inspection. — Manuels d'enseignement primaire. — Deux des tables du laboratoire de physique. — Deux des tables du laboratoire de chimie. — Collection de pomologie, tableaux d'histoire naturelle. — Collection de cartes sur montants. — Photographies des salles du musée. — Cartons et plans indiquant les manipulations faites au musée. — Tableau-catalogue pour chaque genre de collections. — Instructions ministérielles.

INSPECTION DE L'ENSEIGNEMENT PRIMAIRE.

Inspecteurs d'académie et inspecteurs primaires.

Ain. — HABERT (J.), inspecteur d'académie à Bourg. — Rapports sur la situation de l'enseignement primaire dans le département.

Aisne. — ZELLER (Jean), ancien inspecteur d'académie à Laon, recteur de l'académie de Chambéry. — Rapports sur la situation de l'enseignement primaire dans le département.

MOTTON (Louis-Augustin), inspecteur primaire à Saint-Quentin. — Rapports d'inspection, instructions, conférences.

Allier. — ROBERT (Fernand-Louis-Jean), inspecteur d'académie à Moulins, actuellement à Angers. — Recueil d'instructions aux instituteurs.

Basses-Alpes. — MOURAIRE (Jacques), inspecteur primaire à Digne, — Notes d'inspection, conférences pédagogiques.

THÉBAULT (François), inspecteur primaire à Barcelonnette. — Notes d'inspection.

Hautes-Alpes. — MEYER, inspecteur d'académie à Gap. — Rapports, bulletins départementaux et documents divers.

MOLIMARD, inspecteur primaire à Serres. — Procès-verbaux de conférences.

Ardèche. — BELOT (Armand), inspecteur primaire à Aubenas. — Notes d'inspection.

Ardennes. — GUYON (Charles), inspecteur d'académie à Mézières. — Bulletins départementaux, rapports, circulaires.

Ariège. — MERLIN (Pierre), inspecteur primaire à Tarascon. — Mémoires, collection d'anciens livres scolaires.

Aube. — QUEYRIAUX, inspecteur primaire à Bar-sur-Aube. — Notes sur l'inspection.

DONZY (Louis-Constant-Hippolyte), inspecteur primaire à Bar-sur-Seine. — Mémoire sur l'inspection.

Aude. — ATHANÉ, inspecteur d'académie à Carcassonne. — Discours de distribution de prix.

CASTEL (Jean-Baptiste), inspecteur primaire à Carcassonne. — Conférences aux instituteurs.

DOIS (Louis), inspecteur primaire à Narbonne. — Notes d'inspection.

Bouches-du-Rhône. — CAZES (Emilien), inspecteur d'académie à Marseille. — Bulletins départementaux : Bouches-du-Rhône, 1 vol. ; Aube, 2 vol. Circulaires.

MOTHE (Casimir), inspecteur primaire à Marseille. — Mémoire sur l'inspection.

ROLET (Jean), inspecteur primaire à Arles-sur-le-Rhône. — Mémoires, rapports, circulaires.

Calvados. — CHEVREL, inspecteur d'académie à Caen. — Rapports.

LEMOINE (Alcide), inspecteur primaire à Lisieux. — Notes sur l'inspection.

MARIEU (Auguste), inspecteur primaire à Falaise. — Notes sur l'inspection.

Cher. — FRÉBAULT (François-Henri), inspecteur d'académie à Bourges. — Rapports et circulaires.

CROISSANT (Alphonse-Auguste), inspecteur primaire à Saint-Amand. — Rapport.

Corse. — BOULANGER (Théophile), inspecteur primaire à Calvi. — Note sur l'inspection.

JACQUIER (Paul-Eugène), inspecteur primaire à Corte. — Note sur l'inspection.

Côte-d'Or. — DESCHAMPS, inspecteur d'académie à Dijon. — Rapports, statistique.

ANNOT, inspecteur primaire à Châtillon-sur-Seine. — Conférences aux instituteurs.

Creuse. — MATHIEU, inspecteur primaire à Aubusson. — Rapports d'inspection.

Dordogne. — CHAUSSADE (Jean), inspecteur primaire à Périgueux (1ᵉ circonscription). — Procès-verbaux de conférences.

RESIERRE (Sicaire), inspecteur primaire à Périgueux (2ᵉ circonscription). — Notes d'inspection.

THOMAS (Eugène), inspecteur primaire à Ribérac. — Notes d'inspection.

Doubs et territoire de Belfort. — BAILLANT, inspecteur d'académie à Besançon. — Rapports, bulletins départementaux, circulaires.

FLAMAND (Charles-Jacques-Emmanuel), inspecteur d'académie, directeur de l'enseignement primaire pour le territoire de Belfort. — Rapports, circulaires.

Drôme. — CÉSAC (Jules), inspecteur primaire à Valence. — Notes d'inspection.

Eure. — BOURNOIS (Ferdinand-Allyre), inspecteur primaire à Evreux. — Note sur l'inspection.

Eure-et-Loir. — DARZAT, inspecteur d'académie à Chartres. — Circulaires et instructions.

MAUGER (Adrien-Jérôme), inspecteur primaire à Dreux. — Notes d'inspection.

SEREAU (Auguste-Louis), inspecteur primaire à Chartres. — Notes d'inspection.

VENOT, inspecteur primaire à Châteaudun. — Notes d'inspection.

Finistère. — ARLUISON (Auguste), inspecteur primaire à Landerneau. — Documents divers.

BOUCHEROS, inspecteur primaire à Brest. — Procès-verbaux de conférences pédagogiques.

NONUS (Sylvain-Alfred), inspecteur primaire à Brest. — Notes sur l'inspection.

Haute-Garonne. — MONTANÉ, inspecteur primaire à Toulouse. — Procès-verbaux de conférences pédagogiques.

Gers. — BÉCHET, inspecteur primaire à Auch. — Rapport.

BONHOURE, ancien inspecteur primaire du département. — Étude sur Frœbel et Pestalozzi.

GIROU, inspecteur primaire à Mirande. — Rapport, congrès des instituteurs et institutrices du Gers, procès-verbaux de conférences pédagogiques.

POTTRINEAU, ancien inspecteur d'académie à Auch. — Circulaires.

THELIEZ, inspecteur d'académie à Auch. — Circulaires.

TREFFEL, inspecteur primaire à Lectoure. — Rapport.

Gironde. — ROUMESTAN (Eugène-Marius), inspecteur d'académie à Bordeaux. — Rapports.

LASSAGNE (Armand), inspecteur primaire à Libourne. — Notes d'inspection.

ROTGÈS (Ernest), inspecteur primaire à Bazas. — Monographies scolaires.

Hérault. — BONHOURE (Jacques-Frédéric), inspecteur primaire à Montpellier. — Notes d'inspection.

MOURGUES (Auguste-Némorin), inspecteur primaire à Lodève. — Notes d'inspection.

SALES (Joseph-Pierre-Adolphe), inspecteur primaire à Montpellier. — Notes d'inspection.

Ille-et-Vilaine. — PAÏSANT, inspecteur d'académie à Rennes. — Instructions.

Indre. — GUILLET, inspecteur d'académie à Châteauroux. — Conférences pédagogiques.

Indre-et-Loire. — JAVARY (Léon-Pierre-Joseph), inspecteur primaire, à Tours. — Monographie scolaire de la ville de Tours.

Isère. — STOUFF, inspecteur d'académie à Grenoble. — Bulletins, circulaires, documents divers.

CAIRE, inspecteur primaire à La Mure. — Notes d'inspection.

CLERC, inspecteur primaire à Grenoble. — Tableau de l'emploi du temps.

Jura. — GEORGE, inspecteur d'académie à Lons-le-Saunier. — Circulaires.

BROCHARD, inspecteur primaire à Dôle. — Conseils à un instituteur.

Landes. — BOUCHARD, inspecteur primaire à Mont-de-Marsan. — Programmes d'études.

Loir-et-Cher. — DORMOY (Joseph), inspecteur d'académie à Blois. — Circulaires, rapports, conférences.

SAINDENIS, inspecteur primaire à Blois (Sud). — Notes d'inspection.

JUBEREAU, inspecteur primaire à Romorantin. — Notes d'inspection.

Loire. — BAREILLES (Bernard), inspecteur primaire à Montbrison. — Rapports, conférences, notes d'inspection.

Haute-Loire — CARRASSE (Etienne), inspecteur d'académie au Puy. — Bulletins départementaux, rapports, instructions.

Loire-Inférieure. — BENOIST (Gustave), inspecteur d'académie à Nantes. — Étude sur l'instruction et l'éducation dans la province de Constantine. Bulletins départementaux.

HALLBERGER (Emmanuel-Albert), inspecteur primaire à Nantes. — Mémoire sur l'inspection.

Loiret. — DEBAIZE, inspecteur d'académie à Orléans. — Rapports.

AMIOT, inspecteur primaire à Montargis. — Rapports.

Lozère. — PELLISSON (M.), inspecteur d'académie à Mende. — Rapports, conférences.

DELIGNON (Alix-Charles-Hubert). — Mémoires et documents divers.

Maine-et-Loire. — MARTIN (Alexandre), inspecteur d'académie à Angers. — Documents sur l'inspection.

FERRIÈRE (Philippe-Justin), inspecteur primaire à Segré. — Mémoire sur l'inspection.

REMOT (Victor), inspecteur primaire à Baugé. — Notes sur l'inspection.

TRABUT (Jules), inspecteur primaire à Cholet. — Mémoire sur l'inspection.

Manche. — MARIE-CARDINE (Wilfrid), inspecteur d'académie à Saint-Lô. — Rapports, bulletins, instructions et circulaires.

LECLER (Emile-Achille), inspecteur primaire à Coutances. — Mémoires et notes d'inspection.

Marne. — CORNET (Simon-Frédéric), inspecteur d'académie à Châlons. — Bulletins départementaux.

DEBRICON (Nicolas-Gustave), inspecteur primaire à Vitry-le-François. — Notes sur l'inspection.

HUE (Alfred-Palmyre), inspecteur primaire à Reims. — Mémoire sur l'inspection.

SÉGUIN (Félix), inspecteur primaire à Sézanne. — Mémoire sur l'inspection.

Mayenne. — DITANDY (Auguste), inspecteur d'académie à Laval. — Rapports, bulletins départementaux.

FÉRARD, inspecteur primaire à Laval. — Note sur l'inspection.

Meurthe-et-Moselle. — MELLIER, inspecteur d'académie à Nancy. — Monographie des communes du département.

Meuse. — LANGROGNET (François), inspecteur d'académie à Bar-le-Duc. — Rapports, monographie des communes du département.

RENAUD (Jean), inspecteur primaire à Commercy. — Notes et directions.

Morbihan. — POITRINEAU, inspecteur d'académie à Vannes. — Rapport, circulaires.

ARNOUX, inspecteur primaire à Ploermel. — Rapport.

Nièvre. — VALOTTE, inspecteur d'académie à Nevers. — Rapports et statistique.

CHEVILLOT, inspecteur primaire à Château-Chinon. — Rapports et note sur l'inspection.

CORNUT (Henri), inspecteur primaire à Clamecy. — Rapports et note sur l'inspection.

FÈVRE (Amable), inspecteur primaire à Nevers. — Rapports et note sur l'inspection.

JOLY (Eugène), inspecteur primaire à Cosne. — Rapports et notes sur l'inspection.

Nord. — ROYON (Hubert-Adolphe), inspecteur primaire à Cambrai. — Notes sur l'inspection.

DECAUX (Arsène), inspecteur primaire à Hazebrouck. — Carnet d'inspection.

LAMBERT (Alphonse), inspecteur primaire au Quesnoy. — Mémoire sur l'inspection.

TOUSSAINT (Evode-Joseph), inspecteur primaire à Lille. — Rapport sur l'inspection.

Oise. — PIZARD (Alexandre-Alfred), inspecteur d'académie à Beauvais. — Emploi du temps et programme mensuels.

MAUROY, inspecteur primaire à Beauvais. — Conférences pédagogiques.

Pas-de-Calais. — Groupe des inspecteurs primaires. — Bulletins d'inspection.

Puy-de-Dôme. — HERNAULT (Léopold), inspecteur d'académie à Clermont. — Organisation des écoles.

AUBRUN (Philippe), inspecteur primaire à Riom. — Notes d'inspection.

SANVOISIN (Henri), inspecteur primaire à Issoire. — Procès-verbaux de conférences pédagogiques.

Basses-Pyrénées. — FAURÉ (Fernand-Ernest), inspecteur d'académie à Pau. — Circulaires, instructions et rapports.

DESTRIBATS (Jean-Baptiste), inspecteur primaire à Pau. — Mémoire sur l'inspection.

URRUTY, inspecteur primaire à Mauléon. — Conférences sur l'enseignement du français dans les pays basques.

Pyrénées-Orientales. — GRANDOULAN (Prosper), inspecteur d'académie à Perpignan, actuellement à Foix. — Rapports, circulaires, discours.

Rhône. — GAUTIER, inspecteur d'académie à Lyon. — Rapports.

COURCIER, inspecteur d'académie à Lyon. — Rapports.

BAUDRY (Adolphe), inspecteur primaire à Villefranche. — Mémoire sur l'inspection.

RAGOT (Henri), inspecteur à Lyon. — Mémoire sur l'inspection.

Haute-Saône. — LEMONNIER, inspecteur d'académie à Vesoul. — Diagrammes sur la fréquentation scolaire dans la Haute-Saône.

Saône-et-Loire. — DUBLOT (Edme-Victor-Achille), inspecteur primaire à Montceau-les-Mines. — Mémoire, notes pédagogiques.

SELLIER (Alexandre-Théophile), inspecteur primaire à Charolles. — Notes sur l'inspection.

Haute-Savoie. — RINOUX (C.), inspecteur d'académie à Annecy. — Recueil de rapports annuels.

Seine-Inférieure. — MARTIN (Aristide), inspecteur primaire à Rouen. — Documents divers, promenades scolaires.

PINOUX (Louis-Joseph), inspecteur primaire à Saint-Valery-en-Caux. — Notes d'inspection.

Seine-et-Marne. — PESTELARD, inspecteur d'académie à Melun. — Circulaires, rapports, documents divers.

Seine-et-Oise. — COUTURIER, inspecteur d'académie à Versailles. — Circulaires et documents scolaires.

MARTIN, inspecteur primaire, à Versailles. — Mémoires sur l'inspection.

NEZONDET (Alfred), inspecteur primaire à Corbeil. — Un volume : certificats d'études.

Deux-Sèvres. — CAUSERET (Charles), inspecteur d'académie à Niort. — Instructions aux instituteurs.

Somme. — GUIOUX, inspecteur d'académie à Amiens. — Procès-verbaux de conférences pédagogiques faites à Amiens (ville). — Bulletin départemental.

Tarn. — ROGER, inspecteur d'académie à Albi. — Circulaires.

Tarn-et-Garonne. — MONRAYSSÉ, inspecteur primaire à Montauban. — Notes d'inspection.

Var. — ARNOUX (Jules-Joseph), inspecteur d'académie à Draguignan. — Notes et rapports d'inspection.

BOURELY (L.). — Historique de l'enseignement primaire dans l'arrondissement de Toulon.

Vaucluse. — REY, inspecteur d'académie à Avignon. — Rapports.

Haute-Vienne. — GARNAN (G.), inspecteur d'académie à Limoges. — Rapports, conférences et circulaires.

Vosges. — HOUSSON, inspecteur primaire à Remiremont. — Notes d'inspection.

PANSOT, inspecteur primaire à Mirecourt. — Mémoire sur l'inspection.

Yonne. — PARMENIN, inspecteur d'académie à Auxerre. — Notes et circulaires.

GAUTHEROT, inspecteur primaire à Tonnerre. — Mémoire sur l'inspection.

Constantine. — PORCHER (Philibert-Étienne), inspecteur primaire à Bône. — Notes d'inspection.

MÉMOIRES ET DOCUMENTS SUR L'HISTOIRE DE L'INSTRUCTION PRIMAIRE.

Mémoires et documents sur l'histoire de l'instruction primaire dans les villes suivantes, qui comptent plus de 50,000 habitants :

Alger, Amiens, Angers, Besançon, Bordeaux, Brest, Calais, Grenoble, Le Havre, Le Mans, Lille, Limoges, Lyon, Marseille, Montpellier, Nancy, Nantes, Nice, Nîmes, Orléans, Paris, Reims, Rennes, Roubaix, Rouen, Saint-Étienne, Toulouse, Tourcoing, Tours.

GRANDES ÉCOLES.

ÉCOLES NATIONALES PROFESSIONNELLES. — I. ARMENTIÈRES (Nord). — Forge et ajustage. — Travaux de menuiserie. — Travaux de modelage, dessins, cartonnage, tissage.

II. VOIRON (Isère). — Résumé des cours. — Collection de devoirs. — Cahiers d'honneur — Comptes-rendus de visites d'usines. — Dessins.

École primaire annexe. — Cahiers mensuels, cahiers, journaux, travaux manuels.

École maternelle annexe. — Travaux manuels.

III. VIERZON (Cher). — École supérieure. — Travaux de fer et de bois : un tour, un guéridon, une table Henri II, un bahut Henri II ; — cahiers de cours et dessins ; — céramique.

Écoles primaire et maternelle. — Travaux divers.

ÉCOLE NORMALE SUPÉRIEURE D'ENSEIGNEMENT PRIMAIRE DE SAINT-CLOUD. — Travail manuel, modelage, préparations (sciences physiques et naturelles), cahiers d'élèves-maîtres, travaux de professeurs.

MAISONS D'ÉDUCATION DE LA LÉGION D'HONNEUR DE SAINT-CLOUD, ÉCOUEN, LES LOGES.

TRAVAUX DE MAITRES ET D'ÉLÈVES.

Lettres. — Sciences. — Histoire. — Géographie. — Chant. — Dessin. — Travail manuel. — Travaux divers : mémoires, méthodes, etc.

On distingue par le sigle *A* les écoles normales d'instituteurs des écoles normales d'institutrices, auxquelles est affecté le sigle *B* — On distingue par le sigle *G* les écoles primaires supérieures et les écoles primaires élémentaires de garçons des écoles primaires supérieures et des écoles primaires élémentaires de filles, auxquelles est affecté le sigle *F*.

Ain.

École primaire supérieure. — Châtillon-sur-Chalaronne (G). Travaux.

Écoles primaires élémentaires. — Belley (G). Cahier des trois cours. — Bourg (F). École du faubourg Saint-Nicolas. — Collections de cahiers. — Charix (G). Cahiers de compositions mensuelles. — Druillat (G). Six collections de cahiers d'un élève; — (F). Cahier d'élève. — Mornay (G). Trois collections de cahiers. — Pérouges (G). Cahiers. — Talissieux (G). Treize cahiers du cours supérieur. — Thoissey (G). Cahiers d'élèves.

École maternelle. — Miribel. Tricot, tissage, travaux d'enfants.

Aisne.

École normale. — Laon (A). Recueil de conférences pratiques de pédagogie; cahiers d'élèves, dessins, travaux manuels.

Écoles primaires supérieures. — La Capelle (G). Travaux manuels. — Vervins. Travaux manuels ; Cahiers de devoirs.

Cours complémentaires d'écoles primaires élémentaires. — Flavy-le-Martel. Cahiers d'élèves. — Guise. Travaux manuels.

Écoles primaires élémentaires. — Alaincourt (G). Cahiers d'élèves. — Chauny (G). Cahiers mensuels. — Chigny (G). Travaux manuels. — Dampleux (mixte). Cahiers d'élèves. — Essommes (G). Cahiers d'élèves. — Jeantes (F). Cahiers d'élèves. — Œuilly (G). Plan en relief, monographie. — Soissons (G). Cahiers d'élèves. — Vervins (École congréganiste de filles). Cahiers d'élèves. — Wattigny (F). Cahiers d'élèves.

Allier.

École primaire supérieure. — Gannat (G).

École professionnelle. — Montluçon. École Salicis. Travaux manuels.

Écoles primaires élémentaires. — Bellenaves (G). Travaux. — Bezenet (F). Cahiers d'élèves. — Chappes (G). Herbier scolaire en cinq albums. — Montluçon (G), rue Voltaire, 26. Travaux divers. — Moulins (F), rue de Lyon, 53. Travaux divers. — Saint-Étienne-de-Vicq (G). Travaux divers. — Saint-Priest-en-Murat (G). Travaux divers. — Vichy (G). Travaux divers.

Basses-Alpes.

École normale. — Digne (B). Plans et dessins.

Hautes-Alpes.

École normale. — Gap (B). Plan en relief, travaux de couture.

Écoles primaires élémentaires. — La Bessée (G). Herbier fait par l'instituteur. — Monêtier-de-Briançon (F). Herbier. — Val-des-Prés (F). Herbier fait par l'institutrice.

Alpes-Maritimes.

École normale. — Nice (A). Travaux manuels.

Écoles primaires élémentaires. — Nice (G), école Saint-François-de-Paule, rue de l'Escarène, 7. Cahiers ; — (F), quartier Gairant (G). Cahiers. — Villefranche (G.). Cahiers mensuels.

Ardèche.

Écoles primaires supérieures. — Annonay (G). Deux albums de dessin géométrique, dessins d'ornement. — Aubenas (G). Travaux manuels.

École primaire élémentaire. — Aubenas (F). Travaux de couture.

École maternelle. — Privas. Fleurs, tissage, découpage, pliage.

Ardennes.

Écoles normales. — Charleville (A) Monographie ; — (B). Monographie, album de dessins.
École primaire supérieure. — Charleville (G). Monographie de l'école, promenades scolaires, cahiers, dessins ; album de couture.
Écoles primaires élémentaires. — Bay (G). Travaux. — Braux (G). Travaux. — Charleville (G), rue du Petit-Bois. Cahiers. — Châtillon-sur-Bar (G). Cahiers. — Chevenges (G). Travaux. — Deville (G). Travaux. — Dom-le-Mesnil (G). Cahiers et cartes. — Douzy (G). Travaux. — Glaire et Villette (G). Travaux. — Grandpré (G). Travaux. — Gravères (G). Travaux. — Gué d'Hossus (G). Travaux. — Hauviné (F). Travaux. — Jonval (G). Travaux. — Neufmanil (G). Travaux. — Novion-Porcien (G). Travaux. — Nouzon (F). Cahiers de géographie. — Osnes (G). Travaux. — Poix (G). Travaux. — Rimogne (G). Travaux. — Renwez (G). Travaux. — Rethel (G et F). Travaux. — Rumigny (F). Cahiers d'élèves. — Séry (G). Cahiers. — Signy l'Abbaye (G). Travaux. — Sedan (G), rue des Voyards. Travaux. — Sommauthe (G). Cahiers. — Sorendal (G). Travaux. — Sormonne (G). Travaux. — Vouziers (G). Travaux. — Vrigne-aux-Bois (G). Travaux.

Aube.

Écoles normales. — Troyes (A). Monographie de l'école, travaux d'élèves ; — (B). Album de devoirs.
École primaire supérieure. — Bar-sur-Seine (G). Cahiers d'élèves, travaux manuels.
Écoles primaires élémentaires. — Bar-sur-Aube (G). Travaux. — Chervey (G). Travaux. — Essoyes (G). Cahiers de devoirs. — Landreville (G). Cahiers. — Les Bordes, école mixte et classe enfantine. Cahiers. — Loches (G). Cahiers mensuels. — Ricey-Haut (G). Travaux d'élèves. — Villacerf (G). Mémoire sur l'agriculture. — Villemereuil, école mixte. Cahiers d'élèves.
École maternelle. — Romilly-sur-Seine. Travaux d'élèves.

Aude.

École primaire élémentaire. — Montferrand (G). Cahiers.

Aveyron.

École normale. — Rodez (A). Travaux manuels, monographie de l'école.
Écoles primaires élémentaires. — Camoires (F). Cahiers. — Rodez, école Monteil (G). Cahiers mensuels.

Territoire de Belfort.

École normale. — Belfort (A). Notices sur l'enseignement des sciences physiques et naturelles, cahiers mensuels, collection de devoirs, travaux manuels.
Écoles primaires supérieures. — Belfort (F). Cahiers d'élèves. — Giromagny (G). Travaux manuels.
Écoles primaires élémentaires. — Beaucourt (G). Cahiers mensuels. — Belfort (G). Travaux d'élèves, mémoires, cahiers ; — (F). Cahiers d'élèves. — Danjoutin (G). Travaux. — Frais, école mixte. Cahiers.

Bouches-du-Rhône.

Écoles normales. — Aix (A). Monographie de l'école, notice sur l'école annexe, travaux de maîtres et d'élèves ; — (B). Cahiers d'élèves, collections d'histoire naturelle, travaux de l'école annexe.
Cours complémentaire d'école primaire élémentaire. — Arles. Cahiers.
Écoles primaires élémentaires. — Marseille (G). Cahiers ; — rue Belzunce. Catéchisme agricole ; — rue Ste-Cécile. Mémoire. — La Capelette (G). Mémoires. — Montredon (F). Couture. — Tarascon (G). Cahiers mensuels.
Écoles maternelles. — Arles (Roquette). Travaux, deux albums. — Marseille (Les Moulins). Cahiers.

Calvados

École normale. — Caen (A). Monographie, exercices de mathématiques.
École primaire supérieure. — Trouville-sur-Mer (G). Travaux divers.
Écoles primaires élémentaires. — Bayeux (F). Travaux divers. — Dozulé (G). Travaux divers. — Livarot (G). Travaux pédagogiques, cahiers.

Charente.

Écoles normales. — Angoulême (A). Travaux d'élèves, notices sur les méthodes d'enseignement suivies dans l'établissement, historique de l'école ; — (B). Notice, travaux d'élèves, recueil de devoirs de sciences physiques et naturelles. — Ruelle-sur-Touvre (Plans d'école normale d'institutrices et d'un groupe scolaire à).
Cours complémentaire d'école primaire élémentaire. — Cognac-Ville. Travaux divers.

Charente-Inférieure.

Écoles primaires élémentaires. — Ciré-d'Aunis (G). Cahiers d'élèves. — La Rochelle, école Valin. Poupées et album. — Rochefort (G). Cahiers. — Saint-Genis (G). Cahiers d'élèves.

Cher.

École normale. — Bourges (A). Compositions d'élèves-maîtres.
Écoles primaires supérieures. — Bourges (G). Travaux divers ; — (F). Travaux d'élèves ; conférences pédagogiques.
Écoles primaires élémentaires. — Bannay (G). — Boulleret (G). — Bourges (F) ; rue de la Halle, 7 ; groupe Saint-Bonnet ; rue Saint-Michel, école d'Auron. Travaux. — Brinon-sur-Sauldre (G). Travaux — Boé (G). Travaux. — Châteauneuf-sur-Cher (F). Travaux.— Couy (G). Travaux. — Dun-sur-Auron (G). Cahiers. — Henrichemont (G). Travaux. — Herry (G). Travaux. — Jussy-le-Chaudrier (G). Travaux. — La Chapelle-d'Angillon (F). Travaux. — Lugny-Champagne (G). Travaux. — Mehun-sur-Yèvre (G). Cahiers. — Ménétréol-sous-Sancerre (G). Travaux. — Menetou-Râtel (G). Travaux. — Neuvy-sur-Baranjon. Travaux. — Santranges (G). Travaux. — Saint-Amand (G). Cahiers ; — (F). Cahiers d'élèves. — Savigny-en-Sancerre (G). Travaux. — Sens-Beaujeu (G). Travaux. — Nevry-en-Vaux. Travaux. — Thaumiers (G). Cahiers. — Vailly-sur-Sauldre (G). Travaux. — Vaugues (G). Travaux. — Vierzon-Village (G). Cahiers. — Yvoy-le-Pré (G). Travaux.

Corrèze.

École normale — Tulle (A). Travaux manuels.
Écoles primaires élémentaires. — Argentat (G). Musée scolaire. — Beaulieu (G). Cahiers. — Chartrier-Ferrière (G). Travaux. — Larche (F). Travaux.

Côte-d'Or.

École normale. — Dijon (A). Travaux manuels, dessins, cahiers d'élèves de l'école annexe ; — (B). Album de couture, dessins, cartes.
École primaire supérieure. — Dijon (G). Travaux d'élèves.
Écoles primaires élémentaires — Dijon, Darcy (G et F). Cahiers ; — école du Nord (G). Travaux ; — hôtel-de-Ville (G). Travaux ; — école Tivoli (G). Travaux. — Fontaine-Française (G). Travaux. — Grosbois-les-Tichey (G). Travaux. — Is-sur-Tille (G). Travaux. — Marandeuil, école mixte. Travaux. — Rouvres-en-Plaine (F). Travaux.
École maternelle. — Dijon. Travaux.

Corse.

École primaire élémentaire. — Vico (G). Cahiers.

Côtes-du-Nord.

Écoles primaires élémentaires. — Morieux, école mixte. Cahiers mensuels. — Pléven (F). Travaux. — Saint-Brieuc (G). Cahiers.

Creuse.

École normale. — Guéret (A). Travaux manuels.
École primaire supérieure. — La Souterraine (G). Travaux manuels.
École primaire élémentaire. — Moréil (G). Travaux sur l'agriculture.

Dordogne.

École normale. — Périgueux (A). Cahiers d'élèves, travaux manuels.
Cours complémentaire de l'école de Saint-Martin, à Périgueux. Travaux manuels.
Écoles primaires élémentaires. — Bergerac-Ville (G et F). Cahiers. — Brantôme (G). Cahiers. — Daglan (G). Cahiers. — Excideuil (F). Cahiers.

Doubs.

École normale. — Montbéliard (A). Travaux manuels.
Cours supérieur. — Besançon (F). Album de dessin.
Écoles primaires élémentaires. — Amancey (G). Cahiers. — Bavans (G). Mémoire. — Besançon (G). Cahiers, travaux manuels. — Bental (G). Herbier. — Boujailles (G). Herbier, mémoire. — Bourguignon (G). Cahiers. — Chapelle-d'Huin (G). Herbier. — Clerval (G). Tableaux, maladie de la vigne, agriculture. — Cussans (G). Herbier, catalogue de la flore. — Montandon (G). Travaux. — Montbéliard (G). Cahiers. — Noirefontaine (G). Cahiers. — Pelousey (G). — Pontes, école mixte. Monographie.
École maternelle. — Besançon. Travaux.

Eure.

École normale. — Évreux (A). Rapports et direction pédagogique, compositions françaises faites par les élèves, devoirs d'histoire et de géographie.
École primaire supérieure. — Louviers (A). Travaux manuels.
Écoles primaires élémentaires. — Audé, école mixte. Cahiers. — Folleville (G). Cahiers. — Saint-Cyr-du-Vaudreuil, école mixte. Cahiers. — Fontainville (G). Travaux manuels. — Verneuil (G). Cahiers. — Vernon (G). Travaux.
École maternelle. — Verneuil. Travaux manuels.

Eure-et-Loir.

École normale. — Chartres (A). Travaux manuels.
Écoles primaires supérieures. — Bonneval (G). Travaux manuels. — Nogent-le-Rotrou (G). Travaux manuels.
Cours complémentaire d'école primaire élémentaire. — Courville. Travaux manuels.
Écoles primaires élémentaires. — Béthomont (G). Cahiers. — Chandon (G). Cahiers. — Chérisy (F). Cahiers mensuels. — Civry (F). Cahiers. — Digny (G). Cahiers. — La Framboisière (G). Cahiers. — Meancé, école mixte. Cahiers. — Saint-Arnould-des-Bois (G). Cahiers.

Finistere.

Écoles normales. — Quimper (A). Travaux divers. — (B). Appareils exécutés par les élèves de troisième année pour l'enseignement des sciences ; travaux de couture.
École primaire supérieure. — Douarnenez (G). Cahiers.
Écoles primaires élémentaires. — Cleder (G). — Bourg-Dirinon (G). — Kerfeuntenn (G). Travaux. — Plobanalec (F). Poupée bretonne. — Plougastel-Daoulas (G). Travaux. — Ploumiour-Trez. Travaux. — Pouldergat (G). Monographie de la commune de Kerfeuntenn, travaux divers. — Quemeneven (G). Mémoire sur l'agriculture. — Quimper, école Saint-Mathieu. Travaux. — Saint-Égarec-en-Kerlouan (G). Travaux. — Saint-Pierre-en-Moëlan (G). Travaux.

Gard.

École normale. — Nîmes (B). Cahiers, collections d'histoire naturelle ; travaux à l'aiguille, cahiers de l'école annexe ; vues de l'école.
Écoles primaires élémentaires. — Bagnols (G). Cahiers. — Pont-Saint-Esprit (G). Cahiers.
École maternelle. — Nîmes, rue Becdelièvre. Travaux mensuels.

Haute-Garonne.

École normale. — Toulouse (A). Travaux manuels.

École primaire supérieure. — Toulouse (G). Monographie d'école. Dessins, cahiers, tableaux pour les travaux du fer, travaux manuels, fer et bois.

Cours complémentaire d'école primaire élémentaire. — Toulouse (F). Couture.

Écoles primaires élémentaires. — Cazarilh-Laspènes (G). Insectes. — Toulouse (G), école de la rue Saint-Michel. Cahiers, dessins ; — école Saint-Sylve (G). Documents d'histoire locale ; — école de filles de la Patte-d'Oie ; — école Saint-Aubin. Couture ; — (F). Herbier.

École maternelle. — Toulouse. Travaux divers.

Gers.

École normale. — Auch (A). Monographie de l'école, cahiers de notes journalières.

Écoles primaires élémentaires. — Castelnau-Barbarens (G). Travaux. — Montestruc (G). Cahiers. — Saint-Lary (G). Cahiers.

Gironde.

École normale. — La Sauve (A). Travaux manuels.

École primaire supérieure. — Bordeaux (F). Travaux d'élèves.

Écoles primaires élémentaires. — Bordeaux, école de garçons de la rue du Mulet. Cahiers d'élèves, dessins. — Saint-André-de-Cubzac (G). Cahiers d'un élève, 1882-1888 ; collection des travaux de 1887 à 1888. — Montferrand (G). Tableau synoptique pour l'enseignement de la lecture et de l'écriture. — Saint-Macaire (G). Cahiers mensuels des élèves des trois cours.

Écoles maternelles. — Bordeaux, rue de Nansouty. Mémoires et travaux des élèves ; — rue du Paty. Travaux d'élèves.

Hérault.

École normale. — Montpellier (A). Notice et plan de l'école, dessins ; carte murale ; cahiers de devoirs et de notes.

Écoles primaires supérieures. — Béziers. Travaux manuels, plâtres, historique de l'école. — Cette (G), école Paul Bert. Travaux manuels. — Montpellier (G). Travaux manuels.

Écoles primaires élémentaires. — Béziers. École Jeanne-d'Arc (F). Ouvrages et leçons de sciences naturelles et musée pédagogique. — Cette, école Arago. Cahiers, albums, plâtres ; — école de la Renaissance (F). Cahiers. — Mèze (G). Travaux. — Montpellier (G). Travaux manuels. — Palavas (F). Cahiers mensuels.

École maternelle. — Montpellier. Travaux manuels.

Ille-et-Vilaine.

École normale. — Rennes (A). Travaux d'élèves.

Écoles primaires élémentaires. — Rennes, école du boulevard Laennec (G). Comptes-rendus rédigés par les élèves des promenades scolaires faites en 1887-1888 ; — école de la Halle-aux-Toiles. Compositions. — Saint-Malo, école de filles de Rocabey. Cahiers d'élèves des cours moyen et supérieur, cahiers mensuels et journaliers.

Indre.

École normale. — Châteauroux (A). Travail manuel.

Écoles primaires élémentaires. — Bléré (G). Travaux. — Issoudun (G). Dessins, croquis, cahiers journaliers. — Neuvy-Saint-Sépulcre (G). Travaux. — Saint-Georges-sur-Arnon (G). Travaux. — Vœuil (G). Cahiers mensuels, dessins.

École maternelle. — Le Blanc. Travaux manuels, dessins, collage, découpage et piquage.

Indre-et-Loire.

École normale. — Loches (A). Travaux manuels.

École primaire supérieure. — Amboise (G). Modelage, travail du fer et du bois.

Écoles primaires élémentaires. — Cussay (G). Cahiers journaliers, de 1883 à 1888. — Loches (G). Cahiers d'élèves. — Tours, école du Musée. Cahiers mensuels et divers ; — école Marlon. Cahiers. — Villedomer (G). Monographie de Villedomer, travaux pédagogiques, carte hypsométrique d'Indre-et-Loire.

École maternelle. — Loches. Travaux manuels.

Isère.

École normale. — Grenoble (A). Travaux manuels.

École primaire supérieure. — Grenoble, école Vaucanson, Album de dessins.

Écoles primaires élémentaires. — Grand-Lemp (G). Cahiers journaliers et mensuels. — Grenoble, rue Cornély (G). Système de comptabilité, livre de comptabilité, registres ; — cercle d'instituteurs, 2 volumes, 1887 et 1888. — Péage-de-Roussillon (G). Cahiers journaliers et mensuels. — Pont-de-Beauvoisin (G). Cahiers d'élèves. — Saint-Marcellin (G). Histoire de Saint-Marcellin. — Trept (G). Cartes et dessins d'un aveugle-né.

Jura.

Écoles primaires élémentaires. — Chilly-le-Vignoble (G). Cahiers journaliers d'un élève, de 1883 à 1888. — Lons-le-Saulnier (F). Cahiers journaliers et mensuels ; — école de filles de l'avenue Gambetta, Cahiers journaliers. — Morbier (F). Cahiers d'une élève, de 1982 à 1888. — Sainte-Agnès (G). Travaux. — Saint-Julien-sur-le-Suran (G). Herbier cantonal. — Villeneuve-sous-Puymont, école mixte. Cahiers d'élèves, de 1882 à 1888.

École maternelle. — Lons-le-Saulnier, rue Saint-Lazare. Cahiers de dessins, travaux.

Loir-et-Cher.

École normale. — Blois (A). Album de dessins, monographie, documents divers, travaux d'histoire naturelle, collection minéralogique du département, travail du bois, moulage.

École primaire supérieure. — Onzain (G). Tableau d'agriculture, travail du bois, cahiers d'élèves.

Écoles primaires élémentaires. — Blois (G). Tableau graphique, modelage, cahiers mensuels. — Cellettes (G). Promenades scolaires, herbier, mémoire pédagogique. — Cour-Cheverny (G). Cours élémentaire de lecture et d'écriture. — Lanthenay (G). Cahiers mensuels d'un élève, de 1884 à 1888. — Lisle, école mixte. Travaux manuels. — Maves (G). Carte de France, mémoires et méthode. — Mondoubleau (G). Cahiers mensuels et journaliers de trois élèves. — Montrichard. Travaux manuels. — Ouzouer-le-Marché (G). Cahiers mensuels, travaux manuels. — Romorantin, école de garçons de l'Hôtel-de-Ville. Cahiers mensuels. — Saint-Aignan (G). Travaux manuels. — Souday (F). Cahiers mensuels. — Villebarou (G). Cahiers mensuels et journaliers.

Loire.

École primaire supérieure. — Saint-Étienne (F). Cahiers d'élèves.

École professionnelle. — Saint-Chamond. Travaux manuels.

Écoles primaires élémentaires. — Saint-Étienne, école de filles, rue de Roanne. Travaux.

École maternelle. — Saint-Étienne, école de la Richelandière. Découpage, album, dessins, travaux.

Haute-Loire.

École normale. — Le Puy (A). Cahiers d'élèves de l'école annexe.

Écoles primaires élémentaires. — Le Puy (F). Travaux de couture ; — école de filles de la rue Raphaël. Travaux de couture.

Loire-Inférieure.

École normale. — Nantes (B). Notice sur le régime intérieur ; notices sur les méthodes et les procédés d'enseignement.

Écoles primaires élémentaires. — Châteaubriant (G). Cahiers mensuels. — La Chapelle-Saint-Sauveur (G). — Nantes. Écoles de filles de la rue Petit-Pierre, de la place

Saint-André, du quai du Marais, de la chaussée Madeleine, de la rue du Bocage, de la rue Sarrasin : trois manuscrits, comptes-rendus des promenades scolaires ; — de la place des Garennes, couture, album, cahiers d'élèves. — Port-Saint-Père (G). Travaux.

Écoles maternelles. — Nantes. École annexée à l'École normale. Cahiers de devoirs, couture

Loiret.

École normale. — Orléans (A). Travaux manuels.

Écoles primaires élémentaires. — Bois-Commun (G). Cahiers d'élèves. — Courtenay (G). Cahiers d'élèves. — Châteaurenard (G). Cahiers d'un élève. — Orléans, école de garçons de la rue de l'Université. Notice, cahiers, dessin.

Lot.

École normale. — Cahors (A). Devoirs d'élèves, travaux manuels.

Écoles primaires supérieures. — Castelnau-Montratier (G). Travaux. — Luzech (G). Dessin, géographie, cahiers d'élèves.

Écoles primaires élémentaires. — Castelnau-Montratier (F). Album de couture.

Lot-et-Garonne.

Écoles primaires élémentaires. — Roquefort, école mixte rurale. Cahiers d'élèves. — Saint-Macaire (G). Cahiers d'un élève. — Villeneuve-sur-Lot, école Saint-Étienne. Cahiers d'élèves ; — école Sainte-Catherine (G). Cahiers d'un élève.

Lozère.

École normale. — Mende (A). Monographie de l'école.

Écoles primaires élémentaires. — Arcomie (G). Travaux. — Auroux (G). Travaux. — Banassac (F). Travaux. — Barre-des-Cévennes (G). Travaux. — Mas-Bonnet, Commune de Pompidou (G). Travaux. — Mas-Saint-Chély-de-Tarn (G). Travaux. — Nogaret. — Saint-Martin de Lansuscle (G). Travaux. — Nojaret-Vialas (G). Travaux. — Pont-de-Montvert (G). Travaux. — Saint-Paul-le-Froid (G). Travaux.

Maine-et-Loire.

Écoles normales. — Angers (A). Travaux d'élèves ; — (B). Dessins.

Écoles primaires supérieures. — Angers. Cahiers de dessins ; — école supérieure Chevrillé. Devoirs d'élèves. — Baugé. Travaux.

Écoles primaires élémentaires. — Angers. Écoles de garçons : rue Bodinier. Cahiers d'élèves ; — école du quartier Saint-Laud. Cahiers d'un élève ; — école de la cour des Cordeliers. Cahiers d'un élève ; — groupe Condorcet. Cahiers d'un élève. — Écoles de filles : boulevard de Laval. Cahiers de devoirs ; — rue Bodinier. Cahiers d'élèves ; — cours Saint-Laud. Cahiers d'élèves ; — rue du Saint-Esprit, école mixte. Travaux manuels. — Chalonnes-sur-Loire (G). Cahiers d'élèves ; — (F). Cahiers d'une élève. — Chavagnes-les-Eaux (G). Cahiers d'un élève. — Cheiné-sur-Sarthe (G). Cahiers d'un élève. — Gemmes (G). Cahiers d'un élève ; — école de filles de la section de Milly. Cahiers d'une élève. — Les Rairies (G). — Longué (F). Cahiers d'élèves. — Montjean (G). Cahiers d'élèves. — Saint-Lambert-du-Lattoy (G). Cahiers d'élèves. — Saint-Mathurin (G). Cahiers journaliers. — Saumur (F). Cahiers d'élèves. — Somboire (G). Travaux. — Thouarcé (G). Cahiers d'élèves. — Tiercé (G). Cahiers d'élèves. — Vérière (G). Devoirs journaliers.

Écoles maternelles. — Angers. Deux écoles. Travaux manuels, travaux d'élèves. — Baugé. Travaux d'élèves. — Chalonnes. Travaux manuels. — Montreuil-Bellay. Travaux d'élèves. — Morannes. Travaux manuels. — Saumur. Travaux manuels. — Thouarcé. Travaux manuels. — Trélazé. Travaux d'élèves.

Manche.

École normale. — Saint-Lô (A). Histoire de l'école normale et de l'école annexe.

Écoles primaires élémentaires. — Cherbourg (G). Cahiers d'élèves. — Percy (G). Cahiers d'élèves. — Saint-Vaast-la-Hougue (G). Travaux.

Marne.

École normale. — Châlons (A). Cartes, travaux manuels.
École primaire supérieure. — Reims. Dessins industriels.
École professionnelle. — Reims. Croquis.
Écoles primaires élémentaires. — Bussy-le-Château, école mixte. Cahiers d'élèves. —
  Epernay (G). Cahiers. — Juvigny (G). Cahiers mensuels. — Ludes (F). Cahiers. —
  Reims. Dessins de tous les élèves. — Sézanne (F). Cahiers mensuels. — Suippes
  (G). Travaux. — Villevenard, école mixte. Cahiers.
École maternelle. — Ay. Travaux.

Haute-Marne.

École normale. — Chaumont (A). Notice historique, notice sur les procédés et les métho-
  des, travaux agricoles, devoirs.
Cours complémentaire d'école primaire élémentaire. — Saint-Dizier (G). Travaux ma-
  nuels.
Écoles primaires élémentaires. — Ambonville (G). Mémoire de l'instituteur. — Chaumont
  (G). Cahiers. — Chaumont-la-Ville (G). Cahiers. — Laferté-sur-Amance (G). Cahiers.
École maternelle. — Chaumont. Travaux d'élèves.

Mayenne.

École normale. — Laval (A). Travaux manuels ; — école annexe. Cahiers.
Écoles primaires élémentaires. — Ampoigné (G). Travaux. — Azé (G). Cahiers mensuels,
  depuis 1885. — Laval (G.) École de la Place du Palais. Cahiers, mémoires; — école de
  la rue de Bootz. Cahiers.
École maternelle. — Origné. Travaux d'enfants.

Meurthe-et-Moselle.

École normale. — Nancy (A). Tableaux, cahiers d'élèves des trois cours, dessins. Histoire
  et statistique. Travaux de l'école annexe.
École primaire supérieure. — Pont-à-Mousson (F). Travaux.
Écoles primaires élémentaires. — Baccarat (G). Travaux. — Lunéville (G), école du
  Centre. Travaux. — Pont-à-Mousson (F). Travaux de couture.

Meuse.

École normale. — Bar-le-Duc (B). Dessins graphiques et d'après modèles.
Écoles primaires élémentaires. — Loison (G). — Mouzay (G). Travaux. — Saint-Mihiel (G).
  Travaux. — Saulx-en-Barrois (G). Travaux. — Vaucouleurs (G). Travaux.

Morbihan.

École normale. — Vannes (A). Notices sur les méthodes d'enseignement, devoirs, her-
  biers, dessins; notice sur l'école annexe.
Écoles primaires élémentaires. — Guemené (G). Travaux. — Peillac (F). Travaux. —
  Vannes (G), écoles de la place de l'Hôtel-de-Ville et de la place Sainte-Catherine.
  Travaux.

Nièvre.

École normale. — Varzy (A). Travaux manuels.
Écoles primaires élémentaires. — Alligny-Cosne (G). Cahiers. — Châtillon-en-Bazois
  (G). Travaux manuels, mémoires, cahiers mensuels du cours élémentaire. — Chevenon
  (G). Travaux. — Donzy (G). Travaux. — Rigny (G). Musée scolaire, quatorze tableaux.
  — Saint-Aubin-les-Forges. — Saint-Sulpice (G). Quarante collections de cahiers jour-
  naliers et mensuels des trois cours. — Surgy (G). Travaux. — Truey-l'Orgueilleux (G).
  Cahiers.

Nord.

École normale. — Douai (A). Travaux divers.

Écoles primaires supérieures. — Fourmies (G). Travaux manuels. — Haubourdin (G). Cartes et cahiers. — Lille (G). Travaux manuels. — Roubaix (G). Travaux manuels.

Écoles primaires élémentaires. — Armentières, rue Nationale et rue Solférino. Travaux manuels. — Lille, rues Fonbelle, de Juliers, des Stations et Fénelon. Travaux manuels ; — école de garçons de la rue de Bouvines. Cahiers. — Merckeghem (G). Cahiers.

Oise.

École de travaux manuels. — Creil. Travaux manuels.

Écoles primaires élémentaires. — Beauvais (G), école Sainte-Marguerite. Cahiers. — Bornel (G). Cahiers. — Boutencourt (mixte). Cahiers. — Breteuil-sur-Noye (G). Cahiers. — Elincourt-Sainte-Marguerite (G). Mémoires. — La Landelle (mixte). Cahiers. — Mortemer (Hersan G). Cahiers. — Sainte-Geneviève (G). Cahiers. — Saint-Omer-en-Chaussée (F). Cahiers mensuels et journaliers, couture. — Valdampierre (G). Travaux.

Orne.

Écoles normales. — Alençon (A). Herbier, catalogue de coléoptères, conseils de promenades, types de collections de roches, mémoires géographiques. Cahiers, travaux d'élèves, résumés de conférences; — (B). Plans. Devoirs d'élèves.

Cours complémentaire d'école primaire élémentaire. — La Ferté-Macé (G). Cahiers, travaux manuels.

Écoles primaires élémentaires. — Céseaux (G). Travaux. — Céton (G). Travaux. — Flers (F). Cahiers. — Saint-Langis-lez-Mortagne (G). Herbier.

Pas-de-Calais.

École normale. — Arras (A). Travaux manuels.

Écoles primaires élémentaires. — Arras (G), rue de la Justice. Cahiers. — Divion (G). Manuscrit d'agriculture et d'horticulture. — Mingoval (mixte). Cahier journalier d'une élève.

Puy-de-Dôme.

École normale. — Clermont-Ferrand (A). Travaux d'élèves, collections d'histoire naturelle, travaux manuels.

École primaire supérieure. — Clermont-Ferrand (F). Cahiers de devoirs journaliers et de dessins.

Écoles primaires élémentaires. — Clermont-Ferrand (G). Travaux. — Issertaux (G). Une commune et une paroisse en Auvergne en 1789 et 1889. — Le Cendre (G). — Martres de Veyre (G).

École maternelle. — Clermont-Ferrand, quartier Fontgiève. Tableau de petits travaux manuels.

Basses-Pyrénées.

Écoles primaires supérieures. — Bayonne (G). Cahiers. — Lembeye (G). Dessins. — Pau (G). Travaux manuels.

Écoles primaires élémentaires. — Amhice-Mongelos (mixte). Cahiers. — Artiguelouve (G). Travaux. — Jurançon, section Rousse. Travaux.

Pyrénées-Orientales.

École primaire supérieure. — Perpignan. Travaux divers.

Écoles primaires élémentaires. — Millas (G). Travaux. — Saillagouse (G). La Cerdagne en été et en hiver, plantes à fleurs, herbier.

Rhône.

École normale. — Lyon (A). Travaux manuels.

Écoles primaires supérieures. — Lyon : rue d'Auvergne. Couture, dessins, cahiers ; — rue Mazenod. Couture, compositions, dessins d'ornement, histoire, littérature ; — rue Sainte-Catherine. Couture.

Écoles primaires élémentaires. — Cours (G). Objets en plâtre, cadran sidéral. — Lyon (G et F). Travaux. — Neuville-sur-Saône (F). — Oullins (G). Carte en relief du canton de Saint-Genis-Laval. — Villefranche (F). Travaux.

Écoles maternelles. — Lyon : rue Montgolfier ; — école de la Mouche. Travaux d'aiguille ; — avenue des Ponts-Petits. Travaux et album.

Haute-Saône.

Écoles primaires élémentaires. — Autoreille (G). Agriculture, cahiers. — Baulay (G). — Hussurel (G). Travaux. — Dampierre-sur-Linotte (G). Travaux. — Dampierre-sur-Salon (F). Travaux. — Fresne-Saint-Mamès (G). Travaux. — Héricourt (G). Travaux manuels. — Hérisson (G). Travaux manuels de fer et de bois, mémoires. — Jussey (G). — Lure (G). Travaux. — Noidans-lez-Vesoul (G). Travaux. — Raddon (G). Objets en bois. — Velet (G). La composition française, leçons de choses, leçons d'agriculture. — Vesoul (classe enfantine).

Saône-et-Loire.

Écoles primaires élémentaires. — Baudemont (G). Travaux. — Châlon-sur-Saône (F). Travaux. — Charolles (F). Travaux. — Marcilly-lez-Buxy (G). Travaux. — Montceau-les-Mines (F). Devoirs journaliers. — Paray-le-Monial (G). Travaux. — Saint-Julien-de-Civry (G). Cahiers de dessins. — Sampigny (mixte). Travaux.

Sarthe.

École primaire supérieure. — Château-du-Loir (G). Dessins.

École primaire supérieure et professionnelle. — Le Mans (G). Travaux manuels.

Écoles primaires élémentaires. — Breil-sur-Mérize (G). — Le Mans, écoles de garçons de la rue Erpellé ; — de la Grande-Rue.

Savoie.

École primaire supérieure. — Aix-les-Bains (G). Travaux divers.

Cours complémentaire d'école primaire élémentaire. — Albens (G). Cahiers d'élèves. — Le Chatelard (G). Travaux.

École primaire élémentaire. — Bourgneuf (G). Cahiers d'élèves.

École maternelle. — Aix-les-Bains. Travaux manuels.

Haute-Savoie.

Cours complémentaire d'école primaire élémentaire. — Annecy (F). Cahiers.

Écoles primaires élémentaires. — Annemasse (G). Cahiers d'élèves. — Chilly (G). Travaux. — Sciez (G). Mémoires.

Seine.

PARIS.

École normale. — Auteuil (A). Travaux d'élèves, compositions, devoirs. Historique de l'école.

École professionnelle de jeunes filles israélites, boulevard Bourdon, 13. Travaux manuels, cahiers d'élèves.

École primaire élémentaire. — École de la place de la Nativité.

BANLIEUE.

Alfortville (matern.), Arcueil (matern.), Aubervilliers (G. et matern.), Boulogne (F. et matern.), Bry-sur-Marne, Champigny (matern.), Chatillon (matern.), Choisy-le-Roy (F.), Clamart (matern.), Courbevoie (matern.), Dugny (F. et matern.), Epinay (F.), Fontenay-aux-Roses (F. et matern.), Fontenay-sous-Bois (G. F. et matern.), Fresnes, Gennevilliers (F.), Issy (G.), Ivry (F.), Joinville-le-Pont (matern.), Levallois-Perret (F.), Malakoff (G. F. et matern.) Montrouge (G.), Neuilly (F. et matern.), Nogent-sur-Marne (matern.), Noisy-le-Sec (F. et matern.), Pantin (F. et matern.), Pierrefitte (F.), Plessis-Picquet (G.), Saint-Denis (G. F. et matern.), Saint-Mandé (matern.), Saint-Maur (F.), Saint-Ouen (F. et matern.), Sceaux (F. et matern.), Suresnes (G.), Thiais (matern.).

Seine-et-Marne.

Écoles normales. — Melun (A). Devoirs et compositions des élèves-maîtres et des élèves de l'école annexe, album de dessins, relief de l'école, solides, collection d'histoire naturelle; — (B). Travaux.

Écoles primaires supérieures. — Melun (F). Couture, modes. — Nemours (G). Travaux manuels.

Cours complémentaire d'école primaire élémentaire. — Bray-sur-Seine (G). Cahiers, travail du fer.

Écoles primaires élémentaires. — Avon-Changis (F). Couture, poupée. — Bussy. Travaux. — Saint-Georges (F). Travaux. — Choisy-en-Brie (G). Travaux. — Crisenoy (G). Travaux. — Donnemarie-en-Montois (G). Travaux. — Jouarre (G). Travaux. — Liverdy (F). Travaux. — Lizy-sur-Ourcq (G). Travaux. — Melun (G). Travaux, dessins; — (F). Cahiers, travaux manuels. — Montmachoux (G). Travaux. — Mouroux (F). Travaux. — Moux-sur-Seine (mixte). Maison en relief et découpage. — Nandy (mixte). Cahiers. — Pontcarré (F). Travaux. — Rebais (G). Travaux. — Rozoy-en-Brie (G). Travaux. — Sainte-Colombe (G). Travaux. — Saint-Hilliers (G). — Sancy-lez-Provins (G). Travaux manuels, papier, reliure; — (F). Couture. — Sourdun (G). Travaux. — Vaux-le-Pénil (G). Travaux.

École maternelle. — Nemours. Album de couture.

Seine-et-Oise.

École normale. — Versailles (A). Travaux divers. — (B). Travaux d'élèves.

École primaire et cours professionnels. — Saint-Germain-en-Laye, rue de Mareuil. Travaux manuels.

Écoles primaires élémentaires. — Aigremont. L'enseignement agricole, collections agricoles, musée, traités. — Beaumont-sur-Oise (G). Travaux. — Boissy-Saint-Léger (G). Travaux. — Bouray (G). Cahiers. — Cheptainville (G). Travaux. — Conflans-Sainte-Honorine (F). Travaux. — Corbeil (G). Travaux. Une année d'enseignement, dessins; — (F). Cours d'économie politique. — Épinay-sur-Orge (G). Travaux. — Épinay-sous-Sénart (G). Travaux agricoles, monographie de l'école, musée scolaire, cahiers. — Étrechy (F). Couture. — Follainville (G). Le petit livre de la commune. — Franconville. Mémoires divers, cahiers. — Gazeran (G). — Gonesse (F). Carte murale, travaux manuels. — Guernes (G). Travaux. — Jouy-le-Comte (G). Musée scolaire, notions élémentaires de géologie. — Livry (F). Travaux. — Longjumeau (G). Travaux. — Maisons-Laffitte (G). Plan de la commune, carte du canton de Saint-Germain. — Mantes (G. et F). Couture, poupée, trousseau. — Poissy (G). Travaux. — Pussay (F). Couture, poupée. — Saint-Arnoult. Cahiers. — Saint-Germain-en-Laye. Travaux de serrurerie, menuiserie, tours, modelage, etc.; — (F). Dessins, couture. — Sannois (F). — Versailles (G), rue de Vergennes; — boulevard de la Reine. Dessins. — (F). rue Neuve. — Villeneuve-le-Roi (G). Classe et jardin scolaires, promenades.

Écoles maternelles. — Argenteuil. Devoirs, tapis, chaussons, piquage, etc. — Montlhéry. Canevas, piquage, etc. — Saint-Germain-en-Laye. Tissage, travaux divers.

Seine Inférieure.

École normale. — Rouen (A). Travaux divers.

École primaire supérieure. — Le Havre (G). Devoirs journaliers d'un élève.

Écoles professionnelles. — Rouen (G et F). Travaux divers.

Cours complémentaire d'enseignement primaire supérieur. — Doudeville. Travaux divers.

Écoles primaires élémentaires. — Amfreville-la-Mi-Voie. Travaux. — Arques-la-Bataille (G). Travaux. — Compainville (G). Travaux. — Elbeuf (G). Travaux. — Gueutteville-les-Grès (G). Travaux. — Monville (G). Rouen, École Bachelet. — École Corneille. — École Laurent de Rimorel. Travaux à l'aiguille. — École Michelet. — École Louis Vauquelin. M. Fontebet (G). Tenue matérielle, méthodes et procédés d'enseignement, travaux manuels. — École Jeanne Hachette. — Saint-Aubin-sur-Scie (G). — Saint-Hellier (G). Herbier. — Saint-Maurice-d'Etelan (G). Tableau de lecture mobile, compteur mobile. — Sassetot-le-Mauconduit G. — Varengeville (G). — Yvetot, école de garçons, avec cours complémentaire.

École maternelle. — Rouen. École Duboccage. Travaux manuels.

Deux-Sèvres.

École primaire supérieure. — Bressuire (G). Cahiers, travail manuel.
Écoles primaires élémentaires. — Azay-sur-Thouet (G). Syllabateur. — Mazières-en-Gâtine (G). — Parthenay (G). Cahiers.
École maternelle. — Niort. Lavis, travaux manuels.

Somme.

École primaire supérieure. — Amiens (F). Travaux d'élèves.
École primaire élémentaire. — Amiens, faubourg de Noyon (G).
École maternelle. — Amiens, quartier Saint-Roch.

Tarn.

École primaire supérieure. — Mazamet (G). Travaux manuels.
Écoles primaires. — Cuq-le-Vieluur. Travaux. — Damiatte (G). Montre scolaire. — Graulhet. Travaux. — Lagardiolle. Travaux. — Vabre (F). Travaux.

Tarn-et-Garonne.

Écoles primaires élémentaires. — Canals (G). — Castelsarrasin (G). Travaux. — Montauban.

Var.

École normale. — Draguignan (A). Monographie, herbier.
Écoles primaires supérieures. — Bandol (G). Dessin linéaire et d'ornement. — La Seyne. Travaux manuels. — Lorgues (G). Travaux manuels d'ajustage. — Toulon, école Rouvière. Arrière d'un cuirassé.
Écoles primaires élémentaires. — Collobrières (G). Travaux. — Draguignan (G). L'école en miniature, cahiers et travaux d'élèves. — La Crau (G). Travaux. — Ollioules (G). Travaux. — Toulon. École de garçons du faubourg Saint-Roch ; — école de filles du cours Lafayette. Travaux.
École maternelle. — Brignoles. Travaux.

Vaucluse.

École primaire supérieure. — L'Isle-sur-Sorgue. Dessins.
École primaire élémentaire. — Bédarrides (G).

Vendée.

Écoles primaires élémentaires. — Fontenay-le-Comte (G). Dessins. — Montaigu (G). Histoire de Montaigu à travers les âges. — Saint-Martin-des-Noyers (G). — Sainte-Cécile (G). Conférence pédagogique du canton des Essarts.

Vienne.

École normale. — Poitiers (A). Collections diverses.
École primaire supérieure. — Poitiers (G). Travaux manuels.
Écoles primaires élémentaires. — Chauvigny (G). — L'Isle-Jourdain (G). — Poitiers (G). Travaux manuels.

Haute-Vienne.

École normale. — Limoges (A). Plans en reliefs, boîte d'insectes, travaux manuels.
École primaire élémentaire. — Saint-Jumille (G).

Vosges.

École normale. — Mirecourt (A). Monographie de l'école, promenades scolaires, travaux manuels.
Écoles primaires élémentaires. Punerot (G). Mémoires, cahiers. — Remiremont (G). Cahiers. — Val d'Ajol (G). Cahiers.

Yonne.

École normale. — Auxerre (A). Monographie de l'école, travaux manuels.

Écoles primaires élémentaires. Bléneau (F). Travaux. — Chemilly (G). Cartes de la commune, musée scolaire. — Commussey (G). — Cravant (F). Compositions, travaux manuels, histoire naturelle, ennemis de la vigne, insectes nuisibles. — Grandchamp (F). Travaux. — Joigny (F). École Saint-André. Travaux. — Migennes (G). Travaux. — Poilly-sur-Ravillon (G). Travaux. — Poilly-sur-Serein (F). Travaux. — Sainte-Magnance. — Champ-Morlin (G). Travaux. — Sceaux (G). Travaux. — Seignelay (G). Travaux. — Saint-Julien-du-Sault (G). Établi de travail manuel ; travaux d'élèves, cahiers. — Sergines (G). Travaux, cartes, cahiers. — Thory (G). Travaux. — Toucy (F). Travaux manuels. — Vassy-lez-Avallon (G). Travaux. — Vergigny (G). Relief du canton de Saint-Florentin. — Villeneuve-l'Archevêque. Dessins. — Villeneuve-la-Dondagre (G). Travaux. — Villeneuve-la-Guyard (G). Travaux. Vallée de l'Yonne, de Sens à Montereau, relief. — Vincelottes (G et F).

École maternelle. — Cravant. Travaux.

ALGÉRIE.

Alger.

Aïn Sultan (G). École indigène. — Aïn Sultan (Dra-el-Mizan mixte) (G). École indigène.

Alger. École arabe française. — Écoles primaires de garçons des rues Randon, de Bône et de l'Intendance. — École indigène de garçons de la rue Héliopolis. — École primaire des filles de la rue du Divan. Ameur-el-Aïn (G). — Birmandreis (mixte). — Blidah (F). Place de l'Orangerie, place Saint-Charles. — Boufarik (G et F). — Bou-Khalfa (mixte). — Bourkika (G). — Castiglione (G). — Chebli (G et F). — Dellys (G). — Djemaâ-Saharidj (G). École indigène ordinaire. — Fort-de-l'Eau (G). — Ghardaïa (G). École principale indigène. — Laghouat (G). — Le Hamma. École maternelle. — Ménerville (G). — Messaoud (mixte). — Mirabeau (mixte). — Montenotte (F). — Orléansville (F). Cours complémentaire. — Oued-el-Allaig (G et F). — Palestro (G). — Taka Djurjina. — Tamazirt (G). École indigène ordinaire. — Taourirt-Mimoun (G). École indigène ordinaire. — Teniet-el-Haad (G). — Thaddert-au-Fellah (G). École indigène ordinaire ; — (F). — Tizi-Ouzou (G). École indigène.

Écoles maternelles. — Alger, rue de Bône et rue Scipion.

Constantine.

Aïn-Abema (G). — Aïn-Beida (G et F). — Aïn-Rona (mixte). — Akbou (G et F). — Banal (G). — Batna. Écoles maternelle et de garçons. — Biskra (G et F). — Bône. École primaire supérieure de filles ; école de garçons ; école de filles. — Bordj-bou-Arréridj (G). — Bouhira (mixte). — Bougie. École de garçons et cours complémentaire, école indigène ordinaire de filles, école maternelle. — Collo (G). — Condé-Smendon (G). — Constantine. École normale d'instituteurs. Dessins, cahiers, travail manuel ; — écoles primaires supérieures de garçons et de filles ; — écoles indigènes ordinaires de garçons et de filles ; — écoles de garçons (rues Petit, Danrémont) ; — école de filles (rue Danrémont). — Detania. École indigène préparatoire. — Duquesne (mixte). — El Faye. École indigène préparatoire. — Guelma (G). — Jemmapes (G). — Kerkera. École indigène préparatoire. — Mansourah (G). École indigène ordinaire. — Mondovi (1x). — Oued Frarah (mixte). — Penthièvre (G). — Philippeville (G et F). — Roussac (mixte). — Saint-Arnaud (G). — Sétif (G). — Sidi-Aïch. Écoles indigènes préparatoires. — Sidi-Khalfa (mixte). — Souk-Ahras. — Tazmalt (mixte). — Tuggurth (G). École principale indigène.

Oran.

Mazouna. École arabe française. — Mostaganem (G). École indigène ordinaire. — Nedromah (F). École indigène ordinaire. — Oran (G). École arabe française, groupe Saint-Antoine, école de Karquentah. — Village nègre (F). — Relizane (G). — Tlemcen (G).

(Voir section algérienne.)

EXPOSANTS INDIVIDUELS.

Ain.

Marguin, instituteur public, à Échallon. — Carte en relief du canton d'Oyonnax.

Aisne.

Huant, inst. pub., à Laniscourt. — Méthode de lecture.
Roomet, inst. pub., à Grand-Wé (Esquehéries). — Herbier.
Groupe des instituteurs publics du département. — Monographie des 840 communes du département.

Allier.

Bourgougnon, inst. pub., à Huriel. — Monographie de la commune d'Huriel.
Chevroer, inst. pub., à Cérilly. — Monographie communale.
Moriot, inst. pub., à Bizeneuille. — Album, herbiers du Bourbonnais.
Ray, inst. pub., à Vichy. — Historique de l'instruction primaire à Vichy.
Turpin, inst. pub., à Bioux, commune de Lurcy-Lévy. — Trente-cinq tableaux d'histoire naturelle.

Hautes-Alpes.

Durand, inst. pub., à Saint-Bonnet. — Carte en relief du département.
Romeu, professeur à l'école normale primaire de Gap. — Carte en relief du département.

Ardèche.

Delesty, inst. pub., à Serrières. — Cours d'agriculture.

Ardennes.

Baron, inst. pub., à Mézières. — Relief du canton de Mézières.
Beaufort, inst. pub., à Nouvion-sur-Meuse. — Relief du canton de Flize.
Bonnesois, inst. pub., à Warby. — Numérateur, composteur métrique.
Cochart, aux Mazures. — Relief du canton de Renwez.
Quillatre, inst. pub., à Monthermé. — Relief du canton de Monthermé.
Groupe des instituteurs publics de l'arrondissement de Mézières. — Monographie de communes.

Ariège.

Bonnel, inst. pub., à Unac. — Monographie communale.

Aube.

Gaussen, professeur de dessin, à Troyes. — Cours et cahier.
Laigneau, directeur de l'école normale de Troyes. — Monographie de l'établissement.

Territoire de Belfort.

Fleury, inst. pub., à Belfort. — Plan en relief du territoire.
Lods, commis principal à l'Inspection académique. — Notice historique sur l'enseignement primaire dans le territoire de Belfort.

Charente.

Chauvin, directeur de l'École normale d'Angoulême. — Cours de morale et de pédagogie, conférences.

Charente-Inférieure.

Bernard, inst. pub., au Bois (Ile-de-Ré). — Album de plantes marines.

Cher.

Juttin, inst. pub., à Vierzon. — Herbier du bassin de la Loire.

Côte-d'Or.

Noireau, à Dijon. — Cosmographe, accompagné d'une notice.

Doubs.

Véron, inst. pub., à Dung. — Boulier-compteur.

Eure.

Marche, inst. pub., à Criquebœuf. — Appareil cosmographique.
Picard, inst. pub., à Courcelles-sur-Seine. — Guide-chant.

Eure-et-Loir.

Genty, inst. pub., à La Framboisière. — Appareil cosmographique, pédagogie.

Finistère.

Damel, inst. pub., à Brest. — Livre de récitation et de morale.

Haute-Garonne.

Couzi, inst. pub., à Toulouse. — Appareil pour l'enseignement de la numération.
Prudhon, inst. pub., à Cugnaux. — Cartes.

Gers.

Satous, inst. pub., à Auch. — Atlas.

Gironde.

Chaumet, directeur de l'école Sainte-Eulalie, à Bordeaux. — Monographie de l'école
   (1758-1889).

Hérault.

Saint-Pierre, inst. pub., à Béziers. — Monographie de l'école Montbazin.

Indre.

Neveu, inst. pub., à Saint-Aoustrille. — Deux mémoires sur l'agriculture et la pédagogie, monographie communale.

Isère.

Arnaud, inst. pub., à Saint-Maximin. — Livres classiques.
Borie, inspecteur primaire, à Vienne. — Recueil de photographies de trente maisons
   d'école.
Lanfrey, inst. pub., à Bourgoin. — Atlas de l'Isère.
Roy, inst. pub., à Grenoble. — Carte en relief du Dauphiné.
Veyron, président du Cercle de l'Union des instituteurs, à Grenoble. — Collection du
   journal l'*Union des Instituteurs*.

Landes.

Cazenave, inst. pub., à Mézos. — Carte du département des Landes.

Loir-et-Cher.

Gaulard, inst. pub., à Fontaine-en-Sologne. — Monographie de l'enseignement primaire
   dans la commune.

Loire.

Defour, inst. pub., à Saint-Just-sur-Loire. — Appareil pour l'enseignement de la lecture.

Loire-Inférieure.

Damy, inst. pub., à Guénouvry, commune de Guémené-Penfao. — Boulier-compteur, mé-
   thode de lecture.
Esnault, inst. pub., à Basse-Indre. — Carte minéralogique du département de la Loire-
   Inférieure, avec échantillons ; carte de la commune d'Indre.
Guillet, inst. pub., à Pont-Rousseau. — Monographies communales.

Loiret.

Dusserre, architecte, à Orléans. — École de la Chapelle Saint-Mesmin.

Lot.

Rodelosse, architecte, à Cahors. — Plan de l'école normale d'instituteurs.

Lozère.

Mme Macary, inst. pub., à Bihennes. — Monographie communale.
Mlle Merchadier, inst. pub., à Albaret-Sainte-Marie. — Monographie communale.

Manche.

Marie-Cardine, inspecteur d'académie, à Saint-Lô. — Histoire de l'enseignement primaire de 1789 à 1808.

Marne.

Messieux, professeur de dessin, à Reims. — Méthodes de dessin.
Groupe des instituteurs de la Marne. — Monographies communales.

Haute-Marne.

Bichat, inst. pub., à Puellemotier. — Études météorologiques sur le canton, glossaire, cartographie.
Durand, inst. pub., à Chaumont-la-Ville. — Monographie scolaire.

Meurthe-et-Moselle.

Colombey, inst. pub., à Gondreville. — Carte en relief.
Durand, professeur d'agriculture, à Nancy. — Géologie des Vosges appliquée à l'agriculture.
Mangin, inst. pub., à Goviller. — Plan de la commune de Goviller, cartes du département de Meurthe-et-Moselle et des champs de bataille des environs de Metz.
Marchal, professeur au collège de Toul, enseignement spécial. — Tableau général, cours de géographie.
Stieffel, à Nancy. — Méthode simplifiée pour les comptes courants et d'intérêts.
Groupe des instituteurs publics du département. — Monographies communales.

Meuse.

Houzelle, inst. pub., à Breux. — Carte en relief du canton de Montmédy.
Groupe des instituteurs publics du département. — Monographies communales.

Morbihan.

Le Guillou, inst. pub., à Inguiniel. — Carte de la France et des colonies.

Nièvre.

Gauthier, inst. pub., à Beaumont-la-Ferrière. — Monographie communale.
Thorax, inst. pub., à Garchizy. — Numérateur.

Basses-Pyrénées.

Guichot, inst. pub., à Bruges. — Cartes des deux cantons de Nay.

Rhône.

Desties, inst. pub., à Lyon, rue Jacquard. — Relief géologique du Rhône, plan en relief de Lyon.
Maurin (Mme), inst. pub., à Lyon, rue de l'Ordre. — Monographie scolaire.

Sarthe.

ROBERT, inspecteur primaire, à Sillé-le-Guillaume. — Monographies scolaires et communales.

SAILLANT, inst. pub., à Fresnay-sur-Sarthe. — Monographie communale.

Seine.

AUZENDE (Ange-Marie), 25, rue de Montenotte. — Modèles d'écriture musicale, étude pratique des tons.

BLANCHET (Eugène), 130, boulevard du Montparnasse. — Les écoles maternelles.

BONET-MAURY (George), professeur à la Faculté de théologie protestante.

CABRISY-BLANC (Eugène), 161, rue Lecourbe. — Plans en relief de Paris et de diverses villes.

CHARLOT (Maurice), 10, rue Gay-Lussac. — Études biographiques et littéraires sur les auteurs français.

CHAUMEIL, 172, boulevard du Montparnasse. — Boulier-compteur perfectionné.

CHEVÉ-AMAND, 36, rue Vivienne. — Nouvelle méthode de chant.

COLIRET, 178, boulevard Péreire. — Boussole, rapporteur automatique.

CROSTI, professeur au Conservatoire. — Ouvrages didactiques de musique.

DEWINGLE, 79, rue Amelot. — Orgue-harmonium à percussion.

DUCOUDRAY, 3, rue de Bretonvilliers. — Cours complet d'histoire.

FORTIER (Mlle Marie), 20, boulevard Poissonnière. — Herbier artificiel.

GARASSUT, 62, rue Montmartre. — Instrument cosmographique pour l'étude des cartes.

GEORGIN (Claude), 33, avenue des Gobelins. — Le métrage en classe.

GOEPP. — Ouvrages historiques.

GRIVOIS, 59, rue des Saints-Pères. — Tableau scolaire.

HÉMENT, 119, rue Thomas-Lemaître, à Nanterre. — Tableaux astronomiques et géographiques, ouvrages de vulgarisation scientifique.

KŒNIG (Mlle Marie), 18, rue Duphot. — Jeux et travaux enfantins.

LACOSTE, horloger, 30, rue de Grenelle. — L'icono-syllaba-arithmophone, pour apprendre les lettres et la numération ; trente-neuf objets en plusieurs boîtes.

LACROIX (Désiré), 33, avenue Laumière. — « Le Panthéon des enfants sauveteurs ».

LAROUSSE ET CIE (Veuve P.), 19, rue Montparnasse. — Ouvrages scolaires.

LASCOMBE.

LEBON (E.). — Ouvrages de mathématiques spéciales.

LESESNE, quartier Michelet, à Saint-Ouen. — Méthode de lecture, en tableaux muraux.

LUTZ (Edouard), 65, boulevard Saint-Germain. — Instruments d'optique et d'arpentage.

MANNERY (Amédée), à Bagneux. — France industrielle, commerciale et agricole, cartes murales.

MARCAULT (Mme Marie), 11, rue Gît-le-Cœur. — Feuilles de plantes et d'arbres, moulage en plâtre, d'après nature.

MARCHEF-GIRARD (Mlle), 16, rue de Verrières, à Antony. — Traité d'économie domestique.

MARTINET, cosmographe, 52, rue Saint-Maur.

MESSIN, 42, rue d'Alésia. — Mémoire sur l'enseignement primaire.

NARJOUX (Félix), 3, rue Littré. — Ouvrages divers sur l'architecture scolaire.

PETIT (Georges), 3, rue Soufflot. — Plans d'école.

PUILLE d'Amiens, 55, rue du Faubourg-Saint-Denis. — Ouvrage d'enseignement scientifique.

SACHOT, 19, rue du Dragon. — Ouvrages d'éducation.

SALICIS, 75, rue du Cardinal-Lemoine. — Ouvrages d'éducation.

SAUCRÉ (Henri P.), 47, rue Rochechouart. — Méthode générale de mémoire du docteur A. Jazwinski. — Notice, tableau des principes de la méthode, tableau d'application au calcul, à la géographie, à la chronologie et aux classifications.

SCHMIT (Henri), 150, rue de Vaugirard. — Pédagogie et législation scolaire.

Tarsot (Louis), 46, rue de Verneuil. — Ouvrages de pédagogie.
Vendryes, 90, rue de Vaugirard. — Monographie des isoctèes.
Wissemans (Paul-Louis-Félix), 7, rue des Imbergères, à Sceaux. — Méthode pratique.

Seine-et-Marne.

Bamin, inst. pub., à Jouy-le-Châtel. — Monographie communale.
Bégat, inst. pub., à Saint-Sauveur-lez-Bray. — Monographie locale.
Barzillon, inst. pub., à Augers. — Monographie scolaire.
Bineau, inst. pub., à Fontaine-Fourches. — Monographie locale.
Crenot, inst. pub., à Louan. — Monographie scolaire.
Doury, inst. pub., à Pécy. — Monographie communale.
Ferard, inst. pub., à Condé-Saint-Libraire. — Monographie communale.
Génisson, inst. pub., à Voulton. — Monographie communale.
Hautin, inst. pub., à La Croix-en-Brie. — Monographie locale.
Jolly, inst. pub., à Saint-Martin du Boschet. — Monographie locale.
Koel, inst. pub., à Monteceau-lez-Provins. — Monographie locale.
Lachein, inst. pub., à La Chapelle Saint-Sulpice. — Monographie scolaire.
Leclerc, inst. pub., à Villegagnon. — Monographie locale.
Leroux, inst. pub., à Villiers-Saint-Georges. — Monographie scolaire.
Lecquin, inst. pub., à Nangis. — Monographie locale.
Maire, inst. pub., à Crouy-sur-Ourcq. — Monographie locale, études géographiques.
Monneau, inst. pub., à Châtenay-sur-Seine. — Monographie communale.
Montagne, inst. pub., à Coulommiers. — Carte en relief de Coulommiers, monographie
    scolaire.
Mugard, inst. pub., à Ormes-sur-Voulzie. — Monographie scolaire.
Nicolas, inst. pub., à Chenoise. — Monographie communale.
Pasquier, inst. pub., à Reuil. — Monographie scolaire.
Pelletier, inst. pub., à Cerneux. — Monographie communale.
Pestelard, inspecteur d'académie, à Melun. — Carte statistique du département, albums.
Picard, inst. pub., à Provins. — Monographie communale.
Pionsier, inst. pub., Saint-Brice. — Monographie locale.
Portat, inst. pub., à Bazoches-lez-Bray. — Monographie communale.
Rossin, inst. pub., à Étrépilly. — Carte en relief du canton de Lizy-sur-Ourcq, mono-
    graphie communale.
Rousset, inst. pub., à Montigny-Lencoupe. — Monographie communale.
Songeux, inst. pub., à Égligny. — Monographie communale.
Verlot, inst. pub., à Mouroux. — Monographie communale.

Seine-et-Oise.

Brochet, commis principal de l'inspection académique de Versailles. — Mémoire sur la
    situation de l'enseignement primaire dans le département.
Carouves, juge au tribunal d'Étampes. — Manuel de législation scolaire ; enseignement
    primaire, lois et règlements organiques.
Deblaine, commis auxiliaire à l'inspection académique de Seine-et-Oise. — Géographie
    complète de l'empire d'Allemagne et de l'Alsace-Lorraine.
Lesieur, inst. pub., à Dammartin. — Monographie communale.
Nezondet, à Corbeil. — Album de couture.
Tauxier, directeur de l'école du Vésinet. — Histoire du Vésinet.
Thouvenin, inst. pub., à Argenteuil. — Tracé géométrique d'une carte de France.

Seine-Inférieure.

Despois de Folleville, à Rouen. — Flore ornementale.
Jaudin, au Havre. — Appareil scolaire à projections photographiques lumineuses.

LARCHER, inst. pub., à Elbeuf. — Monographie communale.
SERRURIER, directeur de l'école de la rue d'Aplemont, au Havre. — Travaux divers, mémoires et documents.

Somme.

BARACCHINI, professeur de gymnastique, à Abbeville. — Barres parallèles mobiles et articulées.

Var.

SAUVAIRE, inst. pub., à Ramatuelle. — Boulier-compteur.
SIGNORET, inst. pub., à Pignans. — Télégraphe, avec ses accessoires.

Haute-Vienne.

CAMAILHAC, directeur de l'école des sourds-muets, à Limoges. — Syllabaire à l'usage des écoles de sourds-muets.

Vosges.

BASTIEN, professeur de dessin à l'école normale d'instituteurs, à Mirecourt. — Carte murale de France, cours de dessin géométrique, traité d'arpentage, planchette-boussole.
MERLIN, à Épinal. — Annuaire de l'instruction publique des Vosges.

Yonne.

CALLOT (Mlle), inst. pub., à La Charmée (Lailly). — Cours de géographie physique et politique de l'Europe, avec cartes.
CHIGANNE, inst. pub., à Sergines. — Monographie communale.
DEMON, inst. pub., à Ancy-le-Franc. — Monographie communale.

ALGÉRIE.

Alger.

PAGÈS, inst. pub., à Boufarik. — Méthode élémentaire de dessin sans instrument.
REBUFFAT, inst. pub., à Alger. — Musique, travaux divers.

Constantine.

MATHIEU, professeur de physique au lycée, à Constantine. — Vade-mecum du chimiste.

Oran.

HAMILLE, à Oran. — Casier-numérateur scolaire.

COLLECTIVITÉS.

Gironde. — BORDEAUX. — Société des amis de l'instruction élémentaire. — Statuts et comptes-rendus.
Indre. — VILLE DE CHATEAUROUX. — Plans d'écoles.
    VILLE D'ISSOUDUN. — Plans des groupes scolaires, tableaux divers.
Isère. — UN GROUPE D'INSTITUTEURS. — Mémoires et travaux pédagogiques, question scolaires.
Marne. — VILLE DE CHALONS. — Photographies de salles d'asile et de fourneaux économiques.
Orne. — DÉPARTEMENT. — Plans divers.
Seine. — CAISSE DES ÉCOLES DU XVIIIe ARRONDISSEMENT. — ORPHELINAT DE L'ENSEIGNEMENT PRIMAIRE DE FRANCE, 16, rue de Tournon. — Documents, cartes, notices et diagrammes.
    SOCIÉTÉ DES ÉCOLES ENFANTINES, 175, rue Saint-Honoré. — Documents divers.
    UNION DES FEMMES DE FRANCE, 29, rue de la Chaussée-d'Antin. — Mémoires et travaux.

Seine-Inférieure. — DÉPARTEMENT. — Plans divers.
VILLE DE ROUEN. — Plans des diverses écoles.

Somme. — VILLE D'AMIENS. — Travaux manuels et statistique des écoles de la ville.

EXPOSITION COLLECTIVE PLURINOMINALE

DU

Syndicat du Matériel et du Mobilier d'enseignement.

Matériel d'enseignement en usage dans les écoles,
d'après les Catalogues officiels publiés par le Ministre de l'Instruction publique.

EXPOSANTS :

ARMAND-COLIN, éditeur, à Paris, rue de Mézières, 5.

BARABAN, à Paris, rue Saint-Honoré. — Appareils pour le dessin.

BERTAUX, géographe, éditeur, à Paris, rue Serpente, 28.

GARDE, à Bordeaux, quai Deschamps, 17. — Mobilier scolaire.

CHOUANARD et Fils, quincaillers, à Paris, rue Saint-Denis, 2.

DAMON et Cie, fabricant de mobilier scolaire, à Paris, rue du Faubourg-Saint-Antoine, 74.

DELAGRAVE, éditeur, à Paris, rue Soufflot, 15.

DEYROLLE, naturaliste, à Paris, rue du Bac, 46.

DUBOURGUET, fabricant d'encriers, à Paris, boulevard Magenta, 33 bis.

DUCRETTET et Cie, fabricant d'appareils de physique, à Paris, rue Claude-Bernard, 75.

FRÉTÉ, fabricant d'appareils de gymnastique, à Paris, boulevard Sébastopol, 12.

GAIFFE et JOUDRIERS, fabricants de plumes métalliques, à Paris, rue de Brague, 4.

GAULTIER, éditeur-géographe, à Paris, quai des Grands-Augustins, 55.

GIROULT, fabricant d'équipement, à Paris, rue Coquillère, 16.

GOUBEAUX, fabricant d'instruments de physique, à Paris, boulevard Saint-Germain, 216.

GUÉRIN et Cie, éditeurs, à Paris, rue des Boulangers, 23.

HUQUELLE (Vve) et Cie. — Chauffage et ventilation de l'école type construite par
   M. MARCEL-LAMBERT.

LITTAUT et SAUPIQUE, fabricants de mobilier scolaire, à Paris, rue de Lorraine, 14.

MAGNANT, fabricant de mobilier scolaire, à Paris, boulevard Bonne-Nouvelle, 31.

MONROCQ frères, éditeurs, à Paris, rue Suger, 3.

NOÉ, fabricant d'instruments de physique, à Paris, rue Bertholet, 8.

PETROT-GARNIER, éditeur, à Chartres.

PICART, fabricant d'instruments d'optique, à Paris, rue Mayet, 20.

PICARD et KAAN, éditeur, à Paris, rue Soufflot, 11.

PETIT (Pierre), photographe, à Paris, place Cadet.

POURRE O'KELLY et Cie, fabricant de plumes métalliques, boulevard Sébastopol, 107.

QUANTIN et Cie, éditeurs, à Paris, rue Saint-Benoît, 7.

ROUSSEAU-PAUL et Cie, fabricant d'appareils de chimie, à Paris, rue Soufflot, 17.

RAMOUET, fabricant d'appareils de physique, à Paris, boulevard des Filles-du-Calvaire, 15.

SANARD-DORANGEOS et Cie, éditeurs, à Paris, rue Saint-Jacques, 174.

SUZANNE, éditeur, fabricant de mobilier scolaire, à Paris, rue Malebranche, 5.

VILMORIN-ANDRIEUX, à Paris, 4, quai de la Mégisserie. — Jardin botanique de la maison
   d'école type.

89. Ministère de la Marine, à Paris. — Travaux des élèves des écoles élémentaires et des écoles de maistrance.   (PALAIS.)

90. MONCINY (George P.), à Paris, rue de l'Abbaye, 3. — Tableau graphique de la chronologie des rois de France.   (PALAIS.)

91. MOTTIER, à Paris, rue Demours, 24. — Plumes nouvelles, méthode d'écriture.
(PALAIS.)

92. NEEL (Prudent), à Rueil (Seine-et-Oise). — Méthode de lecture et de dessin.
(PALAIS.)

93. Orphelinat de la Seine, à Paris, rue St-Lazare, 48. — Rapports, travaux d'élèves, photographies d'orphelins.
(PALAIS.)
Société fondée en 1871. Reconnue d'utilité publique.
Établissement à la Varenne Saint-Hilaire. Œuvre d'enseignement primaire professionnel.
Diplôme de mérite, Vienne 1873 ; médailles d'argent, Paris 1878 et Barcelone 1888.

94. Orphelinat Rothschild, à Paris, rue Lamblardie, 7. — Plan en relief de l'établissement. Travaux d'élèves.
(PALAIS.)

95. Papeteries de Souche, à Paris, rue de Reuilly, 75. — Matériel scolaire.
(PALAIS.)

96. PARIS (Direction de l'Enseignement primaire de la Ville de), Directeur : **Carriot,** à Paris. — Types d'installation d'une salle d'école maternelle, d'une salle d'école primaire, d'un atelier du travail manuel, d'une cantine scolaire, d'une salle de gymnastique. — Spécimens de travaux d'écoles professionnelles et de travaux d'élèves.
(PALAIS.)

97. Pas-de-Calais (Département du) à Arras (Pas-de-Calais). — Travaux d'élèves.
(PALAIS.)

98. PEUCHOT, à Paris, rue de Nesles, 10. — Carte de géographie. (PALAIS.)

99. PICARD & KAAN, à Paris, rue Soufflot, 11. — Livres, tableaux et objets scolaires.
(PALAIS.)

100. PIGOREAU (C.-A.), à Paris, quai de Conti, 13. — Livres classiques, livres de distribution de prix.
(PALAIS.)

101. PRÉTEMENT, à Talence (Gironde), rue Cantecrit, 34. — Méthode d'écriture, méthode de dessin.
(PALAIS.)

102. PUGNIÈRE, à Paris, rue de Cléry, 66. — Méthode d'écriture, tableaux et brochures.
(PALAIS.)

103. RAUFASTE, à Paris, rue Réaumur, 29. — Appareils de photographie à l'usage de l'enseignement primaire.
(PALAIS.)

104. REGIMBEAU (Pierre), à Paris, rue de Varenne, 39. — Méthode de lecture, d'écriture et d'orthographe.
(PALAIS.)
1° *Syllabaire-Regimbeau,* livre de l'élève ; 2° *Syllabaire-Atlas* ou livre-tableau pour donner la leçon de lecture à tous les élèves d'une même classe ensemble ; 3° *Tableaux gradués* pour l'enseignement par groupes.
Récompenses diverses. *Médaille d'argent* à l'Exposition universelle de Paris 1878.

105. RENAUD, à Paris, rue Tiquetonne, 26. — Méthode d'enseignement technique.
(PALAIS.)

106. REGNAULT (Gustave), à Offranville (Seine-Inférieure) — Le calcul par l'aspect, démonstration des résultats des opérations sur les nombres inférieurs à dix.
(PALAIS.)

107. REIBER, à Paris, rue Vavin, 54. — Méthode de dessin, gymnastique scolaire.
(PALAIS.)

108. REVERDY, à Paris, rue Pierre-Lescaut, 18. — Méthode d'enseignement populaire du droit.
(PALAIS.)

109. REYDY (Jean), à Paris, rue Bonaparte, 59 ter. — Méthode de lecture.
(PALAIS.)

110. RICHARD (L.-A.), à Paris, avenue Rapp, 4. — Sténarithmie Richard, méthode de calcul rapide.
(PALAIS.)

111. ROTHSCHILD, à Paris, rue des Saints-Pères, 13. — Livres classiques, carte murale.   (PALAIS.)

112. SANARD-DERANGEON & Cie, à Paris, rue Saint-Jacques, 174. — Tableaux pour le système métrique et le solfège, livres classiques.   (PALAIS.)
   Cahiers méthodes de dessin, pochettes de mathématiques. Tableaux et ouvrages d'enseignement, tableaux d'honneur, plumes Vanhlotaque, couvertures de cahiers.

113. SAVARY, à Quimperlé (Finistère). — Mobilier scolaire.   (PALAIS.)

114. SILVESTRE (Pension), à Paris, rue de Jarente, 8. — Travaux d'élèves, tableaux pour l'enseignement de la physique et de la chimie.   (PALAIS.)

115. Société centrale des Produits chimiques, à Paris, rue des Écoles, 42. — Matériel scientifique pour l'enseignement primaire.   (PALAIS.)

116. Société d'encouragement pour l'Enseignement primaire, (Président : **Lhopital**), à Mont-Saint-Aignan (Seine-Inférieure), rue de la Paix, 6. — Brochure résumant les travaux de la Société de 1879 à 1889.   (PALAIS.)

117. Société de Graphologie, (M. **Lair**, Président), à Paris, avenue des Champs-Elysées. — Tableaux et documents divers.   (PALAIS.)

118. Société pour la propagation de l'Enseignement scientifique par l'aspect, au Havre, boulevard de Strasbourg, 138. — Appareils scolaires à projections photographiques. Vues sur verres.   (PALAIS.)

119. Société populaire d'encouragement à l'enseignement moral et civique, (Secrétaire-général : M. **Cousturier**), à Montfort-l'Amaury (Seine-et-Oise. — Travaux d'élèves et de maîtres.   (PALAIS.)

120. Société pour l'instruction et la protection des sourds-muets, (M. **Blondel**, Secrétaire-général), à Paris, rue de l'Université, 120. — Tableaux. Publications diverses. Tableaux d'élèves.   (PALAIS.)

121. Société pour l'Instruction et la Protection des Sourds-Muets, à Paris, quai de la Mégrisserie, 14. — Méthode phonomimique, travaux d'élèves.   (PALAIS.)

122. Société de Patronage et d'Instruction primaire du canton de Rambouillet, (Président : **Ferdinand Dreyfus**), à Paris, boulevard de Courcelles, 50. — Documents et annuaires de la Société.   (PALAIS.)
123. Société protectrice de l'Enfance d'Indre-et-Loire, (Représentants : **Champigny & Dr Wolff**), à Paris, rue Jacob, 19. — Travaux de la Société.   (PALAIS.)

124. Société pour l'Instruction élémentaire, (Président : **Remoiville**), à Paris, rue du Fouarre, 14. — Bulletin de l'association, travaux d'élèves, documents divers.   (PALAIS.)

125. Société sténographique, unitaire. (Président : M. **Fontaine**), à Paris, rue Tronchet, 25. — Annuaire. Publications diverses.   (PALAIS.)

126. SUDRE (Vve Joséphine), à Tours (Indre-et-Loire), impasse Rabelais, 2. — Tableau de la langue universelle et de la téléphonie, inventé par Jean-François Sudre.   (PALAIS.)

127. Syndicat du Matériel et du Mobilier d'Enseignement, à Paris, rue Saint-Benoît, 7. — Matériel et mobilier d'enseignement.   (ESPLANADE.)

BERTAUX (E.), à Paris, rue Serpente, 25.

CAIN (E.), à Paris, rue de Turenne, 50.

CAIGE (G.), à Bordeaux, quai Deschamps, 17.

CHOUANARD (J.), et Fils, à Paris, rue St-Denis, 3.

COLINA et Cie, à Paris, rue de Mézières, 1 et 3.

DAMON (A.), et Cie, à Paris, faubourg Saint-Antoine, 74.

DELAGRAVE (Ch.), et Cie, à Paris, rue Soufflot, 15.

DEYROLLE (E.), à Paris, rue du Bac, 46.

DIGEON (G.), à Paris, rue de Lancry, 46.

DUBOURGUET, à Paris, boulevard Magenta 33 bis.

Classe 6.   3

DUCRETET (E.), à Paris, rue Claude-Bernard, 75.

FRÉTÉ et Cie, à Paris, boulevard Sébas-topol, 12.

GAFFRÉ et JOURRIER, à Paris, rue de Braque, 4.

GAULTIER (J.), à Paris, quai des Grands-Augustins, 55.

GIRON (L.), à Morbier (Jura).

GIROXET (A.), à Paris, rue Coquillière, 16.

GOUBEAUX (A.), à Paris, boulevard St-Germain, 216.

GRÉBIN (G.), et Cie, à Paris, rue des Boulangers, 22.

LITTANT et SANPIQUE, à Paris, rue de Lorraine, 14.

MAGNANT (G.), à Paris, boulevard Bonne-Nouvelle, 31.

MAY (L. H.), Maison Quantin, à Paris, rue Saint-Benoît, 7.

MONROCQ, à Paris, rue Suger, 3.

NOË (Ch.), à Paris, rue Berthollet, 8.

PARENT (V.), à Paris, rue Saint-Honoré, 175.

PÉTROT-GARNIER, à Chartres (Eure-et-Loir).

PICART (A.), à Paris, rue Mayet, 20.

PICART (A.), et HUAS, à Paris, rue Soufflot, 11.

PETIT (Pierre), à Paris, rue Cadet, 13.

POURE O'KELLY, à Paris, boulevard Sébastopol, 107.

RABIGZET et Fils, à Paris, boulevard des Filles-du-Calvaire, 15.

ROUSSEAU Fils, (A.), et Cie, à Paris, rue Soufflot, 17.

SANARD-DERANGEON et Cie, à Paris, rue Saint-Jacques, 174.

SUZANNE (L.), à Paris, rue Malebranche, 5.

128. TRÉLAT (Émile), à Paris, boulevard Montparnasse, 136. — Dispositif des classes. (PALAIS.)

129. TRÉLAT (Gaston), à Paris, boulevard Montparnasse, 136. — Groupe scolaire de Bagnolet. (PALAIS.)

130. TRONCET (Louis), à Paris, rue du Montparnasse, 19. — Arithmographes, appareils à calcul instantané. Tables arithmétiques. (PALAIS.)

131 Union des Sociétés de gymnastique de France, à Paris, boulevard Malesherbes, 91. — Statistiques, diplômes, statuts et documents divers. (PALAIS.)

132. Union Française de la Jeunesse, à Paris, boulevard Saint-Germain, 157. —Travaux d'élèves, Bulletins, Tableaux graphiques. Documents divers. (PALAIS.)

Association d'instruction et d'éducation populaires, fondée en 1875. Médaille de bronze à l'Exposition universelle de 1878.

Organisation de lectures, cours et conférences pour les jeunes ouvriers. Encouragement à l'étude par la concession, aux plus méritants, de livrets de caisse d'épargne et de toute autre récompense. Création de bibliothèques populaires, etc. Cours mixtes. Enseignement professionnel.

133. VAN MARCKE (Mlle), à Paris, rue Vernier, 4. — Ouvrages de tapisserie. Coupage et tressage. (PALAIS.)

COLONIES.

ALGÉRIE.

1. ALGER (Académie d'), à Alger. — Enseignement primaire, travaux des élèves. (ESPLANADE.)

2. ANTOINE (J.-A.), à Oran, rue Schneider. — Manuel agricole spécial aux écoles primaires de l'Algérie. (ESPLANADE.)

3. CAISE (L.-A.) à Boufarik (Alger). — Le premier livre du jeune âge, et l'alphabet français. (ESPLANADE.)

4. CHELLALA (Annexe de), à Alger. — Plans et projets de l'école arabe française de Chellala, avec devis.   **(ESPLANADE.)**

5. DAVINLT (E.), à Medjadja, commune du Châlif (Alger). — Dictionnaire et nouvelle méthode de lecture en Kabyle-Français, modèle de registre d'appel et de météorologie.   **(ESPLANADE.)**

6. École primaire professionnelle (Directeur : **J.-A.-Antoine**), à Oran, rue Schneider. — Travaux scolaires, devoirs et travaux manuels sur le bois et sur le fer.   **(ESPLANADE.)**

7. ESCURRE (J.-P.), à Constantine, rue d'Orléans. — Travaux divers faits par les élèves de l'école primaire supérieure (cours professionnel).   **(ESPLANADE.)**

8. GOURLIAU (E.-F.), à Milianah (Alger). — Méthode pour l'étude de l'arabe écrit ; corrigé de la même méthode.   **(ESPLANADE.)**

9. HAMILLE-TOUSSAINT, à Oran (Algérie), place Kléber. — Casier numérateur scolaire, tableau de numération.   **(ESPLANADE.)**

INDE FRANÇAISE.

1. CHARETTE-CHANGARIN, Inde. — Livres mallialis imprimés et sur olle.   **(ESPLANADE.)**

2. Comité d'Exposition de l'Inde. — Cahiers de devoirs de l'école primaire de Pondichéry, plans d'écoles, poinçons pour écrire sur olle.   **(ESPLANADE.)**

MARTINIQUE.

1. École de Filles de Basse-Pointe. — Cahiers de devoirs mensuels.   **(ESPLANADE.)**

2. École de Filles de Saint-Joseph. — Cahiers de devoirs mensuels.   **(ESPLANADE.)**

3. Écoles de Filles des Trois-Ilets. — Cahiers de devoirs mensuels.   **(ESPLANADE.)**

4. École de Filles du Prêcheur. — Cahiers de devoirs mensuels.   **(ESPLANADE.)**

5. École de Garçons de Basse-Pointe. — Cahiers de devoirs mensuels.   **(ESPLANADE.)**

6. École de Garçons de Fort-de-France. — Cahiers de devoirs mensuels.   **(ESPLANADE.)**

7. École de Garçons de Grand'Anse. — Cahiers de devoirs mensuels.   **(ESPLANADE.)**

8. École de Garçons de Gros-Morne. — Cahiers de devoirs mensuels.   **(ESPLANADE.)**

9. École de Garçons de Rivière-Pilote. — Cahiers de devoirs mensuels.   **(ESPLANADE.)**

10. École de Garçons de Saint-Pierre (Centre). — Cahiers de devoirs mensuels.   **(ESPLANADE.)**

11. École de Garçons de Saint-Pierre (Fort). — Cahiers de devoirs mensuels.   **(ESPLANADE.)**

12. École de Garçons de Saint-Pierre (Mouillage). — Cahiers de devoirs mensuels.   **(ESPLANADE.)**

13. École de Garçons du Lamentin. — Cahiers de devoirs mensuels.
(ESPLANADE.)

14. École de Garçons du Saint-Esprit. — Cahier de devoirs mensuels.
(ESPLANADE.)

15. Service local de la Martinique. — Groupes de 329 cahiers d'élèves provenant de diverses écoles de la Martinique.
(ESPLANADE.)

NOUVELLE CALÉDONIE.

1. Instruction Publique (Section des Écoles), à Nouméa. — Travaux des élèves.
(ESPLANADE.)

RÉUNION.

1. LE GOFF, Proviseur du lycée, vice-recteur, à Saint-Denis — Albums de dessin. Cahiers de devoirs mensuels.
(ESPLANADE.)

2. SZYMANOKI, à Saint-Denis.— Travaux scolaires.
(ESPLANADE.)

SÉNÉGAL.

1. AMADY NATAGO, Lam-Toro, Chef du **Toro,** (protectorat du Toro). — Aloal (tablette).
(ESPLANADE.)

2. DIMBA WAR, Président des chefs du **Cayor,** (protectorat du Cayor). — Aloal (tablette).
(ESPLANADE.)

TAHITI.

1. Écoles françaises indigènes, à Papeete. — Travaux d'élèves des deux sexes.
(ESPLANADE.)

PAYS ÉTRANGERS.

AUTRICHE-HONGRIE.

1. **FRIC (V.)**, à Prague (Bohême), Wladislawgasse, 21. — Objets d'histoire naturelle pour l'enseignement dans les écoles primaires, secondaires et supérieures.   **(PALAIS.)**

2. **GERLACH et SCHENK**, à Vienne, VI, Mariahilferstrasse, 51. — Livres d'art et ouvrages artistiques.   **(PALAIS.)**

    Récompenses : Vienne 1873 ; Melbourne 1881 ; Paris 1878, grande médaille d'or.

3. **RONAI (François)**, à Budapest, II Iskola-utcza.18. — Tableaux de types nouveaux d'un alphabet universel.   **(PALAIS.)**

BELGIQUE.

1. **ADRIEN (J. B.)**, à St Gilles, chaussée de Bruxelles, 640. — Figures pour l'enseignement intuitif de la mesure des aires, Solides développables.   **(PALAIS.)**

2. **ARNOLDY (N.)**, à Arlon, rue Saint-Jean,2. — Banc-pupitre pouvant servir aux adultes comme aux enfants.   **(PALAIS.)**

3. **BEAUJOT (C. Henri)**, à Liége, place St Jacques, 3. — Tableaux de calligraphie artistique. Méthode d'écriture.   **(PALAIS.)**

4. **CARLIER (Jules)**, Membre de la Chambre des Représentants, à Mons. — Études et conférences populaires.

5. **CHARLES (Auguste)**, à Bruxelles, rue Joseph II 47. — Mobilier de travail du musicien : table, chaise, pupitres, boîte nécessaire.   **(PALAIS.)**

6. **DAMSEAUX (Eugène)**, de Hal à Nivelles. — Histoire de la pédagogie à l'usage des élèves des écoles normales et des membres du corps enseignant.   **(PALAIS.)**

7. **DEMANY (Émile)**, à Liége, boulevard de la Sauvenière, 93. — Plans et projets de maison d'école, avec et sans logement pour le personnel enseignant.   **(PALAIS.)**

    Récompenses obtenues : Paris 1878. — Anvers 1885.

8. **DU FIEF (Jean)**, à Bruxelles, rue Potagére, 171. — Livres, atlas et cartes pour l'enseignement de la géographie. Abrégé d'histoire universelle.   **(PALAIS.)**

9. **DUJARDIN (Désiré)**, à Ciney, rue des Piervennes, 4. — Échantillons des minéraux européens propres à l'industrie.   **(PALAIS.)**

10. **FLESCH (J. B.)**, à Fayt-lez-Seneffe. — Albums: dessins faits par les élèves.   **(PALAIS.)**

11. **GODART (Édomar)**, à Solre-sur-Sambre. — Brochure intitulée : « le Don de lecture » renfermant 72 parallélipipèdes marqués d'une ou plusieurs lettres.   **(PALAIS.)**

12. **HUBERT (Joseph)**, à Mons, rue de la Terre-du-Prince, 17. — Plans de l'école normale de l'État à Mons.   **(PALAIS.)**

13. **Institut des sourds-muets à Anvers**, Secrétaire : **Segers (Armand)**, à Anvers, Longue rue d'Argile, 39. — Livres classiques : travaux des élèves. Plans des deux instituts pour garçons et pour filles.   **(PALAIS.)**

14. Institut des sourds-muets (Directeur, **le Dr Nestor Charbonnier**), à Berchem-Ste-Agathe. — Organisation de l'enseignement professionnel dans un institut de sourds-muets. Ouvrages divers de physiologie, d'économie domestique, etc.
(PALAIS.)

15. LEBON (Léon), à Bruxelles, rue de la Loi, 116. — Publications. (PALAIS.)

16. MARÉCHAL (Jules), à Petit-Rechain. — Un aide-compteur à base mobile avec supports.

17. REMI (A.), à Bruxelles, rue Royale, 6, a. — Méthode de lecture. (PALAIS.)

18. Revue pédagogique belge (Mabille Administrateur), à Molenbeek-Saint Jean-lez-Bruxelles, rue Gauthier, 16. — Collection de l'année 1888 et numéros parus de 1889.
(PALAIS.)

19. SEGERS (Joseph et Guillaume), à Bruxelles, rue des Deux-Églises, 22. — Plans et façade de la crèche-asile construite à Willebroeck (Belgique). (PALAIS.)

20. SERESSIA (Joseph), à Fallais (Liège). — Ouvrages scolaires. (PALAIS.)

21. SNYCKERS (Mathieu), à Liège, rue Monulphe, 51. — Ouvrages classiques à l'usage des écoles de sourds-muets et des écoles primaires. (PALAIS.)

22. VAN DER WEE, (F. Florent), à Anvers, rue Herreyns, 9. — Cartes géographiques scolaires.
(PALAIS.)

23. VERSTRAETE (Charles), directeur de l'Orphelinat de Gand, à Gand. — Maquette de l'orphelinat de Gand ; travaux des élèves et système complet d'organisation.
(PALAIS.)

24. WATELLE (Charles H.), à Ixelles, chaussée de Waterloo, 417. — Solfège, recueils de chants et ouvrages classiques pour l'enseignement de la musique vocale.
(PALAIS.)

BRÉSIL.

(Voir son catalogue spécial).

CHILI.

1. Ecole professionnelle de Jeunes Filles, à Santiago. — Broderies, fleurs, boîtes, gants.
(PARC.)

DANEMARK.

1. ROM (N.C), à Copenhague. — Matériel de l'enseignement primaire. (PALAIS.)

2. SLŒJD FSRENINGEN (Union pour la propagation du travail manuel dans les écoles primaires), à Copenhague. — Matériel et modèles pour l'enseignement du travail manuel dans les écoles primaires.
(PALAIS.)

ÉGYPTE.

1. École Normale du Caire (Directeur : **Peltier Bey**), au Caire. — Cartes dessins, devoirs, cahiers, photographies des élèves, plan de l'école.
(PALAIS.)

ESPAGNE.

1. Académie des Beaux-Arts, à Cadix. — Travaux exécutés par les élèves.
(PALAIS.)

2. BASTINOS (Juan et Antonio), à Barcelone. — Livres et matériel d'enseignement.
(PALAIS.)

3. **BUSTAMANTE (Joaquin)**, à Vapor-de-Guerra-Vulcano (Barcelone). —
Cours d'électricité théorique et pratique.   (PALAIS.)

4. **CAPDEVILA (T. Diaz)**, à Barcelone. — Publication de broderies et travaux.
(PALAIS.)

5. **Colegio de Sordos-Mudos**, à Saragosse. — Objets d'éducation.   (PALAIS.)

6. **Ecole des Arts et Métiers**, à Cadix. — Travaux exécutés par les élèves.
(PALAIS.)

7. **Fomento de las Artes**, à Madrid. — Tableaux d'écriture. Album des travaux
des élèves.   (PALAIS.)

8. **Instituto de Fomento del Trabajo Nacional**, à Barcelone. — Livres.
(PALAIS.)

9. **OXELLANA (Enrique L.)**, à Barcelone. — Livres.   (PALAIS.)

10. **RAMIS TAIN (Joaquin)**, à Barcelone. — Livres.   (PALAIS.)

11. **VALLICIEROS (F. Vicente)**, à Madrid. — Tableaux contenant des méthodes d'éducation.   (PALAIS.)

ÉTATS-UNIS.

1. **National Woman's Christian Temperance Union**, à Chicago, Ill.
161, La Salle street. — Livres de tempérance pour écoles, objets pour l'étude du jardin
potager à l'usage des filles.   (PALAIS.)

2. **New-York House of Refuge (School Department)**, Principal :
E. H. Hallock, à Randall's Island. N. Y. — Spécimens d'écriture, de dessins de
cartes, faits par les élèves.   (PALAIS.)

3. **Philadelphia Manual Fraining School**, Principal : **W. L. Sayre**,
à Philadelphie, Pa., 17th and Wood streets. — Travaux manuels de l'école : the Phila
delphia manual fraining School.   (PALAIS.)

GRÈCE.

1. **Orphelinat Hadji-Costa**, à Athènes. — Rapports sur son organisation et sa
marche.   (PALAIS.)

2. **PALATIANOS (Antoine)**, à Corfou. — Matériel pour l'enseignement des
aveugles.   (PALAIS.)

GUATEMALA.

1. **ESCUELA de CABULCO**, à Baja-Verapaz. — Travaux scolaires de calligraphie.   (PARC.)

2. **Gouvernement de Guatemala, Ministère de l'Instruction publique**, à Guatemala. — Travaux scolaires.   (PARC.)

ITALIE.

1. **COLOMBINI (Jean)**, à Florence, via Nazionale, 6. — Didactique nouvelle.
Publication pour les écoles élémentaires.   (PALAIS.)

2. **MAZZONI (Roberto)**, à Bologne, Monte S. Pietro. — Syllabaire mécanique. Machine pour enseigner la numération. Les mois de l'année. Les lapins. Diaire.
Portefeuille d'un maître d'école.   (PALAIS.)

3. **PEZZAROSSA (Joseph)**, à Bari. — Bancs pour asiles d'enfants. Bancs pour écoles élémentaires. Photographies des bancs, des chaires et des accessoires pour la gymnastique. **(PALAIS.)**

4. **ROCCHI (Mariano)**, à Pérouse. — Album de cent dessins faits par les élèves de l'Institut technique de Pérouse. Un exemplaire du « Veriste », revue. **(PALAIS.)**

HAWAI.

1. **Gouvernement hawaien**, à Hawai. — Spécimens de travaux des élèves de l'école de Kaméhaméha et d'études d'école. **(PARC.)**

JAPON.

1. **FUJIKI (Suyeoto)**, Hiogo-ken Kobe-ku. — Livres classiques avec caractères en relief pour l'enseignement des aveugles. Matériel et jouets pour crèches. **(PALAIS.)**

2. **Ministère de l'Instruction Publique**, à Tokio. — Jouets instructifs, travaux d'élèves, photographies, sujets de concours, livres classiques, matériel, réglements, documents divers des écoles primaires, crèches et écoles d'aveugles et de sourds-muets. **(PALAIS.)**

GRAND-DUCHÉ DE LUXEMBOURG.

1. **Commission royale grand ducale d'Instruction**, à Luxembourg. — Mobilier scolaire ; matériel pédagogique ; travaux des élèves, brochures, livres, renseignements statistiques. **(PALAIS.)**

2. **GASPAR (Henri)**, à Remich. — Collection Gaspar. Matériel d'enseignement système métrique, géométrie pratique, dessin. Manuscrit. **(PALAIS.)**

3. **KEMP (Pierre)**, à Luxembourg. — Plans et devis de maisons d'école construites dans le Grand-Duché. **(PALAIS.)**

NORVEGE.

1. **ROSING (Mlle Marie)**, à Christiania. — Matériel de l'enseignement des travaux manuels de filles et travaux des élèves. **(PALAIS.)**

PAYS-BAS.

1. **ROODHUYZEN (Hendrik G.)**, à Amsterdam, Kerrengr, 318. — Méthode pour enseigner à parler la langue française. **(PALAIS.)**

2. **Ecole Normale de Demoiselles, destinées a l'enseignement dans les écoles maternelles** (Directrice : **Mlle Hardenerg**), à Leyde.— Matériel d'enseignement. Travaux d'enfants. **(PALAIS.)**

3. **Institution de Jeunes Aveugles** (Directeur : **J. H. Meyer**), à Amsterdam. — Appareils pour la lecture en relief, l'arithmétique, la géographie, la musique, l'harmonie du chant, livres, etc. **(PALAIS.)**

PORTUGAL.

1. **AZEVEDO COUTINHO (Antonio-Julio-Roiz d').** — Épreuve de calligraphie. (QUAI.)
2. **Collège de la Régénération.** — Travaux d'élèves. (PALAIS.)
3. **SILVA FARIA Jor. (José da).** — Épreuve de calligraphie. (PALAIS.)
4. **SILVA REIS (Antonio-Leonardo da).** — Épreuve de calligraphie. (PALAIS.)

COLONIES PORTUGAISES

1. **BOTHOÈS (M. L.),** à Lisbonne. — « Les Colonies portugaises. » (PALAIS.)
2. **CARVALHO (H. A. D.),** à Lisbonne. — Photographies de l'expédition au Muatianvoa ; ethnographie de l'Afrique Centrale, méthode pour parler la langue des peuples de la Lunda, etc. (PALAIS.)
3. **Direction générale des Colonies,** à Lisbonne. — Collection de livres sur l'administration des colonies.
4. **MARQUES (A. S.),** à Lisbonne. — Les climats et les productions de Malange à Lunda. (PALAIS.)
5. **PRADO (A. de S.),** à Lisbonne. — Mémoires sur les premières études du chemin de fer d'Ambaco, à Angola. (PALAIS.)
6. **RIBEIRO (Dr M. F.),** à Lisbonne. — Collection de livres sur les colonies, géographie médicale, la colonisation de la province d'Angola, etc. (PALAIS.)

ROUMANIE.

1. **BORUZESCU (Anton),** à Campina. — Tableaux de calligraphie, dessins géométriques, d'architecture, de topographie. (PALAIS.)
2. **DANIEL (Dimitri),** à Iassy, rue Golia, 46. — Éditions diverses. (PALAIS.)
3. **DEMETRESCO (J.),** à Crayova. — Cahier écrit à la main. (PALAIS.)
4. **GALLIN (Constantin),** à Botochani. — Appareil pour apprendre aux enfants à compter oralement et par écrit avec une instruction écrite en français. (PALAIS.)
5. **JONEANU (George S.),** à Mizil, strada Carol, 40. — Enseignement intuitif primaire. Géographie du district de Buzeu. Petite collection des superstitions du peuple romain ; diverses croyances et usages. (PALAIS.)
6. **LEVÈQUE (L.),** à Bucharest, calea Dorobantilor, 133. — Invàta torul, popular, grammaire française.
7. **MAXIMOVICI et ALESA,** à Iassy, rue Stefan-cel-Mare, 39. (PALAIS.)

RUSSIE.

1. **ALTSCHEWSKI (Christin),** à Kharkoff. — Livres. Lectures pour le peuple. (PALAIS.)
2. **Atelier du matériel d'enseignement,** à Saint-Pétersbourg. — Matériel d'enseignement. (PALAIS.)

3. **Comité d'enseignement**, à Saint-Pétersbourg. — Livres. (PALAIS.)

4. **Comité de l'Instruction primaire de la Société Impériale libre économique**, à Saint-Pétersbourg. — Livres. (PALAIS.)

5. **KOSSODO**, à Odessa. — Méthode de calligraphie. (PALAIS.)

6. **SITINE (J.-D.) & Cie**, à Moscou. — Livres et gravures, éditions populaires. (PALAIS.)

7. **TOPORKOFF (A.)**, à Neïvo-Alapaevsk (Perm). — Encrier inversable pour les écoles. (PALAIS.)

GRAND-DUCHÉ DE FINLANDE.

1. **École communale de la ville d'Abo**, à Abo. — Travaux exécutés par les élèves. (PARC.)

2. **École communale d'Alavo**, à Alavo. — Travaux exécutés par les élèves. (PARC.)

3. **École communale de la ville de Bjoerneborg**, à Bjoerneborg. — Travaux exécutés par les élèves. (PARC.)

4. **École communale de la ville de Kristinestad**, à Kristinestad. — Travaux exécutés par les élèves. (PARC.)

5. **École communale de Kronoborg**, à Kronoborg. — Travaux exécutés par les élèves. (PARC.)

6. **École communale de Leppaevirta Kurjalaanranta**, à Leppaevirta Kurjalaanranta. — Travaux exécutés par les élèves. (PARC.)

7. **École communale de l'asile de Nygard**, à Nygard. — Travaux exécutés par les élèves. (PARC.)

8. **École communale de Nykyrka-Anttanala**, à Nykyrka-Anttanala. — Travaux exécutés par les élèves. (PARC.)

9. **École communale de la ville de Nystad**, à Nystad. — Travaux exécutés par les élèves. (PARC.)

10. **École communale de Pémar**, à Pémar. — Travaux exécutés par les élèves. (PARC.)

11. **École communale de Tammela**, à Tammela. — Travaux exécutés par les élèves. (PARC.)

12. **École communale de la ville de Tammerfors**, à Tammerfors. — Travaux exécutés par les élèves. (PARC.)

13. **École communale de Tykoe**, à Bierno. — Travaux exécutés par les élèves. (PARC.)

14. **École communale de la ville de Wasa**, à Wasa. — Travaux exécutés par les élèves. (PARC.)

15. **École communale de Wederlaks**, à Wederlaks. — Travaux exécutés par les élèves. (PARC.)

16. **École communale de la ville de Wibourg**, à Wibourg. — Travaux exécutés par les élèves. (PARC.)

17. **École normale d'Ekenaes**, à Ekenaes. — Enseignement de professeurs pour les écoles communales, travaux des élèves. (PARC.)

18. **École normale de Juvaeskulae**, à Juvaeskulae. — Enseignement de professeurs pour les écoles communales, travaux des élèves. (PARC.)

19. Ecole normale de Nykarleby, à Nykarleby. — Enseignement de professeurs pour les écoles communales, travaux des élèves.   (PARC.)

20. Ecole normale de Sordavala, à Sordavala. — Enseignement de professeurs pour écoles communales, travaux des élèves.   (PARC.)

SAINT-MARIN.

1. Commission des études publiques, à Saint-Marin. — Règlements scolaires.   (PALAIS.)

2. Commission du Gouvernement. — Travaux scolaires, dessins à l'encre de Chine : Plan de la ville de Saint-Marin, plan du bourg de Saint-Marin, Bonaparte offrant son amitié à la République de Saint-Marin, Marinus élevant un Temple en l'honneur du Christ.   (PALAIS.)

3. TORDINI (D. Luigi), à Saint-Marin. — Modèle de banc pour les écoles primaires.   (PALAIS.)

SALVADOR.

1. CAÑAS (Salomon), à San-Salvador. — Éléments de la grammaire castillane.   (PARC.)

2. Collège National de demoiselles, à Santa-Ana. — Plan de la ville de Santa-Ana. Travaux scolaires en soie brodée.   (PARC.)

3. Département de Chalatenango. — Travaux scolaires du département.   (PARC.)

4. Département de La-Union. — Travaux scolaires du département. (PARC.)

5. Département de Santa-Ana. — Travaux scolaires du département. (PARC.)

6. GUZMÁN (Dr David), à San-Salvador. — Extraits divers sur le Salvador. De l'instruction primaire au Salvador. Histoire naturelle du Salvador.   (PARC.)

7. ORTIZ (Jesus), à San-Salvador. — Arithmétique élémentaire.   (PARC.)

SERBIE.

1. Ministère de l'instruction publique et des cultes, à Belgrade. Organisation des écoles primaires, méthodes et matériel d'enseignement. Carte géologique du royaume de Serbie, par Jovan Iouiovitch. Société médicale serbe : Bulletin de la société : « les Archives. » Librairie Vel Valojitch à Belgrade : Matériel et livres scolaires. — Carte des pays serbes par le professeur Karitch à l'usage des écoles moyennes. — Diverses publications.   (PALAIS.)

SUÈDE.

1. SELANDER (F. T.), à Gothembourg. — Table d'écolier.   (PALAIS.)

SUISSE.

1. BAECHTOLD (M.), à Andelfingen (Zurich). — Manuels et manuscrits avec tableaux ; guide pratique pour amateurs de fleurs et propriétaires de jardins. (PALAIS.)

2. **DELAY (Charles)**, à Genève, Bellevue. — Pupitre hygiénique pour écoles.
(PALAIS.)

3. **GUILLOUD-DELISLE (Vve Caroline)**, à Lausanne, rue du Grand Pont. — Cahiers de calligraphie.(Méthode Guilloud en 7 cahiers). (PALAIS.)

4. **HOFER-BURGER**, à Zurich. — Modèles : écriture, dessins, cartes et plans.
(PALAIS.)

5. **KAELIN (W. Jacques)**, à St-Gall. — Boîtes de constructions pour la jeunesse système nouveau et instructif. (PALAIS.)

6. **KAETHNER (Charles)**, à Winterthûr (Zurich). — Ouvrages d'enfants, matériel de l'enseignement de la méthode Frobel. (PALAIS.)

7. **MENN (Charles)**, à Genève, chemin de la Tour, 4. — L'enseignement professionnel en Suisse. (PALAIS.)

8. **MENN (Christian)**, à Ilanz (Grisons). — Groupes d'animaux des Alpes pour l'enseignement des enfants. (PALAIS.)

9. **ORELL FUSSLI & Cie**, à Zurich. — Livres pour les écoles primaires.
(PALAIS.)

URUGUAY.

1. **Instruction publique**, à Montevideo. — Pupitres, bancs et tables. (PARC.)
2. **RICALDONI (Pierre)**, à Montevideo. — Calcul, moral, grammaire. (PARC.)

GROUPE II.

ÉDUCATION ET ENSEIGNEMENT. MATÉRIEL ET PROCÉDÉS DES ARTS LIBÉRAUX.

CLASSE 7.

Organisation et matériel de l'enseignement secondaire.

FRANCE.

1. **BACHELET**, à Paris, rue de Chaillot, 61. — Plans et modèles d'un établissement libre d'enseignement secondaire. **(ESPLANADE.)**

2. **BACHELET (F. dit Victor)**, à Valcombe, près Dôle (Jura). — Plan-relief et plans divers avec brochure explicative. **(ESPLANADE.)**

3. **BARABAN** (Maison), **Victor Parent** successeur, à Paris, rue Saint-Honoré, 175. — Instruments de mathématiques, de précision et de dessin, topographie. **(ESPLANADE.)**

4. **BARABAN** (Maison), **Victor Parent** successeur, à Paris, rue St-Honoré, 175. — Planches à dessiner, équerres à T, instruments de géodésie et de topographie. **(E. C.) (ESPLANADE.)**

5. **BELIN & Fils (Vve Eugène)**, à Paris, rue de Vaugirard, 52. — Ouvrages pour les divers enseignements. **(ESPLANADE.)**

6. **BAZIN & Cie**, (successeurs : **Sanard, Derangeon & Cie)**, à Paris, rue Saint-Jacques, 174. — Cartes géographiques, système métrique, compas, cahiers de dessin, fournitures scolaires. **(E. C.) (ESPLANADE.)**

7. **BERTAUX**, à Paris, rue Serpente, 25. — Globes terrestres pour écoles, atlas. Exécutoires de géographie plane et en relief. Cartes astronomiques, machine géocyclique à mouvement. **(E. C.) (ESPLANADE.)**

8. **BIARD-JEANDEL (Joseph)**, à Paris, rue Saint-Marc, 22. — Modèles de dessin pour servir à l'enseignement collectif. **(ESPLANADE.)**

9. **BORNEMANN (Oscar)**, ancienne maison **Le Bailly**, à Paris, rue de l'Abbaye, 2 bis. — Enseignement musical, danses avec théorie. **(ESPLANADE.)**

10. **BOUGUERET (Ambroise-F.)**, à Paris, boulevard Montmorency, 21. — Publications diverses, 1,200 planches de dessin (architecture, machines, lavis) réunies en albums et exécutées par 800 élèves du lycée Saint-Louis. **(ESPLANADE.)**

11. BRODY (Alexandre), à Paris, rue de Lancry, 5. — Solfège pratique, solfège des commençants, devoirs de musique et dictées. **(ESPLANADE.)**

12. CAEN (Le maire de), à Caen (Calvados). — Établissement d'instruction de la ville. **(ESPLANADE.)**

13. CARUE (Ph.), à Paris, rue de Saint-Denis, 202. — Appareils et agrès de gymnastique. Modèles réduits au 1/10ᵉ par Carue. **(ESPLANADE.)**

Modèles brevetés et déposés. — Récompenses : Médailles 1867 Paris, 1873 Vienne, 1878 Paris, 1885 Anvers ; Chevalier du Nicham, 1888 Barcelone, 1888 Bruxelles ; Officier d'Académie, Hors concours, jury ; 1888 Melbourne.

14. CHANÉ (Adolphe), à Paris, rue du Puits-de-l'Ermite, 9. — Instruments de physique. **(ESPLANADE.)**

15. CHASSEVANT (Mlle Marie-A.), à Paris, rue de Saint-Pétersbourg, 6. — Cours d'éducation et d'instruction musicales, d'après la méthode Pape-Carpentier. **(ESPLANADE.)**

Emploi de signes mobiles. — Système Chassevant.
Mention honorable à l'Exposition universelle en 1878.

16. CHOUANARD (J.) & Fils (Aux forges de Vulcain), à Paris, rue de Saint-Denis, 3. — Outillage pour travaux manuels. **(ESPLANADE.)**

17. CHOUANARD (J.) & Fils, à Paris, rue de St-Denis, 3. — Outillage pour travaux manuels. **(E. C.) (ESPLANADE.)**

18. COLIN (Armand), & Cie, à Paris, rue de Mézières, 1. — Publications d'enseignement secondaire. **(ESPLANADE.)**

19. COLIN (Armand) & Cie, à Paris, rue de Mézières, 1. — Cartes géographiques et atlas. Tableaux muraux de dessin et cahiers, etc. **(E. C.) (ESPLANADE.)**

20. Collége Sainte-Barbe, à Paris, place du Panthéon, rue Cujas, 2. — Plans, modèles, vues photographiques, programmes, etc. **(ESPLANADE.)**

Plan en relief du Petit Collège. Modèle de dortoir. Modèle d'étude. Vues de Ste-Barbe de Paris et de Ste-Barbe des Champs. — A Paris, école préparatoire et maison classique (externat et internat). Préparation à toutes les écoles du gouvernement, aux divers baccalauréats, au commerce et à l'industrie. — A Fontenay-aux-Roses, petit Collège pour enfants de 8 à 12 ans.

21. COLLOT (Ambroise) & Fils (Armand), à Paris, boulevard Edgard-Quinet, 8. — Trébuchet et balances d'analyses, poids et mesures-étalons en cuivre, mesures en verre, divisées et jaugées. **(ESPLANADE.)**

22. COTTILLON (Johannes), à Romanèche-Thorins (Saône-et-Loire). — Éléments d'un cours de lavis à teintes plates. **(ESPLANADE.)**

Professeur de dessin géométrique. Mention honorable, Exposition universelle, Paris 1878.

23. CROIZEMARIE (Alphonse), à Paris, boulevard Bonne-Nouvelle, 31. — Crémones pour fermeture de vasistas pour l'aération et la ventilation des salles d'école, etc. **(ESPLANADE.)**

24. CROUSLE (F.-L.), à Paris, rue Gay-Lussac, 24. — Cours de grammaire française. **(ESPLANADE.)**

25. CUBAIN (Jules-L.-V.), ancienne maison **Baudon & Fils**, à Paris, rue du Faubourg-St-Martin, 49. — Plans et dessins de fourneaux et appareils culinaires pour lycées. **(ESPLANADE.)**

Cubain, ingénieur des arts et manufactures. Fournisseur des Lycées Janson de Sailly, Lakanal, petit Lycée Louis-le-Grand, Versailles, Moulins, Quimper, Montauban, Montluçon, Bayonne, Guéret, Toulon, Mont-de-Marsan, etc. Collège Rollin. Lycées de Jeunes Filles : Fénelon, Racine, Molière, etc. Voir Exposition, classe 27, groupe III.

26. DAMON (Alfred) & Cie, ancienne Maison **Krieger**, à Paris, rue du Faubourg-Saint-Antoine, 74. — Mobilier scolaire, tables de classes, d'études, etc. **(ESPLANADE.)**

27. DAMON (Alfred) & Cie, à Paris, rue du Faubourg-Saint-Antoine, 74. — Mobilier scolaire.   **(E. C.) (ESPLANADE.)**

28. DELAGRAVE (Charles), à Paris, rue Soufflot, 15. — Livres et matières d'enseignement secondaire, livres et matériel d'enseignement classique, géographie, publications illustrées.   **(ESPLANADE.)**

Mobilier, matériel, publications d'enseignement secondaire classique spécial des jeunes filles. Dessin. Journaux d'enseignement et de récréation. St-Nicolas, Musée des familles.

29. DELALAIN Frères, à Paris, rue des Écoles, 56. — Ouvrages classiques d'enseignement secondaire.   **(ESPLANADE.)**

30. DEYROLLE (Émile), à Paris, rue du Bac, 46. — Tableaux et collections d'histoire naturelle, micrographie. Instruments pour les études d'histoire naturelle.   **(E. C.) (ESPLANADE.)**

31. DUBOURGUET (Amable-S.), à Paris, boulevard de Magenta, 33 bis. — Godets et encriers pour tables d'école, boulier-compteur, pièces géométriques.   **(ESPLANADE.)**

32. DUBOURGUET, (Amable-S.), à Paris, boulevard de Magenta, 33 bis. — Godets pour tables d'école, boulier-compteur. Pièces géométriques.   **(E. C.) (ESPLANADE.)**

33. DUQUESNE (Alfred), à Paris, rue de la Sorbonne, 16. — Modèles d'armes de tir, tableaux comparatifs de l'organisation des concours de tir dans les communes de France et d'Algérie.   **(ESPLANADE.)**

Appareils et méthodes pour l'organisation des tirs à la cible dans les écoles et dans les communes, destinés à développer dans les campagnes le goût et la pratique du tir.

Organisation de Concours de tir dans les communes pour entretenir et développer l'éducation militaire des jeunes gens en ce qui concerne les exercices de tir.

Mention honorable à l'Exposition universelle 1878 (groupe II, classe 7).

34. DUVERNOY (Henri-L.-C.), à Paris, rue Perdonnet, 20. — Didactiques pour l'enseignement du solfège et du chant.   **(ESPLANADE.)**

Médaille d'argent, Paris 1878 ;
Médaille de bronze, Amsterdam 1883.
Médaille d'argent, Anvers 1885.
Officier de l'Instruction publique. Chevalier de l'Ordre de Léopold de Belgique.

35. École alsacienne, Directeur : **Rieder,** à Paris, rue Notre-Dame-des-Champs, 109. — Rapports annuels 1874-88. Documents divers, photographies, ouvrages publiés par les professeurs.   **(ESPLANADE.)**

36. École Monge (Société anonyme fondée par des anciens élèves de l'École polytechnique), à Paris, boulevard Malesherbes, 145. — Plans en relief, plan d'ensemble, détail d'une classe et d'un dortoir.   **(ESPLANADE.)**

37. FOURAUT (A.), à Paris, rue Saint-André-des-Arts, 47. — Méthode de dessin, langues étrangères, littérature française, etc.   **(ESPLANADE.)**

38. FRÉTÉ & Cie, à Paris, boulevard de Sébastopol, 12. — Agrès, appareils et machines de gymnastique, escrime et jeux.   **(E. C.) (ESPLANADE.)**

39. GAFFRÉ & JOUDRIER, à Paris, rue de Braque, 4. — Plume scolaire de J. Alexandre.   **(ESPLANADE.)**

40. GAFFRÉ & JOUDRIER, à Paris, rue de Braque, 4. — Plume scolaire (J. Alexandre).   **(E. C.) (ESPLANADE.)**

41. GAULTIER (Jules-L.-S.), à Paris, quai des Grands-Augustins 55. — Cartes murales de géographie. Tableaux divers.   **(ESPLANADE.)**

42. GAULTIER (Jules-L.-S.), à Paris, quai des Grands-Augustins, 55. — Cartes murales de géographie. Tableaux de topographie. Tableaux des poids et mesures.   **(E. C.) (ESPLANADE.)**

43. GENESTE, HERSCHER & Cie, à Paris, rue du Chemin-Vert, 42. — Spécimens en nature, classe d'hygiène.
(ESPLANADE.)

Dessins de procédés spéciaux de chauffage et de ventilation adoptés et fonctionnant dans les lycées et dans les principaux établissements d'enseignement secondaire. Dispositions hygiéniques de cabinets d'aisances et de conduites d'évacuation. — Voir Pavillon spécial, à l'Esplanade des Invalides (appareils en fonctionnement).

44. GOUBEAUX (Ambroise), à Paris, boulevard Saint-Germain, 216. — Instruments de physique.
(ESPLANADE.)

45. GOUBEAUX (Ambroise), à Paris, boulevard Saint-Germain, 216. — Instruments de physique pour l'enseignement secondaire. **(E. C.)** (ESPLANADE.)

46. GUÉRIN (Gustave) & Cie, à Paris, rue des Boulangers, 22. — Cartes et atlas géographiques, livres classiques.
(ESPLANADE.)

47. GUÉRIN (Gustave) & Cie, à Paris, rue des Boulangers, 22. — Atlas, cahiers de géographie, de cartographie, d'écriture, pochettes de compas, cartes géographiques. **(E. C.)** (ESPLANADE.)

48. HACHETTE, à Paris, boulevard Saint-Germain, 79. — Ouvrages divers d'enseignement secondaire.
(ESPLANADE.)

49. Institution Springer, (Directeurs : **Ziegel, Engelmann & Lippmann**), à Paris, rue de la Tour-d'Auvergne, 34. — Plans et vues de l'établissement, plans d'études, livres spéciaux, travaux des élèves.
(ESPLANADE.)

50. KLINCKSIECK (F.-Charles-H.-C.), à Paris, rue de Lille, 11. — Livres de philologie classique pour l'enseignement supérieur et secondaire. (ESPLANADE.)

51. KUHFF, à Paris, boulevard des Batignolles, 17. — Ouvrages d'allemand.
(ESPLANADE.)

52. LAGO (Eugène), à Auch (Gers), rue Alin. — Reliefs de géométrie descriptive.
(ESPLANADE.)

53. LALANNE (Ernest), à Paris, rue Troyon 12. — Cheval de bois pour la démonstration des principes de l'équitation.
(ESPLANADE.)

54. LEDUC, à Paris, rue de Grammont, 3. — Matériel pour l'enseignement secondaire de la musique.
(ESPLANADE.)

Récompenses obtenues :

1878, Paris, Exposition universelle, médaille d'or ; 1879, Sydney, 1er prix ; 1880, Melbourne, 1er prix ; 1885, Anvers, médaille d'or ; 1888, Barcelone, médaille d'or ; 1888, Bruxelles, diplôme d'honneur.

1881, Chevalier de la Légion d'honneur. — 1877, Officier d'académie.

55. LEFÈVRE (V.-Gustave), à Paris, passage de l'Elysée-des-Beaux-Arts, 10. — Traité d'harmonie.
(ESPLANADE.)

56. LEMOINE (Alexandre), à Orléans (Loiret), rue Saint-Euverte, 37. — Tableau omnitonique (théorie et pratique de l'intonation rendues sensibles aux yeux).
(ESPLANADE.)

57. Librairie des dictionnaires (Louis Vaz), à Paris, passage Saulnier, 7. — Dictionnaire encyclopédique de l'industrie et des arts industriels de E. O. Lami.
(ESPLANADE.)

58. LIEFQUIN & Cie, à Paris, rue du Luxembourg, 20. — Lavabos scolaires, etc.
(ESPLANADE.)

59. LUTZ (Édouard), à Paris, boulevard Saint-Germain, 65. — Instruments d'optique, appareils de projection microscopiques. **(E. C.)** (ESPLANADE.)

60. MAIGNANT (G.), à Paris, boulevard Bonne-Nouvelle, 31. — Vasistas à crémones pour collèges et lycées.
(ESPLANADE.)

61. MANIER, à Paris, rue Hallé, 4. — Écorché à l'usage des écoles. (ESPLANADE.)

62. MÉLIOT (A.), à Paris, rue Chauchat, 5. — Volumes de musique. (ESPLANADE.)

63.   MINISTÈRE DE L'INSTRUCTION PUBLIQUE (Exposition collective des services du), à Paris.   (ESPLANADE.)

DIRECTION DE L'ENSEIGNEMENT SECONDAIRE.

M. Morel, Directeur.

Plans et photographies des principaux lycées et collèges.

Plan en relief du lycée de Laon et reliefs des divers organes d'un lycée (classe, étude, réfectoire, dortoir, lavabo).

Une bibliothèque de quartier.

Un petit musée d'art pour les lycées et collèges de jeunes filles.

Divers objets de mobilier scolaire.

Statistique de l'enseignement secondaire et programme pour les lycées et collèges de garçons et de jeunes filles (MM. DE GALEMBERT, ROBIN, DERRAS et GAY).

Bibliothèque des ouvrages publiés par les professeurs et fonctionnaires de l'enseignement secondaire.

BATTEUR, à Lille (Nord). — Plan du lycée de Tourcoing.   (ESPLANADE.)

BAUDOT (J.-E.-Anatole de), à Paris, place de Rennes, 3. — Plans du lycée Lakanal, à Sceaux, et du lycée de Tulle (Corrèze).   (ESPLANADE.)

BOESWILLWALD (Paul-L.), à Paris, boulevard St-Michel, 6. — Plans, façades et coupes du collège de Tlemcen.   (ESPLANADE.)

CARLIER, à Montpellier (Hérault), rue de Maguelone, 17. — Plans du collège de Narbonne.   (ESPLANADE.)

DEMÉNIEUX (P.-Édouard), à Paris, rue Fontaine, 10. — Plans du lycée de jeunes filles de Guéret.   (ESPLANADE.)

ERMANT (G.), à Laon (Aisne). — Plans en relief du lycée de Laon, photographies, etc.

GALINIER, à Toulouse (Haute-Garonne), rue Bayard, 3. — Plans du lycée de Foix.   (ESPLANADE.)

GOET (Paul-E.-A.), à Paris, rue du Vieux-Colombier, 20. — Plans du lycée de Quimper (Finistère), et du lycée Racine, à Paris.   (ESPLANADE.)

HARDY, à Paris, rue du Bac, 32. — Plans du collège de Romans (Drôme).   (ESPLANADE.)

HUMBERT (Paul-E.-M.) et PICTO (Octave), à Pontivy (Morbihan). — Modèle de coupe de pierres.   (ESPLANADE.)

JACON (Alexandre), à Paris, boulevard Saint-Michel, 71. — Plans, coupes, élévations du lycée de Digne (B.-Alpes) et du collège de Menton (Alpes-maritimes). (ESPLANADE.)

LAISNÉ (J.-Charles), à Paris, rue de Rennes, 61. — Plans du lycée Janson de Sailly, à Paris.   (ESPLANADE.)

LE COEUR, à Paris, rue Humboldt, 23. — Plans du grand et du petit lycée Louis-le-Grand.

LUQUIN (Mlle), à Lyon (Rhône), rue de la République, 17. — Le Commerce : enseignement synthétique en seize tableaux.   (ESPLANADE.)

MAUGER, à Annecy (Haute-Savoie). — Plans du lycée d'Annecy.   (ESPLANADE.)

MÉLINE, professeur au collège, à Remiremont (Vosges). — Cartes en relief du département des Vosges au 1/160000.   (ESPLANADE.)

NATHAN (Charles) et LEMAIRE (Edmond), à Paris, rue Vanneau, 15. — Plans et façades du collège d'Avesnes (Nord).   (ESPLANADE.)

PRÉBOURG (Alfred-E.), à Chartres (Eure-et-Loir), boulevard Chasles, 15. — Plans du lycée de Chartres.   (ESPLANADE.)

PROUST, à Paris, rue d'Assas, 104. — Plans du collège de Fontainebleau. (ESPLANADE.)

SÉE (Camille), à Paris, avenue des Champs-Élysées, 65. — Revue mensuelle : Les lycées et collèges de jeunes filles ; l'enseignement secondaire des jeunes filles.   (ESPLANADE.)

TALAIRU (Jules-V.-J.), à Paris, boulevard St-Germain, 97. — Études anatomiques de l'homme, pour l'enseignement dans les lycées de la physiologie et du dessin.   (ESPLANADE.)

TRAIN (Eugène), à Paris, boulevard de Ménilmontant, 99. — Plans du lycée Voltaire, à
   Paris.   (ESPLANADE.)

SOCIÉTÉ NATIONALE DES PROFESSEURS DE FRANÇAIS, en Angleterre, à Londres, Bedford,
   Stand, 20 (Angleterre). — Ouvrages pour l'enseignement du français en Angleterre.
                                                                             (ESPLANADE.)

VAUDREMER, à Paris, boulevard Exelmans, 64. — Plans des lycées Buffon, Molière,
   à Paris, de Grenoble et de Montauban.   (ESPLANADE.)

VILLEMOT (N. Antoine), à Paris, rue Rousselet, 21. — Études sur l'organisation, le
   fonctionnement et les progrès de l'enseignement secondaire des jeunes filles de
   France de 1879 à 1887.   (ESPLANADE.)

64. MONROCQ Frères, à Paris, rue Suger, 3. — Modèles de dessin.
                                                                             (ESPLANADE.)

65. MONROCQ Frères, à Paris, rue Suger, 3. — Modèles de dessin et cahiers
   de dessin.   (E. C.) (ESPLANADE.)

66. MURET (Charles), à Paris, rue Notre-Dame-des-Champs, 90. — Modèles
   en relief et dessins pour l'enseignement des mathématiques pures et appliquées.
                                                                             (ESPLANADE.)

   Collections adoptées par l'Université. Récompenses : Paris, 1878, Anvers 1885, Méd. or.

67. NÉEL, à Rueil (Seine-et-Oise). — Méthode de lecture, tableaux muraux avec
   livrets d'exercice, méthode de dessin.   (ESPLANADE.)

68. NOË (Charles-F.), à Paris, rue Berthollet, 8. — Matériel de physique pour
   l'enseignement secondaire et supérieur.   (ESPLANADE.)

69. NOË (Charles F.), à Paris, rue Berthollet, 8. — Instruments de physique pour
   l'enseignement des lycées et des collèges. Appareils classiques d'électricité. Instruments de mesures électriques.   (E. C.) (ESPLANADE.)

70. NOLOT (Antoine-J.), à Lyon (Rhône), rue Cavenne, 21. — Plan de son institution, éclairage électrique, chauffage à vapeur, buanderie, bains, service des eaux.
                                                                             (ESPLANADE.)

71. NONY & Cie, à Paris, rue des Écoles, 17. — Ouvrages scientifiques d'enseignement secondaire.   (ESPLANADE.)

72. PARENT (Mlle C.-F.-Hortense), à Paris, rue des Beaux-Arts, 9. —
   Livres et cahiers de musique.   (ESPLANADE.)

   Fondatrice-directrice de l'École préparatoire au professorat de piano, O. Ç. — Ensemble
   d'ouvrages didactiques pour l'application de la méthode d'enseignement de l'auteur, laquelle a
   pour base le développement de l'initiative personnelle de l'élève, au moyen de l'étude raisonnée.
   Titres des Ouvrages : Exposition de sa méthode d'enseignement pour le piano. — Les Bases
   du mécanisme. — Gammes et arpèges. — Rythme et mesure. — Lecture des notes sur toutes
   les clés (à l'aide d'une méthode nouvelle fondée sur la mémoire des yeux). — Méthode de transpo-
   sition. — L'Étude du piano, manuel de l'élève. — La méthode dans le travail, etc. — Cet
   ensemble d'ouvrages comprend les trois degrés de l'enseignement musical : élémentaire, secondaire, supérieur. — Chez M. Hamelle (ancienne maison Maho), 22, boulevard Malesherbes,
   et chez M. Henri Thauvin, 86, boulevard Saint-Michel, éditeurs de musique.

73. PELLETIER (J.-B.), à Paris, rue Bailly, 5. — Plusieurs petites machines
   à vapeur démonstratives pour les écoles.   (ESPLANADE.)

74. PELLIN (Philibert), Successeur de **Jules Duboscq,** à Paris, rue de
   l'Odéon, 21. — Appareils pour l'enseignement scientifique dans les lycées, collèges.
                                                                             (ESPLANADE.)

75. PETIT (Pierre), à Paris, place Cadet, 3. — Portrait de M. le Président de la
   République.   (E. C.) (ESPLANADE.)

76. PICARD (Alcide) & KAAN, à Paris, rue Soufflot, 11. — Boulier-compteur, tableaux de lecture, tableau cosmographique, géo-sélénographe, nécessaire
   métrique, nécessaire d'arpentage et de nivellement.   (ESPLANADE.)

77. PICARD (Alcide) & KAAN, à Paris, rue Soufflot, 11. — Boulier-compteur,
   tableaux de lecture et de cosmographie, géo-sélénographe, nécessaire d'arpentage, de
   nivellement et métrique.   (E. C.) (ESPLANADE.)

78. PICART (A.), à Paris, rue Mayet, 20. — Instruments de précision, microscopes, spectroscopes, prismes et lentilles, miroirs.   **(E. C.)** (ESPLANADE.)

79. QUANTIN (Maison), **Compagnie générale d'impression & d'édition**, à Paris, rue Saint-Benoît, 5. — Librairie, modèles de dessin.   (ESPLANADE.)

80. QUANTIN & Cie, à Paris, rue Saint-Benoît, 7. — Modèles de dessin.   **(E. C.)** (ESPLANADE.)

81. RADIGUET, à Paris, boulevard des Filles-du-Calvaire, 15. — Appareils et instruments de physique.   **(E. C.)** (ESPLANADE.)

82. ROUEN (Ville de) — Plans du lycée de Rouen (Seine Inf°.)   (ESPLANADE.)

83. ROUSSEAU (Paul), à Paris, rue Soufflot, 17. — Matériel de l'enseignement technologique et scientifique. Appareils et instruments de physique et de chimie. Collections et tableaux pour l'enseignement des sciences.   (ESPLANADE.)

84. ROUSSEAU (Paul) & Cie, à Paris, rue Soufflot, 17. — Collection des produits chimiques, matériel de laboratoire, appareils à gaz, tableaux de manipulations chimiques, instruments de physique.   **(E. C.)** (ESPLANADE.)

85. Société anonyme des ateliers de Neuilly, (Directeur : **O. André**), à Neuilly (Seine), rue de Sablonville, 9. — Tables-bancs pour classes, études, amphithéâtres, etc.   (ESPLANADE.)

86. Société centrale des Produits chimiques, (ancienne maison **Rousseau**), à Paris, rue des Écoles, 44. — Produits et appareils de physique et de chimie.   (ESPLANADE.)

87. Société de gymnastique et de tir de Bordeaux (Longchamps), à Bordeaux (Gironde), place de Longchamps, 5. — Albums, tableaux et médaillons.   (ESPLANADE.)

88. SUZANNE (Léon), à Paris, rue Malebranche, 5. — Tableaux ardoisés, cartes murales et manuelles, récompenses, tables, bancs, ardoises factices noires et blanches.   (ESPLANADE.)

Médaille d'argent, Paris 1878 ; médaille d'or, Bruxelles 1888.

89. SUZANNE (L.), à Paris, rue Malebranche, 5. — Matériel et mobilier d'enseignement, ardoisage des tableaux noirs.   **(E. C.)** (ESPLANADE.)

90. SYNDICAT du matériel & du mobilier de l'Enseignement, (Exposition collective du), Président : **Deyrolle**, à Paris, rue Saint-Benoît, 7.   (ESPLANADE.)

BARABAN.	FRÉTÉ & Cie.	PETIT (Pierre).
BAZIN & Cie.	GAFFRÉ & JOUDRIER.	PICARD (A.) & KAAN.
BERTAUX.	GAULTIER (J.).	PICART (A.).
CHOUANARD (J.) & Fils.	GOUBEAUX.	QUANTIN & Cie.
COLIN (A.) & Cie.	GUÉRIN (G.) & Cie.	RADIGUET.
DAMON & Cie.	MAIGNANT (G.).	ROUSSEAU (P.) & Cie.
DEYROLLE (E.).	MONROCQ Frères.	SUZANNE (L.).
DUBOURGUET.	NOÉ (Ch.).	

91. TRACY (Anna-E. de), à Toulon (Var), rue Saint-Joseph-Clazot. — L'italien en quatre mois, 1er vol. méthode, 2me vol. Lectures choisies, modèles de lettres.   (ESPLANADE.)

92. TROJELLI (A.), à Paris, rue Rhumkorff, 4. — Ouvrages concernant la musique. Piano et chant élémentaire.   (ESPLANADE.)

93. Union des Sociétés de tir de la région de Paris, Président : **J. Simien**, à Paris, rue Cail, 14. — Travaux et dessins spéciaux.   (ESPLANADE.)

94. Union nationale des Sociétés de tir de France, à Paris, rue Montmartre, 16. — Projet de construction d'un stand national, biographie des sociétés de tir de France.   (ESPLANADE

COLONIES.

ALGÉRIE.

1. École nationale d'apprentissage, à Dellys (Alger). — Exposition technique de l'enseignement professé dans cet établissement.   **(ESPLANADE.)**

2. GALLAND (De), à Alger. — Histoire générale du collège, du grand lycée d'Alger, et du petit lycée de Ben-Aknoun.   **(ESPLANADE.)**

3. GUÉRIN (E.-P.), à Tlemcen (Oran). — « La clé du langage arabe » et le « réveil des créatures » (ouvrage arabe manuscrit).   **(ESPLANADE.)**

4. LESTRADE (Augustin), à Médéah (Alger). — Méthode de perspective d'observation.   **(ESPLANADE.)**

5. Ligue de l'enseignement (Directeur : **Alphandéry**), à Alger, rue de la Licorne, 1. — Vues et dessins de l'école secondaire des filles et du mobilier scolaire, travaux scolaires, instruments et modèles.   **(ESPLANADE.)**

6. MERCIER (Ernest), à Constantine, rue Desnoyers, 19. — Études sur l'Algérie, ouvrages brochés et cartes.   **(ESPLANADE.)**

GABON CONGO.

1. LEBERRE, (Évêque des deux Guinées), au Gabon. — Ouvrages en langue m'pongouée.   **(ESPLANADE.)**

2. READING (Joseph), à Baraka (Gabon). — Ouvrages en langue m'pongouée, Benga Fan (pahouine).   **(ESPLANADE.)**

INDE FRANÇAISE.

1. SAVARAYALON-NAIKER, Inde. — Recueils et tableaux de chants tamouls.   **(ESPLANADE.)**

PAYS DE PROTECTORAT.

TUNISIE.

1. Direction de l'Enseignement public de la Régence, à Tunis. — Livres.   **(ESPLANADE.)**

PAYS ÉTRANGERS.

BELGIQUE.

1. Ateliers d'apprentissage de la Flandre-Occidentale, (Inspecteur : **Van den Daele**), à Bruges, rue de l'Atelier, 30. — Produits fabriqués. Enseignement. **(PALAIS.)**

2. CUPÉRUS (N.-J.), à Anvers, Avenue Van Eyck, 8. — Maquette de gymnase. Modèles d'engins de gymnastique, gymnase de chambre, publications. **(PALAIS.)**

3. DU FIEF (Jean), à Bruxelles, rue Potagère, 171. — Livres, atlas et cartes pour l'enseignement de la géographie. Abrégé d'histoire universelle. **(PALAIS.)**

4. Ecole de dessin & école industrielle réunies (Directeur : **Meerts**), à Soignies. — Travaux des élèves. **(PALAIS.)**

5. Ecole industrielle, à Bruges, rue des Pelletiers. — Dessins et travaux des élèves. **(PALAIS.)**

6. Ecole industrielle (Directeur : **Charlier**), à Charleroi. — Dessins exécutés par les élèves. Modèles et appareils pour l'enseignement. **(PALAIS.)**

7. Ecole industrielle, à Huy. — Dessins de machines, d'architecture et d'ornement. **(PALAIS.)**

8. Ecole industrielle de Morlanwelz (Directeur : **Godeaux Auguste**). — Programmes des cours ; notices et rapports. Travaux des élèves, etc. **(PALAIS.)**

9. Ecole industrielle, à Namur, rue des Fossés. — Dessins de machines, d'architecture et de construction. Pièces de construction et appareils mécaniques. **(PALAIS.)**

10. Ecole professionnelle (Directeur : **Ledent Jean**), à Verviers, rue Belle-Vue, 2. — Objets classiques modèles, dessins, albums traité de tissage. **(PALAIS.)**

11. HANNET (F.), Inspecteur des ateliers d'apprentissage de la Flandre orientale, à Gand, rue Coupure, 141. — Appareils de tissage. Tissus exécutés par les élèves. Tableaux d'enseignement. **(PALAIS.)**

12. JOLY (Auguste), à Ixelles, rue Francart, 18. — Atlas de géographie. Cartes. **(PALAIS.)**

13. KEELHOFF (Adrien), à Anvers, rue de la Commune, 17. — Brochures : « réorganisation de l'enseignement », etc. **(PALAIS.)**

14. LEDENT (Jean), à Verviers, rue Belle-Vue, 2. — Objets classiques : Modèles, dessins, album, etc. Traité de tissage. **(PALAIS.)**

15. LYON (Clément), à Charleroi, rue de Montigny, 9. — « L'éducation populaire », journal hebdomadaire. **(PALAIS.)**

16. MASSART (Émile), à Liège, rue Sœurs-de-Hasque, 17. — Notes sur la comptabilité industrielle et commerciale. **(PALAIS.)**

17. MASSAU (Alfred), à Verviers, rue d'Ensival, 8. — Cours de violoncelle. **(PALAIS.)**

18. MICHAUX (Édouard), à Châtelet. — Traités de comptabilité et autres ouvrages sur la matière. **(PALAIS.)**

19. MOUZON (Joseph), à Louvain, rue Nobel, 34. — Cours complet de géographie adopté par le conseil de perfectionnement de l'enseignement. **(PALAIS.)**

20. NUMANS (Auguste), à Bruxelles, rue de la Croix-de-Fer. — Cours d'aqua-forte. **(PALAIS.)**

21. SIMON (Alexandre), à Trazegnies. — Plans d'écoles. **(PALAIS.)**

22. VAN DER WÉE (F.-Florent), à Anvers, rue Herreyns, 9. — Cartes géographiques scolaires. **(PALAIS.)**

BRÉSIL.

(Voir son Catalogue spécial.)

CHILI.

1. ANTONIETTI (Daniel), à Santiago. — Compositions musicales. **(PARC.)**

2. CHASSIN-TRUVERT (D.), à Valparaiso. — Compositions musicales **(PARC.)**

3. DEBUYÈRE (Carlos), à Lota. — Appareil pour l'enseignement de la musique. **(PARC.)**

4. École professionnelle de jeunes filles, à Santiago. — Broderies, fleurs, boîtes, gants. **(PARC.)**

5 GUZMAN (Eustaquio 2ᵉ), à Santiago. — Compositions musicales. **(PARC.)**

6. HERRERA (Emilio), à Santiago. — Compositions musicales. **(PARC.)**

7. ORRÉGO (M.-A.), à Santiago. — Compositions musicales. **(PARC.)**

8. PETRIS (Fabio de) à Santiago. — Compositions musicales. **(PARC.)**

9. ULLOA MIRANDA (Alberto), à Santiago. — Compositions musicales. **(PARC.)**

10. YENTZEN (Adolfo), à Santiago. — Compositions musicales. **(PARC.)**

DANEMARK.

1. École de Dessin & d'Industrie des jeunes filles, (Directrice : **Mme Klein**), à Copenhague. — Travaux des élèves. **(PALAIS.)**

ÉQUATEUR.

1. Commission coopérative, à Quito. — Oiseaux empaillés. **(PARC.)**

ESPAGNE.

1. Collège de Sourds-Muets, à Séville. — Ouvrages d'éducation spéciale, industrielle et artistique. **(PALAIS.)**

2. REGIDOR (A. M.), à Manille (Philippines). — Tableaux d'histoire coloniale. **(PALAIS.)**

3. **SAMI SIRÉS (Antonio)**, à Madrid. — Tableau de calligraphie.   **(PALAIS.)**

4. **SERVAT (Guilleimo)**, à Barcelone. — Travail de calligraphie.   **(PALAIS.)**

ÉTATS-UNIS.

1. **BETZ (Carl)**, à Kansas-City, Mo. — Manuels de gymnastique « bâtons indiens, haltères, anneaux, baguettes ».   **(PALAIS.)**

2. **BOBRICK (G. A.) & Co.**, à Boston, Mass. — Pupîtres et chaises pour écoles.   **(PALAIS.)**

3. **CHOLLET (Eugène)**, à Fort Lee, N. J. — Livre de musique « Volapuk ».   **(PALAIS.)**

4. **HEATH (D. C.) & Co.**, à Boston, Mass., 5, Somerset street. — Livres de textes pour écoles et pour collèges, petites cartes, lanterne astronomique, tablettes à nombres de Duschan.   **(PALAIS.)**

5. **OSBORN (Henry S.)**, à Oxford, O. — Carte murale de la Palestine et d'une partie de la Syrie, à l'est et à l'ouest du Jourdain.   **(PALAIS.)**

6. **Rensellaer Polytechnic Institute**, Président : **John E. Peck**, à Troy, N. Y. — Cartes statistiques, photographies diverses ; gravures d'ouvrages publiés sous la direction de Gradués.   **(PALAIS.)**

7. **SILVER BURDETT & Co.**, à Boston, Mass., Broomfield street, 50. — Exercices de musique et tableaux du cours normal de musique.   **(PALAIS.)**

ITALIE.

1. **BRIANZI (Louis)**, à Milan, via Ugo Foscolo, 3. — Nouvelle grammaire française, à l'usage des Italiens. « L'Abeille », livre de lecture avec notes italiennes.   **(PALAIS.)**

2. **DE MEDICI DILOTTI (Spiridion)**, à Messine, via Cola Pesce, 32. — Réforme grammaticale pour l'enseignement de la langue grecque.   **(PALAIS.)**

3. **PALAZZI (Romeo)**, à Rome. — Cours élémentaire d'ornement.   **(PALAIS.)**

4. **SIMONETTI (Joseph)**, à Naples, via Lungo Gelso, 122. — Lectures françaises à l'usage des écoles techniques. Essais d'une nouvelle méthode de prononciation.   **(PALAIS.)**

5. **ZUCCHETTI (Alexandre)**, à Todi (Umbrie). — Vase de cristal, contenant toutes les formes géométriques taillées en bois, avec le texte pour l'enseignement de la géométrie.   **(PALAIS.)**

JAPON.

1. **KATAMAYA (Chokuyei)**, Tokio-fu Yotsuya Ku. — Carte géographique de l'Empire du Japon.   **(PALAIS.)**

2. **Ministère de l'Instruction publique**, à Tokio. — Modèles d'établissements d'enseignement secondaire, écoles normale, commerciale, commerciale préparatoire, des arts et metiers et de musique ; photographies ; matériel, travaux des élèves, outils, règlements, tableaux, registres, billets commerciaux, livres et instruments de musique.   **(PALAIS.)**

GRAND-DUCHÉ DE LUXEMBOURG.

1. RUTH (Théodore), à Luxembourg. — Aquarelles et dessins à la plume, appareil servant à l'enseignement de la perspective linéaire. **(PALAIS.)**

NORVEGE.

1. BRUN (Librairie de A.), à Trondhjem. — Planches zoologiques à l'usage des écoles, par P. Dybdahl, chef d'institution. **(PALAIS.)**

2. PETERSEN (Harald), à Christiania. — Méthode de dessin adoptée dans les écoles primaires de Norvège. **(PALAIS.)**

PAYS-BAS.

1. NOEST (J.), à Leyde. — Figures mathématiques en bois. **(PALAIS.)**

PORTUGAL.

1. Musée colonial, à Lisbonne. — Produits coloniaux. **(PALAIS.)**

ROUMANIE.

1. BERAR (Michel), à Bucharest. — Cours de langue allemande, calendriers scolaires pour 1887 et pour 1888. **(PALAIS.)**

2. BURADA (Théodor T.), à Iassy, strada Dambu, 20. — Écrits littéraires et musicaux. **(PALAIS.)**

3. MEZRETTI (Pietro), à Iassy. — Méthodes de chant. **(PALAIS.)**

4. MUSICESCO (Gabriel), à Iassy, cour de la Métropole. — OEuvres musicales imprimées et manuscrites. **(PALAIS.)**

5. PAWLOSKI (Michail), à Calàrasi. — « Eiffel » valse pour piano-forte et pour musique. **(PALAIS.)**

RUSSIE.

1. ESERSKY, à Saint-Pétersbourg. — Comptabilité et machine à calculer. **(PALAIS.)**

SAINT-MARIN.

1. Commission du Gouvernement. — Carte topographique du Territoire de Saint-Marin. **(PALAIS.)**

2. PELAGI (Ferdinando), à Saint-Marin. — Traités de physique et de chimie. **(PALAIS.)**

SALVADOR.

1. ARRIOLA (Docteur Doroteo J.), à San-Salvador. — Droit justicier et international. **(PARC.)**

2. ARRIOLA (Docteur Eduardo), à San-Salvador. — Code militaire. **(PARC.)**

3. BONILLA (Docteur Tiburcio G.), à San-Salvador. — Commentaires sur le Code civil salvadorien. **(PARC.)**

4. BRIZUELA (M.), R. REYES & A. CASTRO, à San-Salvador. — Code des mines. **(PARC.)**

5. CASTAÑEDA (Don Francisco), à San-Salvador. — Leçons de rhétorique. **(PARC.)**

6. CHACON (Docteur Irineo), à San-Salvador. — Études mathématiques. **(PARC.)**

7. GAILUDO (Docteur Francisco), à San-Salvador. — Éléments de pédagogie. **(PARC.)**

8. GALDAMEZ (Don Jacinto), à San-Salvador. — Tenue des livres. **(PARC.)**

9. Gouvernement Suprême, à San-Salvador. — Code civil de Salvador (commission Trigueros, Ruiz et Castellanos). **(PARC.)**

10. MILLA (Don José), à San-Salvador. — Histoire de l'Amérique-Centrale. **(PARC.)**

11. TRIGUEROS (J.), A. RUIZ & J. CASTELLANOS, à San-Salvador. — Codes pénal, d'instruction criminelle, de procédure civile, de commerce. **(PARC.)**

12. ULLOA (Docteur Don Cruz), à San-Salvador. — Codification des lois organiques de la Patrie. **(PARC.)**

13. VALENZUELA (Saïv), à San-Salvador. — Institutions du droit civil salvadorien (3 volumes). **(PARC.)**

SERBIE.

1. Ministère de l'instruction publique & des cultes, à Belgrade. — Travaux des élèves de l'école Réelle de Belgrade. — Enseignement secondaire spécial. — Dessins à main levée. — Dessins d'ornement et d'architecture. — Lavis. — Modelages et ciselages sur bois. — Modèles géométriques exécutés par le personnel enseignant de l'école. **(PALAIS.)**

SUISSE.

1. BAECTOLD (M.), à Andelfinger (Zurich). — Instruction pour la jeunesse, soin et entretien de petits jardins, fleurs et plantes d'appartements. **(PALAIS.)**

2. HAESSIG (Ernest), à Bruggen (St-Gall). — Cheval de gymnastique. **(PALAIS.)**

3. HOFER et BURGER, à Zurich. — Dessins technologiques, cartes d'histoire et de géographie. **(PALAIS.)**

4. KRADOLFER (J.-C.), à Zurich. — Modèles d'écriture pour l'instruction méthodique ; diplômes de calligraphie. **(PALAIS.)**

5. **LUSSY (Mathis)**, à Paris, boulevard Beaumarchais, 73. — « Traité de l'Expression », en français, anglais, allemand, russe. — « Exercices de piano ; histoire de la notation musicale », couronnée par l'Institut de France. **(PALAIS.)**

6. **ORELL FUSSLI & Cie**, à Zurich. — Manuel pour l'enseignement du dessin, grammaires diverses. **(PALAIS.)**

7. **TRACHSLER-WETTSTEIN (Émile) & Cie**, à Hallau. — Appareils de gymnastique pour écoles et sociétés. **(PALAIS.)**

URUGUAY.

1. **BERRA (Francisco A.)**, à Montevideo. — Œuvres pédagogiques et didactiques. **(PARC.)**

2. **VAZQUEZ CORES (Francisco)**, à Montevideo. — Livres d'enseignement. **(PARC.)**

GROUPE II.

ÉDUCATION ET ENSEIGNEMENT. MATÉRIEL ET PROCÉDÉS DES ARTS LIBÉRAUX.

Classe 8.

Organisation, méthodes et matériel de l'enseignement supérieur.

FRANCE.

1. **ADNET (Ernest-V.)**, à Paris, rue de l'Arbalète, 35. — Instruments de chimie et de chauffage par le gaz, pour laboratoires scientifiques et industriels. **(PALAIS.)**

2. **ALCAN (Félix)**, à Paris, boulevard Saint-Germain, 108. — Livres de médecine, sciences, philosophie, histoire. **(PALAIS.)**

3. **ALÉLY (Alphonse)**, à Paris, boulevard du Temple, 33. — Instruments de précision. **(PALAIS.)**

4. **ALVERGNIAT (Adrien)**, à Paris, rue de la Sorbonne, 10. — Instruments pour les sciences. **(PALAIS.)**

5. **ANGLEMONT (Arthur d') & FAGET (A. Laurent de)**, aux Lilas (Seine), place du Rond-Point, 35. — « Dieu et l'Être universel », ouvrage de philosophie, « De l'Atome au Firmament » poésies. **(PALAIS.)**

6. **Association Française pour l'avancement des Sciences.** (Secrétaire du Conseil : **Gariel**), à Paris, rue Serpente, 28. — Tableaux statistiques relatifs à l'association. **(PALAIS.)**

7. **Association Française pour la propagation de la langue commerciale internationale : Le Volapük**, à Paris, boulevard Saint-Germain, 174. — Publications Volapükes en toutes langues. Correspondances. **(PALAIS.)**

8. **Association littéraire et artistique internationale**, à Paris, rue du Faubourg-Montmartre, 17. — Collection des bulletins de 1878 à 1889, documents divers. **(PALAIS.)**

   Présidents : Louis Ulbach et Louis Ratisbonne ; secrétaire perpétuel : Jules Lermina ; agent général : Henri Levêque. — Graphique de la situation de la propriété intellectuelle dans tous les pays. Travaux de l'Association, Convention de Berne. Collection des bulletins de 1878 à 1879.

9. BLAVET (Anatole A.), secrétaire du Musée municipal, à Étampes (Seine-et-Oise). — Documents historiques divers en ce qui concerne Jacques Guillaume Simonneau, maire d'Étampes.   **(PALAIS.)**

10. BONAPARTE (Prince Roland), à Paris, cours la Reine, 22. — Ouvrages de géographie, cartes, cartes anciennes.   **(PALAIS.)**

11. COGIT (Ernest), à Paris, quai Saint-Michel, 17. — Lames et lamelles de verre, instruments, boîtes à préparations, verrerie, réactifs. Préparations microscopiques. Microscopes et microtomes étrangers.   **(PALAIS.)**

Spécialité de fournitures pour la micrographie. Fournisseur de toutes les Facultés de France. Mention honorable à l'Exposition universelle de Paris 1878.

12. COLLIN (J. Louis. G.), à Athis, Rocher-Pringault (Orne). — Méthode applicable aux arts, aux sciences et à l'industrie, dessins blancs et coloriés, pour titre, art méthodique de la boule.   **(PALAIS.)**

13. Dalloz: Jurisprudence générale, (chef de l'administration : **Lemoine**), à Paris, rue de Lille, 19. — Répertoire alphabétique de législation, de doctrine et de jurisprudence. Publications diverses.   **(PALAIS.)**

14. DELAGRAVE, à Paris, rue Soufflot, 15. — Librairie scientifique.   **(PALAIS.)**

15. DIGEON (J. H.), à Paris, rue de Lancry, 56. — Modèles et appareils pour l'enseignement supérieur de l'astronomie, agriculture, chimie industrielle, etc.
                                                                          (PALAIS.)

16. Ecole libre des sciences politiques, à Paris, rue Saint-Guillaume, 27. — Programmes, publications des professeurs et des élèves.   **(PALAIS.)**

17. Ecole speciale d'architecture, à Paris, boulevard du Montparnasse, 136. — Tableau montrant la composition de l'école et le but qu'elle poursuit. Travaux scolaires et publications.   **(PALAIS.)**

18. ELOFFE (A.), à Paris, rue Monsieur-le-Prince, 63. — Animaux empaillés, Ostéologie, minéraux, roches, fossiles, plantes et insectes.   **(PALAIS.)**

19. FENOUL (Gustave), à Paris, rue du Jura, 9. — Herbier. Flore de France.
                                                                          (PALAIS.)

20. FIRMIN-DIDOT & Cie, à Paris, rue Jacob, 56. — Librairie scientifique.
                                                                          (PALAIS.)

21. FRANQUET (Charles), à Paris, boulevard de Clichy, 49. — Modèles d'appareils lenticulaires ; grossissements divers et autres, appareils adoptés dans les écoles du gouvernement.   **(PALAIS.)**

22. GASPARD Fils & PIOLLAT (Antoine), à Saint-Jean-de-Bournay (Isère). — Recherches historiques sur le canton de St-Jean-de-Bournay, en Dauphiné.
                                                                          (PALAIS.)

23. GAUTHIER-VILLARS & Fils, à Paris, quai des Grands-Augustins, 55. — Ouvrages scientifiques.   **(PALAIS.)**

Maison fondée en 1791, par Jean-Marie Courcier, Imprimeurs-libraires du Bureau des Longitudes, de l'École Polytechnique, de l'École centrale, des observatoires de Paris, Montsouris, Bordeaux, Toulouse, Marseille, Nice, etc.

24. GENESTE HERSCHER & Cie, à Paris, rue du Chemin-Vert, 42. — Spécimens en nature, classe d'hygiène.   **(ESPLANADE.)**

Album de dessins : Installations de chauffage et de ventilation de types divers ; dispositions spéciales pour amphithéâtres, salles de réunions, laboratoires, etc. ; dispositions hygiéniques de cabinets d'aisances et de canalisations diverses pour écoulement d'eaux-vannes, d'eaux de laboratoires et autres.

Voir Pavillon spécial à l'Esplanade des Invalides (appareils en fonctionnement).

25. GRANDCLÉMENT (J. E.), à Lyon (Rhône), place Bellecour, 7. — Tableau représentant l'œil et ses diverses conformations, avec texte explicatif. **(PALAIS.)**

26. GUEBHARD (Adrien), à Paris, rue Legoff, 6. — Figures équipotentielles obtenues par la méthode électrochimique. **(PALAIS.)**

27. HENRICET (J. Joseph), à La Roche-sur-Yon (Vendée). — Art musical. Traité complet de l'enseignement, de l'étude et de la pratique de cet art, etc. **(PALAIS.)**

28. Institut populaire du Progrès et Observatoire populaire du Trocadéro, (directeur : **L. Jaubert**), à Paris, quai de Billy, 50. — Microscopes et instruments divers. Cartes célestes, etc. **(PALAIS.)**

29. Journal de physique théorique et appliquée, (directeur : **Brisse**), à Courbevoie (Seine), rue de Bécon, 55. — Collection du journal. **(PALAIS.)**

30. KLINCKSIECK, à Paris, rue de Lille, 11. — Librairie scientifique. **(PALAIS.)**

31. LECHALAS (M. C.), à Paris, rue Alphonse-de-Neuville, 12. — Vingt volumes comprenant une encyclopédie des travaux publics. **(PALAIS.)**

32. LEDUC (Alphonse), à Paris, rue de Grammont, 3. — Matériel pour l'enseignement supérieur de la musique. **(PALAIS.)**

33. LELONG DU DRENEUX, à Paris, rue Blomet, 121. — Préparations microscopiques d'anthropologie. **(PALAIS.)**

34. LEMERCIER (Vve Henriette-Anna), à Paris, rue de Rennes, 149. — Modèles anatomiques. **(PALAIS.)**

35. L'EPEE (Henry), à Sainte-Suzanne, près Montbéliard (Doubs). — Appareil démonstratif pour l'aspiration et l'élévation des liquides, au moyen du vide barométrique. **(PALAIS.)**

36. LUIZARD (Léon), à Paris, rue du Cloître-Notre-Dame, 14. — Appareils et modèles pour l'enseignement des sciences. **(PALAIS.)**

37. LUTZ (Edouard), à Paris, boulevard Saint-Germain, 65. — Appareils Jaims, spectroscope calorifique de Desains, spectroscope photométrique de Gouy. Banc de diffraction. Appareil du colonel Laussedat, etc. **(PALAIS.)**

38. MINISTÈRE DE L'AGRICULTURE (Administration des forêts). — Directeur de l'Ecole nationale forestière : **Ruson**, à Paris. — Ouvrages et matériel de l'enseignement supérieur forestier ; bibliographie forestière ancienne et moderne. **(PALAIS.)**

39. MINISTÈRE DE L'INSTRUCTION PUBLIQUE ET DES BEAUX-ARTS (Exposition collective des Services du) :

DIRECTION DU SECRÉTARIAT.

M. X. Charmes, Directeur.

Missions scientifiques et littéraires. — Comité des travaux historiques et scientifiques. — Sociétés savantes. — Archives. — Bibliothèques. — Corps savants. — Souscriptions. — Ethnographie française.

MISSIONS.

M. DE SAINT-ARROMAN.

Mission archéologique française du Caire.

Travaux des directeurs.

MASPÉRO. — Publications et photographies.
LEFÉBURE. — Tombeau de Séti.
GRÉBAUT. — Publications.
BOURIANT — Collection d'étoffes.

Travaux des Membres de la Mission.

BOURGOIN. — Onze dessins.

LORET, Maître de conférences à la Faculté de Lyon. — Publications.

DULAC. — Publications.

GAYET. — Restauration des temples de Louxor et de Dhr-el-Médineh, à Thèbes ; dessins de monuments coptes.

RAVAISSE, chargé de cours à l'École des langues orientales. — Travaux.

AMÉLINEAU, maître de conférences à l'École des hautes études, section religieuse. — Travaux.

VIREY. — Calques du tombeau de Rekhmara, à Thèbes.

BAILLET. — Photographies d'inscriptions grecques du temple de Philœ.

BÉNÉDITE. — Copie coloriée du tombeau de la reine Tisti ; photographies provenant d'une mission au Sinaï.

Missions diverses.

ARCHIVES DES MISSIONS SCIENTIFIQUES.

AYMONIER (Et.). — Stèles, statues et céramiques du Cambodge.

BABELON (E.) et REINACH (S.). — Têtes d'empereurs (Auguste, Claude) ; inscriptions puniques. (Missions de Tunisie, 1884-1885.)

BARROIS & OFFRET. — Roches. (Mission en Andalousie.)

BERTRAND & KILIAN. — Fossiles et roches. (Mission en Andalousie.)

BONVALOT & CAPUS. — Carte du Pamir, collections ethnographiques de l'Asie centrale.

BORELLI — Mission au Choa. Itinéraires.

BOUQUET DE LA GRYE. — Cartes des missions françaises entreprises de 1878 à 1880 : Sénégal, Congo, Indo-Chine, Océanie.

BRAU DE SAINT-POL-LIAS. — Matériel et procédés de fabrication de la laque. Objets laqués du Tonkin.

BRÉON. — Roches, dessins et photographies. (Missions en Islande et au Krakatau.)

CAGNAT (R.). — Inscription romaine : règlement du collège funéraire, trouvé à Henchir-ed-Dekir. (Missions de Tunisie, 1880-1888.)

CAP-HORN (Mission du), 1888. — Photographies et collections, M. le Dr HYADES.

CERTES (A.). — Protozoaires et autres organismes microscopiques. (Dessins à la chambre claire de M. Karmanski.)

CHAFFANJON. — Levés de l'Orénoque. Collection ethnographique de la haute vallée du fleuve.

CHANTRE (E.). — Collections ethnographiques du Caucase et de l'Arménie.

CHARNAY (D.). — Moulages du Yucatan.

CHAMPOISEAU, consul de France. — Victoire, découverte à Samothrace.

COUDREAU. — Collections ethnographiques de la Haute-Guyane, recueillies principalement chez les Roucouyennes. (Voir section des Colonies.)

DELAPORTE (L.). — Restitution des terrasses des tours et de la pyramide de Pimanacas, ancien palais des rois Khmers, à Angkor-Thôm (ancien Cambodge).

DIEULAFOY. — Restauration du palais de Darius.

DUTREUIL DE RHINS (J.-L.). — Carte du Thibet.

ÉMILE PIERRE, de Houdelaincourt (Meuse). — Albums archéologiques des découvertes faites dans le sud du Barrois. (Collections Maxe-Verly.)

ERRINGTON DE LA CROIX (John). — Lances, sabres, kriss, sarbacanes, arcs, flèches, boucliers, etc., provenant de Malaisie ; sabres et poignards en bronze et en argent ciselés, provenant de Ceylan. (Missions dans la péninsule malaise et à Bornéo, 1880-1887.)

ERRINGTON DE LA CROIX (Mme Mabel). — Objets en argent ciselé, étoffes de soie tissées d'or provenant de la péninsule malaise.

EXPOSITION ARCHÉOLOGIQUE TUNISIENNE. — Collection de photographies, d'après des antiquités de la Régence. — Aquarelles et peintures, d'après des sites et des antiquités. — Spécimens d'antiquités tunisiennes.

(Voir section tunisienne et Esplanade des Invalides.)

FOURNEREAU (Lucien). — Ruines Khmers de Ba-puon (Cambodge Siamois) ; ensemble et détails, six châssis.

HAMY (D' E.-T.). — Plan en relief au 20°, d'une habitation troglodytique de Hadedj (Tunisie du sud). — Plan en relief au 20°, d'un monument mégalithique, à Henchir el Hassel (Tunisie centrale). — Plans en relief, à la même échelle (à titre de comparaison) du Madraçen et du Tombeau de la Chrétienne.

HOMOLLE. — Fouilles opérées dans l'île de Délos, de 1877 à 1880.

HUBER (D'). — Itinéraires en Arabie et collections ethnographiques recueillies principalement dans le Nadj.

JACQUEMIN. — Dessins. (Mission en Andalousie.)

LA BLANCHÈRE (R. de). — Modèles en relief des Djedar de Frendah. (Mission dans la province d'Oran, 1882.)

LABONNE (D' Henry). — Cartes, photographies, objets divers, échantillons de spath et autres minéraux d'Islande et des îles Fœroër. — Rapport sur la mine de spath. — Collections minéralogiques d'Islande. — Objets ethnographiques des îles Fœroër.

LACROIX. — Roches et minéraux. (Missions en Norvège et en Amérique.)

LA MARTINIÈRE (H.-M.-P. de). — Vues photographiques de ruines byzantines et de colonnes romaines. (Mission en Tingitane, sur les bords de l'Ouad-Belt, 1888.)

LETAILLE (J.). — Inscription romaine métrique, en écriture onciale. (Missions de Tunisie, 1882 et 1884.)

MICHEL-LÉVY & BERGERON. — Fossiles et roches. (Mission en Andalousie.)

NÉNOT, architecte, pensionnaire de l'Académie de France à Rome, en 1880. — Plan et restauration des monuments découverts à Délos.

OUEST-AFRICAIN (Mission de l'). — Carte de l'Ouest-Africain (Ogooué, Quillou, Congo, etc.) — Spécimens des collections ethnographiques recueillies par les membres de la Mission.

RABOT (Ch.). — Levés exécutés en Laponie, au Spitzberg, etc. Collections ethnographiques de la Laponie et du Groënland.

REVOIL (G.). — Collections ethnographiques de l'Afrique orientale.

RIVIÈRE (Émile). — Anthropologie et paléontologie.

ROCHEMONTEIX (Maxence de) et GUÉRIN (Alfred). — Étude du temple d'Horus à Edfou et de ses dépendances : état actuel et restitution. (Mission en Égypte.)

ROUIR (D'), membre de la mission d'exploration scientifique de Tunisie. — Cartes et photographies. (Voir section tunisienne).

SALADIN (H.). Dessins et plans. (Missions de Tunisie, 1883, 1887.)

SARZEC (Ernest de), consul de France à Bagdad. — Fouilles de Tello, sur l'emplacement d'une très antique cité chaldéenne : plans en relief exécutés avec le concours de M. H. de Sevelinges. (Mission en Chaldée, 1877-1889.)

TEISSERENC DE BORT. — Cartes des lignes d'égale déclinaison magnétique, d'égale inclinaison et d'égale intensité de la force terrestre sur l'Algérie et la Tunisie. Itinéraires. Silex, toiles et monuments funéraires du Sahara.

THOUAR. — Cartes du Pilcomayo, etc. — Reliques de la mission Crevaux.

TOUSSAINT (F.). — Armes, vases, bijoux, verroteries, etc., provenant du cimetière franco-mérovingien d'Ableiges (Seine-et-Oise). Album de photographies. (Fouilles exécutées de 1887 à 1889.)

« TRAVAILLEUR » (Expéditions du) et du « TALISMAN », (1880-1883). — Collections et appareils, MM. MILNE-EDWARDS, membre de l'Institut, et Ch. BRONGNIART.

VERNEAU (D' R.). — Mission aux Canaries : plans en relief de constructions anciennes, cartes, atlas, albums, etc.

MUSÉE D'ETHNOGRAPHIE FRANÇAISE.

MUSÉE D'ETHNOGRAPHIE. — Scènes d'intérieur en Bretagne, onze personnages. — Statues, costumes et collections ethnographiques relatives aux diverses provinces de la France.

ANDREW, villa Pigautier, à Menton (Alpes-Maritimes). — Collection des Alpes-Maritimes.

AUBEL (D'), à Paris, rue de Lubeck, 42. — Instruments de musique anciens.

AUBERGNE (Mlle d'), à la Roque-d'Anthero (Bouches-du-Rhône). — Collection provençale.

AUDIAT, conservateur du musée de Saintes (Charente-Inférieure). — Objets poitevins.

BADIN (Mme), à Beauvais (Oise). — Costumes normands, picards, alsaciens.

BADIN (Mlle), à Paris, rue Pierre-Charron, 68. — Objets de diverses provinces.

BEAUQUIER, député. — Collection franc-comtoise.

BERGER (abbé), à Paris, rue de Sèvres, 95. — Enseignes et médailles de pèlerinage.

BONNEMÈRE, à Paris, rue Chaptal. — Modèles d'habitations troglodytiques de la Vendée ;
statuettes de guerriers préhistoriques.

BOUCHENOIRE, à Jupille (Sarthe). — Modèles des outils employés dans l'industrie forestière.

BOURGOIN, à Troyes (Aube). — Costumes champenois.

BULLIOT, à Paris, rue de Lubeck, 28. — Objets du Morvan.

CADILHON (Mme), à Paris, boulevard Berthier, 15. — Objets béarnais.

CHAMBÉRY (Musée de). — Costumes savoisiens.

CHERTIN (Mme), à Paris, avenue Victor Hugo. — Costumes du Puy-de-Dôme.

DAVID, au Mans (Sarthe), rue Primartine. — Collection ethnographique du Maine.

DELISLE (D^r), à Paris, rue Gay-Lussac. — Coiffes déformatrices de la Haute-Garonne.

DESTRUGÉ (Mme), à Château-du-Loir (Sarthe). — Collection ethnographique du Maine.

DONY, à Verdun (Meuse), rue de la Madeleine, 2. — Enseignes et médailles de pèlerinage.

DUBALEN, à Mont-de-Marsan (Landes). — Collection landaise.

DUCHÊNE (Mlle Eva), à Paris, rue des Réservoirs, 12. — Bijoux populaires français ; costumes normands et bretons.

DURAND-GRÉVILLE, à Paris, rue Blanche, 68. — Costumes et coiffes cauchois.

ÉPÉE (Henri de L'), à Sainte-Suzanne (Doubs). — Costumes franc-comtois.

FABRE, à Royat (Puy-de-Dôme). — Scène d'intérieur en Auvergne, neuf personnages ;
collection ethnographique auvergnate.

FAUCON (Félix), à Paris, rue Notre-Dame-de-Lorette. — Costumes et objets ethnographiques du Cantal.

FUARDENT, à Paris, place des Victoires. — Collection d'enseignes de pèlerinages normands.

GÉLIN, à Niort (Deux-Sèvres). — Carte et collection ethnographique poitevine.

GOUFROY (Mme), à Paris, rue de Passy, 27. — Costumes normands.

GOYÉNÈCHE, à Saint-Jean-de-Luz (Basses-Pyrénées). — Objets basques.

GROSJOGEAT, conseiller général, à Lamoura (Jura). — Collection ethnographique et costumes franc-comtois.

GUILBEAU, à Saint-Jean-de-Luz (Basses-Pyrénées). — Antiquités ibériennes ; objets
basques.

GUILLON (Mme), à Paris, boulevard de Clichy, 10. — Costumes bourguignons.

GUILLOU (Ch.), à Ceyseriat (Ain). — Collection ethnographique bressanne.

HAAG, à Écouen (Seine-et-Oise). — Objets normands.

HEELAND (Mlle), à Paris, rue de Bruxelles, 40. — Types bretons.

HEYMANN, à Paris, boulevard Beaumarchais, 52. — Objets alsaciens.

IMBERT (Trophime), à Arles (Bouches-du-Rhône). — Costumes arlésiens.

JOUAN, à Cherbourg (Manche), rue Bondor, 18. — Costumes normands.

KÜHN, à Clermont-Ferrand (Puy-de-Dôme). — Objets ethnographiques auvergnats.

LEGOFF (Mme), à Morlaix (Finistère). — Costumes bretons.

LUZEL, à Quimper. — Anciennes images populaires de Bretagne.

MÉNESTREL (Mlle), à Nancy (Meurthe-et-Moselle). — Cinquante-deux coiffes d'Alsace-
Lorraine.

MEUNIER (Mme), à Rouen (Seine-Inférieure), rue du Lieu-de-Santé, 24. — Costumes
bressans, savoisiens, bretons, etc.

MISTRAL (Bernard), à Saint-Remy (Bouches-du-Rhône). — Costumes provençaux.

NICE (Ville de). — Cinq statues costumées à la mode des Alpes-Maritimes.

O'Shea, à Biarritz (Basses-Pyrénées), rue de France. — Collection ethnographique basque.

Ozenfant, à Lille (Nord), rue des Jardins. — Collection flamande.

Perrot, à Moulins (Allier), rue Sainte-Catherine. — Collection bourbonnaise.

Pommerol (D'), à Gerzat (Puy-de-Dôme). — Objets auvergnats.

Pourteyron (D'), à Neuvic (Dordogne). — Objets périgourdins.

Rambert, à Vichy (Allier), avenue Victoria. — Collection bourbonnaise.

Ragult (D'), à Paris, rue Lauriston, 80. — Objets normands.

Récamier, à Paris, rue du Regard, 1. — Plombs lyonnais.

Roger, à Paris, rue Saint-Dominique, 145. — Objets champenois et bretons.

Rupin, à Brives (Corrèze). — Amulettes corréziennes.

Sacaze (Julien), à Saint-Gaudens (Haute-Garonne), boulevard du Midi, 1. — Antiquités des Pyrénées.

Sain (Julien), à Anse (Rhône). — Collection d'objets bressans et bourguignons.

Saintes (Musée de). — Costumes saintongeois.

Sébillot, à Paris, rue de l'Odéon, 10. — Collection ethnographique française.

Terrier, architecte, à Paris, avenue Boufflers, 7. — Objets ethnographiques.

Tillier, à Paris, boulevard Beaumarchais, 78. — Objets flamands.

Toulouse (Musée de). — Costumes pyrénéens.

Trutat, conservateur du musée de Toulouse. — Costumes des Pyrénées

Vaschalde, à Vals (Ardèche). — Amulettes ardéchoises.

Verdier (M⁰ᵉ), à Paris, rue Joubert, 28. — Collection provençale.

Vergé, à Bethmale (Ariège). — Collection bethmalienne.

Vincent (D'), à Vouziers (Ardennes). — Objets ardennais.

Volpelier, à Arles (Bouches-du-Rhône). — Objets provençaux.

Wauthier, à Éteignères (Ardennes). — Outils anciens de tanneurs ardennais.

Werly (Mᵐᵉ Max), à Paris, rue de Rennes, 61. — Enseignes et médailles de pèlerinage.

Wignier, à Abbeville (Somme). — Objets anciens picards.

(Voir Palais du Trocadéro.)

PUBLICATIONS DES SOCIÉTÉS SAVANTES (1878-1889).

Cournault. — Dessins archéologiques relatifs à la Lorraine préhistorique.

Lasteyrie (Robert de). — Bibliographie et spécimens des collections des musées archéologiques de France.

Ain. — Société d'émulation, agriculture, sciences, lettres et arts du département de l'Ain, à Bourg.

Société de géographie de l'Ain, à Bourg.

Aisne. — Société académique de Laon.

Société académique des sciences, arts et belles-lettres, agriculture et industrie de Saint-Quentin.

Société archéologique, historique et scientifique de Soissons.

Allier. — Société d'émulation du département de l'Allier, à Moulins.

Hautes-Alpes. — Société d'études historiques, scientifiques, artistiques et littéraires des Hautes-Alpes, à Gap.

Aube. — Société académique d'agriculture, des sciences, arts et belles-lettres du département de l'Aube, à Troyes.

Aveyron. — Société des lettres, sciences et arts de l'Aveyron, à Rodez.

Bouches-du-Rhône. — Académie des sciences, lettres et arts de Marseille.

Comité médical des Bouches-du-Rhône, à Marseille.

Société de géographie de Marseille.

Société de statistique de Marseille.

Calvados. — Académie nationale des sciences, arts et belles-lettres de Caen.

Société linnéenne de Normandie, à Caen.

Société des antiquaires de Normandie, à Caen.

Société française d'archéologie pour la conservation et la description des monuments historiques, à Caen.

Charente-Inférieure. — Académie des belles-lettres, sciences et arts de la Rochelle.

LAFERRIÈRE (abbé Julien), correspondant du Ministère, à la Rochelle. — Plan des fouilles exécutées à Saintes ; objets découverts.

Commission des arts et monuments historiques de la Charente-Inférieure, à Saintes, et société d'archéologie.

Société des archives historiques de la Saintonge et de l'Aunis, à Saintes.

Cher. — Société des antiquaires du Centre, à Bourges.

Corrèze. — Société scientifique, historique et archéologique de la Corrèze, à Brive.

Société des sciences, lettres et arts de la Corrèze, à Tulle.

Côte-d'Or. — Académie des sciences, arts et belles-lettres de Dijon.

Commission des antiquités du département de la Côte-d'Or, à Dijon.

Société des sciences historiques et naturelles de Semur.

Côtes-du-Nord. — Société d'émulation des Côtes-du-Nord, à Saint-Brieuc.

Dordogne. — Société historique et archéologique du Périgord, à Périgueux.

Doubs. — Société d'émulation du département du Doubs, à Besançon.

Drôme. — Société départementale d'archéologie et de statistique de la Drôme, à Valence.

Eure. — Société libre d'agriculture, sciences, arts et belles-lettres du département de l'Eure, à Evreux.

Eure-et-Loir. — Société archéologique d'Eure-et-Loir, à Chartres.

Finistère. — Société académique de Brest, section de géographie.

Gard. — Académie de Nîmes.

Haute-Garonne. — SACAZE (Julien), correspondant du Ministère, à Saint-Gaudens. — Dieux des Pyrénées, six autels, tableau, volume.

Académie des jeux floraux, à Toulouse.

Académie des sciences, inscriptions et belles-lettres de Toulouse.

Société archéologique du midi de la France, à Toulouse.

Société d'histoire naturelle de Toulouse.

Société des sciences physiques et naturelles de Toulouse.

Matériaux pour l'histoire primitive et naturelle de l'homme, revue mensuelle, à Toulouse. — CARTAILHAC (Emile), directeur. Photographies, plans et dessins des monuments primitifs des îles Baléares.

Gers. — Société historique de Gascogne, à Auch.

Gironde. — Académie des sciences, belles-lettres et arts de Bordeaux.

Société des archives historiques de la Gironde, à Bordeaux.

Société de géographie commerciale de Bordeaux.

Société linnéenne de Bordeaux.

Hérault. — Société d'étude des sciences naturelles de Béziers.

Société pour l'étude des langues romanes, à Montpellier.

Société languedocienne de géographie, à Montpellier.

Indre-et-Loire. — Société archéologique de Touraine.

Société de géographie de Tours.

Isère. — Académie delphinale, à Grenoble.

Jura. — Société d'émulation du Jura, à Lons-le-Saunier.

Loir-et-Cher. — Société des sciences et lettres de Loir-et-Cher, à Blois.

Société archéologique, scientifique et littéraire du Vendômois, à Vendôme.

Loire. — La Diana, société historique et archéologique du Forez, à Montbrison.

Société de l'industrie minérale de Saint-Étienne.

Haute-Loire. — Société d'agriculture, sciences, arts et commerce du Puy.

Loire-Inférieure. — Société académique de Nantes et de la Loire-Inférieure.

Société de géographie commerciale de Saint-Nazaire.

Loiret. — Société archéologique et historique de l'Orléanais, à Orléans.

Lozère. — Société d'agriculture, industrie, sciences et arts du département de la Lozère, à Mende.

Maine-et-Loire. — Académie des sciences et belles-lettres d'Angers.

Société nationale d'agriculture, sciences et arts d'Angers.

Manche. — Société nationale des sciences naturelles et mathématiques de Cherbourg.

Marne. — Académie nationale de Reims.

Haute-Marne. — Société historique et archéologique de Langres.

Meurthe-et-Moselle. — Académie de Stanislas, à Nancy.

Société d'archéologie lorraine et du musée historique lorrain, à Nancy.

Société de géographie de l'Est, à Nancy.

Meuse. — Société philomathique de Verdun.

Nièvre. — Société nivernaise des lettres, sciences et arts, à Nevers.

Nord. — DUTATE, secrétaire de la section géographique d'Avesnes. — Tableau graphique de la géographie économique de l'arrondissement d'Avesnes.

Société d'émulation de Cambrai.

Union géographique du Nord de la France, à Douai.

Commission historique du Nord.

Société des sciences, de l'agriculture et des arts de Lille.

Oise. — Société académique d'archéologie, sciences et arts du département de l'Oise, à Beauvais.

Société historique de Compiègne.

Comité archéologique de Senlis.

Pas-de-Calais. — Académie des sciences, lettres et arts d'Arras.

Société académique de l'arrondissement de Boulogne-sur-mer.

Société des antiquaires de la Morinie, à Saint-Omer.

Pyrénées-Orientales. — Société agricole, scientifique et littéraire des Pyrénées-Orientales, à Perpignan.

Rhône. — Société d'anthropologie de Lyon.

Société de géographie de Lyon.

Société littéraire, historique et archéologique de Lyon.

Société de topographie historique de Lyon.

Saône-et-Loire. — Société éduenne des lettres, sciences et arts, à Autun.

Société d'histoire et d'archéologie de Chalon-sur-Saône.

Société des sciences naturelles de Saône-et-Loire, à Chalon-sur-Saône.

MONTESSUS (de), président de la Société des sciences naturelles de Saône-et-Loire. — Planches coloriées représentant la formation de la matière colorante et la coloration des plumes.

Sarthe. — Société historique et archéologique du Maine, au Mans.

Savoie. — Société savoisienne d'histoire et d'archéologie, à Chambéry.

Académie de la Val d'Isère, à Moutiers.

Seine. — Association française pour l'avancement des sciences et association scientifique de France.

Association pour l'encouragement des études grecques en France.

Société des amis des monuments parisiens.

Société nationale des antiquaires de France.

Société d'acclimatation de France.

Société centrale des architectes français. — Travaux des sociétaires, *Manuel des lois du bâtiment*, *Série des prix* (1883-1889), *Annales*, *Bulletin*, journal l'*Architecture*, conférences, congrès annuels et de 1878, récompenses.

Société botanique de France.

Société d'enseignement supérieur.

Société entomologique de France.

Société de l'histoire de Paris et de l'Ile-de-France.

Société de l'histoire du protestantisme français.

Société académique indo-chinoise de France. — *Bulletin*, première et seconde série (1878-1885). — Tirages à part du *Bulletin*. — *Mémoires*. — Sept cartes.
Société de législation comparée.
Société mathématique de France.
Société météorologique de France.
Société philomathique de Paris.
Société française de physique.
Société française de sténographie. — L'Instituteur sténographe, tableaux synoptiques.
Société zoologique de France.

Seine-Inférieure. — Académie des sciences, belles-lettres et arts de Rouen.
Société des amis des sciences naturelles de Rouen.
Société normande de géographie, à Rouen.
Société de l'histoire de Normandie, à Rouen.
Société rouennaise des bibliophiles de Rouen.
Société géologique de Normandie, au Havre.

Seine-et-Oise. — Commission départementale des antiquités et des arts de Seine-et-Oise, à Versailles.
Société de la bibliothèque populaire, à Versailles.

Deux-Sèvres. — Société de statistique, sciences, belles-lettres et arts, du département des Deux-Sèvres, à Niort.

Somme. — Société des antiquaires de Picardie, à Amiens.

Vienne. — Société des antiquaires de l'Ouest, à Poitiers.
Société des archives historiques du Poitou, à Poitiers.

Vosges. — Comité d'histoire vosgienne, à Épinal.
Société d'émulation du département des Vosges, à Épinal.
Société philomathique vosgienne, à Saint-Dié.

Yonne. — Société des sciences historiques et naturelles de l'Yonne.
Société archéologique de Sens.

Alger. — Société historique algérienne.

Constantine. — Académie d'Hippone, à Bône.

Musée Guimet.

MM. GUIMET ET DE MILLOUÉ.

Catalogue du musée (Lyon), in-18. — Guide au musée Guimet, in-18. — Annales du musée Guimet, 16 vol. in-4°. — Revue de l'histoire des religions, 19 vol. in-8°. — Bibliothèque de vulgarisation, 2 vol. in-8°. — Documents pour le catalogue illustré du musée Guimet. — Albums de vues photographiques. — Compte-rendu du troisième congrès des Orientalistes, Lyon, 1878, 2 vol. in-4°.

———

ALCAN (Félix), libraire-éditeur, à Paris, 108, boulevard Saint-Germain. — Ouvrages pour l'enseignement supérieur : médecine, sciences, philosophie, histoire.

DELAGRAVE (Charles), libraire-éditeur, à Paris, rue Soufflot, 15. — Ouvrages d'enseignement supérieur.

FIRMIN-DIDOT ET Cie, libraires-éditeurs, à Paris, rue Jacob, 56. — Bibliothèque des monuments figurés grecs et romains. — Bibliothèque archéologique. — Ouvrages pour l'enseignement supérieur.

GAUTHIER-VILLARS ET FILS, imprimeurs-éditeurs, à Paris, quai des Grands-Augustins, 55. — Ouvrages scientifiques.

KLINCKSIECK (C.), libraire-éditeur, à Paris, rue de Lille, 11. — Livres pour l'enseignement supérieur et secondaire.

REINWALD (C.), libraire-éditeur, à Paris, rue des Saints-Pères, 15. — Archives de zoologie expérimentale et générale.

STEINHEIL (George), ancien élève de l'École centrale, éditeur, à Paris, rue Casimir-
    Delavigne, 2. — Publications médicales et scientifiques. — Atlas pour l'enseignement
    de l'anatomie.

TROUVELOT, astronome. — Photographies scientifiques.

ARCHIVES DE FRANCE.

Archives nationales : M. SERVOIS, garde général des Archives nationales.

Archives départementales, communales et hospitalières : M. DESJARDINS, chef du
    service.

Archives nationales.

I. PUBLICATIONS.

1° *Inventaires.* — État sommaire par séries des documents conservés aux Archives
    nationales (1 vol.). — Tableau méthodique des fonds antérieurs à 1790 (1 vol.). —
    Répertoire numérique des archives du Parlement de Paris, par E. CAMPARDON (1 vol.). —
    Inventaire des cartons des Rois, par J. TARDIF (1 vol.). — Inventaire des arrêts du
    Conseil d'État, sous Henri IV, par N. VALOIS (2 vol.). — Inventaire des procès-verbaux
    du Conseil de Commerce, par P. BONNASSIEUX (1 vol.). — Inventaire du Musée des
    Archives nationales (1 vol.). — Inventaire des sceaux conservés aux Archives nationales,
    par L. DOUET D'ARCQ (3 vol.). — Tables alphabétiques : 1° des Publications du Châtelet
    de Paris ; 2° des Lettres patentes enregistrées au Sénat, par E. CAMPARDON (3 vol.
    autographiés).

2° *Documents.* — Layettes du Trésor des Chartes, par A. TEULET et J. DE LABORDE (2 vol.).
    — Actes du Parlement de Paris, par E. BOUTARIC (2 vol.). — Titres de la Maison ducale
    de Bourbon, par A. HUILLARD-BRÉHOLLES et A. LECOY DE LA MARCHE (2 vol.).

II. — SCEAUX (VITRINES).

1° *Empreintes.* — Collections des sceaux des villes et communes, des corporations et
    métiers, conservés aux Archives nationales. — Choix des plus remarquables spécimens
    de sceaux royaux, féodaux, ecclésiastiques, d'universités. — Sceaux de nations
    étrangères.

2° *Matrices.* — Sceaux des XIIe, XIIIe siècles, matrices et empreintes correspondantes.

Archives départementales, communales et hospitalières.

*Collection des Inventaires sommaires des Archives des départements, des communes et
    des hospices antérieurs à 1790,* publiés d'après les instructions et sous la direc-
    tion du Ministre de l'Instruction publique et des Beaux-Arts, au moyen des crédits
    votés par les Conseils généraux, les Conseils municipaux et les Commissions hospita-
    lières.

Archives départementales.

Explication des lettres de série : *A.* Actes du pouvoir souverain et du domaine public. —
B. Cours et juridictions. — *C.* Assemblées provinciales. — *D.* Instruction publique, sciences
et arts. — *E.* Féodalité communes, familles. — *F.* Fonds divers se rattachant aux archives
civiles. — *G.* Clergé séculier. — *H.* Clergé régulier. — *I.* Fonds divers se rattachant aux
archives ecclésiastiques.

Ain. — BROSSARD : Série C (1 vol.).
Aisne. — MATTON : Séries A à H et tables (4 vol.).
Allier. — CHAZAUD et GRASSOIREILLE : Séries A et B (1 vol.).
Hautes-Alpes. — GUILLAUME : Séries A à C (1 vol.).
Ardèche. — MAMAROT : Séries A à D (1 vol.).
Ardennes. — SÉNEMAUD et LAURENT : Séries G à I (1 vol.).
Aube. — D'ARBOIS DE JUBAINVILLE et ROSEROT : Séries C à E, G (3 vol.).
Aude. — MOUYNÈS : Série B (1 vol.).
Aveyron. — AFFRE : Séries B à E (2 vol.).
Bouches-du-Rhône. — BLANCARD : Séries B et C (3 vol.).
Calvados. — CHATEL et BENET : Série C (3 vol.).

Charente. — BABINET DE RENCOGNE et DE FLEURY : Séries C à E (2 vol.).

Charente-Inférieure. — MESCHINET DE RICHEMOND : Séries C à H supplément (2 vol.)

Cher. — BARBERAUD, BOYER et DAUVOIS : Séries A à E (2 vol.).

Corrèze. — LACOMBE, VAYSSIÈRE et ANDRÉ : Séries A à H (3 vol.).

Côte-d'Or. — ROSSIGNOL et GARNIER : Séries B et C (8 vol.).

Côtes-du-Nord. — LAMARE : Séries A à E (1 vol.).

Creuse. — BOSVIEUX, RICHARD, DUVAL et AUTORDE : Séries C à E (1 vol.).

Dordogne. — DESSALLES et VILLEPELET : Séries A et B (1 vol.).

Doubs. — GAUTHIER : Série B (2 vol.).

Drôme. — LACROIX : Séries A à E supplément (4 vol.).

Eure. — BOURBON : Série G (1 vol.).

Eure-et-Loir. — MERLET : Séries A à E supplément (5 vol.).

Finistère. — LE MEN et LUZEL : Série B (1 vol.).

Gard. — BESSOT DE LAMOTHE et BLIGNY-BONDURAND : Séries C, E supplément, G et H
    (4 vol.).

Haute-Garonne. — JUDICIS, BAUDOUIN, LAPIERRE et ROQUES : Séries A à C (3 vol.).

Gironde. — GRAS et GOUGET : Série C (1 vol.).

Hérault. — THOMAS et DE LA COUR DE LA PIJARDIÈRE : Série C (2 vol.).

Ille-et-Vilaine. — QUESNET : Série C (1 vol.).

Indre. — HUBERT : Série H (1 vol.).

Indre-et-Loire. — LOIZEAU DE GRANDMAISON : Séries A à G (2 vol.).

Isère. — PILLOT-DETHOREY et PRUDHOMME : Séries A et B (2 vol.).

Jura. — ROUSSET, JUNCA et FINOT : Séries C à E (1 vol.).

Landes. — TARTIÈRE : Séries A à H et tables (1 vol.).

Loir-et-Cher. — DE FLEURY, BOURNON et ROUSSEL : Séries C à E supplément (1 vol.).

Loire. — CHAVERONDIER : Série B (2 vol.).

Loire-Inférieure. — RAMET et MAITRE : Séries A et B, E à H (3 vol.

Loiret. — MAUPRÉ et DOINEL : Séries A et B (2 vol.).

Lot. — COMBARIEU : Séries A à C (2 vol.).

Lot-et-Garonne. — CROZET, BOSVIEUX et THOLIN : Séries A à H (1 vol.).

Lozère. — ANDRÉ : Séries C et G (3 vol.).

Maine-et-Loire. — PORT : Séries E, E supplément et G (3 vol.).

Manche. — DUBOSC : Séries A et H (3 vol.).

Marne. — PÉLICIER : Série C (1 vol.).

Mayenne. — DUCHEMIN et DE MARTONNE : Série B (1 vol.).

Meurthe-et-Moselle. — LEPAGE : Séries A à H (5 vol.).

Meuse. — MARCHAL : Série B (1 vol.).

Morbihan. — ROSENZWEIG et ESTIENNE : Séries B et E supplément (3 vol.).

Nord. — LEGLAY, DESPLANQUE, DEHAISNES et FINOT : Série B (6 vol.).

Oise. — G. DESJARDINS, RENDU et COUARD-LUYS : Séries G et H (2 vol.).

Orne. — GRAVELLE-DESULIS : Séries C et D (1 vol.).

Pas-de-Calais. — GODIN, COTTEL et J. M. RICHARD : Séries A à C (4 vol.).

Basses-Pyrénées. — RAYMOND : Séries A à H (6 vol.).

Pyrénées-Orientales. — ALART et BRUTAILS : Séries B et C (2 vol.).

Rhône. — GAUTHIER : Séries A à E (1 vol.).

Haute-Saône. — BESSON et FINOT : Série B (3 vol.)

Saône-et-Loire. — MICHON : Séries A, B, D et E (2 vol.).

Sarthe. — BELLÉE, MOULARD et DUCHEMIN : Séries A à H (4 vol.).

Savoie. — DE JUSSIEU : Série C (1 vol.).

Seine-Inférieure. — DE ROBILLARD DE BEAUREPAIRE : Séries C, D, G (5 vol.).

Seine-et-Marne. — LEMAIRE : Séries A à I (4 vol.).

Seine-et-Oise. — SAINTE-MARIE MEVIL, G. DESJARDINS et BERTRANDY-LACABANE : Série
    E (4 vol.).

Somme. — BOCA, RENDU et DURAND : Séries A à C (2 vol.).
Tarn. — JOLIBOIS : Séries A à E (2 vol.)
Var. — RICAUD et MIREUR : Série E supplément (1 vol.).
Vaucluse. — ACHARD et DUHAMEL : Série B (1 vol.).
Vienne. — RÉDET et A. RICHARD : Série G (1 vol.).
Haute-Vienne. — LEROUX : Séries D et H supplément (2 vol.).
Vosges. — DE CHANTEAU, GUILMOTO et CHEVREUX : Séries E supplément et G (2 vol.).
Yonne. — QUANTIN et MOLARD : Séries A à H (5 vol.).

Archives communales.

Ain. — BROSSARD : Bourg (1 vol.).
Aisne. — MATTON et DESSEIN : Laon (1 vol.).
Allier. — COUNY, CAZAUD et GRASSOREILLE : Moulins (1 vol.).
Alpes-Maritimes. — SARDOU : Grasse (1 vol.).
Ardennes. — SÉNEMAUD : Mézières (1 vol.).
Aube. — D'ARBOIS DE JUBAINVILLE : Bar-sur-Seine (1 vol.).
Aude. — MOUYNÈS : Narbonne (les 5 premiers vol.) ; Ouveilhan (1 vol.).
Aveyron. — AFFRE : Rodez (1 vol.).
Charente-Inférieure. — MESCHIN et DE RICHEMOND : Rochefort (1 vol.).
Côte-d'Or. — DE GOUVENAIN : Dijon (les 2 premiers vol.).
Doubs. — GAUTHIER et MATHEY : Pontarlier (1 vol.).
Eure-et-Loir. — MERLET : Chartres (1 vol.) ; Châteaudun (1 vol.).
Gard. — BESSOT DE LAMOTHE, BRUNET et TEISSIER : Nîmes (2 vol.) ; Uzès (1 vol.).
Gers. — DE RIVIÈRE : Vic-Fezensac, 1 vol.).
Ille-et-Vilaine. — PESSEAU, HAVARD et HARVUT : Saint-Malo (1 vol.).
Loir-et-Cher. — BOURNON : Romorantin (1 vol.).
Loire-Inférieure. — DE LA NICOLLIÈRE-TEIJEIRO : Nantes (le 1ᵉʳ vol.).
Lot-et-Garonne. — BOSVIEUX et THOLIN : Agen (1 vol.).
Lozère. — ANDRÉ : Mende (1 vol.).
Haute-Marne. — JULIEN DE LA BOULLAYE : Langres (1 vol.).
Nièvre. — BOUTILLIER et LE BLANC-BELLEVAUX : Nevers (1 vol.).
Nord. — DEHAISNE, FINOT, DE CLEENE, LEURIDAN et VERMAERE : Armentières (1 vol.) ;
    La Bassée (1 vol.) ; Bergues (1 vol.) ; Bouchain (1 vol.) ; Bourbourg (1 vol.) ; Cateau-
    Cambrésis (1 vol.) ; Comines (1 vol.) ; La Gorgue (1 vol.) ; Hazebrouck (1 vol.) ;
    Hondschoote (1 vol.) ; Linselles (1 vol.) ; Roubaix (vol.) ; Seclin (1 vol.) ; Watti-
    gnies (1 vol.).
Oise. — ROSE et COUARD-LUYS : Beauvais (1 vol.).
Pas-de-Calais. — TRAVERS, HAIGNERÉ et DESEILLE : Béthune (1 vol.) ; Boulogne-sur-
    Mer (1 vol.).
Rhône. — ROLLE, GUIGUE et VAESEN : Lyon (les 3 premiers vol.) ; Villefranche (1 vol.).
Saône-et-Loire. — MILLOT et MICHON : Chalon-sur-Saône (1 vol.) ; Mâcon (1 vol.)
Seine-Inférieure. — DE ROBILLARD DE BEAUREPAIRE : Rouen (1ᵉʳ vol.).
Deux-Sèvres. — A. RICHARD : Saint-Maixent (1 vol.).
Somme. — DURAND : Crécy-en-Ponthieu (1 vol.).
Tarn. — JOLIBOIS et ESTADIEU : Albi (vol.) ; Castres (1 vol.) ; Gaillac (1 vol.).
Tarn-et-Garonne. — DEVALS : Verdun-sur-Garonne (1 vol.).
Var. — MIREUR et TEISSIER : Collobrières (1 vol.) ; Ollières (1 vol.) ; Toulon (1 vol.) ;
    Vidauban (1 vol.).
Vienne. — DE SAINT-GENIS et CHAUVINEAU : Châtellerault (1 vol.) ; Loudun (1 vol.).
Haute-Vienne. — THOMAS : Limoges (1 vol.).
Vosges. — DUHAMEL, HENRIOT, FERRY : La Bresse (1 vol.) ; Charmes (1 vol.) ; Épinal
    (2 vol.) ; Rambervillers (1 vol.).
Yonne. — QUANTIN et PROT : Avallon (1 vol.) ; Sens (1 vol.).

Archives hospitalières.

Aisne. — Matton : Soissons (1 vol.).

Bouches-du-Rhône. — Marseille (1 vol.).

Eure-et-Loir. — Merlet et Proust : Châteaudun (1 vol.) ; Nogent-le-Rotrou (1 vol.).

Gers. — Marseillan et Gardère : Condom (1 vol.) ; Lombez (1 vol.).

Gironde. — Hervieux : Bordeaux (1 vol.).

Isère. — Prudhomme : Grenoble (1 vol.).

Maine-et-Loire. — Port : Angers (1 vol.).

Nièvre. — Boutillier : Nevers (1 vol.).

Nord. — Comines (1 vol.) ; Lille (1er vol.).

Puy-de-Dôme. — Guilmoto : Clermont-Ferrand (1 vol.).

Rhône. — Steyers, Rolle et de Soultrait : Lyon (4 vol.) ; Villefranche (1 vol.).

Saône-et-Loire. — Bénet : Tournus (1 vol.).

Seine. — Tournier et Brièle : Établissements de l'assistance publique (3 vol.). — Marot : Quinze-Vingts (1 vol.).

Archives du ministère des affaires étrangères.

MM. Kaulek, chef, et Plantet, attaché.

Publications de la Commission des archives diplomatiques. — Fac-simile photographiques de pièces autographes conservées dans ce dépôt.

Publications, instruments. Volumes parus depuis 1878.

BIBLIOTHÈQUES.

M. Zidler.

M. Passier. — Collection de catalogues de bibliothèques publiques. — Documents relatifs aux mêmes établissements.

M. de Goyon. — Types de bibliothèques populaires : bibliothèque de 250 volumes ; bibliothèque de 500 volumes ; bibliothèque de 1200 volumes. — Bibliothèque populaire de Versailles.

M. Leroer, bibliothécaire à la Bibliothèque nationale. — Tableaux graphiques représentant les accroissements de la Bibliothèque nationale depuis vingt ans.

Bureau des longitudes.

Publications, instruments.

Documents inédits de l'histoire de France.

Volumes parus depuis 1878.

SOUSCRIPTIONS.

M. Véchter. — Collection d'ouvrages honorés d'une souscription ministérielle.

DIRECTION DE L'ENSEIGNEMENT SUPÉRIEUR.

M. Liard, Directeur.

Direction de l'Enseignement supérieur. — Facultés et Établissements publics d'enseignement supérieur : Plans et Photographies ; Publications ; Matériel scientifique.

DIRECTION DE L'ENSEIGNEMENT SUPÉRIEUR.

MM. Alfred de Beauchamp, Grisez, Guyot et Musson. — Statistique de l'enseignement supérieur en 1878. — Statistique de l'enseignement supérieur en 1888. — Enquêtes et documents sur l'enseignement supérieur. — Notices sur les travaux personnels des professeurs des Facultés des lettres et des sciences (1878-1884).

Arthur DE BEAUCHAMP. — Législation de l'enseignement supérieur.

FACULTÉS ET ÉTABLISSEMENTS PUBLICS D'ENSEIGNEMENT SUPÉRIEUR.

Plans et Photographies.

Paris. — M. NÉNOT, architecte. — Plans de la nouvelle Sorbonne.

Bordeaux. — M. DURAND (Ch.), architecte. — Plans et vues photographiques des facultés des sciences et des lettres. M. PASCAL, architecte. — Plan de la faculté de médecine.

Caen. — M. AUVRAY, architecte. — Plans des facultés.

Clermont. — Photographies.

Lille. — Photographies.

Lyon. — M. HIRSCH, architecte. — Plans et photographies des facultés de droit, de médecine, des sciences et des lettres.

Nancy. — M. JASSON, architecte. — Plans de l'institut de chimie.

Rennes. — M. MARTENOT, architecte. — Plans de la faculté des sciences.

Toulouse. — M. GALBABIAC, architecte. — Plans des facultés de droit, des sciences et des lettres et de l'école de médecine.

Alger. — M. DAUPHIN, architecte. — Photographies des écoles d'enseignement supérieur.

Publications collectives. — Appareils.

Paris. — *Chartularium Universitatis Parisiensis.* — Livret de l'étudiant à Paris. — Publications académiques.

   Faculté de médecine. — M. TRÉLAT. — Travaux de laboratoire de clinique chirurgicale.

   M. CORNIL. — Appareils de bactériologie.

   M. SAPPEY. — Appareils et préparations anatomiques.

   Faculté des sciences. — *Laboratoire de géologie.* M. MUNIER-CHALMAS. — Faune corralligène des terrains crétacés supérieurs et de l'Éocène Alpago-Frioul-Istrie.

   M. HÉBERT. — Publications ; échantillons de roches ; plaque de bilobites ; carte géologique de la France.

   M. DE LACAZE-DUTHIERS. — Archives de zoologie expérimentale ; animaux conservés.

   MM. LIPPMANN et MANEUVRIER. — Appareils de physique.

   M. BONNIER. — Photographies.

   M. DASTRE. — Appareils de physiologie.

   MM. DARBOUX et KŒNIGS. — Appareils de mathématiques.

Aix. — Programmes des cours des facultés.

   M. MARION. — Annales du musée d'histoire naturelle de Marseille. — Atlas d'anatomie d'invertébrés.

Besançon. — Programmes des cours des facultés.

Bordeaux. — Programmes des cours des facultés. — Annales de la faculté des lettres. — Histoire de la faculté de médecine de Bordeaux. — Cours de physique.

Caen. — Programmes des cours des facultés. — Annales et Bulletin mensuel de la faculté des lettres.

Clermont. — Programmes des cours des facultés. — Bulletin mensuel de l'Académie. — Cours de la faculté des sciences.

Dijon. — Programmes des cours des facultés. — Cours de la faculté des sciences. — MM. MARGOTTET et NODOT. — Appareils de physique.

Grenoble. — Programmes des cours des facultés.

Lille. — Programmes des cours des facultés. — *Faculté de médecine et de pharmacie.* — Cours. — M. LELOIR. — Appareils et pièces anatomiques, produits chimiques. — M. HAVREZ. — Moulages. — *Faculté des sciences.* — Cours. — Excursions géologiques.

Lyon. — Programmes des cours des facultés. — Guide de l'étudiant à Lyon. — Bulletin des travaux de l'Université. — *Faculté de droit :* Annales de droit commercial. — *Faculté de médecine :* Archives d'anthropologie criminelle. — *Faculté des lettres :* Annuaire de la faculté. — Bibliothèque de la faculté. — Revue des Patois. — Archives du muséum d'histoire naturelle de Lyon.

Montpellier. — Programmes des cours des facultés. — Cours de l'école supérieure de pharmacie. — M. SABATIER. — Travaux du Laboratoire maritime de Cette.

Nancy. — Programmes des cours des facultés. — *Faculté des lettres :* Annales de l'Est. — *Faculté des sciences :* Cours de météorologie. — *École supérieure de pharmacie :* Travaux, photographies, produits chimiques.

Poitiers. — Programmes des cours des facultés. — Bulletin de la faculté des lettres. — Travaux d'élèves.

Rennes. — Programmes des cours des facultés. — Annales de Bretagne.

Toulouse. — Programmes des cours des facultés. — *Faculté de théologie protestante :* Séances de rentrée. — Revue théologique. — *Faculté des sciences :* Annales de la faculté.

Alger. — Programmes des cours des écoles d'enseignement supérieur. — *École supérieure des lettres :* Bulletin de correspondance africaine. — *École de droit :* Revue algérienne.

ÉTABLISSEMENTS SCIENTIFIQUES ET LITTÉRAIRES.

Collège de France.

Laboratoire de médecine, MM. BROWN-SÉQUARD, D'ARSONVAL et HÉNOCQUE. Appareils. — Laboratoire d'histoire naturelle des corps inorganiques, M. FOUQUÉ. Publications, appareils, échantillons de roches. — Laboratoire d'histoire naturelle des corps organisés, M. MAREY. Plan, instruments et travaux graphiques. — Laboratoire d'embryogénie comparée, M. BALBIANI. Préparations. — Laboratoire d'anatomie générale, MM. RANVIER et MALASSEZ. Publications, préparations, modèles et appareils.

École des hautes-études.

Rapports sur l'École pratique des hautes-études, M. PHILIPPON.

SECTION DES SCIENCES MATHÉMATIQUES. — Bulletin des sciences mathématiques et astronomiques, M. TANNERY.

SECTION DES SCIENCES NATURELLES. — Publications collectives. — Laboratoire d'ophthalmologie, M. JAVAL. Appareils. — Laboratoire de Villefranche, MM. HARROIS et FOL. Photographies. — M. TROUVELOT. — Photographies scientifiques.

SECTION DES SCIENCES PHILOLOGIQUES ET HISTORIQUES, M. G. PARIS. — Publications collectives.

SECTION DES SCIENCES RELIGIEUSES, M. RÉVILLE. — Publications collectives, 1888.

École normale supérieure.

M. G. PERROT. — L'École normale, notice historique. — Annales scientifiques. — Travaux manuscrits des élèves de la section des lettres.

École des langues orientales vivantes.

M. SCHEFER. — Publications collectives des professeurs de l'École.

École des chartes.

M. P. MEYER. — Positions des thèses. — Recueil de fac-similé pour l'enseignement de la paléographie.

Écoles françaises d'Athènes et de Rome.

MM. FOUCART et GEFFROY. — Publications, M. THORIN, éditeur.

Observatoire de Paris.

M. l'amiral MOUCHEZ. — Annales de l'Observatoire. — Catalogue de l'Observatoire. — Photographies et cartes.

TISSERAND. — Bulletin astronomique.

HENRY (Paul) et HENRY (Prosper). — Objectifs photographiques et astronomiques.

Observatoire de Meudon.

M. JANSSEN. — Photographies, objectifs.

Observatoires de province.

Besançon. — M. Gruey. — Plan, photographies, travaux, instruments.
   M. Gautier. — Altazimut de 108 ᵐ/ᵐ.
Bordeaux. — M. Rayet. — Annales et photographies.
Clermont-Ferrand. — M. Burlot. — Publications, photographies.
   MM. Plumandon et Colomies. — Tableau synoptique de prévision du temps.
Lyon. — M. André. — Photographies, plan, publications et pendule.
Marseille. — M. Stéphan. — Photographies.
Pic du Midi. — M. Vaussenat. — Plans, photographies et travaux.
Toulouse. — M. Baillaud. — Photographies et publications.
Alger. — M. Trépied. — Photographies.

Bureau central météorologique.

MM. Mascart et Fron. — Bulletin du bureau central. — Annales du bureau central. —
   Mission du cap Horn. — Appareils d'observations météorologiques. — Travaux des
   stations météorologiques.

40. MINISTÈRE DES TRAVAUX PUBLICS (Exposition collective des Services du) :   (TROCADERO.)

ÉCOLE NATIONALE SUPÉRIEURE DES MINES.

M. Haton de la Goupillière, directeur : Réunion des œuvres des professeurs depuis
   la fondation de l'École.
M. Carnot (Adolphe), inspecteur de l'École : Réunion des programmes et notice sur
   l'organisation actuelle. Tableau des analyses des minerais de fer et d'eaux minérales par le bureau d'essai.
M. Aguillon, ingénieur en chef : Notice historique sur l'École depuis sa fondation.
M. Chrysson, ingénieur en chef (ponts et chaussées) : Cartogrammes des divers services de l'École.

ÉCOLE NATIONALE DES PONTS ET CHAUSSÉES.

MM. Lagrange, directeur ; Collignon, inspecteur.
Enseignement. — Programmes, cours publiés par MM. les professeurs.
Laboratoires. — I. Laboratoire de chimie : MM. Durand, Claye, Debray, Dérome
   Deschanes. — II. Ateliers d'essai des matériaux : MM. Durand-Claye ; Flamant,
   pour les métaux, MM. Debray, Klein, Girard. — III. Recherches statistiques sur
   les matériaux de construction : MM. Durand-Claye, Debray, Dorry, Mercier.
Galerie de modèles et d'échantillons. — MM. Durand-Claye, Nivoit ; pour la minéra-
   logie, MM. Klein, Avril, Sennes.
Publications. — MM. Collignon et Chemin : Annales des ponts et chaussées.
   MM. Choisy et Boulard : Collection de l'École des ponts et chaussées ; M. Picard :
   Les chemins de fer français. Traité des chemins de fer français, etc. ; M. Schwebelé :
   Catalogue.
      Mission en Perse : M. Dieulafoy, ingénieur en chef ; M. Babin, ingénieur ordi-
         naire.
      Mission de M. l'inspecteur général Véron-Duverger : Organisation des travaux
         publics en Hollande et en Belgique.
      Missions : MM. Stœcklin et Laroche : Établissement des ports maritimes ;
         MM. Courjon, Arelle et Gourdault : Album de statistique graphique ;
         M. Heckenbinger : Nivellement de la France.

41. NANSOUTY (Max.-C.-E. CHAMPION de), à Paris, rue de la
Chaussée-d'Antin, 6. — Ouvrages traitant de l'industrie, des arts, des sciences appliquées, de l'hygiène.   (PALAIS.)

42. PELLIN (Philibert), successeur de Jules Duboscq, à Paris, rue de
l'Odéon, 21. — Appareil pour l'enseignement supérieur et les recherches scientifiques.
Appareils pour projections dans les cours publics.   (PALAIS.)

43. PILLET (Jules-J.-D.), à Paris, rue St-Sulpice, 18. — Cours de sciences appliquées aux arts, perspective, géométrie descriptive, stéréotomie, stabilité des constructions. **(PALAIS.)**

44. REINWALD, à Paris, rue des Saints-Pères, 15. — Librairie scientifique. **(PALAIS.)**

45. RIVES (A.-Paul-C.) à Paris, rue Saint-Séverin, 34. — Modèles de géométrie et de mécanique pour l'enseignement. **(PALAIS.)**

46. ROULAND (Achille-V.-A.), à Paris, rue Saint-André-des-Arts, 27. — Chronologie des principales ascensions aérostatiques de 1783 à 1889. **(PALAIS.)**

47. ROUSSEAU (Paul) & Cie, à Paris, rue Soufflot, 17. — Produits chimiques, collections, appareils et ustensiles pour analyses et recherches scientifiques ; tableaux de manipulations. **(PALAIS.)**

48. Société anonyme du recueil général des lois et des arrêts et du Journal du Palais, (directeur : **Fuzier-Herman**), à Paris, rue Christine, 3. — Collection de jurisprudence et ouvrages de droit. **(PALAIS.)**

Paris, 1878, Médaille d'argent; Amsterdam, 1883, Médaille d'argent; Anvers, 1885, Médaille de bronze; Bruxelles, 1888, Médaille d'or.

49. Société biblique protestante de Paris, (agent : **Douen**), à Paris, rue des Saints-Pères, 54. — Livres, bibles et nouveaux testaments. **(PALAIS.)**

50. Société centrale des produits chimiques, (ancienne maison **Rousseau**), administrateur : **Vlasto**, à Paris, rue des Écoles, 42. — Matériel scientifique, produits et outillage de laboratoire. **(PALAIS.)**

51. Société d'encouragement pour l'industrie nationale, (agent général : **J. Ginestou**), à Paris, rue de Rennes, 44. — Bulletins de la société depuis sa fondation en 1801, jusqu'à 1888. **(PALAIS.)**

52. Société Industrielle de Rouen, (Vice-Président : **Kettinger**), à Rouen, place de la Haute-Vieille-Tour. — Travaux de la Société. **(PALAIS.)**

53. Société Internationale des Electriciens (Président : le colonel **Sebert**), à Paris, rue de Rennes, 44. — Publications et travaux de la Société. **(PALAIS.)**

54. Société Normande de Géographie, à Petit-Quévilly, près Rouen (Seine-Inférieure). — Collection du Bulletin de la Société (8 volumes). **(PALAIS.)**

55. Société protectrice des animaux, (président : **Decroix**), à Paris, rue de Grenelle, 84. — Appareils, livres, brochures, publications. **(PALAIS.)**

56. STEINHEIL, à Paris, rue Casimir Delavigne, 2. — Librairie scientifique. **(PALAIS.)**

57. TEMPÈRE (A.-Joannès), à Paris, rue Saint-Antoine, 168. — Préparations microscopiques pour les sciences naturelles. Matériaux et accessoires servant à faire ces préparations. **(PALAIS.)**

58. THIOLLIER (Félix), à Saint-Étienne (Loire), rue de la Bourse, 28. — Livres illustrés, histoire des monuments de la région de Saint-Étienne, pendant le moyen-âge. **(PALAIS.)**

59. VERNIER (B.-Frédéric), instituteur, à Azay-sur-Trouet (Deux-Sèvres) — Compendiosa totius anatomiæ delineatio et re exarata ; per Thomam Geminium, Londini, anno 1545. **(PALAIS.)**

60. WIESNEGG, à Paris, rue Gay-Lussac, 64. — Appareils de MM. Schlœsing, Deville, Debray, Gay-Lussac, Damoiseau, Mermet, Yvon, Barbey. **(PALAIS.)**

Maison fondée en 1831. Spécialité d'appareils à l'usage des sciences. Chauffage par le gaz. Fourneaux pour fusions, coupellations, incinérations, etc. Producteurs de gaz. Appareils distillatoires. Appareils bactériologiques, étuves, stérilisateurs, autoclaves. Fournisseur des Universités françaises et étrangères, des Ministères de la Guerre et de la Marine, de l'Institut Pasteur, des écoles du Gouvernement, etc. (Voir cl. 14 et 57 et Pavillon du gaz.) — Médailles obtenues : Paris 1855, bronze ; Paris 1867, argent ; Paris 1878, 2 argent, 2 or.

COLONIES.

ALGÉRIE.

1. CHATELOT (Mme Mélanie), à Alger, rue Michelet, 33. — Études sur les plantes ornementales indigènes et les plantes exotiques cultivées en Algérie (herbiers).
(ESPLANADE.)

2. DURANDO (Gaëtan), à Alger, rue Michelet, 33. — Étude sur les plantes fourragères, médicinales, forestières, économiques des environs d'Alger (herbiers).
(ESPLANADE.)

3. GOUJON & WETTERLÉ, à Souk-Ahras (Constantine). — Études des fossiles provenant des gisements de phosphate de chaux de Souk-Ahras. (ESPLANADE.)

4. HAMMA (Jardin d'essai du) à Mustapha (Alger). — Études sur les végétaux indigènes ou exotiques cultivés au jardin d'essai, herbiers, plans etc. (ESPLANADE.)

5. HERMITTE (Antonin), à Castiglione (Alger). — Herbier scolaire en 10 volumes.
(ESPLANADE.)

6. LOCHE (Vve Appolline), à Alger, rue de la Marine, 9. — Collection d'histoire naturelle et objets d'ethnographie.
(ESPLANADE.)

7. MATHIEU (Louis), à Constantine. — Appareil pour démonstration expérimentale des lois de la chute des corps, ouvrage de manipulation de chimie.
(ESPLANADE.)

8. MORFAUX (Jules), à Constantine, rue de France. — Études sur la flore algérienne (herbiers).
(ESPLANADE.)

9. Ponts et chaussées (Service des) à Constantine. — Échantillons d'animaux fossiles.
(ESPLANADE.)

10. ROBERT (Achille), à Aumale (Alger). — Fossiles divers. (ESPLANADE.)

11. Société de tir (Directeur : **Médard Warot**), à Alger. — Historique de la société, panoplie, vues du stand, cibles et résultats de tir. (ESPLANADE.)

COCHINCHINE.

1. BAUDOUIN (Alfred), capitaine d'infanterie de marine en retraite, à Paris. — Insectes (coléoptères).
(ESPLANADE.)

2. Exposition permanente des Colonies, à Paris. — Herbier. (ESPLANADE.)

GABON CONGO.

1. AVINENC, au Gabon. — Collection de marchandises de traite de Loango et du Gabon. (Musées commerciaux).
(ESPLANADE.)

2. CRIÉ (L.-A.), à Rennes (Ille-et-Vilaine). — Collections, végétaux fossiles. Préparation microscopique.
(ESPLANADE.)

3. Exposition permanente des Colonies, à Paris. — Marchandises d'importation. Herbier.
(ESPLANADE.)

4. PECQUEUR (Leona), au Gabon. — Collection de marchandises de traite (Musées commerciaux), crânes humains.
(ESPLANADE.)

Classe 8.   2*

5. **Service local,** au Gabon. — Collection de marchandises servant à la traite du caoutchouc. (Musées commerciaux).   (ESPLANADE.)

6. **VERDIER, Résident de France au Grand-Bassam et Assinie,** à La Rochelle (Charente-Inférieure). — Objets divers et curiosités du Grand-Bassam et Assinie.   (ESPLANADE.)

GUADELOUPE.

1. **BAUDOUIN (Alfred),** capitaine d'Infanterie de marine en retraite, à Paris. — Insectes (coléoptères).   (ESPLANADE.)

2. **Exposition permanente des Colonies,** à Paris. — Herbier.   (ESPLANADE.)

3. **Sous comité d'Exposition,** à la Pointe-à-Pitre. — Coquilles fossiles de la Grande-Terre.   (ESPLANADE.)

GUYANE FRANÇAISE.

1. **Administration Pénitentiaire,** aux Iles du Salut. — Collection d'objets à l'usage des transportés.   (ESPLANADE.)

2. **BAUDOIN (Alfred),** capitaine d'Infanterie de marine en retraite, à Paris. — Insectes (coléoptères).   (ESPLANADE.)

3. **Exposition permanente des Colonies,** à Paris. — Herbier.   (ESPLANADE.)

ILES SOUS LE VENT.

1. **RAOUL (E.) & COTTEAU (E.)** — Collections ethnographiques d'une mission du Ministère de la Marine et des Colonies.   (ESPLANADE.)

INDE FRANÇAISE.

1. **BAUDOUIN (Alfred),** capitaine d'Infanterie de marine en retraite, à Paris. — Insectes (coléoptères).   (ESPLANADE.)

2. **Comité d'Exposition de l'Inde.** — Tableaux d'insectes, collections d'objets d'importation dans l'Inde.   (ESPLANADE.)

3. **CORNET.** — Collections de curiosités.   (ESPLANADE.)

4. **Exposition permanente des Colonies,** à Paris. — Marchandises d'importation, herbier.   (ESPLANADE.)

5. **POULAIN,** à Pondichéry. — Objets de curiosité provenant de l'Inde française.   (ESPLANADE.)

6. **ROUZAUD,** à Mirepoix (Ariège). — Collection ethnographique.   (ESPLANADE.)

7. **SUIRE,** Inde. — Graines (caisse), fruits forestiers.   (ESPLANADE.)

MADAGASCAR.

1. **CAMBOURG (Baron de)** à Paris, rue Lauriston, 83. — Produits divers de Tananarive.   (ESPLANADE.)

2. **MANTE & BORELLI de REGIS,** à Marseille, rue de l'Arsenal, 7. — Produits des côtes occidentales et orientales d'Afrique et de Madagascar. (ESPLANADE.)

MARTINIQUE.

1. **BAUDOUIN (Alfred)**, capitaine d'Infanterie de marine en retraite, à Paris. — Insectes (coléoptères). **(ESPLANADE.)**

2. **BONAFOUS (Gaston)**, professeur au lycée de la Martinique. — Collection de graines. **(ESPLANADE.)**

3. **DUSS (R. P.)**, à Saint-Pierre. — Herbier. **(ESPLANADE.)**

4. **Exposition permanente des Colonies**, à Paris. — Herbier. **(ESPLANADE.)**

5. **ROUSSELOT**, à Paris, rue de l'Échiquier, 14. — Collections d'ustensiles et d'instruments caraïbes. **(ESPLANADE.)**

6. **Service local de la Martinique**. — Collection de sujets d'histoire naturelle, herbier, collection d'objets d'importation. **(ESPLANADE.)**

MAYOTTE ET COMORES.

1. **Exposition permanente des Colonies**, à Paris. — Marchandises d'importation. **(ESPLANADE.)**

2. **Service local** à Mayotte. — Collection d'objets d'importation (Musées commerciaux). **(ESPLANADE.)**

NOSSI-BÉ.

1. **Service Local**. — Collection d'objets d'importation à Nossi-Bé (Musées commerciaux). **(ESPLANADE.)**

NOUVELLE-CALÉDONIE.

1. **Comité de Souscription**, à Nouméa. — Pierres provenant de l'île Nié ou île aux Chèvres. **(ESPLANADE.)**

2. **CRIÉ (Dr L.)**, professeur à la Faculté des sciences de Rennes. — Paléontologie végétale des Colonies françaises. **(ESPLANADE.)**

3. **Exposition permanente des Colonies**, à Paris. — Marchandises d'importation. **(ESPLANADE.)**

4. **JOUFFROY D'ALBANS (Comte de) & RAOUL (E.)**. — Travaux et collections d'une mission du ministère de la Marine et des Colonies. **(ESPLANADE.)**

5. **LAMBERT (R.-P.)**, représenté par l'abbé **Colomb**, à Paris, rue de Vaugirard, 104. — Collection de conchyliologie provenant de nos différentes possessions d'outre-mer. **(TROCADERO.)**

6. **Pénitencier de Founwhary**.—Herbier de la collection de bois de l'Urai. **(ESPLANADE.)**

RÉUNION.

1. **CHATEL (Remy)**, à Saint-Denis. — Album spécimen des plantes de la Flore illustrée de l'île Bourbon. **(ESPLANADE.)**

2. **Exposition permanente des Colonies**, à Paris. — Herbier. **(ESPLANADE.)**

3. **LANTZ (Jean)**, conservateur et préparateur du Muséum, à Saint-Denis. — Objets d'histoire naturelle : crustacés, insectes, mammifères et oiseaux. **(ESPLANADE.)**

SAINT-PIERRE ET MIQUELON.

1. Administration locale, à St-Pierre. — Objets d'importation à St-Pierre et Miquelon. Musées commerciaux.   (ESPLANADE.)

2. Exposition permanente des Colonies, à Paris. — Marchandises d'importation.   (ESPLANADE.)

SÉNÉGAL.

1. BEAUDOUIN (Alfred), Capitaine d'infanterie de marine en retraite, à Paris. — Insectes (Coléoptères).   (ESPLANADE.)

2. BOHIN, Capitaine au 4e régiment d'infanterie de marine. — Collections de curiosités.   (ESPLANADE.)

3. DIMBA WAR, Président des chefs du **Cayor,** (protectorat du Cayor). — Planches à écrire.   (ESPLANADE.)

4. Exposition permanente des Colonies, à Paris. — Marchandises d'importation ; herbier.   (ESPLANADE.)

5. HECKEL, à Marseille (Bouches-du-Rhône). — Produits scientifiques.
                                                                     (ESPLANADE.)

6. Le Cesne (Compagnie Française Afrique occidentale), à Paris, rue Montmartre, 119. — Produits africains et français servant à la troque. Cartes de l'Afrique occidentale.   (ESPLANADE.)

7. NOIROT (Ernest), administrateur colonial, au Sénégal. — Collection d'échantillons, représentant les principales marchandises composant le magasin d'un traitant à Podor.   (ESPLANADE.)

TAHITI.

1. Exposition permanente des Colonies, à Paris. — Marchandises d'importation.   (ESPLANADE.)

2. RAOUL (E.) et le prince HINOI. — Collections et travaux d'une mission du Ministère de la Marine et des Colonies.   (ESPLANADE.)

PAYS DE PROTECTORAT.

ANNAM-TONKIN.

1. Exposition permanente des Colonies, à Paris. — Marchandises d'importation.   (ESPLANADE.)

2. Protectorat du Tonkin. — Graines.   (ESPLANADE.)

3. Province de Sontay. — Graines (échantillons).   (ESPLANADE.)

4. SCING-LEING, à Paris, avenue Wagram, 40. — Collection de curiosités. Étoffes jades du Tonkin et de Sangaï.   (ESPLANADE.)

5. TAMINE, à Paris, rue de Miroménil, 38. — Produits coloniaux d'importation tonkinoise.   (ESPLANADE.)

CAMBODGE.

1. **BRAUX DE SAINT-POL LIAS**, à Paris, rue de Passy, 47. — Collections d'instruments, métiers industriels, palanquin, parasol, etc.   **(PALAIS.)**

TUNISIE.

1. **AUBERT (Clément)**, ingénieur. — Fouilles d'Utique.   **(PARC.)**
2. **BUSUTTIL**. — Mosaïque de Carthage.   **(PARC.)**
3. **CARTON** (D^r). — Fouilles de Bulla-Regia.   **(PARC.)**
4. **DELATTRE (R. P.)**. — Musée de Carthage.   **(PARC.)**
5. **ERHARD (H.)**. — Carte archéologique morale de la Régence.   **(PARC.)**
6. **LACOMBLE** (Commandant **de**). — Fouilles de Sousse.   **(PARC.)**
7. **MARCHANT** (Commandant). — Antiquités de Carthage.   **(PARC.)**
8. **MARGIER** (Lieutenant). — Fouilles de Souk-El-Arba.   **(PARC.)**
9. **VEUILLON** (D^r). — Mosaïque de Gafsa.   **(PARC.)**

PAYS ÉTRANGERS.

RÉPUBLIQUE ARGENTINE.

1. **AGOTE (Pedro)**, à Buenos-Ayres. — Œuvres d'économie sociale et politique. (PARC.)

2. **AGUIRRE (Julien L.)**, à Buenos-Ayres. — Code pénal de la République Argentine. Jugements criminels. (PARC.)

3. **AMORETTI & MORALES**, à Buenos-Ayres. — Théorie élémentaire des déterminants. (PARC.)

4. **ARECO (Isaac P.)**, à Buenos-Ayres. — Œuvres de jurisprudence. (PARC.)

5. **BACHMANN (Eugène)**, à Buenos-Ayres. — Ouvrages de mathématiques. (PARC.)

6. **Banco Nacional**, à Buenos-Ayres. — Collection de ses diverses publications. (PARC.)

7. **BARBATI (Pascal)**, à Buenos-Ayres. — Œuvres d'histoire. (PARC.)

8. **BASUALDO (Benjamin)**, à Buenos-Ayres. — Travaux juridiques. (PARC.)

9. **BECERRO (Abraham A.)**, à Buenos-Ayres. — Étude géographique. (PARC.)

10. **BERG (Charles)**, à Buenos-Ayres. — Traité élémentaire de zoologie. (PARC.)

11. **BILBAO (Manuel)**, à Buenos-Ayres. — Œuvres historiques. (PARC.)

12. **BIRABEN (Alfred)**, à Buenos-Ayres. — Mémoire sur l'agronomie. (PARC.)

13. **BORGHESE (Bartolome)**. — Œuvres littéraires. (PARC.)

14. **BRACKEHBUSCH (Dr L.)**, à Cordoba. — Géographie de la République. (PARC.)

15. **BROUTTA (F. E.)**, à Buenos-Ayres. — Cours de droit militaire. (PARC.)

16. **Bureau Météorologique**, à Buenos-Ayres. — Annales, documents, statistiques. (PARC.)

17. **BURMEINSTER (G.)**, à Buenos-Ayres. — Ouvrages de géologie. (PARC.)

18. **CAAMAÑO (Edouard)**, à Buenos-Ayres. — Œuvres littéraires. (PARC.)

19. **CABALLERO (Eugène)**. — Études historiques. (PARC.)

20. **CABRAL (J. V.)**, à Buenos-Ayres. — Ouvrages d'histoire. (PARC.)

21. **CADRÉS (George)**, à Buenos-Ayres. — Éléments de trigonométrie. (PARC.)

22. **CALVO (Alexandre)**, à Buenos-Ayres. — « La Politique américaine ». (PARC.)

23. **CALVO (Nicolas A.)**, à Buenos-Ayres. — Ouvrages juridiques. (PARC.)

24. **CAMBACÉRES (Eugène)**, à Buenos-Ayres. — Œuvres littéraires. (PARC.)

25. CARCANO (R. J.), à Buenos-Ayres. — Œuvres littéraires.   (PARC.)

26. CARRANZA (A.), à Buenos-Ayres. — Travaux administratifs.   (PARC.)

27. CARRANZA (Dr A. L), à Buenos-Ayres. — Monographie historique.
                                                                     (PARC.)

28. CARRASCO (Gabriel), à Buenos-Ayres. — Œuvres littéraires, géogra-
     phiques, statistiques.   (PARC.)

29. CARTABIO (A. R.), à Buenos-Ayres. — Œuvres géographiques, monogra-
     phies industrielles.   (PARC.)

30. CASTELLAS (N.), à Buenos-Ayres. — Leçons sur le Code de commerce
     argentin.   (PARC.)

31. CEPPI (dit Anibal Latino), à Buenos-Ayres. — Œuvres littéraires.
                                                                     (PARC.)

32. CHACALTANA, à Buenos-Ayres. — Ouvrages de géologie.   (PARC.)

33. CHUECO (Manuel C.), à Buenos-Ayres. — Monographies.   (PARC.)

34. Commission générale d'Immigration, à Buenos-Ayres. — Collection
     de ses diverses publications.   (PARC.)

35. Commission de la Marine. — Publications et documents.   (PARC.)

36. Congrès National, à Buenos-Ayres. — Publications officielles.   (PARC.)

37. CONI (Émile R.), à Buenos-Ayres. — Traités d'hygiène ; statistique. (PARC.)

38. Conseil Général d'éducation de la province de Buenos-Ayres.
     — Lois, règlements, notices.   (PARC.)

39. Conseil National d'Éducation, à Buenos-Ayres. — Exposition com-
     plète des méthodes d'enseignements. Travaux des élèves et vues des établissements.
                                                                     (PARC.)

40. CORTÈS (G.), à Buenos-Ayres. — Ouvrages de jurisprudence.   (PARC.)

41. Cour de Justice fédérale, à Buenos-Ayres. — Sentences.   (PARC.)

42. DAIREAUX (Émile), à Buenos-Ayres. — « La vie et les mœurs à la Plata. »
                                                                     (PARC.)

43. DAVALOS (Arthur L.), à Salta. — Travaux juridiques.   (PARC.)

44. DAVILA (François). — Œuvres littéraires.   (PARC.)

45. DEMARIA (Antoine M.), à Buenos-Ayres. — « Profils historiques. »
                                                                     (PARC.)

46. Département National d'hygiène, à Buenos-Ayres. — Documents offi-
     ciels.   (PARC.)

47. Département de la Police, à Buenos-Ayres. — Documents officiels.
                                                                     (PARC.)

48. Direction des Postes et Télégraphes, à Buenos-Ayres. — Documents
     officiels.   (PARC.)

49. DOMINGUEZ (Joseph), à Buenos-Ayres. — Œuvres juridiques.   (PARC.)

50. DRANER (L.), à Buenos-Ayres. — Vulgarisation de sciences.   (PARC.)

51. École des Arts et Métiers de la Province de Buenos-Ayres,
     à Buenos-Ayres. — Documents officiels.   (PARC.)

52. École Navale, à Buenos-Ayres. — Publications et documents officiels.
                                                                     (PARC.)

53. « **El Nacional** », à Buenos-Ayres. — Silhouettes parlementaires. (PARC.)

54. **ESCALANDE (W.)**, à Buenos-Ayres. — Leçons de philosophie. (PARC.)

55. **ESPEJO (Général G.)**. — Travaux d'histoire. (PARC.)

56. **ESTRADA (J. M.)**, à Buenos-Ayres. — Œuvres littéraires. (PARC.)

57. **État-major général de l'armée**, à Buenos-Ayres. — Documents officiels. (PARC.)

58. **Faculté de Médecine**, à Buenos-Ayres. — Thèses et publications diverses. (PARC.)

59. **Faculté des Sciences**, à Buenos-Ayres. — Publications diverses. (PARC.)

60. **FERNANDEZ (F. F.)**, à Buenos-Ayres. — Œuvres littéraires. (PARC.)

61. **FERNANDEZ (Jean R.)**, à Buenos-Ayres. — Œuvres littéraires. (PARC.)

62. **FONTANA (Louis G.)**, à Buenos-Ayres. — Le « Grand Chaco. » (PARC.)

63. **FRIAS (Félix)**, à Buenos-Ayres. — Discours et écrits. (PARC.)

64. **FRIAS (Stanislas J.)**, à Buenos-Ayres. — Ouvrages juridiques. (PARC.)

65. **FUENTE (Diego de la)**, à Buenos-Ayres. — Travaux de statistique. (PARC.)

66. **GALARSE (A.)**, à Buenos-Ayres. — Ouvrages de statistique. (PARC.)

67. **GARCIA (Manuel R.)**, à Buenos-Ayres. — Étude sur l'éducation aux États-Unis. (PARC.)

68. **GARCIA MEROU (Martin)**, à Buenos-Ayres. — Œuvres littéraires. (PARC.)

69. **GARCIA VELLOSO (Jean)**, à Buenos-Ayres. — Poésies. (PARC.)

70. **GARMENDIA (José J.)**, à Buenos-Ayres. — École pratique d'infanterie en campagne. (PARC.)

71. **GARMENDIA (Colonel Y.-J.)**, à Buenos-Ayres. — Travaux militaires. (PARC.)

72. **GARRO (Jean M.)**, à Buenos-Ayres. — Étude historique sur l'Université de Cordoba. (PARC.)

73. **GIROLA (D. Charles)**, à Buenos-Ayres. — Études sur le phylloxéra vastatrix. (PARC.)

74. **GONZALES (Charles N.)**, à Buenos-Ayres. — Jugements du Tribunal de Commerce. (PARC.)

75. **GONZALÈS (Maxime P.)**, à Buenos-Ayres. — Lois nationales. (PARC.)

76. **Gouvernement de Santa-Fé**, à Santa-Fé. — Documents officiels. (PARC.)

77. **Gouvernement**, à Santiago-del-Estero. — Publications officielles. (PARC.)

78. **Gouvernement de Tucuman**. — Documents officiels. (PARC.)

79. **GOYENA (Jean)**, à Buenos-Ayres. — Œuvres littéraires. (PARC.)

80. **GUIDO (Joseph T.)**, à Buenos-Ayres. — Œuvres littéraires. (PARC.)

81. **GUIDO & SPYANO (Charles)**, à Buenos-Ayres. — Œuvres littéraires. (PARC.)

82. **GUTIERREZ (Ed.)**, à Buenos-Ayres. — Œuvres littéraires. (PARC.)

83. **HALL (Joseph J.)**, à Buenos-Ayres. — Ouvrages juridiques.   (PARC.)

84. **HERNANDEZ (Paul)**, à Buenos-Ayres. — Œuvres critiques.   (PARC.)

85. **HUERGO (P.)**, à Buenos-Ayres. — Poésies.   (PARC.)

86. **IGARZABAL (R. J.)**, à Buenos-Ayres. — Projet de constitution.   (PARC.)

87. **Institut agronomique vétérinaire de la Province de Buenos-Ayres.** — Documents officiels.   (PARC.)

88. **ISLA (Ildephonse)**, à Buenos-Ayres. — Traductions.   (PARC.)

89. **LAMARQUE (Adolphe)**, à Buenos-Ayres. — Ouvrages juridiques.   (PARC.)

90. **LAMAS (André)**, à Buenos-Ayres. — Œuvres historiques.   (PARC.)

91. **LARRAIN (I.)**, à Buenos-Ayres. — Œuvres critiques.   (PARC.)

92. **LARSEN del CASTAÑO (Gabriel)**, à Buenos-Ayres. — Organisation municipale.   (PARC.)

93. **LATZINA (François)**, à Buenos-Ayres. — Traité de mathématiques, géographie.   (PARC.)

94. **LEMÉE (Charles)**, à Buenos-Ayres. — Œuvres hippiques.   (PARC.)

95. **LISTA (R.)**, à Buenos-Ayres. — Œuvres géographiques.   (PARC.)

96. **LLERENA (B.)**, à Buenos-Ayres. — Droit civil.   (PARC.)

97. **LOPEZ (Joseph)**, à Buenos-Ayres. — L'instruction publique en Russie et en Allemagne.   (PARC.)

98. **LOPEZ (V.)**, à Buenos-Ayres. — Œuvres historiques et littéraires.   (PARC.)

99. **LOPEZ VALTODANO (Henri)**, à Cordoba. — Travaux de statistique.   (PARC.)

100. **LOSSON (Édouard)**, à Buenos-Ayres. — Leçons d'agriculture.   (PARC.)

101. **LOZANO (Godefroy)**, à Buenos-Ayres. — Répertoire de jurisprudence.   (PARC.)

102. **MALLO (Pierre)**, à Buenos-Ayres. — Leçons d'hygiène publique et particulière.   (PARC.)

103. **MANSILLA de GARCIA (Ed.)**, à Buenos-Ayres. — Œuvres littéraires.   (PARC.)

104. **MANTILLA & VERASORO**, à Buenos-Ayres. — Ouvrages d'administration.   (PARC.)

105. **MARAMBIO CATAN (David)**, à Buenos-Ayres. — Encyclopédie militaire.   (PARC.)

106. **MARTIN & HERRERA (Félix)**, à Buenos-Ayres. — Notions d'économie politique.   (PARC.)

107. **MAYER (E.)**, à Buenos-Ayres. — Annuaire de Buenos-Ayres.   (PARC.)

108. **MEDINA (François)**, à Buenos-Ayres. — Études économiques.   (PARC.)

109. **Ministère des Affaires Etrangères**, à Buenos-Ayres. — Documents officiels. Diverses publications.   (PARC.)

110. **Ministère des Finances**, à Buenos-Ayres. — Documents officiels.   (PARC.)

111. **Ministère de l'Intérieur**, à Buenos-Ayres. — Messages présidentiels et documents officiels. Diverses publications.   (PARC.)

112. Ministère de la Guerre et de la Marine, à Buenos-Ayres. — Documents officiels. (PARC.)

113. MITRE (Général Bartolomé), à Buenos-Ayres. — Œuvres historiques et littéraires. (PARC.)

114. MONSALVE (Carlos), à Buenos-Ayres. — Œuvres littéraires. (PARC.)

115. MORENO (François P.), à La Plata. — « Voyage à la Patagonie Australe ». (PARC.)

116. Municipalité de Buenos-Ayres, à Buenos-Ayres. — Documents officiels. (PARC.)

117. Municipalité de Cordoba, à Cordoba. — Documents officiels. (PARC.)

118. NAVARRO VIOLA (Henri), à Buenos-Ayres. — Annuaires bibliographiques. (PARC.)

119. NAVARRO VIOLA (Michel), à Buenos-Ayres. — Œuvres théologiques. (PARC.)

120. OBARRIO (Manuel), à Buenos-Ayres. — Collection d'ordonnances municipales. (PARC.)

121. OBLIGADO (Pastor). — Œuvres littéraires. (PARC.)

122. OBLIGADO (R.), à Buenos-Ayres. — Œuvres littéraires. (PARC.)

123. Observatoire National Argentin, à Buenos-Ayres. — Statistiques, observations, documents officiels. (PARC.)

124. OLIVERA (Edouardo), à Buenos-Ayres. — Études agricoles, Voyages. (PARC.)

125. ORZABAL (Arthur), à Buenos-Ayres. — Études mathématiques. (PARC.)

126. OYUELA (C.), à Buenos-Ayres. — Œuvres didactiques et littéraires. (PARC.)

127. PARODY (de) & CRAVERI, à Buenos-Ayres. — Ouvrages de pharmacie. (PARC.)

128. PAZ (E. N.), à Buenos-Ayres. — Ouvrages d'économie politique et sociale. (PARC.)

129. PELLIZA (M. A.), à Buenos-Ayres. — Études historiques. (PARC.)

130. PELLIZA de SAGASTA (Joséphine), à Buenos-Ayres. — Ouvrages littéraires. (PARC.)

131. PENNA (José), à Buenos-Ayres. — Études de médecine. (PARC.)

132. PEREZ (F.), à Mendoza. — Annuaire de Mendoza. (PARC.)

133. PEREZ GOMAR, à Buenos-Ayres. — Œuvres historiques. (PARC.)

134. PEYRET (A.), à Buenos-Ayres. — Histoires des religions. (PARC.)

135. PIÑERO (Norbert), à Buenos-Ayres. — Notions de droit. (PARC.)

136. PORCEL de PERALTA (Manuel), à Buenos-Ayres. — Conférences de clinique médicale. (PARC.)

137. QUESADA (Vincent D.), à Buenos-Ayres. — Ouvrages de géographie. (PARC.)

138. QUEVEDO (Samuel A.), à Buenos-Ayres. — Œuvres littéraires. (PARC.)

139. QUIROGA (Joacin et Adam), à Catamarca. — Ouvrages de droit. (PARC.)

140. RACEDO (E.) & OLASCUAGA (M.), à Buenos-Ayres. — « La Conquête du désert. »   (PARC.)

141. REYNAL O'CONNOR (N.), à Buenos-Ayres. — Essais de jurisprudence.   (PARC.)

142. RIOS (L. R.), à Buenos-Ayres. — Œuvres biographiques.   (PARC.)

143. RIVAS (Pierre), à Buenos-Ayres. — Éphémérides américaines.   (PARC.)

144. RODRIGUEZ (Jules P.), à Buenos-Ayres. — Répertoire juridique alphabétique du code civil argentin.   (PARC.)

145. RUEDA (Pierre), à Buenos-Ayres. — Ouvrages de droit.   (PARC.)

146. RUIZ MORENO (Martin), à Buenos-Ayres. — Ouvrages de droit.   (PARC.)

147. SALDIAS (Adolphe), à Buenos-Ayres. — Ouvrages littéraires et d'histoire.   (PARC.)

148. SARMIENTO (Carlos D.), à Buenos-Ayres. — Traité d'artillerie. (PARC.)

149. SARMIENTO (Dominique F.), à Buenos-Ayres. — Ouvrages d'histoire littéraire et sur l'éducation.   (PARC.)

150. SEEBER (François), à Buenos-Ayres. — Œuvres d'économie sociale.   (PARC.)

151. SEGOVIA (Lisandre), à Buenos-Ayres. — Commentaires sur le code civil.   (PARC.)

152. SELLSTRÖM (E.), à Buenos-Ayres. — Cours d'artillerie.   (PARC.)

153. Société de Bienfaisance, à Buenos-Ayres. — Documents officiels. (PARC.)

154. Société rurale argentine, à Buenos-Ayres. — Publications. (PARC.)

155. Société scientifique argentine, à Buenos-Ayres. — Publications. (PARC.)

156. Société « Union téléphonique », à Buenos-Ayres. — Publications.   (PARC.)

157. TOBALDO (F.), à Buenos-Ayres. — Œuvres littéraires.   (PARC.)

158. TORRES (Joseph M.), à Buenos-Ayres. — Cours de pédagogie. (PARC.)

159. TRELLES (Manuel-Richard), à Buenos-Ayres. — Ouvrages d'histoire.   (PARC.)

160. Université de Buenos-Ayres, à Buenos-Ayres. — Annales, thèses, documents.   (PARC.)

161. VACA GUZMAN (S.), à Buenos-Ayres. — Ouvrages littéraires. (PARC.)

162. VARELA (J. C.), à Buenos-Ayres. — Œuvres littéraires.   (PARC.)

163. VARELA (Louis V.), à Buenos-Ayres. — Œuvres de jurisprudence.   (PARC.)

164. VARELA (Rufino), à Buenos-Ayres. — Œuvres d'économie sociale.   (PARC.)

165. VIGLIONE (Louis A.), à Buenos-Ayres. — Leçons de géométrie analytique.   (PARC.)

166. VILLANUEVA (Charles E.), à Buenos-Ayres. — Ouvrages sur l'agriculture.   (PARC.)

167. WILDE (José A.), à Buenos-Ayres. — « Buenos-Ayres depuis 70 ans ».   (PARC.)

168. ZINNY (Antoine), à Buenos-Ayres. — Travaux historiques et bibliographiques. **(PARC.)**

169. ZUVIRIA (Joseph-Marie), à Buenos-Ayres. — Ouvrages littéraires. **(PARC.)**

AUTRICHE-HONGRIE.

1. BÖETHY (Ala), à Jasz-Apathi (Hongrie). — Étude d'une locomotive à grande vitesse de nouveau système. (Description et dessins). **(PALAIS.)**

BELGIQUE.

1. Association des ingénieurs sortis de l'école de Gand, à Gand, rue des Violettes, 12. — Publications scientifiques. **(PALAIS.)**

2. BERNARD (Léopold), à Mesvin-Ciply. — Fossiles du terrain secondaire. **(PALAIS.)**

3. BIOT (H. J.), à Ixelles, rue Souveraine, 73. — Traité théorique et pratique de droit commercial. Notions élémentaires de droit civil. Code de commerce. **(PALAIS.)**

4. BODDAERT (Richard), à Gand, rue Basse, 42. — Recherches expérimentales sur les lésions pulmonaires consécutives à la section des nerfs pneumogastriques. **(PALAIS.)**

5. BOUDIN (Emmanuel), à Gand, rue Coupure, 152. — Cours de stabilité, de technologie, de calculs des probabilités, d'hydraulique, de l'axe hydraulique des cours d'eau, etc. **(PALAIS.)**

6. BOULVIN (Jules), à Gand, rue de la Petite-Boucherie, 4. — Mémoires divers. **(PALAIS.)**

7. BURGGRAEVE (de), à Gand, rue de Bruxelles, 50. — Histoire générale de la vaccine ou monument à Jenner. Livre d'or de la médecine dosimétrique, etc. **(PALAIS.)**

8. DAMSEAUX (A.), à Gembloux. — Manuel et éléments d'agriculture générale. Emploi en agriculture du nitrate de soude. Notice sur les assolements, les engrais, etc. **(PALAIS.)**

9. DASTOT (Adolphe), à Mons, rue des Balneux, 4. — Mélanges ophthalmologiques. **(PALAIS.)**

10. DAUGE, à Gand. — Leçons de méthodologie mathématique à l'usage des élèves de l'école normale des sciences, annexée à l'Université de Gand. **(PALAIS.)**

11. DECHAMPS (Henri), à Liége, rue des Vingt-Deux, 9. — Principes de la construction des charpentes métalliques et leur application aux ponts à poutres droites, etc. **(PALAIS.)**

12. DENAEYER (Alphonse), à Schaerbeek, place Liedts, 3. — Albums de photomicrographie des hautes études cryptogamiques ou « Les végétaux inférieurs ». **(PALAIS.)**

13. DENIS (Hector), à Ixelles, rue de la Croix, 42. — Atlas économique et moral de la Belgique comparée aux autres Etats de l'Europe. **(PALAIS.)**

14. DEWALQUE (F.), à Louvain, rue des Joyeuses-Entrées, 26. — Manuel de chimie opératoire, rapport sur les produits chimiques à l'Exposition d'Anvers. **(PALAIS.)**

15. DISCAILLES (Ernest), à Gand. — « Les Pays-Bas sous le règne de Marie-Thérèse. » « Les concours généraux de l'enseignement. » « Guillaume le Taciturne » etc. **(PALAIS.)**

16. DUMOULIN (Nicolas), à Gand, rue des Baguettes, 147. — Publications.
(PALAIS.)

17. FOLIE (François), à Liége. — Publications diverses.   *(PALAIS.)*

18. FORIR (H.), à Liége, rue du Haut-Laveu, 75. — Publications.   *(PALAIS.)*

19. GILBERT (Philippe), à Louvain, rue Notre-Dame, 20. — Cours d'analyse
infinitésimale, Cours de mécanique analytique. Mémoires scientifiques divers. *(PALAIS.)*

20. GODY (Léon), à Bruxelles, rue du Viaduc, 85. — Manuel d'analyses et de
recherches chimiques appliquées aux arts militaires.   *(PALAIS.)*

21. GUILLERY (H.), à Bruxelles, boulevard du Nord, 68. — De l'assainissement
du champ de bataille de Sedan et de la partie de la Meuse qui le traverse, et autres
publications.   *(PALAIS.)*

22. HEUSCH (Florent de), à Ixelles, rue Anoul, 27. — Cours d'analyse, calcul
différentiel, calcul intégral.   *(PALAIS.)*

23. HEUSCH (Waldor de), à Bruxelles, rue Vleurgat, 114. — La tactique
d'autrefois et d'aujourd'hui. Les opérations en campagne autrefois et aujourd'hui, etc.
(PALAIS.)

24. Institut supérieur du commerce (Directeur : **Grangaignage**), à Anvers,
rue du Chêne, 8. — Programmes. Rapports. Cours. Spécimens des collections du
musée commercial.   *(PALAIS.)*

25. KAYSER (Gabriel), à Bruxelles, boulevard de Waterloo, 101. — Ouvrages
ayant trait à l'Afrique en général dans ses rapports avec l'exploitation et la civilisation
de ses contrées.   *(PALAIS.)*

26. LAGRANGE (C. H.), à Ixelles, rue Sans-Souci, 42. — Mémoires d'astronomie et de mathématiques, publiés par l'Académie Royale de Belgique.   *(PALAIS.)*

27. LAYTON (William), à Anvers, rue Van-Lérius, 20. — Manuel de la correspondance commerciale anglaise et française.   *(PALAIS.)*

28. MALAISE (C.), à Gembloux. — Descriptions : du terrain silurien du centre de
la Belgique ; des gîtes fossilifères dévoniens et d'affleurements du terrain crétacé.
(PALAIS.)

29. MASSAU (Junius), à Gand, rue de Marnix, 22. — Mémoire sur l'intégration
graphique et ses applications. Cours de mécanique.   *(PALAIS.)*

30. MATON (Adolphe), à Bruxelles, rue Juste-Lipse, 37. — « De l'enseignement
du notariat en Belgique et dans les pays étrangers. » Dictionnaire de la pratique nota-
riale, etc.   *(PALAIS.)*

31. MONGE (L. de), à Argenteau (Visé). — Sommaire des cours d'histoire de la
littérature française au XVII⁰ et XVIII⁰ siècles. Etudes morales et littéraires, etc.
(PALAIS.)

32. MONROSE (Eugène), à Bruxelles, passage de la Monnaie, 4. — Etudes sur
l'art de la diction. Entretiens et conférences sur l'art de la parole. Causeries et entretiens sur l'art du théâtre.   *(PALAIS.)*

33. MOONENS (Louis F.), à Bruxelles, rue Terre-Neuve, 40. — Matériel pour
l'enseignement intuitif des projections et des éléments de géométrie descriptive.
(PALAIS.)

34. MOURLON (Charles), à Bruxelles, rue du Dailli, 7. — Ouvrages. Notices,
revues. Travaux de vulgarisation se rapportant aux applications de l'électricité. *(PALAIS.)*

35. NUMANS (Auguste), à Bruxelles, rue de la Croix-de-Fer, 10. — Cours
d'aqua-forte.   *(PALAIS.)*

36. PARISEL (Émile), à Gembloux. — Notions élémentaires d'agriculture et
d'hygiène. Pépinières forestières. Les forêts, leurs produits et leur culture. *(PALAIS.)*

37. PASQUIER (Ernest), à Louvain, rue Marie-Thérèse, 22. — Étude des machines à vapeur, traduction française de Th. Oppolzer. Traité des orbites et des planètes, etc. (PALAIS.)

38. PAULI (Adolphe), à Gand, place des Fabriques, 1. — Plans de l'Institut des Sciences en construction à Gand. (PALAIS.)

39. PHILIPPSON (M.), à Bruxelles. — Publications diverses. (PALAIS.)

40. Société belge de géologie, de paléontologie et d'hydrologie, à Bruxelles, rue Terre-Neuve, 102. — Bulletin de la Société. (PALAIS.)

41. Société des Brasseurs belges (École professionnelle de brasserie), à Gand, rue du Saint-Esprit, 3. — Règlements et statuts, tableau des cours. (PALAIS.)

42. Société géologique de Belgique, à Liège. — Annales de la Société. (PALAIS.)

43. Société royale malacologique de Belgique, à Bruxelles, rue du Pont-Neuf, 10. — Collection complète de publications. (PALAIS.)

44. SWARTS (Théodore), à Gand, rue Terre-Neuve, 48. — Précis de chimie générale et descriptive. Principes fondamentaux de chimie et d'analyse chimique. (PALAIS.)

45. Université libre de Bruxelles, rue des Sols, 14. — « Histoire de l'Université depuis sa fondation », par M. le Professeur Vanderkindere. (PALAIS.)

46. WILIQUET (Camille), à Mons, avenue d'Havré. — Manuel de droit constitutionnel, exposé élémentaire des institutions politiques et administratives de la Belgique. (PALAIS.)

RÉPUBLIQUE DE BOLIVIE.

1. BRESSON (André), à Paris, rue Lafayette 1. — Dessins de types indigènes, de paysages. Vues de villes, etc. (PARC.)

2. DORADO (Manuel R.) à Paris, au Grand-Hôtel. — Curiosités indigènes. Yeux pétrifiés des momies indiennes. Cannes indigènes. (PARC.)

3. FAURE (M. l'abbé Louis), à Paris, rue Washington, 36. — Chemises d'écorce des indiens du Béni. (PARC.)

4. GUZMAN (Louis), à Cochabamba. — Collection archéologique. (PARC.)

BRÉSIL.

(Voir son Catalogue spécial.)

CHILI.

1. BESNARD (Julio), à Santiago. — Collection d'antiquités, âge de pierre. (PARC.)

2. Commissariat de l'Exposition du Chili, à Santiago. — Collection de livres d'histoire, sciences, instruction, beaux-arts, musique, belles-lettres, géographie, statistique, art militaire, agriculture, industrie, etc. (PARC.)

3. École des arts et métiers, à Santiago. — Turbine (Modèles). (PARC.)

4. Université du Chili, à Santiago. — Photographies, laboratoire de physique. (PARC.)

ÉQUATEUR.

1. **ARCOS (Dario)**, à Guayaquil. — Collection ethnologique.   (PARC.)

2. **FLORES (Antonio)**, à Quito. — Inscriptions académiques.   (PARC.)

3. **MADRID (Carlos F.)**, à Quito. — Papillons.   (PARC.)

4. **MARTINEZ (Augusto N.)**, à Ambato. — Collection lithologique.   (PARC.)

ESPAGNE.

1. **CORNELL (Cayetano)**, à Barcelone. — Tachygraphie.   (PALAIS.)

2. **DIAZ DE ARCAYA (Manuel)**, à Saragosse. — Modèles cristalographiques et exemplaires pour l'étude de la germination.   (PALAIS.)

3. **GISPEST (Manuel)**, à Sabadell (Barcelone). — Plans de dérivations pour les eaux.   (PALAIS.)

4. **MORENO (Eusebio)**, à Madrid. — Tables pour collèges.   (PALAIS.)

ÉTATS-UNIS.

1. **COPE (Edward Drinker)**, à Philadelphie, Pa. — Moulages de deux espèces de mammifères disparus de l'âge éocène inférieur.   (PALAIS.)

2. **Mutual Reserve Fund Life Association (The)**, à New-York, N. Y., Park row, Potter building. — Statistiques d'une compagnie de secours mutuels.   (PALAIS.)

3. **PARKS (C. Wellman)**, à Troy, N. Y., Rensellaer Polytechnic Institute. — Statistiques des écoles supérieures et des écoles élémentaires des États-Unis.   (PALAIS.)

4. **PARKS (M. B.)**, à Troy, N. Y. — Livres, brochures, etc. ; éditions de « The Kings daughters ».   (PALAIS.)

5. **Pennsylvania Museum and School of industrial** (Principal : **L. W. Miller**), à Philadelphie, Pa., 1330, Spring garden street. — Photographies, échantillons montés et non montés de matières textiles.   (PALAIS.)

6. **University of the City of New-York**, (Vice-Chancellor : **Henry Mac Craken**), à New-York, Washington square. — Exposés et exemples d'organisation, méthodes et procédés pour l'enseignement supérieur.   (PALAIS.)

7. **Young Men's Christian Association** (Secretary : **Thos. K. Cree**), à New-York, N. Y. 40, East 23d street. — Bâtiments de l'Association chrétienne des jeunes gens, et renseignements statistiques se rapportant à l'Association.   (PALAIS.)

GRÈCE.

1. **DIMITSA (M.)**, à Athènes. — Monographies diverses.   (PALAIS.)

2. **MILIARAKIS (Antoine)**, à Athènes. — Ouvrages de géographie.   (PALAIS.)

3. **STEPHANOS (Clon)**, à Athènes. — Carte céphalométrique de la Grèce.   (PALAIS.)

ITALIE.

1. BOCCI (Donat), à Turin, via Monte di Pietà, 21. — Dictionnaire historique et graphique de la « Divine Comédie ». Grammaire à l'usage des classes supérieures. (PALAIS.)

2. GIURLATI (Gaetan), à Rovigo. — Album de plantes métallisées pour l'étude de la botanique. Nouveau système de reproduction naturelle obtenu au moyen de la pierre lithographique. (PALAIS.)

3. MOSCARIELLO (Joseph), à Naples. — Œuvres de didactique. (PALAIS.)

JAPON.

1. Ministère de l'Instruction publique, à Tokio. — Lois, ordonnances, historiques, photographies, comptes-rendus, règlements, état des dépenses et recettes, documents relatifs aux tremblements de terre et autres (Ministère de l'Instruction publique, Université Impériale, Musée pédagogique, Sociétés de l'éducation et de la langue française). (PALAIS.)

GRAND-DUCHÉ DE LUXEMBOURG.

1. ARENDT (Charles), à Luxembourg. — Monographies du château de Vianden et de la chapelle de Saint-Quirin à Luxembourg. (PALAIS.)

2. Institut royal-grand-ducal (section historique de l'), à Luxembourg. — Collection de monnaies luxembourgeoises ; collection de chartes originales de comtes et ducs de Luxembourg de 1083 à 1443, cartes historiques du pays de Luxembourg. (PALAIS.)

3. SIEGEN (Pierre M.), à Luxembourg. — Carte archéologique du pays de Luxembourg à l'époque romaine. (PALAIS.)

NORVÈGE.

1. ARBO (C. Oscar E.), à Christiansand S. — Cartes d'anthropologie norvégienne. (PALAIS.)

2. MOHN (Dr. Henrik), à Christiania. — Rapport général sur l'expédition scientifique norvégienne dans les mers du Nord en 1876-1878. (PALAIS.)

ROUMANIE.

1. ANTONIU (Dr Joan), à Berlad. — Pétrifications d'échinodermes, apiocrynus et rhizocrinus. Pétrifications de mollusques. (PALAIS.)

2. EMILIAN (Stefan), à Iassy, strade Vovedenia, 14. — Quatre livres, cours pratique de perspective linéaire, (édition ordinaire et édition de luxe). (PALAIS.)

3. REMUSU (Antonesco), à Bucharest, strada Dionisie, 21. — Mâchoire d'animal antédiluvien d'une longueur de 0m50, avec dents. (PALAIS.)

SAINT-MARIN.

1. BALME (Guiseppe), à Saint-Marin. — Écusson de la République de Saint-Marin, documents relatifs à l'histoire de cette République, curiosités et antiquités locales. **(PALAIS.)**

2. Commission du Gouvernement. — Recueils de lois et de décrets, Traités passés avec le royaume d'Italie. **(PALAIS.)**

SALVADOR.

1. Pénitencier de San-Salvador. — Travaux à la main. **(PARC.)**

SERBIE.

1. Ministère de l'instruction publique et des cultes, à Belgrade. — Travaux de l'Académie royale de Serbie. — Bulletin et annuaire de l'Académie. — Bulletin de la société « Glasnik. » — Différents ouvrages littéraires publiés sous les auspices et aux frais de la société, (90 volumes.) — Travaux des élèves de la Société des Sciences appliquées de l'Université de Belgrade. — Dessins topographiques de diverses localités en Serbie. — Aquarelles représentant divers types de costumes nationaux et d'ameublement domestique en Serbie, par S. Milovanovitch, professeur à la Grande École. — Dessins ethnographiques pris dans le royaume de Serbie par Vladislav Titelbach, professeur à l'école Réelle de Belgrade. **(PALAIS.)**

SUISSE.

1. ANEX (Auguste), à Ollon (Vaud). — Manuscrit inédit : géométrie élémentaire simplifiée à l'usage populaire. **(PALAIS.)**

2. BOOS-JEGHER (Édouard), à Zurich. — Ouvrages manuels féminins de toutes sortes, cours de maîtresses, peinture, dessins d'ornement et de coupe, comptabilité, langues. **(PALAIS.)**

3. GFELLER (Jules), à Berne. — Statistique graphique de la Suisse. **(PALAIS.)**

4. HOFER et BURGER, à Zurich. — Modèles de cartes et plans. **(PALAIS.)**

5. SIMOUTRE (M. Eugène), à Bâle. — Brochure in-8° illustrée de six planches, progrès en lutherie, histoire, construction, réparation des instruments à cordes et à archet. **(PALAIS.)**

6. ORELL FUSSLI & Cie, à Zurich. — Enseignement supérieur, livres. **(PALAIS.)**

VÉNÉZUÉLA.

1. Commission de Maracaibo, à Maracaibo. — Collection ethnographique appartenant à l'abbé Jauregui. **(PARC.)**

2. GUZMAN BLANCO (Général) & MARCANO (Dr G.). — Collection ethnographique, précolombienne et contemporaine. **(PARC.)**

3. Société « El Cojo », (R. Nones & Cie), à Maracaibo. — Modèles d'habitations lacustres des Indiens du lac de Maracaibo. **(PARC.)**

GROUPE II.

ÉDUCATION ET ENSEIGNEMENT. MATÉRIEL ET PROCÉDÉS DES ARTS LIBÉRAUX.

Classe 6-7-8.

FRANCE.

1. ARCHAMBEAU Fils (Ch.), à Millas (Pyrénées Orientales). — Escalier, tableaux de tracés géométriques et de perspectives. **(PALAIS.)**

2. ARMENGAUD Aîné (C.-E.), à Paris, rue Saint-Sébastien, 45. — Ouvrages techniques sur les machines à vapeur, les machines-outils à travailler les métaux et les bois, etc. **(PALAIS.)**

    Tableaux. — Ouvrages et matériel pour l'enseignement technique, adoptés dans les écoles de l'État et de la ville de Paris. — Publication industrielle d'Armengaud aîné. (Ouvrage couronné par l'Académie des Sciences.

3. Assistance paternelle des enfants employés dans les fabriques de fleurs et de plumes à Paris (Patronage industriel), Président : **Turney,** à Paris, rue de Lancry, 10. — Publication de la Société, travaux d'apprentis. **(PALAIS.)**

4. Assistance publique de Paris, (Directeur : **Peyron**), à Paris, place de l'Hôtel-de-Ville, 3. — Travaux manuels de tous genres exécutés par les enfants assistés et moralement abandonnés placés en apprentissage. **(PALAIS.)**

5. Association philotechnique, (Président : **Jacques**), à Paris. — Collection de programmes, cahiers et travaux des élèves des sections d'enseignement technique. **(PALAIS.)**

6. Association polytechnique, (Président : **de Lapommeraye**), à Paris. — Dessins et travaux manuels exécutés par les élèves de l'Association. **(PALAIS.)**

    59e année d'existence. — Reconnue d'utilité publique par décret du 30 juin 1869. — Médaille de mérite, à Vienne 1873. — Médaille d'or, à l'Exposition universelle de Paris 1878. — Médaille d'or à l'Exposition d'Amsterdam 1883.

7. AUSSEL (A.), Professeur de comptabilité, à Paris, rue des Halles, 11. — Cahiers d'élèves. Travaux de comptabilité. **(PALAIS.)**

Classes 6-7-8.

1

8. BARDOUX (J.), à Paris, boulevard du Temple, 36 — Système simplifié de comptabilité en partie double.   (PALAIS.)

9. BASSÉ-CROSSE (Ch.), à Paris, rue de Bondy, 92. — Instruments pour l'étude des sciences physiques dans les écoles primaires professionnelles.   (PALAIS.)

10. BENTAYOU (J.), à Paris, rue de Naples, 72. — Méthode de coupe.
                                                                 (PALAIS.)

11. BLÉTRY Frères, à Paris, boulevard de Strasbourg, 2. — Ouvrages de technologie.   (PALAIS.)

12. BONNOT (A.), à Paris, rue de Rivoli, 66. — Tableaux de comptabilité pour l'enseignement professionnel, livres de commerce, etc.   (PALAIS.)

13. BUCHETTI (J.), à Paris, rue Guy-Patin, 11. — Ouvrages techniques relatifs aux constructions mécaniques et métalliques.   (PALAIS.)

14. Chambre de commerce de Paris. (Président : **Poirrier**). — 1° École des hautes études commerciales, Directeur : Jourdan boulevard Malesherbes, 108. — 2° École supérieure de commerce de Paris, Directeur : Grelley rue Amelot, 101. — 3° École commerciale de Paris avenue Trudaine, Directeur : Bougle. — 4° Cours de comptabilité pour les jeunes filles, Directrice : Mlle Malmanche. — Cahiers, tableaux, travaux d'élèves, etc.   (PALAIS.)

15. CHEYNET dit STRATON (J.), à Paris, rue d'Harlay-du-Palais, 20. — Manuel à l'usage des capitalistes. Travaux divers de calcul.   (PALAIS.)

16. Collége de Saint-Nazaire, Principal : **Louis Cognel,** à Saint-Nazaire (Loire-Inférieure). — Travaux exécutés par les élèves de la section professionnelle.
                                                                 (PALAIS.)

17. CONVENTZ (L.), à Lyon, rue Puits-Gaillot, 13. — Spécimens de comptabilité industrielle, commerciale, agricole, etc.   (PALAIS.)

18. Cours gratuits commerciaux pour les deux sexes du Grand-Orient de France, (Président du Comité de Direction : **Desmons**), à Paris. — Travaux d'élèves, livres de commerce, compositions, etc.   (PALAIS.)

19. Cours professionnels d'apprentis de la Compagnie du Chemin de fer du Nord, Directeur : **Damour,** à Paris, rue de Dunkerque, 18. — Travaux exécutés par les élèves, dessins.   (PALAIS.)

20. Cours professionnels de la Chambre syndicale des entrepreneurs de couverture et de plomberie de Paris, (Président : **Gauthier**), à Paris, rue de Lutèce, 3. — Dessins et travaux d'élèves.   (PALAIS.)

21. Cours professionnels de la Chambre syndicale des ouvriers plombiers, couvreurs, zingueurs de Paris, (Président : **Portailler**), à Paris, cité Dupetit-Thouars, 12. — Travaux des élèves.   (PALAIS.)

22. Cours professionnels de la Chambre syndicale des ouvriers en voitures, (Secrétaire **Poulard**), à Paris, avenue de Wagram, 35. — Plans et modèles de voitures, matériel d'enseignement.   (PALAIS.)

23. Cours professionnels commerciaux de l'Union nationale du commerce et de l'industrie pour les deux sexes, (Président du Conseil de direction : **Nicole,** à Paris, rue de Lancry, 10. — Travaux des élèves consistant en albums, cahiers, etc.   (PALAIS.)

24. DELAYENS (V.), à Nice, rue Papacni, 5. — Méthode perfectionnée de comptabilité commerciale, industrielle, agricole et de banque, et modèle de registres.
                                                                 (PALAIS.)

25. DILLMONT (Th. de), à Paris, avenue de l'Opéra, 15. — Exposition de broderies anciennes.   **(PALAIS.)**

> Exposition des importantes collections de broderies et pièces anciennes ayant servi de documents pour les publications illustrées de cette maison. Collection de précieuses tapisseries coptes (art égyptien des premiers siècles de notre ère). — Broderies et tissus de l'époque de la Renaissance. — Exécution des ouvrages les plus intéressants sous les yeux des visiteurs.
> Publications destinées à l'éducation de la femme. — Éditions en plusieurs langues.
> Maisons spéciales pour fournitures d'ouvrages de dames, matériel d'enseignement, etc.
> Comptoir Alsacien de broderie : 15, avenue de l'Opéra, à Paris.
> Comptoir Alsacien de broderie : 6, Stefansplatz, à Vienne.
> Comptoir Alsacien de broderie : 66, Friedrichstrasse, à Berlin.
> Comptoir Alsacien de broderie : 267, Regent street, à Londres.

26. DULCHÉ Père, à Paris, rue Cavé, 38. — Modèle de machine à vapeur, machine à percer à l'usage des enfants, etc.   **(PARC.)**

27. DUPONT (Mlle) (École professionnelle), à Paris, rue Bayen, 22 bis. — Travaux d'élèves.   **(PALAIS.)**

28. École d'application pour industriels, inventeurs, mécaniciens et élèves de Paris, (Fondateur : **Reuille**), à Paris. — Divers travaux de l'école.   **(PALAIS.)**

29. École d'Apprentissage de Saint-Étienne, à Saint-Étienne (Loire). — Travaux d'élèves.   **(PALAIS.)**

30. École d'apprentissage et école d'apprentis mécaniciens pour la marine du Havre, (Directeur : **Joutel**), au Havre. — Travaux d'élèves, dessins.   **(PALAIS.)**

31. École centrale lyonnaise, (Directeur : **Fortier**), à Lyon, quai de la Guillotière, 20. — Plans et programmes de l'école. Travaux exécutés par les élèves (dessins, épures, machines).   **(PALAIS.)**

32. École de chimie industrielle de Lyon, (Directeur : **Jules Raulin**), à Lyon, Palais du quai Claude-Bernard. — Photographies des laboratoires, modèles des cahiers de notes, produits fabriqués par les élèves.   **(PALAIS.)**

33. École de fabrique de Nimes, (Directeur : **Alphonse Milhaud**), à Nimes, Grande-Rue. — Travaux de tapisserie exécutés par les élèves.   **(PALAIS.)**

34. École gratuite de comptabilité pour les deux sexes de la municipalité du 1ᵉʳ arrondissement de Paris, (Président du Comité de direction : **Baudot**), à la Mairie de la Place du Louvre. — Travaux des élèves, livres de commerce.   **(PALAIS.)**

35. École gratuite professionnelle centrale des métaux précieux artistiques et des industries d'art, (Directeur : **Ninet**), à Paris, rue de Malte, 65. — Travaux divers.   **(PALAIS.)**

36. École d'horlogerie de Paris, (Président et Directeur : **Rodanet**), à Paris, rue Manin, 30. — Travaux d'élèves, régulateurs, chronomètres, pièces détachées, dessins.   **(PALAIS.)**

37. École industrielle de Saumur, (Directeur : **Rigolage**), à Saumur (Maine-et-Loire). — Documents statistiques sur l'enseignement donné dans l'établissement et sur les résultats obtenus.   **(PALAIS.)**

38. École industrielle des Vosges, à Épinal (Vosges). — Travaux d'élèves.   **(PALAIS.)**

39. École israélite de travail, (Directeur : **Reblaud**), à Paris, rue des Rosiers, 4 bis. — Travaux manuels des apprentis des cours du soir.   **(PALAIS.)**

40. École La Martinière, (Directeur : **Lang**), à Lyon, rue des Augustins, 5. — Plans, programmes, travaux des maîtres et des élèves.   **(PALAIS.)**

41. École manuelle d'apprentissage des filles, à Rouen (Seine-Inférieure). — Travaux des élèves.   **(PALAIS.)**

42. École manuelle d'apprentissage des garçons, à Rouen (Seine-Inférieure). — Travaux d'élèves.   (PALAIS.)

43. École manufacturière d'Elbeuf, à Elbeuf (Seine-Inférieure). — Travaux d'élèves.   (PALAIS.)

44. École municipale de tissage de Sedan, (Président du comité de direction : **Gollnisch**), à Sedan (Ardennes). — Mode d'enseignement, travaux des élèves.   (PALAIS.)

45. École municipale professionnelle de Troyes, (Directeur : **Sirodot**), à Troyes. — Travaux des élèves.   (PALAIS.)

46. École pratique de commerce et de comptabilité de Paris, (Directeur : **Pigier**), à Paris, rue de Rivoli, 53. — Divers ouvrages, registres, cahiers de comptabilité.   (PALAIS.)

47. École primaire supérieure et d'apprentissage de jeunes filles du Havre, (Directrice : **Mlle Vigneron**), au Havre. — Travaux d'élèves, lingerie, vêtements, peinture sur soie, livres de commerce, etc.   (PALAIS.)

48. École primaire supérieure et professionnelle, à Rouen (Seine-Inférieure). — Travaux des élèves.   (PALAIS.)

49. École primaire supérieure et professionnelle de jeunes filles de Bléneau, (Directrice : **Mlle Guillout A.**), à Bléneau (Yonne). — Travaux d'élèves (lingerie et confection).   (PALAIS.)

50. École professionnelle de la Chambre syndicale de la bijouterie fine, joaillerie et orfèvrerie (Président : **Boucheron**), à Paris, rue des Francs-Bourgeois, 20. — Dessins et modelages. Travaux d'élèves.   (PALAIS.)

51. École professionnelle de la Chambre syndicale de la bijouterie imitation (Président : **Piel**), à Paris, rue Meslay, 31. — Travaux des élèves.   (PALAIS.)

52. École professionnelle de la Chambre syndicale des fabricants de bronzes (Président : **Gagnau**), à Paris. — Dessins et modelages.   (PALAIS.)

53. École professionnelle de la Chambre syndicale du papier et des industries qui le transforment (Président : **Chapuis**), à Paris, rue Lafayette, 71. — Travaux d'élèves et d'apprentis.   (PALAIS.)

54. École professionnelle de Chapellerie de Meaux, (Directeur : **Coumes**, à Villenoy (Seine-et-Marne). — Produits de l'École.   (PALAIS.)
Prix d'excellence, Bruxelles 1888. — Deux médailles or et argent, Barcelone, 1888.

55. École professionnelle de Choisy-le-Roi (Directeur : **Hanley**), à Choisy-le-Roi (Seine), rue du Pont, 13. — Travaux d'élèves.   (PALAIS.)

56. École professionnelle de dessinateurs-lithographes de Paris, (Directeur : **Sanier**), à Paris, rue Vauquelin, 2. — Dessins, travaux lithographiques exécutés par les élèves.   (PALAIS.)

57. École professionnelle de l'Est (Directeur : **Wohlgemuth**), à Nancy (Meurthe-et-Moselle), rue des Jardiniers, 17. — Plans, programmes, travaux d'élèves.   (PALAIS.)

58. École professionnelle de Flers (Directeur : **Desmaisons**), à Flers (Orne). — Travaux exécutés par les élèves : machine à vapeur, cotons, laines et autres textiles teints, etc.   (PALAIS.)

59. École professionnelle Joulia, à Bordeaux (Gironde), route d'Espagne, 152. — Travaux d'école.   (PALAIS.)

60. École professionnelle de Reims, à Reims (Marne). — Travaux d'école.   (PALAIS.)

61. École professionnelle industrielle et commerciale de Versailles (ancienne institution **Bertrand**). — Directeur : **Lenoir** — à Versailles. — Dessins et travaux exécutés par les élèves.   (PALAIS.)

62. École professionnelle des tailleurs à Paris, (Administrateur délégué : **Vivier**) à Paris, rue Montorgueil, 86. — Travaux exécutés par les élèves.   (PALAIS.)

63. École de stéréotomie de Bayeux (Professeur : **Hamel**), à Bayeux. — Modèles exécutés par les élèves.   (PALAIS.)

64. École supérieure de Commerce du Havre, (Directeur : **Anquetil**), au Havre, rue Amelot, 21. — Cahiers, registres, plans, etc.   (PALAIS.)

65. École supérieure de Commerce de Marseille, (Directeur : **Lejeune**), à Marseille. — Échantillons de divers produits commerciaux provenant du musée de l'École. Travaux d'élèves.   (PALAIS.)

66. École supérieure de Commerce de jeunes filles de Lyon, (Directrice-Fondatrice : **Mlle Luquin**), à Lyon (Rhône). — Travaux pédagogiques ; ouvrages sur l'enseignement commercial ; travaux d'élèves ; tableaux synoptiques.   (PALAIS.)

67. École supérieure de Commerce et d'Industrie de Bordeaux, (Directeur : **Manès**), à Bordeaux, rue Saint-Sernin, 66. — Document sur l'organisation de l'École. Travaux exécutés par les élèves.   (PALAIS.)

68. École supérieure de Commerce et de tissage de Lyon, (Directeur : **Saint-Cyr-Penot**, à Lyon, rue de la Charité, 34. — Ouvrages publiés par les professeurs. Travaux d'élèves.   (PALAIS.)

69. GAILLARD Fils (E.), à Paris, rue du Temple, 101. — Projet d'enseignement technique, théorique et pratique général, appliqué plus spécialement à l'industrie des métaux précieux.   (PALAIS.)

70. GAUTTARD Fils (Gabriel-L.-A.), à Paris, rue des Vinaigriers, 33. — de sculpture sur bois, pierre, etc.   (PALAIS.)

71. GUÉRIN (Frédéric), à Clermont-Ferrand (Puy-de-Dôme). — Barème pour les besoins généraux de la science, du commerce et de l'industrie.   (PALAIS.)

72. GUERRE (Mme A.), à Paris, rue de Richelieu, 15. — Procédés nouveaux d'enseignement professionnel pour la coupe et la couture.   (PALAIS.)

73. GUILLON Fils (F.), professeur de trait, à Romanèche-Thorins (Saône-et-Loire). — Ouvrages de charpente exécutés par ses élèves avec plans et dessins à l'appui.   (PALAIS.)

74. Institut Commercial de Paris, (Directeur : **Bernardini**), à Paris, rue de la Chaussée-d'Antin, 51. — Programmes, dessins, cahiers et travaux d'élèves.   (PALAIS.)

75. Institut industriel du Nord de la France, (Directeur : **Soubeiran**), à Lille. — Travaux d'élèves, dessins, cahiers, pièces de machines.   (PALAIS.)
   Médaille d'or à l'Exposition universelle de Paris 1878.
   Diplôme d'honneur à l'Exposition universelle d'Anvers 1885.

76. Institut Polyglotte, (Directeur : **Lemercier de Jauvelle**), à Paris, rue Grange-Batelière, 16. — Tableaux et divers.   (PALAIS.)

77. Institution Commerciale et Industrielle de Bordeaux (Directeur : **Jonlia**), à Bordeaux, route d'Espagne, 152. — Travaux d'élèves.   (PALAIS.)

78. LEAUTEY (E.), à Paris, cité Rougemont, 2. — Ouvrages sur l'enseignement commercial et la comptabilité.   (PALAIS.)
   1° La science des comptes mise à la portée de tous. — Traité théorique et pratique de comptabilité privée, commerciale, industrielle, financière et agricole, 1 vol. in-8°, par MM. Eugène Léautey et Ad. Guilbaut. — 2° Introduction à l'Étude de la science des comptes, des rapports de la comptabilité avec la morale de l'Économie politique, 1 vol. in-8°, par Eugène Léautey. — 3° L'Enseignement commercial et les Écoles de Commerce en France et dans le monde entier, 1 vol. in-8°, par Eugène Léautey, libraire-comptable, rue Geoffroy-Marie, 5, et chez Guillaumin et Cie, rue de Richelieu.

79. LEBERT (E.), à Paris, rue Yvon-Villarceau. — Formulat commercial. (PALAIS.)

80. LE DUC (A.), à Puteaux (Seine), avenue de la Défense-de-Paris, 43. — Traité de comptabilité rationnelle et divers travaux.   (PALAIS.)

81. MARTIN (sous-directeur de l'École d'apprentissage du Havre), au Havre, rue de Sully, 1. — Cours de dessin industriel. (PALAIS.)

82. MICHOTTE, à Paris, rue de Saintonge, 43. — Tableaux. (PALAIS.)

83. Ministère du Commerce et de l'Industrie (Exposition collective des services du), Directeur du personnel et de l'enseignement technique : **Gustave Ollendorff**.

CONSERVATOIRE NATIONAL DES ARTS ET MÉTIERS, (Directeur : le Colonel LAUSSEDAT). — Plans du conservatoire, règlements d'organisation, catalogue des collections.

ÉCOLE CENTRALE DES ARTS ET MANUFACTURES, (Directeur : CAUVET). — Travaux graphiques, albums, modèles de travaux exécutés par les anciens élèves.

ÉCOLES NATIONALES D'ARTS ET MÉTIERS. — AIX, (Directeur DELIANE.) — ANGERS, (Directeur : JACQUEMET). — CHALONS (Directeur : LANGONET). — Travaux d'élèves : Machines diverses, dessins, collections d'exercices, etc.

ÉCOLE NATIONALE D'HORLOGERIE DE CLUSES, (Directeur : BENOIT). — Travaux d'élèves.

ÉCOLE NATIONALE D'APPRENTISSAGE DE DELLYS, (Directeur : LAMOUCHE). — Travaux d'élèves, dessins, etc. (PALAIS.)

84. MONDUIT (L.), à Paris, avenue de Clichy, 11. — Modèles stéréotomiques en plâtre avec épures. (PALAIS.)

85. MONTUPET. — Volume. (PALAIS.)

86. NOYON (J.), à Cherbourg, rue de la Paix, 20. — Travaux exécutés par les élèves de l'école professionnelle annexée aux ateliers de l'exposant. (PALAIS.)

87. Orphelinat Israélite de Neuilly (Présidente : **Cohen Coralie**), à Neuilly (Seine). — Travaux divers. (PALAIS.)

88. Patronage des apprentis tapissiers (Président : **Lemaigre**), à Paris, rue de Birague, 14. — Travaux des élèves. (PALAIS.)

89. Patronage industriel des enfants de l'ébénisterie de Paris, à Paris, rue de Charenton, 40 bis. — Méthodes d'enseignement professionnel appliquées à l'ameublement, plans, dessins et modèles. (PALAIS.)

90. PECONNET (Charles), à Paris, rue des Bois, 24. — Modèles et dessins de bijouterie, joaillerie, travaux d'apprentis. (PALAIS.)

91. POULOT-DENIS, à Paris, avenue Philippe-Auguste, 50. (PALAIS.)

92. REIBER (E.), à Paris, rue Vavin, 54. — Dessins pour l'enseignement de la céramique. (PALAIS.)

93. REUILLE (E.-J.), à Paris, boulevard de Belleville, 37. — Méthode de dessin industriel. (PALAIS.)

94. RORET (E.), à Paris, rue Hautefeuille, 12. — Ouvrages industriels et collection des manuels Roret. (PALAIS.)

95. Société des anciens élèves des Écoles Nationales d'Arts et Métiers, (Président : **H. Fontaine**), à Paris, rue Vivienne, 36. — Collection de ses bulletins technologiques et de ses publications techniques, etc. Modèles et reproductions de travaux exécutés par ses membres. (PALAIS.)

96. Société d'apprentissage de jeunes orphelins (Administrateur : **Cousin**), à Paris, rue du Parc-Royal, 10. — Travaux exécutés par les apprentis de la Société. (PALAIS.)

97. Société pour l'enseignement professionnel des Femmes (Écoles **Elisa Lemonnier**), à Paris, rue de Bruxelles, 7. — Travaux exécutés par les élèves des écoles de la Société. (PALAIS.)

Adresses des écoles : 24, rue Duperré ; 79, rue d'Assas ; 41, rue des Boulets.

Récompenses : Paris 1878, Médaille d'or ; Melbourne 1881, récompense de premier mérite équivalant à une médaille d'or.

98. Société d'enseignement professionnel du Rhône (Directeur : **T. Lang**), à Lyon (Rhône), rue des Maronniers, 7. — Documents administratifs et statistiques de la Société, travaux d'élèves. (PALAIS.)

99. Société industrielle d'Amiens, (Vice-Président : **Lami**), à Amiens (Somme). — Plans, dessins, cahiers d'élèves, matériel de l'enseignement technologique.
(PALAIS.)

100. Société industrielle d'Elbeuf, à Elbeuf (Seine-Inférieure). — Travaux des élèves des cours publics et gratuits.
(PALAIS.)

Médailles de bronze, Paris 1867, d'argent, Paris 1878.

101. Société industrielle de Nantes, à Nantes (Loire-Inférieure), passage de Raymond. — Travaux d'élèves et d'apprentis suivant les cours de la Société. (PALAIS.)

102. Société industrielle du Nord de la France, (Président : **Mathias**) à Lille (Nord). — Bulletins de la Société et principaux travaux de ses membres.
PALAIS.)

103. Société industrielle de Saint-Quentin et de l'Aisne. (Président : **Denglehem**), à Saint-Quentin (Aisne). — Programmes des cours, collections, travaux d'élèves.
(PALAIS.)

Diplôme et Médaille de bronze, Exposition internationale, Philadelphie 1876. Médaille d'or, Exposition universelle, Paris 1878.

104. Société industrielle, l'Émulation Dieppoise (Président : **Le Magnen**), à Dieppe (Seine-Inférieure). — Dessins, modèles, outils, exécutés par les élèves. Notices historiques sur la Société.
(PALAIS.)

105. Société d'instruction professionnelle de carrosserie, (Président : **Quénay**), à Paris, rue Laugier, 22. — Méthodes d'enseignement professionnel de la carrosserie. Plans et modèles, travaux d'élèves.
(PALAIS.)

106. Société libre d'émulation du Commerce et de l'Industrie de la Seine-Inférieure, (Président : **Cusson**), à Rouen (Seine-Inférieure), rue Saint-Lô. — Publications de la Société, travaux des élèves des cours de dessin, plan du musée industriel.
(PALAIS.)

107. Société mutuelle de prévoyance des employés de commerce du Havre, (Président : **Dugua**), au Havre (Seine-Inférieure), rue de Coligny, 8. — Tableaux de statistique, statuts, notices, cahiers d'élèves.
(PALAIS.)

108. Société Philomathique de Bordeaux, (Président : **Vital**), à Bordeaux (Gironde). — Tableaux et travaux scientifiques.
(PALAIS.)

109. STEENHOUWER (H.), à Lille (Nord), rue St-Sauveur, 15. — Nouveau système simplifié de tenue de livres.
(PALAIS.)

110. Syndicat du matériel et du mobilier d'enseignement (Exposition collective du) — Président : **Deyrolle**, — à Paris, rue Saint-Benoît, 7. — Matériel pour l'enseignement technique. Outils, matières premières, etc.
(PALAIS.)

111. TISSOT (P.), à Paris, rue de Rivoli, 80. — Méthode nouvelle de comptabilité, livres de commerce, monographie et cartes murales.
(PALAIS.)

112. Union Française de la Jeunesse (Président : **Marcel Charles**), à Paris, (au Ministère de l'instruction publique).
(PALAIS.)

Chouanard (J.) & Fils, à Paris, rue Saint-Denis, 3. — Outils divers.
Delagrave (Ch.), à Paris, rue Soufflot, 15. — Modèles en plâtre.
Deyrolle (E.), à Paris, rue du Bac, 46. — Tableaux des matières premières employées dans l'industrie.
Guérin (G.) & Cie, à Paris, rue des Boulangers, 22. — Matériel d'enseignement.
Monrocq, à Paris, rue Suger, 3. — Albums de modèles.
Quantin (Maison), à Paris, rue Saint-Benoît, 7. — Modèles en plâtre.
Radiguet, à Paris, boulevard des Filles-du-Calvaire, 15. — Appareils de physique.
Rousseau (P.) Fils & Cie, à Paris, rue Soufflot, 17. — Appareils de physique et de chimie.
Suzanne (G.), à Paris, rue Malebranche, 5. — Tableaux articulés pour la démonstration de la mécanique. Table à dessin.

PAYS ÉTRANGERS.

BRÉSIL.

(Voir son Catalogue spécial.)

ÉGYPTE.

1. **École des Arts et Métiers,** (Directeur : **M. Guignon, bey**), au Caire. — Plafonds de style arabe, peints sur toile par les arabes. **(PALAIS.)**

GUATEMALA.

1. **Escuela de Canchel,** Baja-Verapaz. — Collection d'échantillons scolaires. **(PARC.)**

PAYS-BAS.

1. **École professionnelle des Métiers,** (Directeur : **A. J. Von Achterberg**), à Leyde. — Différents objets construits par les élèves. Travaux de forgeron, charpentier, peintre, menuisier. **(PALAIS.)**

2. **École professionnelle pour l'industrie dans le ménage,** à Amsterdam. — Tableau d'un cours, carte des Pays-Bas, travaux d'élèves. **(PALAIS.)**

3. **Musée et École professionnelle d'art industriel,** à Harlem. — Reproduction des dessins du musée, dessins et études pratiques des élèves de l'école. **(PALAIS.)**

4. **Société Néerlandaise pour l'encouragement de l'Industrie,** à Amsterdam. — Cours et dessins, publications diverses. **(PALAIS.)**

GROUPE II.

ÉDUCATION ET ENSEIGNEMENT. MATÉRIEL ET PROCÉDÉS DES ARTS LIBÉRAUX.

Classe 9.

Imprimerie et Librairie.

FRANCE.

1. Administration de la Librairie des Dictionnaires, à Paris, passage Saulnier, 7. — Volumes de librairie. **(PALAIS.)**

2. ALCAN (Félix), à Paris, boulevard Saint-Germain, 108. — Sciences, médecine, philosophie, histoire. **(PALAIS.)**

3. ALLIER (M.-F.-Joseph), à Grenoble (Isère), Grande-Rue, 8. — Armorial et nobiliaire de Savoie, le Blason par le comte de Foras. Tableau historique des Hautes-Alpes. **(PALAIS.)**

4. ANDRÉ-GUÉDON (F. Élie), à Paris, rue Séguier, 15. — Livres classiques. **(PALAIS.)**

5. Annuaire du Commerce DIDOT-BOTTIN, Directeur **CHOINET (Henri)**, à Paris, rue Jacob, 54. — Annuaire du Commerce, volumes, cartes, plans. **(PALAIS.)**

6. AOST & GENTIL, à Paris, rue du Faubourg-Saint-Denis, 188. — Spécimens de dessins imprimés en autographie et par différents procédés nouveaux. **(PALAIS.)**

7. ARDANT (Eugène) et Cie, Ancienne Maison **Martial Ardant**, à Limoges (Haute-Vienne). — Collections de livres d'éducation pour prix et bibliothèques scolaires, ouvrages classiques et de piété. **(PALAIS.)**

8. ARNAUD (B.), à Lyon (Rhône), place Saint-Nizier, 3. — Épreuves d'imprimés commerciaux. **(PALAIS.)**

9. Association des éditeurs de musique. Président : **Le Bailly (Auguste)**, à Paris, rue de Tournon, 15. — Éditions musicales. **(PALAIS.)**

10. BAILLIÈRE (J.-B.) & Fils, à Paris, rue Hautefeuille, 19. — Livres de médecine et d'histoire naturelle, bibliothèque scientifique contemporaine. **(PALAIS.)**

11.   BARBOU (Marc) et Cie, à Limoges (Haute-Vienne), rue Puy-Vieille-Monnaie. — Imprimés, livres, reliures, ouvrages d'éducation, collections pour distributions de prix. Ouvrages de piété, missels, paroissiens.   **(PALAIS.)**

12.   BASCHET (Ludovic), à Paris, boulevard St-Germain, 125. — Ouvrages d'art, publications périodiques en noir et en couleur. Revue illustrée. Salons annuels.   **(PALAIS.)**

13.   BELIN (Vve Eugène) et Fils, à Paris, rue de Vaugirard, 52. — Livres, atlas et cartes pour l'enseignement.   **(PALAIS.)**

   Imprimerie et librairie classique. — Livres, atlas, cartes et solides géométriques pour l'enseignement primaire, pour l'enseignement secondaire classique et spécial et pour l'enseignement secondaire des jeunes filles.
   Récompenses : 1878, Paris, une médaille d'or et quatre médailles d'argent.
   1885, Anvers, le diplôme d'honneur et trois médailles d'or.

14.   BERGER-LEVRAULT et Cie, à Nancy (Meurthe-et-Moselle). — Éditions et impressions de toute nature.   **(PALAIS.)**

15.   BERNARD (E.) & Cie, à Paris, rue de La Condamine, 71. — Ouvrages techniques. Impressions photographiques aux encres grasses.   **(PALAIS.)**

16.   BERTHIER (Lazare), à Paris, rue de Richelieu, 8. — Bibliothèque nationale, collection des Auteurs anciens et modernes.   **(PALAIS.)**

17.   BERTHIER (S.) & DUREY, à Paris, rue de Rennes, 46. — Spécimens de types fondus par la maison.   **(PALAIS.)**

18.   BLOT (Charles), à Paris, rue Bleue, 7. — Livres, brochures, journaux.   **(PALAIS.)**

19   BOUSSOD, VALADON & Cie, (Successeurs de **Goupil et Cie**), à Paris, rue Chaptal, 9. — Estampes, en photogravure, en typogravure, en chromotypogravure, ouvrages et journaux illustrés.   **(PALAIS.)**

20.   BRICON (E. P. Joseph), Successeur de Sarlit, à Paris, rue de Tournon, 19. — Ouvrages classiques, de piété et de distributions de prix. Pièces de comédies pour collèges, pensionnats et cercles.   **(PALAIS.)**

   3 Mentions honorables, Exposition de 1878.

21.   BRODARD (P.) et GALLOIS, à Coulommiers (Seine-et-Marne). — Impressions typographiques.   **(PALAIS.)**

22.   BRY (Edouard), à Paris, rue Denfert-Rochereau, 18 bis. — Épreuves lithographiques en noir et en couleur.   **(PALAIS.)**

23.   BURDIN (André-F.) et Cie, à Angers (Maine-et-Loire). — Impressions typographiques d'ouvrages de sciences et de linguistique, ouvrages d'inscriptions, de mathématiques, d'archéologie, de géographie historique, de voyages avec gravures.   **(PALAIS.)**

   Imprimeurs du Ministère de l'Instruction publique, — de l'École des Langues orientales vivantes, — du Musée Guimet, — des revues archéologique, ethnographique, — de l'Hist. des Religions, — d'Hist. diplomatique, — du Recueil d'Archéologie orientale. — Caractères hiéroglyphiques, arabes, persans, syriaques, coptes, hébraïques, grecs, russes, d'inscriptions, etc.
   Récompenses : Médaille d'argent, Amsterdam 1883 ; médaille d'or, Anvers, 1885.

24.   CAGNIARD (E.), à Rouen (Seine-Inférieure), rue Jeanne-d'Arc, 88. — Impressions diverses, reproduction en fac-simile de livres anciens. Ouvrages illustrés. Publications des Sociétés de Bibliophiles.   **(PALAIS.)**

   Imprimeur de la Préfecture, des Contributions, des Ponts-et-Chaussées, de la Société de l'histoire de Normandie, de la Société normande de Géographie, de la Société d'Horticulture, de la Commission des Antiquités, de l'Académie, etc.
   Officier d'Académie, Chev. de St-Grégoire-le-Grand. — Principaux ouvrages édités : Relation officielle des fêtes données à Rouen à l'occasion du 2e centenaire de Corneille, illustrations par Jacques Leman. Deuxième centenaire de Corneille (Séance à l'archevêché de Rouen), illustrat. par Jules Adeline. Les Bords du Nil, illust. par Chardin. Entrée du roi Henri II et de la Reine, à Rouen, en 1550. Entrée du roi Henri IV à Rouen. Différents ouvrages sur l'Assyrie et la Chaldée, par M. Menant. Relation du voyage en Normandie du Président Carnot, illustr. par Jules Adeline. Rituel romain, etc.

25. CAPIOMONT (E.) & Cie, à Paris, rue Mazarine, 35. — Spécimens d'impressions typographiques et chromo-typographiques,   (PALAIS.)

26. CERF (Léopold), à Paris, rue de Médicis, 13. — Livres et publications diverses.   (PALAIS.)

27. CERF & Fils, à Versailles (Seine-et-Oise), rue Duplessis, 59. — Livres et imprimés divers.   (PALAIS.)

28. CHAIX, Imprimerie et librairie centrale des Chemins de Fer. Société anonyme, à Paris, rue Bergère, 20. — Impressions typographiques et lithographiques, publications de librairie.   (PALAIS.)

29. CHALLAMEL & Cie, à Paris, rue Jacob, 5. — Ouvrages de librairie géographique et coloniale.   (PALAIS.)

30. Chambre syndicale des Phototypeurs, Président : **E. Le Deley**, à Paris, rue Saint-Martin, 184. — Impressions photographiques aux encres grasses, en noir, couleurs et chromo.   (PALAIS.)

31. CHAMEROT (Georges), à Paris, rue des Saints-Pères, 19. — Livres de grand luxe, impressions courantes.   (PALAIS.)

32. CHARAIRE et Fils, à Sceaux (Seine). — Impressions de livres, publications et journaux illustrés.   (PALAIS.)

33. CHARAVAY (Eugène), à Paris, quai du Louvre, 8. — Collection complète du journal *l'Imprimerie*, organe spécial de la typographie, de la lithographie et des arts qui s'y rattachent.   (PALAIS.)

   26ᵉ Année. 5 volumes in-4°. Mention Honorable à l'Exposition universelle de 1878.

34. CHARDON (Ch.), à Paris, rue de l'Abbaye, 10. — Gravures.   (PALAIS.)

35. CHARPENTIER (G.) et Cie, à Paris, rue de Grenelle, 11. — Littérature, Romans.   (PALAIS.)

36. CHEVALIER-MARESCQ et Cie, à Paris, rue Soufflot, 20. — Ouvrages de droit et de jurisprudence.   (PALAIS.)

37. CLOUZOT, à Niort (Deux-Sèvres). — Ouvrages de librairie.   (PALAIS.)

38. COLIN (Armand) & Cie, à Paris, rue de Mézières, 1. — Livres classiques pour l'enseignement primaire, secondaire et supérieur,   (PALAIS.)

   Lecture : Néel, Rocherolles, Guyau. — Grammaire, Orthographe, Rédaction : Larive et Fleury, Carré et Moy. — Arithmétique : Leyssenne. — Histoire et Géographie : Ernest Lavisse, P. Foncin, Alfred Rambaud. — Musique : Marmontel, Dauphin. — Enseignement Scientifique : Paul Bert. — Dictionnaire Encyclopédique : A. Gazier. — Cartes murales : Vidal Lablache. — Collection à l'usage des écoles normales primaires. — Livres d'enseignement secondaire, classique et spécial, et d'enseignement supérieur. — Recueils périodiques : Revue de l'enseignement supérieur, Bulletin Scientifique, Bulletin littéraire, Le Volume, Le Petit Français illustré, Agenda de l'enseignement, Annuaire de l'enseignement primaire.
   Récompenses : Médaille d'argent, Paris 1878. — Médaille d'or Amsterdam 1883.
   Hors Concours (Jury), Anvers 1885. — Médaille d'or Barcelone, (1888).

39. CONQUET (A. Léon), à Paris, rue Drouot, 5. — Livres d'art illustrés d'eaux-fortes et gravures.   (PALAIS.)

40. COTILLON (Librairie), PICHON (François), successeur, à Paris, rue Soufflot, 24. — Ouvrages de Droit et de Jurisprudence.   (PALAIS.)

   Médaille de Bronze à l'Exposition universelle de 1878. Libraire du Conseil d'État, de la Société de législation comparée, de l'École des sciences politiques, etc.

41. COUGET (R. F. M. Adrien), à Paris, avenue Perrichon, 4. — Albums de musique.   (PALAIS.)

42. COULET (Camille), à Montpellier (Hérault), Grande-Rue, 5. — Ouvrages d'agriculture, sciences naturelles, médecine et chirurgie, histoire, littérature.

                                                            (PALAIS.)

43. CURMER (Librairie L.), C. Gauthier successeur, à Paris, rue de Richelieu, 47. — Livres d'heures, éditions de luxe.   (**PALAIS.**)

44. DANEL (L.), à Lille (Nord), rue Nationale, 93. — Travaux de typographie, de lithographie, de chromo-typographie et de photogravure.   (**PALAIS.**)

> Concessionnaire du Catalogue Officiel de l'Exposition universelle de 1889. — du Catalogue illustré décennal Officiel. — Concessionnaire du plan Officiel de l'Exposition.
> Editeur du Guide illustré. — Médaille d'or à l'Exposition universelle de Paris 1878. — Hors concours et membre du Jury à l'Exposition universelle d'Amsterdam 1883.
> Chromo-typographie et reproductions artistiques.

45. DEBERNY et Cie, à Paris, rue d'Hauteville, 58. — Spécimens de caractères fondus par la maison.   (**PALAIS.**)

46. DELAGRAVE (Charles), à Paris, rue Soufflot, 15. — Livres, collections, cartes, atlas, albums, publications périodiques.   (**PALAIS.**)

> Ouvrages classiques, de bibliothèque, ouvrages illustrés pour prix et de luxe, revues et journaux illustrés. Musée des familles, Saint-Nicolas, atlas Levasseur, atlas Niox, cartes murales. Globes terrestres et célestes, moulages pour l'enseignement du dessin, modèles de dessin. Matériel et fournitures scolaires, reliefs géographiques et topographiques.

47. DELALAIN Frères, à Paris, rue des Écoles, 56. — Livres pour l'enseignement primaire, pour l'enseignement secondaire. Documents universitaires, Imprimés administratifs. Atlas de géographie.   (**PALAIS.**)

> Maison fondée en 1764.
> Imprimerie et librairie classiques. — Ouvrages littéraires, scientifiques, historiques, etc., pour l'enseignement primaire, élémentaire et supérieur, pour l'enseignement secondaire classique et spécial, pour l'enseignement secondaire des Jeunes Filles.
> Documents universitaires.
> Programmes d'enseignement ; d'admission aux grades universitaires et aux grandes écoles.
> Annuaire de l'instruction publique.
> Imprimés administratifs pour les divers services de l'instruction publique.
> Comptabilité des établissements d'enseignement supérieur, des lycées et collèges, des écoles normales primaires.

48. DELAPLANE (E. Paul), à Paris, rue Monsieur-le-Prince, 48. — Livres classiques et tableaux muraux.   (**PALAIS.**)

49. DELARUE (Auguste), à Paris, rue des Grands-Augustins, 5. — Livres usuels, littérature, reproductions.   (**PALAIS.**)

50. DELARUE (A.-Gabriel), à Paris, rue des Grands-Augustins, 5. — Livres usuels, littérature, éducation.   (**PALAIS.**)

51. DENTU, CUREL & GOUGIS à Paris, place de Valois, 3. — Ouvrages de librairie, brochés et reliés.   (**PALAIS.**)

52. DOIN (P. Octave), à Paris, place de l'Odéon, 8. — Ouvrages de médecine, de sciences naturelles et de philosophie.   (**PALAIS.**)

53. DRAEGER & LESIEUR, à Paris, rue de Vaugirard, 118. — Spécimens de typographie en noir et en couleur.   (**PALAIS.**)

54. DUBOULOZ (André), à Thonon (Haute-Savoie). — Catalogue d'impression diverses et éditions de livres, spécimens de typographie.   (**PALAIS.**)*

55. DUCLOZ (F.-V.), à Moûtiers (Savoie). — de Fontaine : La comtesse de Savoie avec préface de Charles Buet, alphabet d'érudition contenant les mémoires de M. de Blonay.   (**PALAIS.**)

56. DUNOD (Veuve Charles), à Paris, quai des Augustins, 49. — Ouvrages concernant les ponts et chaussées, les mines, les télégraphes, les chemins de fer, les industries mécaniques et chimiques.   (**PALAIS.**)

57. DUPONT (Paul), (Directeur de la Société d'Imprimerie et Librairie administratives et des chemins de fer), à Paris, rue Croix des Petits-Champs, 21. — Travaux d'imprimerie et de librairie, imprimés, titres, livres.   **(PALAIS.)**

58. DURAND (Roger), à Chartres (Eure-et-Loir), rue Fulbert, 9. — Livres et brochures.   **(PALAIS.)**

59. DURAND & SCHŒNEWERK, à Paris, place de la Madeleine, 4. — Éditions musicales.   **(PALAIS.)**

Éditeurs de musique. Récompenses : Médailles d'argent, Exposition universelle Paris 1878 ; Diplôme d'honneur, Exposition d'Anvers 1885.

60. EDINGER (T. Guillaume), à Paris, rue de la Montagne-Sainte-Geneviève, 34. — Publications illustrées, Petite bibliothèque universelle, Collection artistique, Cartes militaires.   **(PALAIS.)**

61. ERHARD Frères, à Paris, rue Denfert-Rochereau, 35 bis. — Cartes géographiques, plans de villes, atlas pour l'enseignement.   **(PALAIS.)**

62. FIRMIN-DIDOT et Cie, à Paris, rue Jacob, 56. — Éditions diverses : impressions en tous genres tant en volumes qu'en tableaux.   **(PALAIS.)**

Récompenses : Médaille d'or, Londres 1851.
Paris 1855, Hors Concours (Vice-Président du Jury). — Paris 1867, Médaille d'argent.
Amsterdam 1883, Médaille de 1re classe. — Vienne 1873, Médaille du progrès.
Paris 1878, 2 Médailles d'or.

63. FLEURY (Gabriel) et DANGIN (Albert L.), à Mamers (Sarthe). — Livres, ouvrages illustrés périodiques.   **(PALAIS.)**

64. GALLOT (Albert), à Auxerre (Yonne), rue de Paris, 47. — Ouvrages : livres d'histoire sur le département de l'Yonne.   **(PALAIS.)**

65. GARAUDÉ (Marcel G. F.), à Paris, rue du Faubourg-Saint-Denis, 162. — Épreuves de gravure sur cuivre et impressions commerciales et de luxe tirées lithographiquement.   **(PALAIS.)**

66. GAUTHIER-VILLARS & Fils, à Paris, quai des Grands-Augustins, 55. — Ouvrages scientifiques.   **(PALAIS.)**

Maison fondée en 1791, par Jean-Marie Courcier. — Imprimeurs-Libraires du Bureau des Longitudes, de l'École Polytechnique, du Bureau central météorologique, de l'École Centrale, des observatoires de Paris, Montsouris, Bordeaux, Toulouse, Marseille, Nice, etc.

67. Gazette des Beaux-Arts, revue mensuelle illustrée, à Paris, rue Favart, 8. — Spécimens de la Gazette, texte et gravures.   **(PALAIS.)**

68. GÉDALGE Jeune, à Paris, rue des Sts-Pères, 75. — Ouvrages classiques, travail manuel dans les écoles primaires de tous degrés, matériel scolaire, tableaux d'enseignement primaire et manuel.   **(PALAIS.)**

69. GIRMA (J. P.) & DELPÉRIER (Frédéric), à Cahors (Lot). — Histoire générale du Quercy, livres et publications locales.   **(PALAIS.)**

70. GIROD Veuve (E.), à Paris, boulevard Montmartre, 16. — Méthodes, partitions, recueils, musique vocale et instrumentale.   **(PALAIS.)**

71. GLUCQ (G. Lucq dit :), à Paris, rue Nollet, 56. — Images populaires, réclames de publicité industrielle et de propagande politique.   **(PALAIS.)**

72. GODCHAUX (Alp.), à Paris, rue de la Douane, 10. — Spécimens d'impression en taille-douce et de vignettes typographiques sur machines rotatives en papier continu et de deux côtés à la fois.   **(PALAIS.)**

73. GOUNOUILHOU, à Bordeaux (Gironde). — Ouvrages de librairie et impressions diverses.   **(PALAIS.)**

74. GRUEL & ENGELMANN, à Paris, rue Saint-Honoré, 418. — Ouvrages de librairie, reliures artistiques.   **(PALAIS.)**
> Maison fondée en 1811.
> Éditions artistiques d'après les Maîtres de la typographie des XIVe, XVe et XVIe siècles.
> Reproductions de Manuscrits et de miniatures de toutes les époques.
> Œuvres originales et bibliographiques. — Gravures et estampes.
> Reliures d'amateurs et d'art appropriées à tous les styles.
> Manuscrits et Livres d'heures originaux sur vélin.
> Récompenses obtenues aux Expositions.
> Londres 1851, médaille de bronze. Exposition universelle de Paris 1855, médaille d'argent. — Exposition universelle de Londres 1862, Prize medal. — Exposition universelle de Paris 1867, Médaille d'argent. — Exposition universelle de Paris 1878, Médaille d'or.

75. GUÉRIN (P. A. Emile), successeur de **Théodore Lefebvre et Cie,** à Paris, rue des Poitevins, 2. — Publications illustrées pour étrennes, classiques, connaissances pratiques.   **(PALAIS.)**

76. GUÉRINET (Armand), à Paris, rue du Faubourg-Saint-Martin, 146. — Ouvrages d'art pour sculpteurs, peintres, graveurs, fabricants de meubles, d'étoffes, de porcelaines, bijoutiers.   **(PALAIS.)**

77. GUILLAUMIN et Cie, à Paris, rue Richelieu, 14. — Ouvrages d'économie politique, de finances et de commerce.   **(PALAIS.)**

78. HACHETTE et Cie, à Paris, boulevard Saint-Germain, 79. — Livres d'éducation et d'enseignement. Ouvrages illustrés.   **(PALAIS.)**

79. HATIER (Alexandre), à Paris, quai des Grands-Augustins, 33. — Ouvrages pour l'enseignement primaire, le brevet élémentaire, de capacité et les cours complémentaires.   **(PALAIS.)**

80. HÉBERT (L. Léonce O.), à Paris, rue Perronet, 7. — Livres illustrés et illustrations de livres.   **(PALAIS.)**

81. HENNUYER, à Paris, rue Laffitte, 47. — Ouvrages illustrés de vulgarisation et d'éducation, littérature, sciences, musique, bibliothèque ethnologique, publications périodiques.   **(PALAIS.)**

82. HÉRARD (Eugène), à Paris, rue d'Enghien, 17. — Épreuves de fonds pour mandats-chèques et photogravure industrielle.   **(PALAIS.)**

83. HERISSEY, à Evreux (Eure). — Impressions diverses.   **(PALAIS.)**

84. HERLUISON (Henry), à Orléans (Loiret), rue Jeanne-d'Arc, 17. — Livres concernant l'Orléanais.   **(PALAIS.)**

85. HETZEL (J.) et Cie, à Paris, rue Jacob, 18. — Librairie spéciale de l'enfance et de la jeunesse. Bibliothèque et magasin d'éducation et de récréation.   **(PALAIS.)**
> Voyages extraordinaires de Jules Verne. Publications illustrées pour l'enfance et la jeunesse.
> Albums Stahl. Bibliothèque des jeunes français. Cahiers d'une élève de St-Denis.
> Librairie Générale : Poésies, Romans, Voyages, Histoire, Sciences.
> Édition définitive des Œuvres complètes de Victor Hugo. — Œuvres de Erckmann-Chatrian, Michelet, P. J. Stahl, Jean Macé, Viollet-le-Duc, E. Legouvé, André Laurie, L. Biart, J. Sandeau, etc. etc.
> Bibliothèque des Professions industrielles, commerciales et agricoles.
> Médaille d'or à l'Exp. univ. de Paris, 1878. Hors concours membre du Jury international, aux Expositions d'Amsterdam 1883 et d'Anvers 1885. Bruxelles 1888.

86. HUGUES (Eugène), à Paris, rue Thérèse, 8. — Édition populaire illustrée des œuvres de Victor Hugo.   **(PALAIS.)**

87. Imprimerie administrative de l'Hospice de Pont-Audemer (Eure). — Travaux administratifs, travaux de ville et de grand luxe, Chromo-typographie.   **(PALAIS.)**

88. Imprimerie Nationale (Directeur : **Doniol**), à Paris, rue Vieille-du-Temple, 87. — Livres et travaux typographiques français et orientaux, exécutés depuis 1878. Dessins, gravures, photogravures.   **(PALAIS.)**

89. Imprimerie Nouvelle, à Paris, rue Cadet, 11. — Spécimens de typographie, épreuves et formes typographiques.   (PALAIS.)

90. JACQUOT (E. C. Albert), à Nancy, (Meurthe-et-Moselle), rue Gambetta, 19. — La musique en Lorraine. Dictionnaire pratique et raisonné des instruments de musique anciens et modernes, anoblissement d'artistes lorrains.   (PALAIS.)

91. JOUAUST (Damase) & SIGAUT (Jean), à Paris, rue de Lille, 7. — Livres imprimés et gravures.   (PALAIS.)

92. JOUDON-BELL (Henri), à Paris, rue Fabert, 22. — Ouvrages et catalogues relatifs aux expositions.   (PALAIS.)

Médaille d'argent, Bruxelles 1888, Médaille de bronze, Barcelone 1888.

93. JOUSSET (Gabriel) & AUBE (Jules), à Paris, rue de Furstenberg, 8. — Spécimens de typographie, tableaux administratifs imprimés et réglés, ouvrages administratifs et autres.   (PALAIS.)

94. JOUVET (Jean-Baptiste A.) et Cie, à Paris, rue Palatine-St-Sulpice,5. — Ouvrages illustrés d'histoire, de géographie, d'histoire naturelle, de sciences, de littérature, d'éducation, de pédagogie, de prix, atlas et estampes.   (PALAIS.)

Maison fondée en 1826 par M. Furne. Histoire. Haute littérature. Sciences vulgarisées. Voyages. Géographie. Atlas Universels et Militaires. Education. Enseignement primaire. Enseignement secondaire. Récompenses scolaires, etc, etc. — Gravures sur acier, sur cuivre, sur pierre, sur bois et aux divers procédés d'héliogravure.

Récompenses : 1867, Paris, médaille d'argent ; 1878, Paris, rappel de médaille d'argent ; 1885, Anvers, médaille d'or ; 1888, Barcelone, médaille d'or ; 1888, Bruxelles, médaille d'or.

95. LAGRANGE (Alphonse) & Cie, à Paris, rue de Richelieu, 98. — Répertoires, agendas et almanachs divers.   (PALAIS.)

96. LAHURE (Alexis), Société Anonyme de l'Imprimerie Générale, à Paris, rue de Fleurus, 9. — Livres et périodiques illustrés. Chromo-typographie.   (PALAIS.)

97. LAMIRAULT (Henri) et Cie, à Paris, rue de Rennes, 61. — La grande Encyclopédie.   (PALAIS.)

98. LANIER (M. Albert), à Auxerre (Yonne). — Ravin, flore de l'Yonne, description des plantes croissant dans le département.   (PALAIS.)

E. Ravin, nouvelle flore de l'Yonne, 3ᵉ édition 1 volume in-8°.

99. LANIER (A.) & ses Fils, à Paris, rue Séguier, 14. — Travaux typographiques en filets, publications scientifiques et impressions en toutes langues.   (PALAIS.)

100. LAROSE (L.) & FORCEL, à Paris, rue Soufflot, 22. — Livres de droit et d'économie politique.   (PALAIS.)

101. LAROUSSE (Vve P.) et Cie, à Paris, rue Montparnasse, 19. — Grand dictionnaire universel Larousse. Dictionnaire d'électricité. Classiques primaires.   (PALAIS.)

102. LASSAILLY (Ch.), à Paris, rue de Varenne, 13. — Méthode de lecture et d'écriture Nézondet.   (PALAIS.)

103. LAUNETTE (Henri) et Cie, à Paris, boulevard Saint-Germain, 107. — Librairie artistique. Ouvrages d'art, eaux-fortes, photogravures.   (PALAIS.)

104. LAURENS (Henri P.), (Ancienne librairie Renouard), à Paris, rue de Tournon, 6. — Ouvrages sur les beaux-arts, la curiosité, l'histoire ; albums d'eaux-fortes.   (PALAIS.)

Médaille de 2ᵐᵉ classe, Paris, 1855 ; médaille d'argent, Paris, 1867.

105. LAVAUZELLE (Charles), à Paris, place Saint-André-des-Arts, 11. — Librairie et imprimés militaires et administratifs.   (PALAIS.)

106. LE BAILLY (Auguste J.), à Paris, rue de Tournon, 15. — Ouvrages de
librairie.   **(PALAIS.)**

107. LEBROC (Gabriel E.) et Cie, Librairie Audot, à Paris, rue Garancière, 8. — Ouvrages d'économie domestique.   **(PALAIS.)**

Livres de cuisine. Art culinaire. Service de table. Pâtisserie, laiterie, beurre, fromages,
confiserie. Fabrication des liqueurs. Conservation des substances alimentaires. L'art de conser-
ver et d'employer les fruits. Elevage du porc. Art du taupier. Elevage des lapins. Pêche.
Oiseaux de basses-cours. Architecture. Vignole de poche. Jardinage. Divers. Recomp. Paris 1878.

108. LEBRUN (J. A. Hippolyte), à Paris, rue de Rennes, 151 bis. — Bons
points et images scolaires. Couvertures pour cahiers d'école ; livres illustrés pour la
jeunesse.   **(PALAIS.)**

109. LECÈNE (Hippolyte) et OUDIN (Hilaire), à Paris, rue Bonaparte, 17.
— Livres classiques, de littérature et d'éducation, livres de distributions de prix,
publications périodiques illustrées, livres de luxe et d'étrennes. **(PALAIS.)**

110. LECROSNIER, BABÉ & Cie, à Paris place de l'École de Médecine, 23.
— Ouvrages de médecine, sciences accessoires et viticulture.   **(PALAIS.)**

111. LE FRANÇOIS (Émile E.), à Paris, rue Casimir-Delavigne, 9. —
Bibliothèque des sciences psychiques.   **(PALAIS.)**

112. LEMALE et Cie, au Hâvre (Seine-Inférieure). — Spécimens de typographie,
livres nouveaux, publications périodiques.   **(PALAIS.)**

113. LEMERRE (Alphonse), à Paris, passage Choiseul, 27. — Livres brochés
et reliés.   **(PALAIS.)**

114. LEMOINE & Fils, à Paris, rue Pigalle, 17. — Ouvrages spéciaux pour
l'enseignement de la musique, méthodes, études et morceaux pour tous les instruments.
                                                                   (PALAIS.)

115. LEROUX-THÉZARD (Edmond E.), à Dourdan (Seine-et-Oise), rue
Michel. — Recueil de menuiserie pratique et marbrerie, autels Moyen-Age. — **(PALAIS.)**

116. LESOUDIER (Henri), à Paris, boulevard Saint-Germain, 174. — Ouvrages
divers, langues vivantes.   **(PALAIS.)**

117. LE VASSEUR (A.) & Cie, à Paris, rue de Fleurus, 31. — Ouvrages illustrés, publications artistiques, atlas, dictionnaires, histoire naturelle, spécimens d'illustrations.   **(PALAIS.)**

118. L'HUILLIER (Eugène), à Paris, rue de Sèze, 7. — Autographie perfectionnée pour la musique.   **(PALAIS.)**

119. Librairie Agricole de la Maison RUSTIQUE, à Paris, rue
Jacob, 26. — Ouvrages et tableaux d'agriculture et d'horticulture, journal d'agriculture
pratique et revue horticole.   **(PALAIS.)**

**120. Librairie de l'Art, (L. Allison et Cie); Imprimerie de l'Art,
(E. Ménard et Cie),** à Paris, cité d'Antin, 29. — Journal « l'Art » Éditions
diverses, travaux d'impression.   **(PALAIS.)**

121. Librairie des imprimeries réunies (Directeur : M. Motteroz),
à Paris, rue Bonaparte, 13. — Éditions artistiques, ouvrages classiques et divers.
                                                                   (PALAIS.)

122. Librairie générale de vulgarisation (Alfred Degorce), à Paris,
rue de Verneuil 22. — Ouvrages de bibliothèque et pour distributions de prix, manuel
de cuisine Dumont.   **(PALAIS.)**

123. LISSORGUES (G. Louis), à Issy (Seine). Maison de retraite des Ménages.
— Épreuves de gravures sur cuivre, zinc, étain, taille-douce de planches musicales.
                                                                   (PALAIS.)

124. LORENZ (Otto), à Paris, rue des Beaux-Arts, 5. — Catalogue général de la
librairie française, 1840 à 1885.   **(PALAIS.)**

125. LOSTALOT (de), Gazette des Beaux-Arts, à Paris, rue Favart, 8.—
Collection du journal « La Gazette des Beaux-Arts. »   (PALAIS.)

126. MAGNIER (Maurice), à Paris, rue des Pyramides, 11.— Estampes, livres
de luxe.   (PALAIS.)

> Réimpression des estampes en couleurs et des livres à gravures du XVIII° siècle.
> Publications de grand luxe.
> Ouvrages modernes illustrés de dessins originaux.
> Propriétaire-Directeur de « l'Année dans un fauteuil, » revue illustrée, paraissant le 25 de
> chaque mois.
> Procédés spéciaux pour la gravure et l'impression en couleurs.
> Estampes, tableaux, gouaches du XVIII° siècle.

127. MAISONNEUVE, à Paris, quai Voltaire, 25. — Publications orientales et
américaines.   (PALAIS.)

128. MAME (Alfred) et Fils, à Tours (Indre-et-Loire). — Livres de tous genres
et de tous formats, éditions ordinaires et de luxe, spécimens d'impressions.
                                                                        (PALAIS.)

129. MARCEAU (Louis), à Châlon-sur-Saône (Saône-et-Loire). — Brochures
et épreuves lithographiques. Impressions hiéroglyphiques.   (PALAIS.)

130. MARCHADIER et Cie, à Paris, rue Lafayette, 154.— Épreuves lithographiques de dessins techniques autographiés.   (PALAIS.)

131. MARPON (C.) & FLAMMARION (E.), à Paris, rue Racine, 26.—
Librairie. Ouvrages divers.

132. MASSON (Georges), à Paris, boulevard Saint-Germain, 120. — Ouvrages
de médecine, de science, d'enseignement et de vulgarisation.   (PALAIS.)

133. MAURICE (Georges), à Paris, rue du Cherche-Midi, 4 bis. — Livres classiques, méthodes, cahiers d'écoliers.   (PALAIS.)

134. MENDEL (Charles), à Paris, rue d'Assas, 72.—Librairie scientifique, journal « La Science en famille ». Gravures, dessins, reproductions, etc.   (PALAIS.)

135. MÉNÉTRIER (C. Francis), à Paris, rue Blainville, 7.—Chromo-lithographie, affiches et cartes murales de grand format. Impressions sur pierre et zinc. Atlas,
travaux scolaires.   (PALAIS.)

136. MERMET (Mme C.), à Paris, rue de Belzunce, 13. — Livres d'heures, manuscrits, missels moyen-âge.   (PALAIS.)

137. MILLEREAU (François), à Paris, rue d'Angoulême, 66.—Musique militaire et instrumentale, méthode pour l'enseignement des instruments de musique.
                                                                        (PALAIS.)

138. Ministère de l'Agriculture (Administration des forêts),
Directeur : **Daubrée** ; Directeur de l'École professionnelle des Barres : **Gouet**, à
Paris. — Collection de graines des essences forestières de France et d'Algérie.
                                                                     (TROCADERO.)

**139. Ministère de l'Intérieur, Journaux officiels de la République
Française**, Directeur : **Jesierki**, à Paris. — Journaux officiels (Partie officielle,
débats des Chambres, annexes) collection de 1789 à 1880.   (PALAIS.)

140. MONET (A. L.), à Issy-sur-Seine, Grande-Rue, 15. — Procédés de reproductions graphiques.   (PALAIS.)

> Directeur de l'Imprimerie d'Issy : M. Monet.
> 2 Médailles de Bronze, Exposition universelle 1878, Paris.

141. NADAUD & Cie, à Paris, rue Bonaparte, 47. — Ouvrages d'art pour le costume.   (PALAIS.)

142. NATHAN (Fernand), à Paris, rue de Condé, 18.—Enseignement primaire, primaire supérieur, secondaire des jeunes filles, et enseignement spécial; cartes murales.   (PALAIS.)

143. NÉE (Gaston), Ancienne Maison **Donnaud**, à Paris, rue Cassette, 1. — Impressions typographiques.   (PALAIS.)

> Maison fondée en 1807.
> Médaille à l'Exposition universelle de 1867.

144. NOUVEAU, à Paris, rue Richer, 18. — Travaux d'impressions typographiques.   (PALAIS.)

145. Nouvelle librairie classique, scientifique et littéraire, Barbette (J. A.), à Paris, rue de la Sorbonne, 14. — Livres, cahiers de dessins, etc.   (PALAIS.)

146. OBERTHUR (Fr. Charles), à Rennes (Ille-et-Vilaine).—Dictionnaire des Postes et Télégraphes. Atlas postal. Calendriers. Agendas. Impressions typographiques et lithographiques.   (PALAIS.)

147. OLLENDORFF (Paul), à Paris, rue de Richelieu, 28 bis. — Ouvrages d'enseignement, de littérature et de théâtre, éditions de luxe.   (PALAIS.)

148. ORSONI (Philippe), à Paris, rue de Grenelle, 67. — La Mode française, le Petit Echo de la Mode, journaux de modes illustrés.   (PALAIS.)

> 1° Pour la Mode française :
> Journal de mode illustré de 8 pages, grand format, paraissant tous les samedis.
> 2° Pour le Petit Echo de la Mode :
> Journal de mode illustré de la Famille, paraissant tous les dimanches.
> Récompenses : Vienne 1873, Médaille d'argent. — Bruxelles 1888, Médaille d'or.

149. PARIS (Concours Musicaux de la Ville de). — Livrets et partitions des œuvres couronnées depuis 1878.   (PARC.)

150. PARIS (Service des travaux historiques de la ville de), Inspecteur en Chef : **A. Renaud**, à Paris. — Publications relatives à l'histoire de l'ancien Paris, et de la Révolution française.   (PARC.)

151. PEDONE-LAURIEL (Guillaume), à Paris, rue Soufflot, 13 — Ouvrages de droit, droit international, diplomatie, législation comparée.   (PALAIS.)

152. PETIT (M. Georges J.), à Paris, rue Godot-de-Mauroy, 12. — Gravures à l'eau-forte et au burin.   (PALAIS.)

153. PICARD (Alcide) et KAAN, Ancienne librairie **Picard-Bernheim et Cie**, à Paris, rue Soufflot, 11. — Livres classiques pour l'enseignement primaire, élémentaire et supérieur, secondaire spécial et classique.   (PALAIS.)

154. PIGOREAU (C. Alphonse), à Paris, quai Conti, 13. — Livres de distributions de prix, livres classiques.   (PALAIS.)

155. PLIHON (Joseph) & HERVÉ (Louis), à Rennes (Ille-et-Vilaine), rue Motte-Fablet, 5. — Ouvrages de librairie.   (PALAIS.)

156. PLON (E.), NOURRIT & Cie, à Paris, rue Garancière, 8.— Ouvrages de littérature, d'histoire, de jurisprudence, livres de voyages, livres d'art, impressions de luxe.   (PALAIS.)

> Henri Plon, Chevalier de la Légion d'Honneur 1851.— Eugène Plon, chevalier de la Légion d'Honneur 1877. — Robert Nourrit, chevalier de la Légion d'Honneur 1885.
> Récompenses aux Expositions universelles : Paris 1855, Médaille d'honneur. — Paris 1878, Médaille d'or. — Anvers, 1885, Diplôme d'honneur.

157. PRIVAT (P. Edouard), à Toulouse (Haute-Garonne), rue des Tourneurs, 45.
— Publications diverses.   (PALAIS.)

Histoire générale de Languedoc, nouvelle édition avec dissertations et notes nouvelles, le recueil des inscriptions antiques de la province, continuée jusqu'en 1790.

Annales du Midi. — Bibliothèque méridionale ; Bertrand de Born. — Œuvres de Pierre Goudelin. — Publications d'histoire locale, de sociétés savantes et de collections publiques. — Description géologique des Pyrénées, de la Haute-Garonne, 1 vol. in-8°, 1,010 pages de texte, avec carte géologique au 1/200,000 et atlas de 51 planches, par Leymerie. — Flore de Toulouse et ses environs. — Cours de zoologie médicale. — Manuel de viticulture. — Livres classiques, etc. — Récompense : 1878, Paris, médaille de bronze.

158. Publications périodiques (Mouillot, Directeur), à Paris, quai Voltaire, 13. — Livres, gravures et publications diverses.   (PALAIS.)

Livres, journaux quotidiens, financiers, illustrés, travail d'administration. Impressions. Application de la photographie à la typographie, chromo-typographie et lithographie.

159. QUANTIN, (Maison), Compagnie générale d'impressions et d'éditions, société anonyme, à Paris, rue Saint-Benoît, 7. — Livres imprimés en noir et en couleur.   (PALAIS.)

Ancienne Maison Henri Fournier, Jules Claye, A. Quantin et Cie, Henri May, administrateur directeur. — Récompenses : Londres 1851, Prize medal. — Paris 1855, Médaille d'honneur et décorations de la Légion d'Honneur. — Vienne 1873, Médaille de Progrès. — Paris 1878, Médaille d'or. — Amsterdam 1883, Diplôme d'honneur. — Barcelone 1888, Médaille d'or. Bruxelles 3 diplômes d'honneur.

160. REIBER (Emile A.), à Paris, rue Vavin, 54. — L'art pour tous, album Reiber, Propos de table de la vieille Alsace.   (PALAIS.)

161. REINWALD (Charles F.), à Paris, rue des Saints-Pères, 15. — Livres scientifiques imprimés en France, ayant surtout rapport aux sciences philosophiques, naturelles et médicales.   (PALAIS.)

Cette librairie a publié :
Les œuvres de Charles Darwin, (16 volumes).
La Bibliothèque des Sciences contemporaines (15 volumes).
Les Archives de Zoologie expérimentale dirigées par M. de Lacaze Duthiers (16 volumes).
Les œuvres de Haeckel, de Carl Vogt, de Gegenbaur, Büchner, Schliemann, etc., etc.
M. Reinwald a obtenu des médailles d'argent :
A l'Exposition universelle de Paris, 1878.
Il est officier d'Académie.
Chevalier de l'ordre impérial de François-Joseph d'Autriche-Hongrie.
Et de l'Ordre royal de la couronne de Prusse.

162. RICHARD (Georges) et Cie, à Paris, rue de la Perle, 5. — Papiers de valeurs, billets de banque, titres, actions, obligations, timbres-poste, filigranes.
                                                                (PALAIS.)

163. ROBUCHON (Jules C.), à Fontenay-le-Comte (Vendée). — Volumes reliés, composés de divers numéros des livraisons des paysages et monuments du Poitou.   (PALAIS.)

164. ROGER (A.) & CHERNOVIZ (F.), à Paris, rue des Grands-Augustins, 7. — Librairie française et espagnole.   (PALAIS.)

165. RORET (Edme), à Paris, rue Hautefeuille, 12. — Collection des manuels-Roret. Ouvrages sur les arts et métiers, les sciences naturelles, l'agriculture et l'horticulture.   (PALAIS.)

Récompenses : Paris 1867, Médaille de bronze. Vienne 1873, Diplôme de mérite. Paris 1878, Médailles de bronze et d'argent. Anvers 1885, médaille d'argent. Barcelone 1888, médaille d'argent. Bruxelles 1888, médaille d'or.

166. ROUILLÉ-LADEVÈZE (Auguste), à Tours (Indre-et-Loire), quai de la Poissonnerie, 17. — Guide illustré pour voyager en tous pays sans connaître les langues. Livres divers.   (PALAIS.)

167. ROUSSET (Camille), à Paris, rue des Petits-Hôtels, 9. — Annuaires des produits chimiques et de la droguerie, de la verrerie, de la céramique, de la quincaillerie, des métaux, des bois. (**PALAIS.**)

168. ROUVEYRE (Edouard), à Paris, rue Jacob, 45. — Livres d'art industriel et d'économie domestique. (**PALAIS.**)

Rouveyre Edouard, officier d'académie. — Ouvrages relatifs à l'art décoratif et à l'art industriel. Publications sur la reliure. — Amsterdam, 1883, médaille d'or.

169. SAUTY (F.) & DARTOIS (J.), à Amiens (Somme). — Spécimens de travaux en impression lithographique, chromo-lithographique et typographique, pour le commerce et l'industrie. (**PALAIS.**)

170. SAUVAT-DUCROCQ (Librairie), à Paris, rue de Seine, 55. — Livres et albums illustrés, livres classiques. (**PALAIS.**)

171. SIDOT Frères (Louis et Nicolas), à Nancy (Meurthe-et-Moselle), rue Raugraff, 3. — Trésor du bibliophile lorrain. Fac-simile de 125 titres ou frontispices d'ouvrages lorrains rares et précieux. (**PALAIS.**)

172. SILVESTRE & Cie, à Paris, rue Oberkampf, 97. — Reproduction par la photographie et impression aux encres d'imprimerie de tous objets d'art et d'industrie par procédé de glyptographie. (**PALAIS.**)

173. Société Anonyme de librairie spirite, Administrateur: **M. Leymarie**, à Paris, rue Chabanais, 1. — Volumes de philosophie spiritualiste en français et en langues étrangères. (**PALAIS.**)

174. Société Anonyme de l'imprimerie des Arts et Manufactures, à Paris, rue Paul Lelong, 12. — Journaux et publications, catalogues, illustrations en noir et en couleurs. Dessins industriels. Imagerie parisienne. (**PALAIS.**)

175. Société anonyme de l'Indépendant, Gérant : **M. Brousse (E)**, à Perpignan (Pyrénées-Orientales), rue d'Espira, 3. — Volumes, affiches, cartes, têtes de lettres, factures, lettres de faire-part et autres imprimés. (**PALAIS.**)

176. Société biblique de France, à Paris, rue d'Astorg, 22. — Éditions diverses de la Bible (Ancien et nouveau Testament). (**PALAIS.**)

177. Société des traités religieux de Paris, à Paris, rue des Saints-Pères, 33. — Publications diverses. (**PALAIS.**)

178. Société Fermière des applications photographiques (Sgap), à Paris, rue de l'Echelle, 3. — Journaux, publications. Impressions photographiques et chromo-typographiques. (**PALAIS.**)

179. SORDOILLET (Paul), à Nancy, (Meurthe-et-Moselle), place Stanislas, 7. — Livres et épreuves d'imprimerie. (**PALAIS.**)

180. STALIN (Auguste A.), à Vesoul (Haute-Saône), rue de Noidans, 5. — Épreuves lithographiques et typographiques obtenues au moyen de la machine multicolore en un seul tirage. (**PALAIS.**)

181. TELLIER (Henri), à Paris, rue Auber, 23. — Éditions musicales. (**PALAIS.**)

182. TESTARD (Emile) et Cie, à Paris, rue de Condé, 40. — Livres, dessins originaux et gravures. (**PALAIS.**)

« Revue de famille », publication bi-mensuelle ; Directeur : Jules Simon.

« Edition nationale des œuvres de Victor Hugo, » avec la collaboration des plus grands artistes français en peinture, en sculpture et en gravure.

« Œuvres de Molière », illustrées par Jacques Leman.

Diverses publications artistiques :

« Les Mois, » par Alexandre Cabanel.

« Chronique du règne de Charles IX, » par Prosper Mérimée, ill. de E. Toudouze.

« Les Chouans, » par H. de Balzac, ill. de Julien Le Blant, etc. etc.

Récompenses : Médaille d'argent, Barcelone 1888. — Médaille d'or, Bruxelles 1888. — Médaille de 1re classe, Melbourne 1888.

183. THÉZARD Fils (E. Emile.A.), à Dourdan (Seine-et-Oise).— L'architecture pour tous. Recueil de serrurerie pratique. Les grands architectes français. Recueil de décorations intérieures et extérieures.   **(PALAIS.)**
> *L'architecture pour tous*, paraissant le 15 de chaque mois, 96 planches par an.
> *Recueil de serrurerie pratique.*
> *Recueil de décorations intérieures et extérieures*, 2 vol. in-4° contenant 236 planches.
> *Les grands architectes français*, 220 planches.
> Médaille d'argent, Barcelone, 1888.

184. TIGNOL (Bernard), à Paris, quai des Grands-Augustins, 45. — Livres scientifiques et industriels.   **(PALAIS.)**

185. TUCKER (Henry J.), à Paris, rue Jacob, 35. — Volumes du journal typolithographique « La typologie-Tucker », publication mensuelle (16° année).   **(PALAIS.)**

186. UNSINGER (Charles), à Paris, rue du Bac, 83. — Livres, gravures, cartes, chromos.   **(PALAIS.)**

187. YRVILLE (Mme Cécile d'), à Paris, boulevard des Italiens, 9. — Journal « La Chronique de Paris », petite bibliothèque Rose, écrits périodiques.   **(PALAIS.)**

COLONIES.

ALGÉRIE.

1. ALESSI (Adolphe), à Oran, place Kléber. — Cours élémentaire de langue arabe syllabée.   **(ESPLANADE.)**

2. BIZIOU (F.), à Bougie (Constantine). — Travaux d'imprimerie en deux albums.   **(ESPLANADE.)**

3. BRANQUART (Amédée), à Constantine. — Travaux typographiques reliés en un volume.   **(ESPLANADE.)**

4. CARLE, à Bône (Constantine). — Bulletins de l'Académie d'Hippone, lettres sur Hippone, travaux de ville et autres, travaux d'impression.   **(ESPLANADE.)**

5. CHALLAMEL & Cie. à Paris, rue Jacob, 5. — Ouvrages concernant l'Algérie.   **(ESPLANADE.)**

6. FONTANA & Cie, à Alger, rue d'Orléans, 27. — Volumes, brochures, publications et imprimés divers.   **(ESPLANADE.)**

7. FOUQUE (Alfred), à Oran. — Itinéraires de la division d'Oran, carte des étapes.   **(ESPLANADE.)**

8. HEIM (Georges), à Constantine. — Volume historique du 3e régiment de tirailleurs indigènes, reliure amateur.   **(ESPLANADE.)**

9. JOURDAN (Adolphe), à Alger, place du Gouvernement. — Collection d'ouvrages arabes, français-arabe, kabyles, berbères, haoussa, etc.   **(ESPLANADE.)**

10. LEGENDRE (Albert), à Milianah (Alger). — Méthode arabe, corrigé de la méthode.   **(ESPLANADE.)**

11. MAISONEUVE & LECLERC, à Paris, quai Voltaire, 25. — Ouvrages concernant l'Algérie.   **(ESPLANADE.)**

12. MARLE (Louis), à Constantine. — Les tirailleurs algériens dans le Sahara, reliure genre arabe.   **(ESPLANADE.)**

13. OMESSA (Pierre), à Bône (Constantine). — Divers échantillons de modèles d'imprimés.   (ESPLANADE.)

14. ORGEVAL (d'), à Paris, rue Daubigny, 40. — Exemplaire ancien du coran.   (ESPLANADE.)

15. PERRIER (P. G.), à Oran. — Travaux typographiques et lithographiques.   (ESPLANADE.)

16. PUCCINI (Philippe), à Bône (Constantine). — Travaux d'imprimerie.   (ESPLANADE.)

17. SOFFER (Jacob), à Oran, rue de Wagram, 40. — Travaux lithographiques (genre hébraïque).   (ESPLANADE.)

18. VERNIN (Louis), à Bône (Constantine). — Impressions diverses, affiches, etc.   (ESPLANADE.)

COCHINCHINE.

1. BILBAUT (Théophile), publiciste, à Paris. — La céramique des Colonies françaises et l'art céramique ancien en général.   (ESPLANADE.)

NOUVELLE-CALÉDONIE.

1. GABLT, à Nouméa. — Notice sur la Nouvelle-Calédonie ; deux volumes, dont un avec carte de la Colonie.   (ESPLANADE.)

2. GRESLAN (de), à Dumbéa. — Volume. (Monographie de la canne à sucre).   (ESPLANADE.)

3. PELCOT, à Nouméa. — Volumes. (Réforme de l'armée).   (ESPLANADE.)

RÉUNION.

1. BRIDET (H.), à Saint-Denis. — Étude sur les ouragans.   (ESPLANADE.)

2. Exposition permanente des Colonies, à Paris. — Album de lithographies.   (ESPLANADE.)

3. LAPEYREIRE (Joseph), Pharmacien de 1re classe de la Marine, à Saint-Denis. — Brochures diverses.   (ESPLANADE.)

4. POTIER (Julien), Directeur du Jardin Botanique Colonial, à Saint-Denis. — Étude sur le sagoutier et sur la préparation nouvelle du cacao.   (ESPLANADE.)

5. TROUETTE (Émile), à Saint-Denis. — Notice sur l'Ile de la Réunion.   (ESPLANADE.)

6. TURPIN DE MOREL (A. L.), à Saint-Denis. — Étude sur l'enseignement primaire à l'Ile de la Réunion.   (ESPLANADE.)

SÉNÉGAL.

1. FORET, à Louhans (Saône-et-Loire). — Ouvrage sur le Sénégal avec cartes.   (ESPLANADE.)

PAYS DE PROTECTORAT.

ANNAM-TONKIN.

1. **DUMOUTIER**, — Volumes annamites et chinois.   (ESPLANADE.)
2. **Province de Hanoï.** — Livres annamités (Histoire d'Annam).   (ESPLANADE.)

TUNISIE.

1. **BEAU (A.)**, à Tunis, rue d'Espagne.— Epreuves d'imprimerie et de lithographie.
(ESPLANADE.)

PAYS ÉTRANGERS.

RÉPUBLIQUE ARGENTINE.

1. **COLMEGNA (Virgile)**, à Santa-Fé. — Épreuves.   (PARC.)

2. **Commission directrice argentine**, à Buenos-Ayres. — Albums de publications périodiques et collection d'ouvrages divers.   (PARC.)

3. **IGON Frères**, à Buenos-Ayres. — Publications. Éditions.   (PARC.)

4. **LAJOANNE (Félix)**, à Buenos-Ayres. — Éditions. Publications.   (PARC.)

5. **LARSEN (Jean M.)**, à Buenos-Ayres. — Œuvres historiques.   (PARC.)

6. **MOREAU Frères**, à Rosario de Santa-Fé. — Épreuves.   (PARC.)

7. **PEUSER (Jacob)**, à Buenos-Ayres. — Éditions. Publications diverses.   (PARC.)

8. **Société Tribuna National**, à Buenos-Ayres. — Journaux et photographie.
                    (PARC.)

AUTRICHE-HONGRIE.

1. **ENGEL (Émile M.)**, à Vienne, I. Deutschmeisterplatz, 2. — Calendriers.
                    (PALAIS.)

2. **KOHN (Carl)**, à Vienne, I. Salzthorgasse, 5. — Produits calligraphiques. Cartes de visite.   (PALAIS.)

3. **MAGYAR Frères**, à Temesvar (Hongrie). — Imprimés, chromos pour cartes d'adresse, couvertures pour livres, clichés.   (PALAIS.)

BELGIQUE.

1. **ALTENRATH (Mlles P. et C.)**, à Anvers, chaussée de Malines, 150. — Collection d'imprimés commerciaux.   (PALAIS.)

2. **BERTRAND (Auguste)**, à Ciney, rue du Tilleul, 24. — Compositions musicales.   (PALAIS.)

3. **BORGERHOFF VAN SASSEM (J.)**, à Bruxelles, 22, rue de Loxum. — Journal des boulangers, journaux de la meunerie, de la boulangerie, de la pâtisserie, etc.
                    (PALAIS.)

4. **BOSCH (Georges du)**, à Bruxelles, rue des Trois-Têtes, 12. — Collections et plans du journal « la chronique des travaux publics. »   (PALAIS.)

5. **BOURLARD (Louis)**, à Bruxelles, rue d'Assaut, 16. — Modèles d'actions et d'obligations de sociétés industrielles. Lithographies et épreuves de taille-douce.
                    (PALAIS.)

Diplômes d'honneur : Bruxelles 1888. — Grande Médaille or, Barcelone 1888 (la plus haute distinction). — Médaille d'or : Amsterdam 1883. — Anvers 1885.

6. BOUWENS (Joseph), à Bruxelles, rue du Champ-de-Mars 48. — Impressions de gravures à l'eau forte.   **(PALAIS.)**

> Anvers 1885, médaille d'argent.
> Bruxelles 1888, médaille d'or.

7. Cercle de la Librairie et de l'Imprimerie (Président : **Falk**), à Bruxelles, rue des Paroissiens, 20. — Produits graphiques, livres et journaux, etc.   **(PALAIS.)**

8. CLAESEN (Charles), à Liège, rue du Jardin-Botanique, 26. — Librairie des arts industriels et décoratifs.   **(PALAIS.)**

9. DAVELUY (Jules), à Ostende, rue de la Chapelle, 105. — Cadres contenant des spécimens de travaux typographiques et lithographiques.   **(PALAIS.)**

10. DECQ (Emile), à Bruxelles, rue de La Madeleine, 9. — Livres de technologie, de jurisprudence, de médecine et d'agriculture.   **(PALAIS.)**

11. DELAUNOIS (Gustave), à Péruwelz. — Publications diverses.   **(PALAIS.)**

12. DEQUESNE-MASQUILLIER (Emile), à Mons, Grande-Rue, 25. — Spécimens des publications de sociétés scientifiques et divers volumes.   **(PALAIS.)**

13. DE SEYN-VERHOUGSTRAETE, à Roulers, rue de l'Est, 38. — Ouvrages de littérature flamande. Éditions d'amateurs.   **(PALAIS.)**

14. FALK (Th.), à Bruxelles, rue des Paroissiens, 18. — Ouvrages illustrés, cartes, globes, atlas, revues périodiques.   **(PALAIS.)**

15 FRENTZ & D'HENIN, à Bruxelles, rue Gaucheret, 6. — « La Gazette du brasseur ».   **(PALAIS.)**

16. GODENNE-WASSEIGE (J.), à Namur, rue de Bruxelles, 13. — Livres et brochures. Imprimés divers.   **(PALAIS.)**

> Méd. d'argent, Anvers 1885 ; méd. d'or et 2 méd. d'argent, Bruxelles 1888. (Maison à Liège)

17. HAVERMANS (Xavier), à Bruxelles, galerie du Commerce, 24. — Épreuves typographiques et lithographiques. Chromo-typographies. Volumes et brochures.   **(PALAIS.)**

18. HOSTE (A.), à Gand, Marché-aux-Grains. — Livres.   **(PALAIS.)**

19. Imprimerie générale (Directeur **G.-J. Huysmans**), à Bruxelles, chaussée d'Ixelles, 125. — Affiches, spécimens d'imprimés.   **(PALAIS.)**

20. LARCIER (Ferdinand), à Bruxelles, rue des Minimes, 10. — Livres. Administration des Pandectes belges et du Journal des Tribunaux.   **(PALAIS.)**

21. LEBÈGUE et Cie (J.), à Bruxelles, rue de La Madeleine, 46. — Éditions de livres classiques. Travaux d'imprimerie. Globes terrestres et célestes.   **(PALAIS.)**

> Travaux d'impressions en tous genres. Édition : Ouvrages classiques. Littérature, fabrication de globes terrestres et célestes en français, anglais, hollandais, espagnol, italien.
> Médailles d'or à Londres, Amsterdam, Anvers, Bruxelles.

22. L'Économie financière (Administrateur : **Lhoest**), à Bruxelles, rue de La Madeleine, 26. — Produits typographiques, livres, journaux illustrés, titres d'actions, etc.   **(PALAIS.)**

23. LESIGNE (A.), à Bruxelles, rue de la Charité, 23. — Livres comme spécimens d'impression typographique.   **(PALAIS.)**

24. LINDEN (Lucien), à Bruxelles, rue Bellard, 100. — Iconographie des orchidées-Lindenia.   **(PALAIS.)**

25. MARCHAL (François), à Bruxelles, 60, chaussée Saint-Pierre-d'Etterbeeck. — Essai d'éducation civile et militaire.   **(PALAIS.)**

26.   MEEUS (Jules de), à Bruxelles, boulevard Anspach, 102. — Collection du Moniteur industriel. Memento du Moniteur industriel. Brochures diverses, extraits.

(PALAIS.)

27.   MERTENS (Adolphe), à Bruxelles, rue d'Or, 12. — Ouvrages classiques. Ouvrages illustrés, plans, cartes, chromos, calendriers, tableaux, réclames.   (PALAIS.)

28.   MOMMENS (Henri), à Bruxelles, rue de Beughem, 10. — Spécimens typographiques, actions, journaux, livres, billets et tickets pour tramways et chemins de fer.

(PALAIS.)

29.   PEETERS-RUELENS (Auguste), à Louvain, rue la Monnaie, 1. — Publications diverses.

(PALAIS.)

30.   RAMLOT (E.), à Bruxelles, rue Grétry, 17. — Livres scientifiques.   (PALAIS.)

Médaille argent, Bruxelles, 1888. Maison fondée en 1871.

31.   Revue universelle des mines, à Liège, rue Beckman, 40. — Collection de 1857 à 1889.

(PALAIS.)

32.   VAILLANT-CARMANNE (H.), à Liège, rue Saint-Adalbert, 8. — Science, Art, Littérature, Langues étrangères. Musique typographiée.   (PALAIS.)

Récompenses : Anvers 1885, Médaille d'argent ; Bruxelles 1888, Concours : Médaille d'or ; Exposition ; Deux Médailles d'or.

33.   VAN CAMPENHOUT, Frères et Sœurs, à Bruxelles, rue de la Colline, 13. — Travaux typographiques et lithographiques.   (PALAIS.)

34.   VANDERGHINSTE (A.) et Cie, à Bruxelles, rue de Brabant, 120. — Spécimens d'impressions musicales, titres et dessins.

(PALAIS.)

35.   VANDERPOORTEN (I.), à Gand, rue de la Cuiller, 18. — Collection d'ouvrages de musique en typographie. Ouvrages illustrés et ouvrages classiques.   (PALAIS.)

36.   VAN DOOSSELAERE Fils (V.), à Gand, boulevard du Château, 64. — Imprimés administratifs. Livres.

(PALAIS.)

37.   VAN HULLE (H.-J.), à Gand, chaussée de Courtrai, 27. — Collection complète du Bulletin d'arboriculture (1865 à 1889), planches coloriées de fruits.   (PALAIS.)

38.   WEISSENBRUCH (P.), à Bruxelles, rue du Poinçon, 45 — Livres, impressions en tous genres.

(PALAIS.)

Livres et spécimens d'impression. Journaux et revues périodiques. — Maison fondée en 1755, Amsterdam, 1883, médaille d'or ; Anvers, 1885, membre du jury ; hors concours, Barcelone 1888.

39.   ZECH et Fils (ancienne imprimerie **Lelong**), à Braine-le-Comte. — Livres de piété, paroissiens, etc., en différentes langues. Livres classiques espagnols et portugais.

(PALAIS.)

Maison fondée en 1785. Même maison : Paris, Lyon, Canada. Impressions en tous genres. Travaux en espagnol et portugais. — Médailles de bronze, d'argent et d'or, Diplôme d'honneur aux Expositions de Londres, Paris, Anvers, Bruxelles.

BOLIVIE.

1.   BRESSON (André), à Paris, rue Lafayette, 1. — Publications diverses sur la République Bolivienne (en Français).

(PARC.)

2.   CHALLAMEL (Augustin) et Co, à Paris, rue Jacob, 5. — Ouvrage géographique illustré " Bolivia ".

(PARC.)

3.   Légation de Bolivie, à Paris, rue de Berri, 8. — Codes et Lois nationales.

(PARC.)

4.   MEULEMANS (Auguste), à Paris, rue Lafayette, 1. — Publications économiques sur la Bolivie. — Biographies des derniers Présidents (Pacheco et Arce) avec illustrations.

(PARC.)

5.   QUIROGA (Serapio), à Paris, rue Soufflot, 7. — Grammaires Quichua. (PARC.)

6. SALINAS-VEGA (Luis), à Paris, rue de Berri, 8. — Publications de Vulgarisation sur la République de Bolivie.   (PARC.)

BRÉSIL.

(Voir son catalogue spécial).

CHILI

1. JOVER (Rafael), à Santiago. — Spécimen de typographie.   (PARC.)

DANEMARK.

1. BAGGE (F.), à Copenhague. — Collection de livres et d'images.   (PALAIS.)

2. CATO (C. J.), à Copenhague. — Lithographie.   (PALAIS.)

3. CORDTS (C. C. L.), à Copenhague. — Lithographie.   (PALAIS.)

4. HANSEN (H. J.), à Copenhague. — Zoologica Danica. Images chromographiques des animaux du Danemark.   (PALAIS.)

5. HENDRIKSEN (F.) et Cie, à Copenhague. — Gravures sur bois. Typogravures.   (PALAIS.)

6. HOST (Andr. Fred.) et Fils, à Copenhague. — Collection de livres. (PALAIS.)

7. KITTENDORFF (F. A.), à Copenhague. — Lithographies.   (PALAIS.)

8. Société des Touristes Danois, à Copenhague. — Paysages danois.
(PALAIS.)

9. TEGNER (J. W.), à Copenhague. — Lithographies.   (PALAIS.)

10. THIELE (H. H.), à Copenhague. — Imprimeries.   (PALAIS.)

RÉPUBLIQUE DOMINICAINE.

1. GARCIA HERMANOS, à Santo-Domingo. — Livres et imprimés.   (PARC.)

2. ROQUES (José Ricardo), à Santo-Domingo. — Livres et imprimés. (PARC.)

ESPAGNE.

1. ALBA & LOPEZ (Ramon), à Madrid. — Livre intitulé : « Hygiène militaire. »   (PALAIS.)

2. Academia de Taquigrafia, à Barcelone. — Livres.   (PALAIS.)

3. AFAN (Antonio, F.), à Grenade. — Livres.   (PALAIS.)

4. AGACINO (Eugenio), au Ferrol. — Livres.   (PALAIS.)

5. ALSINO Y CLOS (Simon), à Barcelone. — Livres.   (PALAIS.)

6. ALVA Y LOPEZ (Ramon), à Madrid. — Volume d'hygiène.   (PALAIS.)

7. ARAGON Y HERRERO (José de), à Bilbao. — Livres d'éducation.
(PALAIS.)

8. Association d'Ingénieurs, à Barcelone. — Revue technologique.   (PALAIS.)

9. BALLESTEROS Y ROBLES (Louis), à Madrid. — Traité d'arithmétique et méthode de lecture.   (PALAIS.)

10. BAILLY BAILLIÈRE (Carlos), à Madrid. — Divers livres. Annuaire du Commerce.   (PALAIS.)

11. **BARCELONES (Ateneo)**, à Barcelone. — Livres.   (PALAIS.)

12. **BAS Y REL (Santiago)**, à Barcelone. — Machines typographiques.
                                                               (PALAIS.)

13. **BELMAS (Mariano)**, à Madrid. — Livres.   (PALAIS.)

14. **Biblioteca Necesaria**, à Santa-Cruz-de-Tamar (Tolède). — Livres. (PALAIS.)

15. **BOLIVARD (Geronimo)**, à Barcelone. — Revue industrielle.   (PALAIS.)

16. **BORES (Enrique de)** à Barcelone. — Lithographies, gravures.   (PALAIS.)

17. **BUSTAMANTE (Salvador)**, à Madrid. — Morceaux de musique. (PALAIS.)

18. **DOCE (J. Maria)**, à Madrid. — Dictionnaire orthographique et exemplaire théo-
     rique-pratique.   (PALAIS.)

19. **ENOLER (Benito)**, à Barcelone. — Journal de modes.   (PALAIS.)

20. **GARCIA FERNANDEZ (Justo)**, à Gijon (Oviedo). — Livres. (PALAIS.)

21. **GOICOCCHEA (Félix)**, à Madrid. — Livres.   (PALAIS.)

22. **GUIMERA (Federico)**, à Madrid. — Objets typographiques.   (PALAIS.)

23. **HUELVES (Joachin)**, à Madrid. — Opuscule : Catéchisme de la morale
     naturelle.   (PALAIS.)

24. **INIGUEZ (Buenaventura)**, à Séville. — Méthode de musique.   (PALAIS.)

25. **JUSEST (Modesto)**, à Gerona. — Traité d'homéopathie.   (PALAIS.)

26. **LOPEZ MARTINEZ (Eusebio)**, à Tolosa (Guipuscoa). — Livres. (PALAIS.)

27. **MARTIN GRACIA (Ramon)**, à Madrid. — Livres.   (PALAIS.)

28. **MARTIN Y MUNOZ (Angel)**, à Fuentes — Ropel (Zamora). Volumes de
     la première éducation.   (PALAIS.)

29. **MINON (Léonardo)**, à Valladolid. — Livres.   (PALAIS.)

30. **NORIA (Baltasar)**, à Tortosa (Tarragone). — Livre.   (PALAIS.)

31. **OCA Y MERINO (Esteban)**, à Soto-de-Cameros (Logrono). — Livres et
     différents travaux.   (PALAIS.)

32. **OSCARIZ (Victor)**, à Madrid. — Livres.   (PALAIS.)

33. **PEREZ BALLESTEROS (José)**, à La Corogne. — Livres.   (PALAIS.)

34. **PUERTA VIZCANIO (Juan de la)**, à Paris, avenue de Wagram, 53.
     — Ouvrage intitulé : « Méthode intuitive de géométrie et de géographie. (PALAIS.)

35. **RAMIREZ (les successeurs de N.)** à Barcelone. — Typographie.   (PALAIS.)

36. **RIVAS MORENO (Francisco)**, à Madrid. — Livres.   (PALAIS.)

37. **ROCA (J.)**, à Barcelone. — Gravure.   (PALAIS.)

38. **SAGOLS (Enrique)**, à Saragosse. — Livres.   (PALAIS.)

39. **TORRENTS MONNER (Antonio)**, à Gerona. — Volumes.   (PALAIS.)

40. **VALDORMATAS (Ventura)**, à Madrid. — Morceaux de musique.
                                                               (PALAIS.)

41. **VALLEDOR (Corina)**, à Madrid. — Livres.   (PALAIS.)

ÉTATS-UNIS.

1. **American Bookseller (The)**, à New-York, 10, Spruce street. — Livres et
    publications périodiques.   (PALAIS.)

2. **APPLETON (D.) & Co**, à New-York, 1, 3, 5, Bond street. — Livres.
(PALAIS.)

3. **ARMSTRONG & KNAUER**, à New-York, 822 & 824, Broadway. — Ouvrage intitulé : The manufactures of the United states. (PALAIS.)

4. **BAIRD (Henry Carey) & Co**, à Philadelphie, Pa., 810, Walnut street. — Livres. (PALAIS.)

5. **BARDEEN (C. W.)**, à Syracuse, N. Y. — Livres. PALAIS.)

6. **BARNES (A. S.) & Co**, à New-York, 111 & 113, William street. — Livres. (PALAIS.)

7. **BARRIE (Georges)**, à Philadelphie, Pa., 1313, Walnut street. — Livres. (PALAIS.)

8. **Bell Publishing Co (The)**, à New-York, 834, Broadway. — Numéros de journaux américains consacrés au commerce et à l'industrie. (PALAIS.)

9. **BRENTANO'S**, à New-York, 5, Union square. — Livres et publications périodiques. (PALAIS.)

10. **BROER (Mme Joséphine de)**, à Paris, rue Clavel, 3. — Livres et photographies concernant la société de tempérance d'Amérique. (PALAIS.)

11. **Century Company (The)**, (Treasurer : **Franck H. Scott**), à New-York, 33, East 17th street. — Livres et publications périodiques. (PALAIS.)

12. **CONTANSEAU (Léon)**, à New-York, 69, 71 & 73, Broadway. — Livres « Contanseau's Monthly Bulletin. » (PALAIS.)

13. **CURTIN (Hugh A.)**, à New-York, N. Y., 65, Duane street. — « Guide d'affaires des Etats-Unis » donnant les adresses des commerçants et des industriels.
(PALAIS.)

14. **DODD, MEAD & Co**, à New-York, 753, Broadway. — Livres. (PALAIS.)

15. **ESTES & LAURIAT**, à Boston, Mass., 301, Washington street. — Livres. (PALAIS.)

16. **FISCHER, ADLER & SCHWARTZ**, à New-York, 94, Fulton street. — Gravures et eaux-fortes encadrées. (PALAIS.)

17. **FISKE (Harrisson Grey)**, à New-York, 145, 5th avenue. — Un volume de « the New-York Mirror 1888, » un volume de « the New-York Mirror annual. » (PALAIS.)

18. **Gallison & Hobron Company (The)**, (President : **L. D. Gallison**), à New-York, 606, Broadway. — Journaux de commerce, lithographies et gravures de modes. (PALAIS.)

19. **GEBBIE & Co**, à Philadelphie, Pa., 906, Chestnut street. — Livres. (PALAIS.)

20. **Gebbie & Husson Photogravure Company (Limited)**, à Philadelphie, Pa., 900, Chestnut street. — Spécimens de photogravures. (PALAIS.)

21. **Gillis Brothers & Tuunure art age Press**, à New-York, 400, West 14th street. — Echantillons d'impressions en une ou plusieurs couleurs, livres, brochures. (PALAIS.)

22. **HOUGTHON, MIFFLIN & Co (The Riverside Press)**, à Cambridge, Mass. — Livres. (PALAIS.)

23. **Inland Printer Co (The)**, à Chicago, Ill., 183, Monroe street. — Numéros du « The Inland Printer » et spécimens de belles impressions typographiques.
(PALAIS.)

24. **IVISON, BLAKEMAN & Co**, à New-York, 753, Broadway. — Livres.
(PALAIS.)

25. JOHNSON (B. F.) & Co, à Richemond, Va. 1009, Main street. — Livres, bibles, albums, etc.
(PALAIS.)

26. JOHNSON (Chas. J.) & Co, à Chicago, Ill., 105, Madison street. — Echantillons d'imprimerie.
(PALAIS.)

27. Johns Hopkins University Publication Agency, à Baltimore, Md., Howard street. — Livres.
(PALAIS.)

28. KNOX (Thos. W.), à New-York. — Livres de voyages à l'usage de la jeunesse.
(PALAIS.)

29. LINDSAY (Robert M.), à Philadelphie, Pa., 1028, Walnut street. — Livres et eaux-fortes.
(PALAIS.)

30. LIPPINCOTT Co, (J. B.), à Philadelphie, Pa., 715 & 717, Market street. — Livres.
(PALAIS.)

31. LOTHROP (D.) Co, (Président : **D. Lothrop**), à Boston, Mass., Franklin street. — Livres.
(PALAIS.)

32. MACCLURY (A. C.) & Co, à Chicago, Ill., Wabash avenue. — Livres.
(PALAIS.)

33. MERRIAM (G. C.) & Co, à Springfield, Mass. — Dictionnaires de Webster (Lexicographie anglaise).
(PALAIS.)

34. MITCHELL (Juo J.) Co, (The) à New-York, 830, Broadway. — The american Fashion Review. Tailors art journal « The American Tailor & Cutter. »
(PALAIS.)

35. National Electric Light association, à New-York, 16, East 23rd. street. — Volumes de procès-verbaux officiels.
(PALAIS.)

36. New-York Bank note Co, (The), à New-York, 1, Broadway. — Spécimens de billets de banque gravés.
(PALAIS.)

37. ORANGE JUDD Co, (The), à New-York, 751, Broadway. — Collection d'ouvrages sur l'agriculture, la chasse et la pêche.
(PALAIS.)

38. PARKS (C. Wellman), à Troy, N. Y., Rensellaer Polytechnic Institute. — Publications périodiques des Etats-Unis comprenant publications mensuelles, hebdomadaires et quotidiennes.
(PALAIS.)

39. Photo-Electrotype Engraving Company, à New-York, 20, Cliff street. — Spécimens de photogravures.
(PALAIS.)

40. PRANG (L.) & Co, à Boston, Mass., 286, Roxburg street. — Livres et chromolithographies.
(PALAIS.)

41. Publishers Weekly (The), (Proprietor : **R. R. Bauker**), à New-York, Franklin square. — Livres et publications périodiques.
(PALAIS.)

42. RANSOM (C. M.), à Boston, Mass., 178, Devonshire street. — « The Standard » journal hebdomadaire défendant les intérêts de l'assurance dans toutes ses branches.
(PALAIS.)

43. STOKES (F. A.) & Brother, à New-York, 182, 5th avenue. — Livres.
(PALAIS.)

44. SUMMERS (James C.), à New-York, 108, Nassau street. — Livre intitulé : Who's Won, archives et guide du Yacht américain.
(PALAIS.)

45. TAINTOR Brothers & Co, à New-York, 18 & 20, Astor place. — Livres.
(PALAIS.)

46. TOVEY (A. E. J.), à New-York, 24, Park place. — Numéros du « Brewers' Journal ».
(PALAIS.)

47. University Publishing Company, à New-York, 19, Murray street. — Livres à l'usage des écoles.
(PALAIS.)

48. WHEELER (E. G.), à Portland, Oregon. — Illustrations, livres descriptifs de l'Orégon et du Nord-Ouest Pacifique.   (PALAIS.)

49. WHITE (Betsy Ann), à Bellingham, Mass. — Livre illustré intitulé « Trois trous dans la cheminée. »   (PALAIS.)

50. WILEY (John) & Sons, à New-York, Astor place. — Livres.   (PALAIS.)

GRANDE-BRETAGNE

1. ARDESHIR & BYRAMJI, Hummum street, 10, Fort Bombay (Indes). — Épreuves de gravures.   (PALAIS.)

2. AUGENER & Co, à Londres, Newgate street, 36. — Musique classique et moderne en volumes, ouvrages du professeur Pauer et autres.   (PALAIS.)

3. BAGSTER & Sons, à Londres, 15, Paternoster-Nord. — Livres.
                                                        (E. C.) (PALAIS.)

4. BELL (George) & Sons, à Londres, York street, Covent-Garden. — Livres.
                                                        (E. C.) (PALAIS.)

5. British and Foreign Bible Society, à Londres, Queen Victoria street, 146, et à Paris, rue de Clichy, 58. — L'Écriture Sainte en entier ou en parties, dans plusieurs langues et dialectes.   (PALAIS.)

6. British Trade Journal, à Londres, Cannon street, 113. — Éditions anglaises et espagnoles et suppléments du British Trade Journal.   (PALAIS.)

7. CASLON (H. W.) & Co, à Londres, Chiswell street, 22. — Échantillons de caractères d'imprimerie et ouvrages s'y rapportant.   (PALAIS.)

8. CHAMBERS (W. & R.), à Londres et à Édimbourg. — Livres.
                                                        (E. C.) (PALAIS.)

9. Chromo-Lithographic Art Studio, à Londres, Glowcester street, 24, Queen square. — Spécimens de chromo-lithographies.   (PALAIS.)

10. Clarendon press, à Londres, Amen Corner. — Livres.   (E. C.) (PALAIS.)

11. EYRE & SPOTTISWOODE, à Londres, Great New Street, Fetter lane. — Livres.   (E. C.) (PALAIS.)

Imprimeurs de la Reine d'Angleterre, 16, Elder street, Édimbourg, et Cooper Union, New-York ; maison établie depuis près de 200 ans ; imprimeurs de la Couronne depuis un siècle et demi. Fabricants des « Variorum », « Teachers » et autres Bibles, livres de prières et service de l'Église. Nouvelle édition des chants d'église anciens et modernes, le tout formant un seul volume relié, de divers formats et dans les nouveaux genres de reliure. Autres publications sacrées et séculaires, y compris : Vieilles Bibles de Doré, Poets at Play, The Witches, Trolie et autres des légendes d'Ingoldsby, illustrées par E. M. Jessop. Articles de fantaisie en cuir et en peluche y compris, porte-lettres, porte-monnaie, albums, valises, cadres pour photographies et nouveautés en nickel et bois d'olive. Modèles, couleurs pour artistes-peintres et tout le matériel nécessaire pour les artistes. Méd. d'or, d'arg. et mention honorable. Melbourne 1888.

12. FISHER UNWIN (J.), à Londres, Paternoster square. — Livres.
                                                        (E. C.) (PALAIS.)

13. GALIGNANI'S LIBRARY, C. & A. Jeancourt, (Exposition collective de la), à Paris, rue de Rivoli, 224. — Livres.   (PALAIS.)

Bagster & Sons.	Gardner (Wells).	Sampson Sons & C° (Limited).
Clarendon Press.	Griffith, Farran & C°.	
Bell (G.) & Sons.	Hatchard (M. M.).	Scott (Walter).
Chambers (W. & R.).	Oxford University Press	Trübner & C°.
Dapton & C.	Warehouse (Henry	Ward & Donney.
Eyre & Spottiswoode.	Frowde).	Ward, Lock & C°.
Fisher Unwin (J.).		

14. GARDNER (WELLS) DARTON & Co, à Londres, 2, Paternoster, Building. — Livres.   **(E. C.) (PALAIS.)**

15. GRIFFITH, FARRAN & Co, à Londres, Saint-Paul's Churchyard. — Livres.   **(E. C.) (PALAIS.)**

16. GRIGGS (William), à Londres, Elm House, Hanover street, Peckam. — Photochromo-lithographies, photochromo-collotypes.   **(PALAIS.)**

17. HATCHARD (M. M.), à Londres, Piccadilly, 187. — Livres. **(E. C.) (PALAIS.)**

18. Illustrated London News, à Londres, Milford lane, Strand. — Croquis, esquisses exécutés pour le journal, exemplaires.   **(PALAIS.)**

19. MORGAN Brothers, à Londres, Cannon street, 42. — Journaux commerciaux et techniques.   **(PALAIS.)**

20. Oxford University Press Warehouse (Henry Frowde), à Londres, Amen corner, Paternoster row. — Livres.   **(E. C.) (PALAIS.)**

21. ROWNEY & Co, à Londres, 10 et 11, Percy street. — Chromo-lithographies, lithographies.   **(PALAIS.)**

22. SAMPSON LOW & Co (Limited), à Londres, Saint-Dunstains, House-Fetterlane. — Livres.   **(E. C.) (PALAIS.)**

23. SCOTT (Walter), à Londres, Warwick lane, 24, Paternoster row. — Livres.   **(E. C.) (PALAIS.)**

24. TRUBNER & Co, à Londres, Ludgate Hill, 57. — Livres.   **(E. C.) (PALAIS.)**

25. WARD & DAWNEY, à Londres, York street, 12, Covent-Garden. — Livres.   **(E. C.) (PALAIS.)**

26. WARD, LOCK & Co, à Londres, Warwick House, Salisbury square. — Livres.   **(E. C.) (PALAIS.)**

GRÈCE.

1. Agence générale pour la propagation et la vente des périodiques — Statistique générale de ses opérations.   **(PALAIS.)**

2. ANGELOPOULOS (Elie), à Athènes. — Publication périodique. « Revue des travaux publics ».   **(PALAIS.)**

3. BART (G.), à Athènes. — Éditions diverses.   **(PALAIS.)**

4. BECK (Carl), à Athènes. — Éditions diverses.   **(PALAIS.)**

5. CAMBOUROGLUS (D. Grégoire), à Athènes. — Publication périodique « l'Hebdomas ».   **(PALAIS.)**

6. CASDONIS (G.), à Athènes. — Publication périodique « L'Hestia ». Pinacothèque artistique de « L'Hestia. »   **(PALAIS.)**

7. CHOUMIS, à Syra (Cyclades). — Le journal « le Soleil ».   **(PALAIS.)**

8. COCOLATOS (C.), à Athènes. — Publication périodique « L'Académie ».   **(PALAIS.)**

9. Comité du « Veritas » Hellénique, au Pirée (Attique). — Documents divers statistiques.   **(PALAIS.)**

10. Commission des Olympies. — Documents inédits sur les découvertes les plus récentes dans les fouilles de l'Acropole.   **(PALAIS.)**

11. CONSTANTINIDÈS (Anesti), à Athènes. — Spécimens d'impressions.   **(PALAIS.)**

12. **CONTOGONI (Anastatius)**, à Athènes. — Spécimens d'impressions.
(PALAIS.)

13. **COUSOULINOS (Spyridion)**, à Athènes. — Spécimens d'impressions.
(PALAIS.)

14. **DAMBERGIS (L.)**, à Athènes. — Publication périodique « L'Hebdomas »
(PALAIS.)

15. **Direction du Journal « l'Asty »**, à Athènes. — Journal.   (PALAIS.)

16. **Direction du Journal « l'Ephimeris »**, à Athènes. — Quelques années du
Journal.   (PALAIS.)

17. **GENNADIUS (Mlle Cléonice)**, à Paris. — Cinq études musicales.
(PALAIS.)

18. **GROUDMANN (E.)**, à Athènes. — Spécimens de gravures et de lithographies.   (PALAIS.)

19. **LASCARIDÉS (Catherine)**, à Athènes. — Livres.   (PALAIS.)

20. **Ministère de l'Instruction publique (Ephorie des Antiquités).**
Documents sur les plus récentes fouilles en Grèce.   (PALAIS.)

21. **Ministère des Finances (Section de Statistique)**, à Athènes. —
Mouvement commercial de Grèce.   (PALAIS.)

22. **NACHAMOULI (Joseph)**, à Corfou. — Spécimens d'impressions.
(PALAIS.)

23. **PALLIS & COTZIAS**, à Athènes. — Spécimens d'impressions.   (PALAIS.)

24. **PAPADOPOULOS HYDRIOTI (N.)**, à Athènes. — Le journal « La
diaplase des enfants ».   (PALAIS.)

25. **PAPAIOANNOU (Athanase)**, à Athènes. — Publication périodique
« L'Univers ».   (PALAIS.)

26. **PARRIN (Calliroë)**, à Athènes. — Le Journal des dames.   (PALAIS.)

27. **PARVANOGLUS (J.)**, à Athènes. — Publication périodique « L'Hespéros ».
(PALAIS.)

28. **PRINTEZI (Renieri)**, à Syra (Cyclades). — Spécimens d'impressions.
(PALAIS.)

29. **SCORDELIS (Vlasios)**, à Athènes. — Livres.   (PALAIS.)

30. **Société Archéologique**, à Athènes. — Le Journal archéologique.
(PALAIS.)

31. **Syllogue le Parnasse**, à Athènes. — Publication périodique « Le Parnasse ».
Rapports sur les travaux du Syllogue et sur son œuvre des enfants pauvres. (PALAIS.)

32. **TSAKASSIANOS (J.)**, à Zante. — Publication périodique « L'Anthon ».
(PALAIS.)

33. **VILBERG (Karl)**, à Athènes. — Editions diverses.   (PALAIS.)

34. **VRATZANOS (Miltiade)**, à Athènes. — Livres.   (PALAIS.)

35. **ZALOUCHOS (D.)**, à Athènes. — Publication périodique « L'Univers ».
(PALAIS.)

36. **ZYGOURIS (P.)**, à Athènes. — Publication périodique « Clio ».
(PALAIS.)

GUATEMALA.

1. **BATRES (Antonio)**, à Guatemala. — Œuvres littéraires.   (PARC.)

2. **CABALLEROS (Adrian F.)**, à Guatemala. — Œuvres des Archives Nationales.   (PARC.)

3. **CRUZ (D' Fernando)**, à Guatemala. — Œuvres littéraires.   (PARC.)

4. **Gouvernement de Guatemala**, à Guatemala. — Collection de lois complètes et œuvres littéraires.   (PARC.)

5. **HOLLANDER (H.)**, à Guatemala. — Œuvres d'imprimerie.   (PARC.)

6. **MONTUFAR (Manuel)**, à Guatemala. — Œuvres littéraires, etc.   (PARC.)

7. **MONTUFAR (Rafael)**, à Guatemala. — Œuvres littéraires.   (PARC.)

8. **PRINCE (Amédée) et Cie**, à Guatemala. — Publicité de la République de Guatemala.   (PARC.)

9. **URIARLE (Ramon)**, à Guatemala. — Recueil de poésies.   (PARC.)

HAWAI.

1. **Gouvernement Hawaïen**, à Hawaï. — Volumes du journal « le Bulletin ». Albums et atlas, Brochures. — Éducation aux îles d'Hawaï. — Épreuves de gravures, volumes de l'annuaire de Thrums. — Volumes de la mission protestante. — Volumes de rapports hawaïens. — Collections d'oiseaux des îles d'Hawaï. — Albums de coquillages. — Albums de fougères et plantes hawaïennes.   (PARC.)

ITALIE.

1. **BATTEI (Louis)**, à Parme. — Collection de livres.   (PALAIS.)

2. **Direction du Journal « La Tribuna »**, à Rome. — Collection complète des publications de ce journal.   (PALAIS.)

3. « **Ellettricita Rivitta Ebdomandaria** », à Milan. — Collection des publications de ce journal.   (PALAIS.)

4. **FANTONI (Comte Auguste)**, à Rome, corso Victor-Emanuel. — Collection du Bulletin financier.   (PALAIS.)

5. **MASSARANI (Tullus)**, à Milan, via Nerino, 4. — Volume illustré. (PALAIS.)

6. **MONACI (Titus)**, à Rome, Corso. — Collection des neuf années du Guide administratif et commercial de la ville de Rome.   (PALAIS.)

7. **ONGANIA (Ferdinand)**, à Venise, place Saint-Marc. — La Basilique de Saint-Marc, illustrée en planches chromo-lithographiques, gravures et phototypie avec texte.   (PALAIS)

8. **QUIRICI (Gerolemo)**, à Pavie. — Traité de l'élevage des vers à soie.   (PALAIS.)

9. **RICORDI (Jules) & Cie**, à Milan. — Éditions de musique.   (PALAIS.)

10. **SALVATI (François)**, à Foligno. — Album de caractères et ornements anciens.   (PALAIS.)

11. SONZOGNO (Edouard), à Milan, Pasquirolo, 14. — Volumes de science, littérature, musique, illustrations, etc.   **(PALAIS.)**

JAPON.

1. FUJIKI (Suyeoto), Hiogo-Ken, Kobe-Ku. — Spécimens sténographiques.
(PALAIS.)

2. KOBAYASHI (Ayazo), Tokio-fu, Nihonbashi-Ku. — Cahiers d'échantillons d'étoffes.   **(PALAIS.)**

GRAND-DUCHÉ DE LUXEMBOURG.

1. HEINTZÉ (J.), à Luxembourg. — Divers ouvrages illustrés, édités par la maison J. Heintzé en 1887-1888.   **(PALAIS.)**

PRINCIPAUTÉ DE MONACO.

1. Imprimerie de Monaco (Gérant : **Martin**), à Monaco. — Campagnes scientifiques de l'Hirondelle, par S. A. le Prince Albert de Monaco. Documents historiques sur la principauté, etc.   **(PARC.)**

2. Gouvernement de la principauté de Monaco (Collaborateur : **Saige**) — Ouvrages historiques: les beaux-arts au Palais de Monaco, le protectorat espagnol à Monaco, documents historiques sur la principauté de Monaco.   **(PARC.)**

3. JOLIVOT (P. Charles), à Monaco. — Brochure sur les monnaies et médailles de Monaco.   **(PARC.)**

NORVÈGE.

1. Association des Journalistes norvégiens, à Christiania. — Collection des journaux politiques parus en Norvège jusqu'au 31 janvier 1889.   **(PALAIS.)**

2. BJERCKE (L. Th.), à Christiania. — Système d'interprète universel et international.   **(PALAIS.)**

3. CAMMERMEYER (F. Albert), à Christiania. — Collection d'éditions de livres norvégiens.   **(PALAIS.)**

4. Commissariat général de la Norvège à l'Exposition Universelle de 1889 à Paris. — Diverses publications relatives à la Norvège.   **(PALAIS.)**

5. FABRITIUS (W. C.) et Fils, à Christiania. — Ouvrages d'imprimerie.
(PALAIS.)

6. HALVORSEN (J.-B.), à Christiania. — Publications bibliographiques relatives à la littérature norvégienne.   **(PALAIS.)**

7. Ministère norvégien des Cultes et de l'Instruction publique, à Christiania. — Diverses publications éditées avec subvention officielle.   **(PALAIS.)**

8. Université de Christiania, à Christiania. — Publications de l'Université en 1878-1889.   **(PALAIS.)**

9. WARMUTH (Carl), à Christiania. — Éditions de musique norvégienne.
(PALAIS.)

PAYS-BAS.

1. **ARND (J. J.) & Fils,** à Amsterdam. — Modèles typographiques en couleurs pour le commerce.   (PALAIS.)

2. **ENSCHEDÉ (Johannès) & Fils,** à Harlem. — Impressions diverses, produits de fonderie typographique.   (PALAIS.)

3. **KOLFF (G.) & Cie,** à Batavia (Ile de Java). — Illustrations et Livres indiens.   (PALAIS.)

4. **LUTKIE & CRANENBURG,** à Bois-le-Duc. — Livres.   (PALAIS.)

5. **SYTHOFF (Albertus W.),** à Leyde. — Publications artistiques, livres d'étude, éditions en langues orientales.   (PALAIS.)

6. **THIEME (H. C. A.),** à Nimègue. — Livres.   (PALAIS.)

7. **TRESLING et Cie,** à Amsterdam. — Chromo-lithographie.   (PALAIS.)

8. **ZUYLEN (G. E. V. Van),** à La Haye. — Album d'Atchin (Ile de Sumatra).   (PALAIS.)

PORTUGAL.

1. **ALBUQUERQUE (Henrique-Zeferino d').** — Publication littéraire.   (QUAI.)

2. **LALLEMAND (F.),** à Lisbonne. — Épreuves typographiques.   (QUAI.)

3. **MENDONÇA E COSTA (Luiz de),** à Lisbonne. — Publication de journaux ; « Gazetta dos Caminhos de ferro. »   (QUAI.)

4. **PEREIRA (Joao-Félix).** — Publication littéraire.   (QUAI.)

COLONIES PORTUGAISES.

1. **Musée des colonies,** à Lisbonne. — Collection d'échantillons de travaux de typographie des indigènes du Congo portugais.   (PALAIS.)

ROUMANIE.

1. **CAUDELA (Edouard),** à Iassy, rue Danca, 10. — Art musical.   (PALAIS.)

2. **CODRESCO (Dr C.),** à Berlad. — Exemple : Etudes sur l'hôpital : Berlad et Elenora Beldimam.   (PALAIS.)

3. **CRAINICEANU (Dr),** à Bucharest. — Livres.   (PALAIS.)

4. **DEGENMAN (Alexandre),** à Bucharest, calea Vectoriei, 53. — Bulletin mensuel « Bibliographie Roumaine » Rumaenische gramatik de J. Ciouca.   (PALAIS.)

5. **FÉLIX (Dr),** à Bucharest. — Livres.   (PALAIS.)

6. **HAIMAN (Ig.),** à Bucharest, rue Vectoria, 74. — Collection d'ouvrages illustrés pour enfants et jeunes gens. Livres divers.   (PALAIS.)

7. **HIRSCH-GOLDNER,** à Iassy, rue Primariei, 17. — Livres, brochures, tableaux xylographiques et lithographiques.   (PALAIS.)

8. **Revista Noua** (Nouvelle Revue), à Bucharest. — Brochures.   (PALAIS.)

9. SARAGA Frères, à Iassy, rue Golia, 50. — Livres didactiques. Livres de littérature et de droit. Papeterie.   (PALAIS.)

10. Typographie Nationale, à Iassy, rue Alexandri, 1.— Livres, brochures, billets de faire-part, travaux divers.   (PALAIS.)

RUSSIE.

1. BÉLIAIEFF (Métrophane), à Saint-Pétersbourg. — Ouvrages de musique.   (PALAIS.)

2. GODNEFF (A.), à Simbirsck. — Musique, intitulée : 30 morceaux arrangés pour le piano. — Méthode simplifiée.   (PALAIS.)

3. GOLIKÉ (R.), à Saint-Pétersbourg. — Typo-lithographie, éditions imprimées.   (PALAIS.)

4. JURGENSON (P.), à Moscou — Ouvrages de musique.   (PALAIS.)

   Maison de musique, fondée en 1861. L'imprimerie fondée exclusivement pour les éditions Jurgenson en 1867.

5. KARASSEFF (Nicolas) à Kiev. — Editions musicales (chant).   (PALAIS.)

6. KAWOSS (Sophie), à Sain - étersbourg. — Journal illustré.   (PALAIS.)

7. KOUCHNEREFF (J. N.), & Cie, à Moscou. — Ouvrages de typographie, lithographie. Reliures.   (PALAIS.)

   La maison de typographie a été fondée en 1869.

8. PACHKOFF (J.), à Moscou. — Lithographie, ouvrages typographiques.   (PALAIS.)

9. SCHROEDER (H.), à Saint-Pétersbourg. — Typo-lithographie.   (PALAIS.)

10. SOLOVIEFF, à Saint-Pétersbourg. — Ouvrages de lithographie.   (PALAIS.)

11. SOUVORINE(Al.), à Saint-Pétersbourg. — Livres. Le journal « Novoïé Vremia » (le Nouveau Temps).   (PALAIS.)

12. TZIGUERT (Ch.), à Saint-Pétersbourg. — Musique imprimée.   (PALAIS.)

GRAND DUCHÉ DE FINLANDE.

1. FRENCKELL (J. C.) & Fils, à Helsingfors. — Epreuves d'imprimerie.   (PARC.)

3. Presse du Grand-Duché de Finlande (La). — Journaux suédois et finnois.   (PARC.)

2. TILGMANN (F.), à Helsingfors. — Epreuves lithographiques.   (PARC.)

SALVADOR.

1. ABERLE (Juan), à Santa Tecla. — Compositions musicales.   (PARC.)

2. ANDRADE (Julio), à San Salvador. — Compositions musicales.   (PARC.)

3. ARREOLA (Docteur Doroteo J.), à San Salvador. — Ouvrage de législation.   (PARC.)

4. ARREOLA (Eduardo), à San Salvador. — Codes nationaux.   (PARC.)

5. **BOUILLA (Tiburcio)**, à San Salvador. — Codes nationaux.   (PARC.)

6. **BRIZUELA (D' M.) R. REYES & A. J. CASTRO**, à San Salvador.
    — Codes nationaux.   (PARC.)

7. **CACERES (José, M. A.)** à Santa Tecla. — Ouvrage scientifique.   (PARC.)

8. **CANAS (Salomon)**, à Zacatecoluca. — Ouvrage scientifique.   (PARC.)

9. **CASTANEDA (D' Francesco)**, à San Salvador. — Ouvrage scientifique.
                                                                                  (PARC.)

10. **CASTRO** (Docteur **Antonio J.**) à San Salvador. — Codes des lois du pays.
                                                                                  (PARC.)

11. **CHACON** (Docteur **Ireneo**), à San Salvador. — Ouvrages scientifiques.
                                                                                  (PARC.)

12. **GAIRDIA (F. A.)**, à San-Salvador. — Vers. Ursino.   (PARC.)

13. **GALDAMES** (Docteur **Jacinto**), à San Salvador. — Ouvrage scientifique.
                                                                                  (PARC.)

14. **GALINDO** (Docteur **Francisco E.**), à San Salvador. — Ouvrage scienti-
    fique.   (PARC.)

15. **GANDIA (Francisco A.)** à San Salvador. — Ouvrage scientifique.
                                                                                  (PARC.)

16. **GONZALES (Dionizio)**, à San Salvador. — Œuvre scientifique.   (PARC.)

17. **GUEVARA (Teodulo)**, à Santa Tecla. — Echantillon de lithographie.
                                                                                  (PARC.)

18. **GUZMAN** (Docteur **David J.**), à San Salvador.— Œuvres scientifiques.
                                                                                  (PARC.)

19. **HEIRADOR (Raphael)**, à San Salvador. — Compositions musicales.
                                                                                  (PARC.)

20. **Imprimerie de El Cometa**, à San Salvador. — Impressions diverses.
                                                                                  (PARC.)

21. **Imprimerie Nationale**, à San Salvador. — Spécimens de typographie.
                                                                                  (PARC.)

22. **MILLA** (Docteur **José**), à Guatemala. — Œuvre scientifique.   (PARC.)

23. **MONTESSUS (J. de)** à San Salvador. — Œuvres scientifiques.   (PARC.)

24. **OLMEDO (Rafael)**, à San Salvador. — Compositions musicales.   (PARC.)

25. **ORTIZ (Jesus)**, à Zacatecoluca. — Œuvre scientifique.   (PARC.)

26. **PEÑA (Rafael R.)**, à San Salvador. — 5 volumes du Bulletin de l'Agricul-
    ture.   (PARC.)

27. **PUJOL** (Docteur **Valero**), à San Salvador. — Ouvrages scientifiques.   (PARC.)

28. **QUEVEDO (Daniel)**, à San Salvador. — Compositions musicales.   (PARC.)

29. **REYES** (Docteur **Rafael**), à San Salvador. — Ouvrages scientifiques. Codes
    nationaux.   (PARC.)

30. **RIVAS (Roman M.)**, à San Salvador. — Poésies.   (PARC.)

31. **RUIZ** (Docteur **A.**), à San Salvador. — Codes des lois du pays.   (PARC.)

32. **SAMAYSA** (Docteur **J. J.**), à San Miguel. — Œuvres scientifiques.   (PARC.)

33. **TRIGUEROS** (Docteur), **A. RUIZ & J. J. CASTELLANOS**, à
    San Salvador. — Codes nationaux.   (PARC.)

34. ULLOA (Docteur **Cruz**), à San Salvador. — Codification des lois fondamentales du pays. **(PARC.)**

35. VALENZUELA (Docteur **Salvador**), à San Salvador. — Codes nationaux. **(PARC.)**

36. VELÈS (César J.), à San Salvador. — Compositions musicales. **(PARC.)**

37. WILSON (Baronne de), à San Salvador. — Œuvres scientifiques. **(PARC.)**

SERBIE.

1. Ministère de l'instruction publique et des cultes, à Belgrade. — Livres et matériel scolaire à l'usage des élèves dans les écoles de tous les degrés. Ouvrages classiques publiés et imprimés par l'imprimerie royale à Belgrade. **(PALAIS.)**

SUISSE.

1. Annuaire du Commerce Suisse, Chapalay & Mottier, à Genève, rue du Commerce, 5. — Quelques modèles de l'Annuaire du commerce Suisse, Bottin-Suisse, 25.000 adresses. **(PALAIS.)**

2. BRUNNER (Jacques), à Winterthur. — Photographies tirées aux encres grasses. Phototypie. **(PALAIS.)**

3. CHABAURY (J. B.), à Lauzanne (Vaud). — Atlas de 370 dessins coloriés, d'ouvrages en fer, intitulé : « Le décorateur des jardins et campagnes. ». **(QUAI.)**

4. CLO (J. L. Émile), à Sion. — « Lyre des Alpes » (poésies). Notices sur le Valais. **(PALAIS**

5. COLLIOUD (César), à Berne. — Collection cryptographique ; (choix de systèmes d'écritures secrètes applicables aux correspondances diplomatiques, militaires et privées). **(PALAIS.)**

6. École cantonale des arts industriels de Genève, à Genève. — Cheminée décorative, marbre, bronze, céramique et fer forgé ; spécimens des travaux de l'école. **(PALAIS.)**

7. HOFER et BURGER, à Zurich. — Impressions en tous genres : lithographie, autographie, typographie, gravure, phototypie, etc. **(PALAIS.)**

8. LABARTHE (Édouard) et Cie, à Genève, place de Hollande. — Indicateur Labarthe, horaires officiels des chemins de fer suisses. Album illustré, souvenir de la Suisse. **(PALAIS.)**

9. LEBET (D.), à Lausanne. — « Les oiseaux dans la nature », texte par Eugène Rambert, accompagné de compositions en chromo et gravures d'après les dessins de Paul Robert. **(PALAIS.)**

10. Librairie et imprimerie de Jacques Hubert, à Frauenfeld. — Livres imprimés. **(PALAIS.)**

11. LUDIN Frères, à Liestal (Bâle-Campagne). — Impression de tous genres. **(PALAIS.)**

12. MARTIN (Auguste) & Cie, à Ardon (Valais). — Caractères en bois et gravures pour affiches. **(PALAIS.)**

13. MULLER & Cie, à Aarau. — Travaux artistiques pour hôtels, banques, le commerce et l'industrie ; tableaux-réclames, étiquettes en tous genres. **(PALAIS.)**

14. ORELL FUSSLI et Cie, à Zurich. — «L'Europe illustrée,» «la nature suisse hiver,» spécimens de typographie et de lithographie. (PALAIS.)

15. SCHMIDT (César), à Zurich. — Guides de voyage illustrés. (PALAIS.)

16. SEIDEL (Robert), à Mollis. — Ouvrage sur le travail manuel, sur Frédéric-le-Grand et l'école populaire, sur l'instruction publique en France et en Allemagne. (PALAIS.)

17. SIMOUTRE (M. Eugène), à Bâle. — Brochure in-8° illustrée de six planches, « Progrès en lutherie, histoire, construction, réparation des instruments à cordes et à archets. (PALAIS.)

18. Société d'histoire et d'antiquités, à Winterthur. — Chefs-d'œuvre de la peinture suisse sur verre, reproduits d'après les originaux, avec texte explicatif; cadre contenant deux feuilles de l'ouvrage. (PALAIS.)

19. Société suisse d'autotypie, à Winterthur. — Clichés et épreuves typographiques en demi-teinte et aux traits; plaques sèches autotypes. (PALAIS.)

20. STUCKY (Alois), à Oberurnen (Glaris). — Dessin de plumes pour reproduction. (PALAIS.)

21. VIRET-GENTON (Charles), à Lausanne. — Produits de l'industrie typographique, journaux, labeurs, musique notée. (PALAIS.)

URUGUAY.

1. HEPELGREN (Frédéric), à Montevideo. — Méthode pour apprendre la musique. (PARC.)

2. MAGGIOLO (Carlos), à Montevideo. — Carte géographique de l'Uruguay. (PARC.)

3. MARIA (I. de), à Montevideo. — Mémoires historiques. (PARC.)

4. MORTET (Modesto C.), à Montevideo. — Mémoire sur l'immigration d'agriculture. (PARC.)

5. PRETI (Comte), à Montevideo. — Musique pour violon. (PARC.)

6. RIUS (Andrés), à Montevideo. — Exemplaires de « Éléments de botanique » « Étoiles filantes. » (PARC.)

7. ROUSTAN (Honoré), à Montevideo. — Statistique de la République de l'Uruguay. (PARC.)

8. WONNER (Esteban), à Montevideo. — Livres « des Industries. » (PARC.)

VÉNÉZUELA.

1. LOPEZ RIVAS (Eduardo), à Maracaibo. — Journaux « El Fonógrafo » « El Zulia Ilustrado ». Livres, brochures. Travaux divers de typographie et de reliure. (PARC.)

2. Société « El Cojo » Herrera Yvigoyen et Cie, à Caracas. — Livres et catalogues imprimés. (PARC.)

GROUPE II.

ÉDUCATION ET ENSEIGNEMENT. MATÉRIEL ET PROCÉDÉS DES ARTS LIBÉRAUX.

Classe 10.

Papeterie, Reliure, Matériel des Arts, de la Peinture et du Dessin.

FRANCE.

1. **ABADIE & Cie**, à Paris, avenue Malakoff, 110. — Papiers à cigarettes avec ou sans colle, bruts et confectionnés. (PALAIS.)

   Directeur-Gérant : Egbert Abadie, Chevalier de la Légion d'honneur.
   Papiers à cigarettes en Rames, Cahiers, Bobines, Imprimés, etc. Toutes qualités et tous formats.
   Trois usines modèles : Le Theil, Maslex, Paris.
   Fabricants depuis 1789.

2. **ALEXANDRE (Napoléon) et Cie**, à Paris, rue Lafayette, 86. — Registres, copie de lettres et autres articles de papeterie, imprimés de commerce en lithographie et gravure. (PALAIS.)

3. **ANTOINE Fils (Léon)**, à Paris, rue des Marais, 62. — Encres à écrire, cires à cacheter, colles liquides. (PALAIS.)

   Exposition universelle Paris 1878, médaille d'argent. Amsterdam 1883, médaille d'or. Anvers, 1885, médaille d'or. Barcelone, 1888, médaille d'or.

4. **AUDIBERT (Charles)**, à Paris, rue Saint-Martin, 110. — Cartonnage fantaisie. (PALAIS.)

   Maisons Valdampierre et Ch. Audibert réunies, fondées en 1790. — 1ᵉ Médaille aux Expositions de 1867 et 1878 Paris.

5. **AUSSEDAT (Vve J. M.)**, à Cran, près Annecy (Haute-Savoie). — Papiers pour taille-douce, chromo, registres, dessin, calque, impression, écriture, bulle d'administration. (PALAIS.)

   Papiers de couleurs dits *chinés*, à longues fibres, papier dit *peau-d'âne*, et papier dit *Japon*, fabriqué avec la fibre d'origine. — *Maison à Paris*, cour des Miracles, 4.

6. **BAC (Charles, G.)** à Paris, rue Portefoin, 12. — Porte-plumes, porte-mines, etc. (PALAIS.)

7. **BAC (Guillaume) Neveu**, à Paris, rue Saint-Martin, 227. — Porte-plumes, (PALAIS.)

8. **BAIGNOL & FARJON**, à Boulogne-sur-Mer (Pas-de-Calais). — Plumes métalliques, porte-plumes, crayons, et porte-mines. (PALAIS.)

9. Banque de France, (directeur : **Magnin**), à Paris, rue de la Vrillière. — Spécimens de papiers filigranés, fabriqués à la machine (système A. Dupont) et spécimens de papiers filigranés fabriqués à la main.   **(PALAIS.)**

10. BARBIER (F.M.), à Paris, rue Chapon, 13. — Lettres à épaulement et composteurs, gravure sur timbre. Machines pour fabrication des timbres en caoutchouc.   **(PALAIS.)**

11. BARDOU (Job René), à Perpignan, rue Saint-Sauveur, 18. — Papiers Job à cigarettes.   **(PALAIS.)**

12. BARDOU (Job P.), à Perpignan (Pyrénées-Orientales), rue Saint-Sauveur, 18, et **PAUILHAC,** à Toulouse (Haute-Garonne), boulevard de Strasbourg. — Papiers à cigarettes.   **(PALAIS.)**

13. BARDOU (Joseph) & Fils, à Perpignan (Pyrénées-Orientales). — Papiers à cigarettes en cahiers, rames, paquets et bobines.   **(PALAIS.)**

14. BECKER (Nicolas), à Paris, rue de la Glacière, 165. — Encres de tous genres en liquide et en poudre, pour réglure, reliure ; fournitures classiques et de bureaux.   **(PALAIS.)**

Médaille de bronze à l'Exposition universelle de Paris 1878.

15. BERGES (Aristide), à Lancey, canton de Domène (Isère). — Papiers, cartons.   **(PALAIS.)**

16. BERTHOLET Frères, à Wesseling, près Voiron (Isère). — Papiers à registres, papiers à lettres, à dessin, papiers parchemines pour titres etc., etc.   **(PALAIS.)**

17. BEUQUE (Mlle Louise), à Paris, avenue de Suffren, 153. — Mannequins pour artistes.   **(PALAIS.)**

18. BICHELBERGER (P.) et CHAMPON (E.) & Cie, à Paris, quai du Louvre, 16. — Papiers et enveloppes de lettres.   **(PALAIS.)**

19. BIGOT (A.), successeur de **Chardon (L.),** à Paris, rue Saint-Martin, 84. — Cartonnages fins, coffrets et articles fantaisie pour confiseurs, etc., etc.   **(PALAIS.)**

20. BINANT (L. A.), à Paris, rue Rochechouart, 70. — Toiles ternes pour peinture à l'huile et en imitation de tapisseries.   **(PALAIS.)**

21. BLANCAN (Ch.), à Paris, rue du Faubourg-Saint-Denis, 154. — Papiers à lettres, enveloppes de lettres.   **(PALAIS.)**

22. BLANCHET Frères & KLÉBER, à Paris, boulevard des Capucines, 35. — Papiers photographiques, à lettres, à dessin, filigranés pour titres, pour éditions.   **(PALAIS.)**

Papiers pour tous les procédés de photographie.
Papiers à lettres, à registres, à dessin, papiers-parchemins.
Papiers filigranés en pâtes ombrées et claires, pour titres, mandats et billets de banque, papiers à la cuve.
Principales récompenses :
Prize Medal, Londres 1851, Médaille 1ʳᵉ classe, Paris 1855.
Médaille 1ʳᵉ classe et ✖, Londres 1862, Hors concours, Paris 1867, ✖.
Grand diplôme d'honneur, Vienne 1873, Prize Medal, Philadelphie 1876.
Grand prix, Paris 1878. Diplômes d'honneur, Sydney, Melbourne, Amsterdam et Anvers, or, Barcelone 1888.

23. BLOCH (Albert), à Paris, rue de l'Entrepôt, 38. — Classeur - Shannon, machine à copier, répertoire Standard, relieurs, autogommeurs, automouilleurs, cartonnages à coins métalliques.   **(PALAIS.)**

Classeur-Shannon pour classer lettres et factures, br. s. g. d. g.
Répertoire-Standard pour grand-livre et livre d'adresses, br. s. g. d. g.
« Excelsior », machine à copier les lettres sur papier sans fin, br. s. g. d. g.
« Le Voyageur », machine à copier les lettres, portative, br. s. g. d. g.
Automouilleur pour mouiller les copie de lettres, br. s. g. d. g.

24. BOLLORÉ (Vve), à Quimper (Finistère). — Papiers.   (PALAIS.)

25. BONNARD (Louis L.), à Argenteuil (Seine-et-Oise), quai de Seine. — Carton-pâte et carte de tous formats.   (PALAIS.)

26. BONY (Charles) & Cie, à Lunéville (Meurthe-et-Moselle). — Cartes à jouer.   (PALAIS.)

27. BORGEAUD (Georges), à Paris, rue des Saints-Pères, 41 bis. — Catalogues et répertoires à fiches articulées. Chevalet-liseuse. Reliures mobiles de sûreté. Tableaux à fiches mobiles.   (PALAIS.)

   Articles spéciaux pour bibliothèques et classements. Boîtes de fiches en tous genres pour catalogues, répertoires, travaux littéraires et commerciaux. Cartonnages et reliures mobiles pour le classement des archives, notes, feuilles volantes, etc.
   Boîtes spéciales pour le classement des cartes de visite.
   Collectionneurs pour recueillir les coupures de journaux.
   Papeterie et fournitures de bureaux.

28. BOULE (P. Emile), à Paris, rue du Champ-de-Mars, 29. — Relieur métallique, memorandum universel, le Sphinx.   (PALAIS.)

29. BOURGEOIS Aîné (F. A. J.), à Paris, rue du Caire, 31. — Couleurs fines pour peinture à l'huile, aquarelle, peinture sur porcelaine et matériel pour artistes.   (PALAIS.)

   Couleurs fines pour les arts et le dessin industriel : Couleurs superfines à l'huile, couleurs extra-fines en tablettes, bâtons, pastilles. Spécialité de couleurs moites en tubes et godets pour aquarelle ; couleurs pour gouache ; couleurs vitrifiables ; couleurs sans danger.
   Boîtes garnies pour tous les genres. — Matériel pour peinture à l'huile, toiles, chevalets, boîtes, etc. — Pastels tendres, demi-durs et durs. — Encre de Chine liquide et de couleur.
   Médailles : Vienne 1873, Philadelphie 1876, 2 médailles argent Paris 1878.
   Fabriques : 22, passage Tocanier à Paris et à Senon (Meuse).

30. BRAUNSTEIN Frères (Jacques et Maurice), à Paris, boulevard Excelmans, 65. — Papier à cigarettes en bobines et en cahiers.   (PALAIS.)

31. BUCHET (Claude), à Paris, rue Saint-Anastase, 9. — Calendriers-Éphémérides, tableaux spécimens, inscriptions pour confiseurs et parfumeurs, cartonnage.   (PALAIS.)

32. BULLIER Fils (Léon C.), à Paris, Cloître Saint-Merri, 6. — Brosses et pinceaux pour tous les genres de peinture.   (PALAIS.)

33. CAILLAULT & LEVASSEUR, à Paris, rue Quincampoix, 40. — Papiers-dentelle, sacs et cornets, etc.   (PALAIS.)

34. CAWLEY & HENRY, à Paris, rue Béranger, 17. — Papiers à cigarettes.   (PALAIS.)

   Le « Houblon » cahiers de tous formats à l'usage de chaque pays.
   Papiers en rames, blanc, mais, rose, pour les fabriques de cigarettes.
   Fournisseur des principales fabriques de Dresde, Leipzig, Mannheim, Budapest, Varsovie, Constantinople.
   Médaille d'argent, Exposition d'Anvers, 1885.

35. CHAPON (Alphonse), à Paris, rue Charlot, 8. — Cartonnages de fantaisie, haute nouveauté.   (PALAIS.)

36. CHAPON Frères, à Paris, rue du Temple, 13. — Toile transparente C. Husson.   (PALAIS.)

   Toile transparente C. Husson pour plans et dessins, seule marque française. Médaille Expositions universelles Paris 1878, Barcelone 1888.

37. CHEVRANT (Charles) & Cie, à Domène (Isère). — Papiers de diverses natures.   (PALAIS.)

38. CHOUANARD (A. & P.), à Paris, rue Thénard, 6. — Cartons de paille et de pâte en feuilles, de pâte blanchie pour papeteries, bouteilles et vases en papier imperméable.   (PALAIS.)

39. Compagnie des Etablissements de la Risle, à Pont-Audemer (Eure).
(Directeur : **Decollogne (F.).**— Papiers d'emballage, goudrons et couleurs, glacés et
non glacés, en rames et en rouleaux.   **(PALAIS.)**

Médailles aux Expositions universelles de 1855, 1867, 1878.

40. CONOR (Vve E.), BAUDARD (D.) & Cie, à Paris, rue Barbette, 5.
— Spécialité pour la pharmacie et la droguerie.   **(PALAIS.)**

41. CORNU-GILLE (F.), à Paris, rue de l'Éperon, 12. — Livres d'heures, écrins
de mariage, maroquinerie de luxe.   **(PALAIS.)**

42. COSTES & LEDIEU, à Ambert (Puy-de-Dôme). — Papiers : journal, affiches,
buvards, emballages, bolles, minces et bleus.   **(PALAIS.)**

Médaille de bronze, Exposition universelle, Paris 1878.

43. COURVAL (Edgard), à Saint-Maurice (Seine), rue du Plateau, 43. —
Mannequins artistiques.   **(PALAIS.)**

44. CUZIN (Francisque) à Paris, rue Séguier, 5. — Reliures.   **(PALAIS.)**

45. DAGRON & Cie, à Paris, rue Amelot, 74. — Encres à écrire et à marquer
le linge, cires à cacheter, papier Dagron pour la reproduction de l'écriture sans presse.
                    (PALAIS.)

Encre communicative l'Excelsior. Encre noire fixe l'Indiana. Encres en pâte Bleu S. G. D. G.
Encres à tampon. Encres de couleurs. Carmin extra-fin, Colle liquide parfumée. Cires à cacheter.
Encres à marquer le linge complètement indélébile, adoptée par MM. les Ministres de la
Guerre, de la Marine et des Colonies; la seule employée pour le marquage de tous les objets
de grand et de petit équipement et du linge dans les Hôpitaux militaires : (Voir Journal Mili-
taire Officiel, N° 47 du 1 juin 1884, N° 3 du 11 janvier 1886, et Bulletin Officiel de la Marine
N° 335 du 28 juillet 1888). Papier mi-Gomme Autographe Dagron, pour reproduire, sans presse,
l'écriture, le dessin, etc. Fournisseurs de l'État, des Préfectures de la Seine, des Compagnies
de Chemins de fer et des grandes Administrations.
Médailles, Amsterdam 1883.

46. DAMBRICOURT Frères, à Wizernes (Pas-de-Calais). — Papiers méca-
niques et à la forme, livres imprimés sur papier vergé et vélin.   **(PALAIS.)**

Londres 1862, Mention honorable.
Paris 1867, Médaille de bronze.
Paris 1878, Médaille d'argent.

47. DARBLAY Père et Fils, à Paris, rue du Louvre, 3. — Papiers et produits
de la papeterie.   **(PALAIS.)**

Fabricants de papier, de pâtes de paille et de cellulose de bois, écrues et blanchies.
Papeteries d'Essonne, de Moulin-Galant, d'Écharcon (Seine-et-Oise) et de Bellegarde-sur-
Valserine (Ain). — Usine principale à Essonne, desservie par la gare de Moulin-Galant, avec
embranchement particulier. — 18 machines à papier. — Fabriques de pâte de paille à Essonne,
de cellulose de bois à Essonne et à Wörgl (Tyrol autrichien).
Papiers blancs, bulle et de couleurs, vélins, vergés et filigranés. Papier à lettre, papier
buvard, papier écolier réglé et coquilles satinées, papier d'alfa, papiers d'impressions fins et
courants sans colle et collés, glacés et non glacés ; papier affiches, journal, en rames et en
bobines apprété ou satiné ; rouleaux et bobines de tenture ; rondelles télégraphiques.
Ateliers de construction à l'usine principale.

48. DARRAS (Adrien), à Paris, rue d'Aboukir, 17. — Registres, livres d'échantillons.   **(PALAIS.)**

49. DECHAMPS (Edmond), à Paris, rue du Faubourg-Saint-Denis, 78. —
Registres, copie de lettres, références, répertoires, papiers pour rouleaux d'or et
d'argent.   **(PALAIS.)**

50. DELAGARDE (Paul L.) à Paris, rue Vieille-du-Temple, 24. — Classe-
feuilles et serre-tissus.   **(PALAIS.)**

Récompense : Amsterdam 1883, Médaille de bronze.

51. DELASALLE (L. Eugène), à Paris, rue de l'Homme-Armé, 4. — Papier
à cigarette hygiénique marque « Le Royal » à bout ambré et à bord gommé.   **(PALAIS.)**

52. DESBORDES (Lucien), à Paris, rue de Rivoli, 131. — Papiers, enveloppes.
(PALAIS.)

53. DESLOYE (Emile) & Cie, à Plancher-Bas (Haute-Saône). — Papiers vergés vélins, filigranés à la forme pour impressions, dessin, mandats, actions, papiers à lettres ; cartons d'apprêt.
(PALAIS.)

54. DESVERNAY & Cie, (Petits Fils et successeurs de Conté), à Paris, rue de Rivoli, 65. — Crayons, porte-crayons, porte-mines, estompes, articles pour bureau et dessin.
(PALAIS.)

Maison Humblot-Conté et Cie, fondée par Conté, inventeur des Crayons et des procédés de graduation. Prize medal, Londres, 1862. — Paris, argent, 1867. — Paris, or, 1878.

55. DUBOURGUET (Amable), à Paris, boulevard de Magenta, 33 bis. — Encriers, Classeurs, Buvard, Presse-papiers, Essuie-plumes.
(PALAIS.)

56. DUCLOS (Theophile M. J.), à Paris, rue Mabillon, 8. — Cartons pour photographies, fournitures pour imagerie, gélatine, étiquettes.
(PALAIS.)

57. DUMAS (Bernard), à Creysse, par Mouleydier (Dordogne). — Papiers à filtrer, papiers à la forme pour impressions et autres.
(PALAIS.)

Médaille de bronze, Exposition universelle, Paris 1878.

58. DUROZIEZ (Georges C.), à Paris, boulevard Saint-Michel, 58. — Produits pour dessin, pour peinture à l'huile, etc.
(PALAIS.)

59. DUVEAU (C. Albert), à Orléans (Loiret). — Crayons. Pastels.   (PALAIS.)

Mention honorable, Exposition Barcelone, 1888.

60. EBERHARDT (Charles. E. J.) à Paris, rue Saint-Martin, 314. — Papiers-dentelle en tous genres, à l'usage des horticulteurs-fleuristes, confiseurs, cartonniers, papetiers.
(PALAIS.)

Bruxelles 1888, Médaille d'argent. Exposition universelle et internationale, Grand Concours international.

61. ENGEL & Fils, à Paris, rue du Cherche-Midi, 91. — Reliures de luxe et d'art, de bibliothèques, reliures industrielles, albums, buvards, etc.
(PALAIS.)

62. FONTAINE (R.), à Paris, rue de Tournon, 13. — Boîtes en cartons de tous genres, portefeuilles.

63. FOREST-VINCENT & Fils, à Paris, rue Michel-le-Comte, 19. — Cires à cacheter, encres de toutes sortes, colles et gommes liquides.
(PALAIS.)

Maison fondée en 1670, par la famille J. Herbin), et tenue de père en fils, depuis près de 200 ans. Cires à cacheter parfumées rouges et de toutes couleurs. Encre administrative et à copier, connue sous la dénomination de « La Perle des Encres ». Encre à marquer le linge, encres en poudre. Pains à cacheter.
Récompenses : Londres 1851 et 1862. — Paris 1867 et 1878.

64. FORESTIER, BROUILLET & Cie, à Angoulême (Charente), faubourg Saint-Cybard. — Papiers blancs et de couleurs.
(PALAIS.)

65. FORTIN (Ch.) & Cie, à Paris, rue des Petits-Champs, 59. — Registres, articles de bureaux et de dessin.
(PALAIS.)

66. FOSSEY (J.), à Paris, rue du Faubourg-du-Temple, 92. — Cartons de bureaux d'emballages et de fantaisies.
(PALAIS.)

67. FOUQUERAY (Victor), à Paris, rue des Petits-Carreaux, 5. — Registres imprimés.
(PALAIS.)

68. FRANÇOIS (Désiré), à Albert (Somme). — Encriers.   (PALAIS.)

Encrier de poche inversable en nickel poli.
Récompense : Médaille de bronze à l'Exposition internationale de Bruxelles 1888.
Appareils électriques en tous genres pour horlogerie.
Timbres électriques.
Lumière et télégraphie d'appartement.

69. FRESNAYE (Adrien), à Marenla, canton de Campagne-lez-Hesdin (Pas-de-Calais). — Papiers d'emballage en rames et en bobines, papiers de tenture en bobines et en rouleaux.   **(PALAIS.)**

70. GAILLARD (M. Ludovic), aux Castillaux, près Thiviers (Dordogne). — Papiers d'emballage et de couleurs, tarots et étresses pour cartes à jouer, papiers blancs, marbrés, quadrillés, etc.   **(PALAIS.)**

Papiers buvards.

71. GAUCHE (Eugène, E.) à Paris, rue de Provence, 7. — Registres, articles de bureau, papeterie.   **(PALAIS.)**

72. GAUDINEAU-TONNELLIER, à La Flèche (Sarthe). — Papiers de toutes sortes, des usines de Varennes, Cherré, La Courbe et Les Navraus.   **(PALAIS.)**

4 machines à Varennes, Cherré, La Courbe, Les Navraus.
Ateliers de réglure et de deuil à La Flèche.
Dépôt à Paris, rue de Seine, 18.
Médailles et diplômes, Paris 1867, Paris 1878.

73. GAUTIER Fils (Eugène), à Paris, rue de la Folie-Méricourt, 4. — Boîtes à tampon, carrées, rondes, boîte inépuisable, Encre à tampon.   **(PALAIS.)**

74. GELLE (Ernest), à Paris, rue Michel-le-Comte, 15. — Buvards parisiens cylindriques.   **(PALAIS.)**

75. GEORGET (Ferdinand G.), à Paris, rue Saint-Anastase, 9. — Cartonnage haute fantaisie pour confiseurs, chocolatiers, parfumeurs.   **(PALAIS.)**

76. GÉRAULT (Vve) & Fils, à Paris, rue de Montmorency, 10. — Registres.   **(PALAIS.)**

Récompenses : Londres, 1re Médaille, 1851.
Paris, 1855. — Londres, 1862. — Paris, 1867.
Grande Médaille d'or, Paris, 1878.
Imprimerie à vapeur. Spécialité de mandats.
Chèques. Têtes de lettres. Albums.

77. GERBE (Gabriel), à Paris, rue de Rambuteau, 25. — Nouveaux systèmes de reliures, registres.   **(PALAIS.)**

78. GILBERT & Cie, à Givet (Ardennes). — Crayons fins de graphite, gradués pour le dessin artistique, technique, architectural, crayons de couleur, crayons-gomme, etc.   **(PALAIS.)**

Prize medal : Londres 1851.
Médailles de 1re classe, Expositions universelles, Paris, 1855 et 1867. — Médaille d'or, Exposition universelle, Paris 1878.
Diplôme d'honneur, Exposition universelle, Anvers 1885.

79. GIRAUDON (S. A.), à Paris, rue Thérèse, 1. — Reliures de luxe, d'amateurs, Fantaisie.   **(PALAIS.)**

Paris 1878, Médaille d'argent. — Anvers 1885, Diplôme d'honneur et Médaille d'or. — Bruxelles 1888, deux Diplômes d'honneur, Croix de la Légion d'honneur.

80. GIRAULT (J. F. A.), à Montreuil-sous-Bois (Seine), rue de Vincennes, 73. — Montre contenant des crayons pastels.   **(PALAIS.)**

81. GIROL (Louis), à Langogne (Lozère). — Encriers de poche.   **(PALAIS.)**

82. GODCHAUX (Alp.), — Ancienne Maison **Aug. Godchaux & Cie,** — à Paris, rue de la Douane, 16. — Registres corrigés, extraits de toutes sortes, enveloppes et papiers à lettre.   **(PALAIS.)**

83. GOLFIER-BESSEYRE (Vve Octavie), à Paris, rue de Sèvres, 113. — Encre cyanomeline à copier.   **(PALAIS.)**

84. GOMPEL Frères, à Paris, rue des Fontaines, 7. — Papiers à lettres, enveloppes, piqûres, corrigés, etc.   **(PALAIS.)**

85. GONDOLF (Nicolas), à Paris, rue de Bondy, 76. — Papiers-dentelle pour ronds de plats, d'assiettes et bouquets. Caisses en papier pour la cuisine et les fruits. Cachepots en papier découpé.   (PALAIS.)

Papiers à lettres dentelle et estampés.
Bandes et dessus pour emballage de fruits et autres. Manches à gigots et à côtelettes, etc.
Mention honorable, 1878.

86. GONTHIER-DREYFUS Fils et Cie, à Paris, boulevard de Magenta, 44. — Registres, impressions, encres.   (PALAIS.)

Maison fondée en 1850. Médailles d'or aux expos. univ. Paris 1878, Amsterdam 1883.
Fournisseurs de plusieurs gouvernements.
Décorations 1877, officier du Nicham Iftikar (Tunisie).
       »   1883, palmes académiques (France).
       »   1885, officier du Medjidié (Turquie).

87. GOUCHON (J. B.) à Paris, rue de la Perle, 9. — Cartonnages pour produits pharmaceutiques et chimiques, pour confiseurs et chocolatiers. Dorures sur papiers, soies, cuirs et tissus.   (PALAIS.)

88. GRENIER (Albert), à Paris, rue Vieille-du-Temple, 31. — Couleurs extra-fines à l'eau ou à l'huile, pour artistes, ingénieurs, etc. Articles de peinture et de dessin.   (PALAIS.)

Maison fondée en 1860, par M. Chevillet.
Couleurs extra-fines pour l'aquarelle, la gouache, la peinture à l'huile. Couleurs moites en tubes et en godets. Boîtes de couleurs et de dessin. Teintes conventionnelles, préparées pour les ingénieurs, architectes, géomètres et photographes. Encres de Chine et de couleurs. Pastels extra-fins, tendres et demi-durs.—Récompenses : Paris, 1878 ; Sydney, 1880 ; Amsterdam, 1883.

89. GRIMAUD (B. Paul) & CHARTIER (Charles), à Paris, rue de Lancry, 54. — Cartes à jouer françaises et étrangères.   (PALAIS.)

Cartes à jouer Françaises, Allemandes, Anglaises, Espagnoles, Américaines.
Commission, Exportation.

90. GUÉRIMAND (F.) & Cie, à Voiron (Isère), rue Montgolfier. — Papiers blancs et couleurs à lettres, registres, impressions, etc.   (PALAIS.)

4 machines à papier, 48 piles. Papiers blancs azurés, à lettre, à dessin.
Impression, écolier, registre, couleurs, buvard en tous formats et poids, en bobines jusqu'à 1 m. 80 de large. Médailles aux Expositions : Paris 1878, Melbourne 1881.
Dépôts :
A Paris, rue des Deux-Boules, 7 ; à Lyon, place Bellecour, 30 bis ; à Marseille, rue Sainte, 5.

91. HARO Frères, à Paris, rue Bonaparte, 20. — Restauration de tableaux. Procédés et spécimens de l'art de la restauration et de la conservation des tableaux.   (PALAIS.)

Restaurateurs de tableaux du Ministère des Travaux publics, de la Ville de Paris, des édifices nationaux, etc.
Séparation et enlèvage de l'ancienne peinture transportée sur toile ou sur bois. Rentoilage.
Restauration de peintures, pastels, aquarelles, miniatures, etc. Dévernissage, vernissage.
Procédés spéciaux pour le marouflage des peintures murales.
Huiles et vernis incolores, couleurs surfines préparées pour la restauration.
Récompenses : Londres 1851 et 1861, 3 Prize Medals. Paris 1855-1867-1878, Hors-Concours ;
Ancienne maison Haro « Au génie des Arts »; Haro frères, peintres experts, successeurs de leur père.
Membres des Commissions et des Jurys des récompenses.

92. HATTERER (Vve Joseph), à Paris, passage Tocanier, 15. — Papiers en rames, à cigarettes, copie de lettres et papiers à cigarettes en cahiers, papier persan.   (PALAIS.)

93. HAUDUCŒUR, à Paris, rue des Archives, 13. — Registres, carnets, copie de lettres et articles de fabrication en papeterie.   (PALAIS.)

Ancienne maison E. Fortin, fondée en 1853.
Fabrique de registres, copies de lettres, carnets, etc., pour la commission et l'exportation.
Récompenses :
Médailles de bronze, Paris 1867.
Argent, Paris 1878.

94. HÉBERT (T. P. D.) & Cie, à Paris, rue du Faubourg-Saint-Denis, 137. — Assortiment de bibliorhaphies, de différents formats. **(PALAIS.)**

95. HERMENT (A.), à Paris, boulevard Saint-Germain, 76. — Cahiers d'écoles, registres en tous genres pour les écoles et le commerce. **(PALAIS.)**

96. HETIER Père et Fils, à Mesnay, par Arbois (Jura). — Carton-cuir et simili-cuir pour la chaussure, contreforts « coquilles » en carton, carton lustré pour apprêts, carton pour reliure et cartonnages. **(PALAIS.)**

97. HIERNAUX (Léon), à Paris, rue de Javel, 11. — Papiers cirés et vernis, noirs et de couleur pour emballage, papiers et cartons doublés de toiles diverses pour emballage et garniture de caisses. **(PALAIS.)**

98. HILD & FINET, à Paris, rue Dussoubs, 36. — Cartes en feuilles, cartes découpées, cartes photographiques, papiers couchés. **(PALAIS.)**

99. HUET Frères, à Pontrieux (Côtes-du-Nord). — Cartons de bois. **(PALAIS.)**

100. HURTU & HAUTIN, à Paris, rue Saint-Maur, 54. — Presse à copier « l'Éclair. » **(PALAIS.)**

101. JAMELIN (Charles), à Paris, rue Saint-Maur, 99. — Articles de bureau en métal, règles, équerres, coupe-chèques. **(PALAIS.)**

102. JEENER (G.), à Paris, rue du Faubourg-Saint-Martin, 76. — Reliures, albums. **(PALAIS.)**

Livres de messe en tous genres.
Éditeur de livres de piété en français, espagnol et portugais.

103. JOHANNOT & Cie, à Annonay (Ardèche). — Papiers blancs et de couleurs, fins, surfins, superfins pour dessin, registres, lettres, titres, vélins, vergés, réglés, etc. **(PALAIS.)**

Maison à Paris, 9, rue Bertin-Poirée. Médailles : argent, or et rappels aux Expositions de 1855, 1862, 1878. Papiers à registres à dessin uni ou grainé. Papiers à calquer, végétal, naturel et factice parchemine pour titres, lettres. Papiers pour tirages photographiques et entoilés.

104 LACROIX (J. A. Lucien), à Cothiers, près Angoulême (Charente). — Papiers à cigarettes en rames, en rouleaux, en bobines, pelures sans colle et papier chamois français à recopier. **(PALAIS.)**

105. LACROIX (Léonide) fils, à Mazères-Salat (Haute-Garonne). — Papiers divers, papiers à cigarettes, pelures en rames et façonnées. **(PALAIS.)**

106. LACROIX (Oscar) et Cie, à Lamothe, commune de Trois-Palis (Charente). — Papiers à cigarettes (sans chlore), registres sans colle pour impressions (sans chlore) ; vergés, cartes ivoire, écoliers, enveloppes et papiers à lettres. **(PALAIS.)**

107. La Française (Edouard Callamand), à Levallois-Perret, (Seine), rue Chaptal, 38 bis. — Serviettes indispensables. **(PALAIS.)**

108. LAFUMA, à Voiron (Isère). — Papiers à registres, à lettres et impressions, dessin, pelure collée et sans colle, papiers pour taille-douce et chromo. **(PALAIS.)**

Dépôt à Paris, chez MM. Lair, père et fils et Maillet, 66, rue Saint-André-des-Arts.
Papiers de registres, lettres, impressions, chromo-lithographies, gravures en taille-douce.
Médaille d'argent, Paris 1878.

109. LAMOUR (Gustave), à Paris, rue de la Harpe, 43. — Vernis, outils, petites presses, boîtes complètes pour graveurs aquafortistes. **(PALAIS.)**

110. LANDRIN (H. P.) à Paris, rue Saint-Denis, 221. — Registres. Copie de lettres. Fournitures de bureau. **(PALAIS.)**

111. LAPERCHE (H.) & PÉRIER (E.), à Paris, rue du Faubourg Saint-Denis, 208 bis. — Encres de toutes couleurs, encre de Chine, à tampons, gommes et colles liquides, cires à cacheter et à bouteilles. **(PALAIS.)**

112. LAPORTE (A.) & BRACHET (Vve), à Paris, rue Elzévir, 8. — Articles de bureaux et d'écoliers, sous-mains, pupitres, serviettes, cartons à dessins et à musique, Buvards, classeurs. **(PALAIS.)**

113. LARD (H.), à Paris, rue Feydeau, 25. — Papeterie, fournitures de bureaux, registres, papiers de musique. **(PALAIS.)**

Papeterie administrative et musicale, Reliure, Réglure. Méd. argent, 1878.

114. LAROCHE-JOUBERT & Cie, à Angoulême (Charente). — Papiers façonnés et non façonnés, enveloppes de lettres, registres, deuil, cartes, bristol, etc. **(PALAIS.)**

115. LATRY (Alfred), à Paris-Grenelle, rue du Théâtre, 93. — Cartes et papiers glacés. Papiers au granit argentin pour cartes, papiers gaufrés et moirés, papiers à lettres et de faire-part, etc. **(PALAIS.)**

1862, 4 Médailles, Exposition de Londres.
1864, Croix de la Légion d'Honneur.
1867 et 1878, Médailles d'or et d'argent et Hors-Concours.

116. LATUNE & Cie, à Crest, (Drôme). — Papiers à dessin, registres, lettres, impressions, papiers écoliers supérieurs, cartons pour lithographie, bulles fins pour administrations. **(PALAIS.)**

117. LAURENT (Ernest), à Paris, rue des Quatre-Fils, 4.— Sacs, cartonnages, coffrets fantaisie et cartonnages de luxe pour confiseurs. **(PALAIS.)**

118. LEBLOND (J. Désiré), à Paris, rue de Turenne, 27. — Mannequins mi caoutchouc, homme et femme. **(PALAIS.)**

119. LEFEBVRE (Edouard), à Paris, rue de la Cerisaie, 13.— Couleurs fines. **(PALAIS.)**

120. LEFILS (P. Alexandre), à Paris, avenue du Bel-Air, 8. — Encre française fixe, Encre française à copier, colle française. **(PALAIS.)**

Manufacture des Encres françaises. — Colle française spéciale pour bureau en flacon Lefils, dit flacon inversable. — Ancienne maison A. Boissac.
Mention honorable, Exposition universelle, 1878. — Médaille d'argent, 1880, Sydney.

121. LEFRANC & Cie, à Paris, rue Turenne, 64.— Couleurs fines pour les arts. **(PALAIS.)**

122. LEGRAND (Charles G.), à Paris, rue Pastourelle, 8. — Enveloppes de lettres, papiers à lettres, façonnage, papiers, etc. **(PALAIS.)**

123. LEGRAND (Vve), à Paris, rue de l'Aqueduc, 49.— Cahiers de papier à cigarettes. **(PALAIS.)**

124. LEMOINE (Ernest), à Paris, quai Jemmapes, 16. — Articles de bureau gravés, appareils pour timbrer, dater et numéroter. **(PALAIS.)**

125. LENÉGRE (A.) & Cie, à Paris, rue Bonaparte, 35. — Reliures en tous genres, agendas, calendriers, serviettes, albums et cartes d'échantillons. **(PALAIS.)**

126. LÉON & Cie, à Paris, rue Monsieur-le-Prince, 51. — Papiers à cigarettes. **(PALAIS.)**

Marques : La Patrie, l'Universel, Phénomène, Maïs. Gomme. Méd. d'arg., Barcelone 1888.

127. LEPAGE Aîné (Maison **A.**), **TOCHON-LEPAGE (Paul)**, successeur, à Paris, rue des Deux-Boules, 3. — Toiles, panneaux, cartons et papiers préparés pour la peinture à l'huile et le pastel. **(PALAIS.)**

128. LEVAINVILLE & RAMBAUD, à Paris, rue du Parc-Royal, 16. — Couleurs en pâte, à l'eau, en pains, plaques et trochisques pour dessin et aquarelle. **(PALAIS.)**

129. LOURDELET, MARICOT & Cie, à Aubervilliers (Seine), rue Vivier, 163. — Cartons de toutes natures. **(PALAIS.)**

130. LUSSEREAU-RENARD, à Paris, rue Saint-Denis, 163. — Papiers-dentelle en tous genres. **(PALAIS.)**

131. LUTTRINGER (Charles), à Paris, rue de la Lune, 35. — Cadres spécimens pour photographies, dessins, aquarelles, pastels, nettoyages et remmargements de gravures. **(PALAIS.)**

132. MAGNIER & ses fils, à Paris, rue de l'Estrapade, 7. — Reliures de livres. **(PALAIS.)**

133. MAGNIN (M. Lucien), à Lyon (Rhône), quai de Retz, 18. — Volumes reliés en maroquin, mosaïque de maroquin, exécution, aux filets droits et courbes, fers gravés et courbes pointillées. **(PALAIS.)**

134. MANGIN (J. Emile), à Paris, rue Saint-Martin, 241. — Cartonnages de luxe. **(PALAIS.)**
   Récompenses : Médailles aux Expositions 1867 et 1878, Paris.

135. MARION Fils & Cie, à Paris, cité Bergère, 11. — Papiers à lettres, enveloppes, cartes pour correspondance, menus et photographie. **(PALAIS.)**
   Médaille d'or, Exposition universelle de Paris 1878.

136. MARQUISE & Cie, à Saint-Paul-en-Jarret (Loire). — Crayons divers, porte-mines, mines diverses, porte-plumes et estompes. **(PALAIS.)**
   Cinq médailles dont deux en or.
   Fournisseurs des Chemins de fer, P.-L.-M. Orléans, État.

137. MARY (E.) & Fils, à Paris, rue Chaptal, 26. — Couleurs et fournitures pour tous les genres de peinture et de dessin. **(PALAIS.)**
   Fabrique de produits spéciaux pour la Peinture à l'huile, l'Aquarelle, la Peinture en imitation de Tapisserie, la Photominiature, le Vernis Martin, le Pastel, l'Enluminure, l'Eau-Forte, la Peinture Métallique sur Velours frappé, tous les genres de dessin, etc.
   Propeleroma, appareil pour peindre et dessiner d'après nature. Dépose.
   Atelier de dorure, d'encadrement, rentoilage et restauration de tableaux. Concessionnaires de la fabrication et de la vente des couleurs fixes. Procédé J.-G. Vibert) pour l'Aquarelle.
   Seuls représentants pour la vente de tous les produits similaires de la Manufacture. Ch. ROBERSON & Cie de Londres.

138. MASSIAS & Cie, à Paris, passage Saulnier, 16. — Enveloppes et papiers à lettres de toutes sortes. **(PALAIS.)**

139. MASURE & PERRIGOT, Ancienne Maison **Morel, Bercioux et Masure**, à Arches (Vosges). — Papiers vergés, vélins et filigranes. **(PALAIS.)**

140. MAUDUIT (Henri de) & Cie, à Quimperlé (Finistère). — Papiers à cigarettes en rames et en bobines. **(PALAIS.)**
   Médaille de bronze, Paris 1867. Médaille d'argent, Paris 1878.
   Médaille d'or, Barcelone 1888.

141. MAUNOURY, WOLFF & Cie, à Paris, rue des Archives, 40. — Sacs en papier. **(PALAIS.)**

142. MAZEREAU (Henri), à Paris, rue Saint-Anastase, 4. — Instruments en bois pour bureaux et dessins, bâtonnets, règles, etc. **(PALAIS.)**

143. MAZZA (Eugène), à Paris, boulevard Sébastopol, 38. — Abat-jour en tous genres et en reliefs à reflets, écrans pour bougies, couvre-globes soie, voiles de lampes. **(PALAIS.)**
   Fabrique spéciale d'abat-jour fantaisie et en tous genres. Fabrique unique de couvre-globes soie. Nombreux modèles.

144. MERCIER (Vve Alfred), à Paris, rue du Sommerard, 1. — Vélin vrai pour peinture, aquarelle et pastel ; parchemins pour impressions et reliures, vélin pour peau pour antiphonaire. **(PALAIS.)**

145. METENETT (C.) & Cie, à Raon-l'Étape (Vosges). — Papiers en rames et en bobines. **(PALAIS.)**

146. MICHAUX (Jules P.), à Paris, rue d'Aboukir, 6. — Registres, papeterie, articles de bureaux. **(PALAIS.)**

147. MICHEL (Marius) et Fils, à Paris, boulevard Saint-Germain, 179. — Reliures d'art.   **(PALAIS.)**

148. MILOT Jeune (Charles A.), à Paris, rue Petit, 71. — Cartes en feuilles, carton en feuilles, blocs de carton.   **(PALAIS.)**

   Magasins de vente, rue St-Martin, 218 et rue Lafayette, 208.

149. MONCARRE (Joseph A.), à Paris, rue de Flandre, 55. — Cartonnage, bois pour nouveauté, boîtes de magasins et de bureaux.   **(PALAIS.)**

   Spécialité pour magasins de nouveautés.
   Médaille d'argent et Mention honorable, Paris 1878.

150. Moniteur de la Papeterie française, à Paris, rue du Pont-de-Lodi, 6. — Collection du Moniteur de la Papeterie française.   **(PALAIS.)**

   Syndicat Professionnel de l'Union des fabricants de papier de France, fondé en 1864. Président, M. J. Codet, ancien député. Cette association a pour organe officiel : « Le Moniteur de la Papeterie française ». (Person-Dubief, directeur-gérant).

151. MONTGOLFIER (Charles de) & Cie, à La Haye-Descartes (Indre-et-Loire). — Papiers blancs et de couleur pour écritures et impressions, bobines pour journal, tenture et fantaisie.   **(PALAIS.)**

   Dépôt à Paris, 14, rue Ancienne Comédie. — Pâtes au bisulfite et pâtes de chiffons blanchies par un procédé électrique. — Médaille de bronze, à Paris, 1878.

152. MONTGOLFIER Père & Fils, à Montbard (Côte-d'Or). — Papiers blancs et bulles pour impression, pliages, papiers de tentures en bobines et rouleaux.   **(PALAIS.)**

153. MONTGOLFIER (Vincent), à Charavines (Isère). — Papiers à lettres, registres, impressions.   **(PALAIS.)**

154. MOTTIER (P. L. A.), à Paris, rue Demours, 24. — Nouvelles plumes parisiennes.   **(PALAIS.)**

155. NERSON (Alexandre) & Fils, à Paris, rue des Francs-Bourgeois, 43. — Boîtes en carton, avec estampages ; procédé mécanique.   **(PALAIS.)**

156. OBRY & Cie, à Prouzel, par Saleux (Somme). — Papiers blancs à écrire et à imprimer, pour chromo, à dessin, de couleur, à piquer, noir pour batistes, en formats, rouleaux et bobines.   **(PALAIS.)**

   Médaille 1re classe, Exposition universelle 1855. — Diplôme de mérite à l'Exposition de Vienne 1873. — Médaille d'argent, Exposition universelle 1878.
   Dépôt à Paris, chez MM. Lair, Maillet et Cie, 60, rue Saint-André-des-Arts.

157. ORENGO-VIBERT (Alexandre), à Paris, rue de Turenne, 76. — Cartonnages de luxe, boîtes pour confiseurs et parfumeurs.   **(PALAIS.)**

158. OSSENT (Charles), à Paris, rue du Faubourg-Saint-Antoine, 55. — Registres, copie de lettres, papiers, gravures, impressions.   **(PALAIS.)**

159. OUTHENIN-CHALANDRE Fils & Cie, à Paris, rue Notre-Dame-des-Victoires, 16. — Papiers à lettres et d'écriture en tous formats, colle animale et végétale.   **(PALAIS.)**

   Papiers collés à la gélatine dits « Anglais ». Spécialité de filigrane clair et de filigrane de sûreté noyé dans la pâte, Parcheminés. Papier de sûreté à réactions dénonçant tout essai de falsification de titres et chèques. Vélins et Vergés anglais en 6 pâtes filigranées OCF avec dessins variés suivant la qualité. Coquilles vélins colle végétale en 10 pâtes 33, 34, SR, 37, VH, GRS, 7, 8,00,000. Pâtes à registre RA, RB ; Spécialité de Couronne vergés anglais pour corrigés. Bobines pour papiers couchés. Carte transparente, ivoire gélatine extra, ivoires n° 1 et n° 2. Bristols et vélins.
   Impressions, spécialité de papiers d'alfa pour journaux et livres illustrés.
   Usines à Geneuille, Cherroz et Deluz (Doubs), Savoyeux et Seveux (Haute-Saône). 7 machines.
   Médaille d'or, Exposition 1878.

160. OZOUF & LEPRINCE, à Paris, rue Dussoubs, 34. — Cartons en feuilles et objets en carton moulé.   **(PALAIS.)**

161. Papeterie de Renage, près Rives (Isère). Administrateur : **Bruel**. — Papiers de toutes natures, belles qualités, et papiers photographiques.   (PALAIS.)

Maison à Paris, rue des 4 Fils, 8.

162. Papeteries du Souche, à Paris, rue de Reuilly, 73. — Papiers en tous genres.   (PALAIS.)

163. PAUL (Alexandre), à Gemens, près Vienne (Isère). — Papiers et cartons divers.   (PALAIS.)

164. PAYMALINA (Alfred), à Paris, rue Victor-Massé, 16. — Livres reliés.   (PALAIS.)

165. PELLETIER (G. N.), à Paris, rue Bailly, 5. — Encriers, presse-papiers, timbres, sonnettes, coupe-papiers, flambeaux et bougeoirs.   (PALAIS.)

166. PÉPIN-MALHERBE (Paul), à Paris, rue Victor Massé, 1. — Chevalets, mannequins, boîte d'atelier d'artiste peintre.   (PALAIS.)

167. PERINE-GUYOT (Maison) — **Vicaire Emile**, successeur, — à Paris, rue des Archives, 4. — Encres et carmin, cires à cacheter.   (PALAIS.)

168. PEYRON Freres, à Vizille (Isère). — Papiers.   (PALAIS.)

169. PICART (Eugène), à Paris, rue du Bac, 14. — Table de paysagiste aquarelliste, calque nature, perspectographe, boîtes de campagne à pieds automatiques pour peindre à l'huile.   (PALAIS.)

170. PITET Ainé, à Paris, rue du Faubourg-Saint-Denis, 24. — Brosses, pinceaux pour artistes et dessinateurs, Mannequins et maquettes, Chevalets, appuie-mains, etc.   (PALAIS.)

Fabrique à Morlaix et à St-Brieuc. — Fusains, siccatifs, cuivres pour artistes, outils pour vitriers. — Récompenses : Paris 1878, 2 Médailles d'or. — Philadelphie 1876, Médaille d'or. — Anvers 1885, Médaille d'or.

171. PLATEAU (Edouard S.), à Paris, rue des Minimes, 15. — Encres de toutes espèces, cires et pains à cacheter, colles liquides et à bouche, encres en poudre, appareils gélatineux. Encre et pâte autographique.   (PALAIS.)

Encre rouge à marquer le linge. Encre de Chine liquide. Encre donnant vingt copies, Papier-encre, dit Encrigène Plateau. — Encre de sûreté pour les actes administratifs. — Paris 1855, Médaille de bronze. — M. H., Paris, 1867 et 1878.

172. PLET (Ernest), à Paris, rue Saint-Maur, 97. — Pinces à ressort de tous systèmes pour suspendre ou sécher : linge, étoffes, cuirs, peaux, cartons, papier, etc.   (PALAIS.)

Médailles : Paris, 1878 ; Amsterdam, 1883 ; Anvers, 1885 ; Barcelone, 1888.

173. POURE, O'KELLY & Cie, à Boulogne-sur-Mer (Pas-de-Calais). — Plumes métalliques, porte-plumes, gommes à effacer.   (PALAIS.)

174. PRADON (Claude), à Paris, rue Rochechouart, 9. — Papiers à cigarettes en cahiers et en rames.   (PALAIS.)

175. PRAT-DUMAS & Cie, à Couze-Saint-Front (Dordogne). — Papier rond à filtrer.   (PALAIS.)

176. PROCOP & Cie, à L'Abbaye, commune de La Couronne (Charente). — Papiers à écrire, à imprimer, à registres, toutes nuances, deuil, enveloppes, cartes de visite, parchemin.   (PALAIS.)

177. PROUST (Jean), à Paris, rue Charlot, 9. — Registres, carnets, corrigés, agendas, piqûres, brochures et cahiers d'écoliers.   (PALAIS.)

178. RAVENEL (Eugène), à Paris, rue du Faubourg Saint-Martin, 30. — Papiers-dentelle.   (PALAIS.)

179. RECAPPÉ (Jacques), à Saint-Ouen (Seine), rue des Rosiers, 48. — Encres à écrire fixe et à copier dites « Encres du Coq. »   (PALAIS.)

180. RESTORF (Georges), Ancienne Maison **N. Briais**, à Paris, rue Oberkampf, 74. — Pèse-lettres et échantillons, pèse-papiers, forme balance et romaine pour bureau et de poche. **(PALAIS.)**

181. RICHARD (Léon) & Fils, à Paris, boulevard Saint-Martin, 44. — Cartonnages de luxe et fantaisies artistiques pour confiseurs. **(PALAIS.)**

182. RIGAUD Frères & BOUTANT, à Saint-Junien (Haute-Vienne). — Papier-paille en rames, rouleaux et bobines, papiers pour raffineries, pour sacs, pour boucherie. **(PALAIS.)**

Usines de Grandmont et de Notre-Dame-du-Pont. Mention honorable Paris, 1878. Représentés par M. Louis Wolf, Maison Magnoury Wolf et Cⁱᵉ de Paris.

183. RITTER (Michel), à Paris, rue des Grands-Augustins, 23. — Reliures de luxe, avec composition de dorure, en maroquin, satin, etc. et reliures d'amateurs. **(PALAIS.)**

184. RIVAGE (Denis), à Paris, boulevard de la Villette, 117. — Album filigranés. Albums de papiers préparés pour lithographie, autographie, typographie. **(PALAIS.)**

185. ROUPNEL & Cie, à Paris, passage Chausson, 3. — Encres à écrire, noire fixe, inaltérable et violette noire à copier, encres de couleurs, cires à cacheter, colles liquides. **(PALAIS.)**

Encres du Congo, noire fixe inaltérable et violette noire à copier. Encres de couleurs, à marquer le linge, en poudre, à tampon, colles liquides, cires à cacheter.

186. ROYER (Em). & Cie, à Paris, boulevard Saint-Germain, 80. — Cahiers divers. Articles de papeterie et de dessin. Fournitures générales pour maisons d'éducation. **(PALAIS.)**

187. RUAT-DESFORGES, à Paris, rue des Francs-Bourgeois, 31. — Papier à cigarettes, le ferrugineux, le ferrugineux au goudron, le Norvège au goudron, le gommeux à bords gommés. **(PALAIS.)**

Fabrique à Alfortville (Seine), 5, r. Pelletan. — Mention honorable, Paris, Exposition de 1878.

188. RUBAN (P.), à Paris, rue Dauphine, 16. — Reliures artistiques. **(PALAIS.)**

189. RUBIN (Vve Marie), à Paris, rue Aumaire, 33. — Tableau d'outils spécialement finis pour gravure et sculpture sur bois. **(PALAIS.)**

190. SANARD, DERANGEON & Cie, à Paris, rue Saint-Jacques, 174. — Papeterie, registres, fournitures classiques, etc. **(PALAIS.)**

Successeurs de C. Bazin et Cie, ancienne Maison Vanbletaque, fondée en 1799. Papeterie classique et de bureau, fournitures générales pour maisons d'éducation. Création de modèles nouveaux en boîtes de papiers à lettres, cartes de correspondance, buvards, papeterie, nécessaires de bureaux etc.

191. SEVIN (E.), à Paris, rue du Parc Royal, 6. — Couleurs spéciales pour peindre sur étoffes et sur toiles, gobelins en imitations de tapisserie, boîtes garnies et modèles, encres de toute sorte. **(PALAIS.)**

192. SIMON (Victor), à Paris, rue Chapon, 3. — Cartonnages pour chocolatiers et confiseurs. **(PALAIS.)**

193. SIRVEN (B.), à Toulouse (Haute-Garonne), rue de la Colombette, 76. — Articles pour bureaux et écoliers, sous-mains, pupitres, musettes, registres, agendas, etc. **(PALAIS.)**

194. Société Anonyme des Papeteries du Marais et de Sainte-Marie (Administrateur-Directeur : **L. Dumont**), au Marais, par Jouy-sur-Morin (Seine-et-Marne) et à Paris, 3, rue du Pont-de-Lodi. — Papiers et cartons. **(PALAIS.)**

Dix usines. Papiers demi-fins, fins, surfins pour typographie, lithographie, chromolithographie, eaux-fortes, taille-douce. Papiers de couleur simples et doublés. Papiers de cuve filigranés pour billets de banque, actions, rentes et impressions de luxe. Papiers buvards. Cartons pour Jacquart, reliure, cartonnage.

1851, Londres, Prize medal. — 1855, Paris, médaille d'argent. — 1862, Londres, Prize medal. — 1867, Paris, hors concours (jury). — 1873, Vienne, grand diplôme d'honneur. —

1876, Philadelphie, première récompense. 1877, Croix de la Légion d'honneur. — 1878, Paris,
grand prix. — 1881, Melbourne, 2 médailles 1er ordre. — 1883, Amsterdam, diplôme
d'honneur. — 1885, Anvers, diplôme d'honneur, Croix d'Officier de la Légion d'honneur. —
1888, Barcelone, médaille d'or, la plus haute récompense.

**195. Société anonyme des papeteries réunies de Dieppe et Ponts
et Marais,** à Dieppe (Seine-Inférieure), rue du Général Chanzy. — Papier d'emballage et de pliage. **(PALAIS.)**

196. Société anonyme des papeteries de Vidalon, (Ancienne Manufacture **Canson et Montgolfier,** — Directeur: **L. Rostaing,** — à Vidalon-lez-Annonay (Ardèche). — Papiers à dessiner et à écrire. **(PALAIS.)**

Papeteries de Vidalon (Annonay). — Ancienne manufacture Canson et Montgolfier. Dépôt à
Paris, 39, rue Palestro.

Six machines pour fabriquer les papiers : dessin, registre et coquille Canson, avec collage
double ou simple, calque naturel et parchemin artificiel ; carte, encartage. Rouleaux pour photographies industrielles, buvard, écolier, bulle, etc. Une cuve pour lavis, ingres et filigranes à
la forme. Façonnages en boîtes, découpages en bandes, réglures, etc. Papier imperméable
Styroléum.

Hors concours 1885, Médaille d'or collectivité 1878. Diplômes d'honneur, Vienne 1873 et
Amsterdam 1883. Décorations Légion d'honneur 1831, 1849, 1868. Ordre impérial François-
Joseph 1873, Ordre St-Grégoire-le-Grand 1884.

**197. Société de la Manufacture de papiers du Val d'Enraud. (R. de
Laborderie et Cie),** au Val d'Enraud, près Limoges (Haute-Vienne). — Papiers de
paille, forts et minces, papiers d'emballage et de pliage de couleur. **(PALAIS.)**

198. Société des encres et produits chimiques de Dijon, à Dijon (Côte-
d'Or). — Nouvelle encre J. Gardot, noire fixe et à copier. Encres diverses et de toutes
couleurs. **(PALAIS.)**

Encres à Tampons, Carmins, Colles liquides, Cires à cacheter, Goudrons. Benzines, Cirage
Persan, Noir chevreau, Brillantine Japonaise parfumée, Brillant pommade. Alcool de menthe
des Alpes, Encres et Produits pour l'Imprimerie.

Médaille d'or, Diplôme de mérite, Vienne 1873. — Médaille de bronze, Paris 1878. — Médaille
d'argent, Amsterdam 1883. — Succursale à Paris, 4, quai des Célestins.

199. Société des Lunetiers. (Okermans. Poircuitte. Alepée et Cie),
à Paris, rue Pastourelle, 6. — Articles d'écoliers, de dessin et de bureau. **(PALAIS.)**

200. Société du Prieur (Directeur : **Hom),** à Paris, passage Saulnier, 7. —
Papiers de paille minces et forts, sacs en papier. **(PALAIS.)**

Usine au Prieur, près Brive (Corrèze). Spécialité de papiers paille pour exportation.

201. STRAUSS (Henry), à Paris, rue du Temple, 71. — Registres, copie de
lettres, carnets. **(PALAIS.)**

202. STREBEL (Joseph T.), à Paris, rue J.-J.-Rousseau, 19. — Cartons coins
métal, cartons pour modes, nouveautés, fourrures, reliures instantanées, cartons-
vitesse. **(PALAIS.)**

203. TARDIF (F.-V.), à Paris, rue Philippe-de-Girard, 17. — Papiers à calquer. **(PALAIS.)**

Médailles et mentions honorables aux Expositions universelles de Paris 1867 et 1878, Vienne
1873 et Amsterdam 1883. Papiers à calquer de toutes espèces et qualités : Dioptrique, Diaphane
et Translucide. Seul fabricant du papier à calquer, dit Dioptrique Dadé.

204. THÉBÈS (Henry), à Sainte-Marguerite, près Saint-Dié (Vosges). — Carton-
bois, carton-cuir, carton blanc fin très résistant, carton de couleurs. **(PALAIS.)**

205. TOIRAY-MAURIN (C. Gustave), à Paris, rue des Haudriettes, 4. —
Encres à écrire et à copier, liquides et en poudre. Colles liquides. Encres à tampons, à
marquer le linge. Encre de Chine liquide, cires et pains à cacheter. **(PALAIS.)**

Récompenses aux Expositions internationales : Vienne 1873, Médaille de progrès.
Philadelphie 1876, Prize medal. — Paris 1888, Médaille d'argent. — Sydney 1879,
1re Médaille. — Melbourne 1880, 4 premières Médailles. — Anvers 1885, Médaille d'or. —
Barcelone 1888, Médaille d'or.

206. TRIEBEL Frères, à Paris, rue des Archives, 31. — Porte-plumes, porte-mines, cachets, coupe-papiers, liseuses, garnitures de bureaux.   **(PALAIS.)**

207. TRUSSY (M.) & ROBERTSON (William), à Paris, rue Paul-Lelong, 10. — Papier à cigarettes gommé, en cahiers et en boîtes.   **(PALAIS.)**

208. TURLIN (Georges), à Paris, boulevard de Strasbourg, 64. — Papiers à lettres de luxe et de fantaisie. Menus. Papiers à fleurs et de jour de l'an.   **(PALAIS.)**

209. VACQUEREL (Eugène), à Paris, rue Réaumur, 41. — Papiers d'emballage, cartons, cartes en feuilles de toutes nuances et qualités.   **(PALAIS.)**

210. VAISSIER (Jules), à Paris, rue du Château-d'Eau, 48. — Papiers de toute sorte, mécanique et à la main, en rames et en bobines.   **(PALAIS.)**

211. VALLIN & FLAMANT (Robert), à Paris, rue Bonaparte, 31. — Crayons Robert, craie nouvelle blanche et de toutes couleurs.   **(PALAIS.)**

Fournisseurs des Écoles municipales de la Ville de Paris. Diplôme de mérite avec Médaille d'argent, Grand concours international, Bruxelles 1888.

212. VARIN (Paul), à Jeand'heurs (Meuse). — Papiers d'écriture et d'impression fins et ordinaires, en rames et en rouleaux, papiers de couleurs, papiers à dessin.   **(PALAIS.)**

Papiers à registres et à filtres. Vergés anglais. Buvards blanc et de couleur. Simili Japon blanc et azuré. Papiers réglés et de deuil. Trois machines à papier. Trente-cinq piles. Médailles d'argent en 1867 et 1878.

213. VICAIRE (Émile), à Paris, rue des Archives, 4. — Encres et carmin.   **(PALAIS.)**

Médailles bronze, Londres, 1862 ; Paris, 1867 ; argent, Bruxelles, 1888.

214. VIGNERIE & Cie, à Saint-Junien (Haute-Vienne). — Papiers de toutes couleurs, bruns et goudron. Papiers à sucre, à sacs et à pointes. Maculatures et cartons.   **(PALAIS.)**

215. VILLARET (Émile) & Cie, à Clermont-l'Hérault (Hérault). — Papiers à cigarettes en boîtes, en paquets, en cahiers et en rames.   **(PALAIS.)**

216. VINCENT-TRABER (B.), à Paris, rue de Crussol, 10. — Encres liquides et en poudre, cires à cacheter et colles liquides.   **(PALAIS.)**

217. ZELLER (Abel), à Paris, boulevard Sébastopol, 127. — Boîtes, cuvettes, cartes et trousses d'échantillons, boîtes à fiches, chemises pour dossiers, cartonnages divers.   **(PALAIS.)**

218. ZUBER, RIEDER & Cie, à Boussières (Doubs). — Papiers à écrire et à imprimer, papiers de fantaisie.   **(PALAIS.)**

Papeterie de Torpes.

COLONIES.

ALGÉRIE.

1. BARBER (Andrew), à Oran. — Papiers fabriqués avec l'alfa.   **(ESPLANADE.)**

2. COSTERIZAN (Henri), à Oran, rue Boileau. — Pâte à papier, échantillons de papier. Encre extraite de plantes d'Algérie.   **(ESPLANADE.)**

3. FOUQUE (A.), à Oran. — Reliure.   **(ESPLANADE.)**

4. HENRIOT (Auguste), à Sétif (Constantine). — Reliures de formats divers.   **(ESPLANADE.)**

5. LAJONKAIRE (De), à Oran. — Alfa, papeterie et produits y relatifs.
(ESPLANADE.)

6. PERSON (Ulysse), à Jemmapes (Constantine). — Instrument pour le dessin géométrique et pittoresque (perspective).
(ESPLANADE.)

7. PITCAIRN (Robert), à Oran, — Échantillons de papiers fabriqués à l'alfa.
(ESPLANADE.)

COCHINCHINE.

1. Exposition permanente des Colonies, à Paris. — Produits divers pour lavis et aquarelles.
(ESPLANADE.)

SÉNÉGAL.

1. NOIROT (Ernest), Administrateur colonial, au Sénégal. — Encrier ouolof.
(ESPLANADE.)

PAYS DE PROTECTORAT.

ANNAM-TONKIN

1. Exposition permanente des Colonies, à Paris. — Papiers à écrire, pour diplômes, pour cérémonies funèbres, etc.
(ESPLANADE.)

2. Protectorat de l'Annam et du Tonkin, vice-résidence de Hung-Yen. — Porte-pinceaux rond et octogonal.
(ESPLANADE.)

3. Province de Hanoi. — Papier jaune avec dragons pour diplômes aux génies.
(ESPLANADE.)

4. Province de Sontay. — Écritoire annamite, pinceaux à écrire et papier.
(ESPLANADE.)

CAMBODGE.

1. PLANTÉ, à Phnom-Penh. — Feuilles de satra (pour écrire).   (ESPLANADE.)

PAYS ÉTRANGERS.

RÉPUBLIQUE ARGENTINE.

1. **BERTOLOTTI (Joseph)**, à Rosario de Santa-Fé. — Spécimens de reliure.
(PARC.)

2. **DOUCET (Emile)**, à Buenos-Ayres. — Encres.
(PARC.)

3. **PEUSER (Jacob)**, à Buenos-Ayres. — Registres et livres de comptabilité.
(PARC.)

4. **SELJO (Aurelio)**, à San-Lorenzo (Santa-Fé). — Encres.
(PARC.)

AUTRICHE-HONGRIE.

1. **FRIED (S.) & Cie**, à Vienne, I. Hessgasse. — Porte-plumes.
(PALAIS.)

2. **GYURKY (Paul)**, à Tiszolcz (Hongrie). — Papiers d'emballage sans bois, naturels et colorés, séchés à l'air et à la vapeur.
(PALAIS.)

3. **HARTMANN (H.) Fils & Cie**, à Vienne, I. Amtshausgasse, 4. — Produits chimiques, cire à cacheter, encre et autres.
(PALAIS.)

4. **HECHT (Ignace)**, à Vienne, II. Praterstrasse, 25. — Timbres caoutchouc.
(PALAIS.)

5. **KAFKA (Rodolphe)**, Vienne. — Papiers de luxe.
(PALAIS.)

6. **PIETTE (P.)**, à Freiheit (Bohême). — Papiers à cigarettes, papiers à lettres, papiers écoliers et papiers peints.
(PALAIS.)

7. **SCHLÜTER & Cie**, à Prague (Bohême). — Papiers parchemin.
(PALAIS.)

8. **SCHNABL & Cie**, à Vienne, I. Predigergasse, 5. — Papier à cigarettes en cahiers, tubes à cigarettes avec et sans bout, fume-cigares et fume-cigarettes en papier.
(PALAIS.)

9. **SMITH & MEYNIER**, à Fiume (Croatie). — Papiers de toutes espèces.
(PALAIS.)

BELGIQUE.

1. **BUSATH (E.)**, à Bruxelles, rue Montagne-aux-Herbes-Potagères, 27. — Timbres en caoutchouc.
(PALAIS.)

2. **Cercle de la Librairie et de l'Imprimerie** (Président : Falk), à Bruxelles, rue des Paroissiens, 20. — Registres et reliures.
(PALAIS.)

3. **CLAESSENS (L.) et Fils**, à Bruxelles, rue des Comédiens, 53. — Spécimens de reliures du XVe au XIXe siècle.
(PALAIS.)

   Reliures d'art et d'amateur — Maison fondée en 1855. — Distinctions obtenues : Amsterdam 1883, Médaille d'or ; Anvers 1885, Médaille d'or ; Anvers 1885, Chevalier ordre Léopold. — Bruxelles 1888, Prix de Progrès.

4. **COLIN (J.)**, à Bruxelles, chaussée d'Anvers, 154. — Enveloppes de lettres et papiers-deuil. Articles divers.
(PALAIS.)

   Classe 10.

5. DE KONINCK (Georges), à Dieghem-lez-Bruxelles. — Carton et papier.
                                                                        (**PALAIS.**)

6. DELCROIX (F.), à Baulers, près Nivelles. — Papiers, parchemin dit papier végétal.   (**PALAIS.**)

7. DE TOURNAY-CATALA, à Bruxelles, rue du Boulet, 13. — Tableaux synoptiques établissant le poids en grammes au mètre carré et le poids à la rame des papiers.   (**PALAIS.**)

8. DUC (Casimir), à Anvers, rue Salvyns, 53. — Papier à cigarettes.   (**PALAIS.**)

9. FLOUTIER (Pierre), à Bruxelles, rue du Progrès, 139. — Enveloppes et papiers à lettres, papier deuil, papeteries.   (**PALAIS.**)

10. KISS (Henri), à Bruxelles, rue Gaucheret, 30. — Papier polygraphique. (**PALAIS.**)

11. MERCIER (Emile), à Fauquez-sous-Virginal. — Papiers.   (**PALAIS.**)

12. RYKERS (Gustave), à Bruxelles, rue de la Paille, 18. — Spécimens de reliures.   (**PALAIS.**)

> Maison fondée en 1850. — Reliures d'art et de bibliothèque. Imitations de reliures anciennes. Relieur de l'Académie Royale de Belgique. Récompenses : Exposition Bruxelles 1888, Médaille d'or.

13. SAINTE-MARIE (Vve), à Bruxelles, rue Pacheco, 12. — Spécimens de brochage, avec couverture en parchemin.   (**PALAIS.**)

> Ateliers de brochage et satinage.
> Découpage et collage d'échantillons pour magasins.
> Mise sous bandes de journaux et circulaires.

14. SCHAVYE (J.), à Bruxelles, rue du Nord, 46. — Imitations de reliures des IXe, XIIe, XVe, XVIe, XVIIe, XVIIIe siècles et reliures adaptées du XIXe siècle.
                                                                        (**PALAIS.**)

15. Société anonyme des Papeteries, à Saventhem. — Papiers d'impression, d'affiches et d'emballages.   (**PALAIS.**)

16. Société anonyme des papiers cirés imperméables (Administrateur : **Van Vreckom**), à Quaregnon. — Papiers cirés.   (**PALAIS.**)

17. Société anonyme des Produits graphiques (Administrateur : **Vanloey**), à Bruxelles, rue de la Limite, 96. — Encres à écrire, colles liquides, cires à cacheter.   (**PALAIS.**)

18. TEMPELS (Daniel), à Bruxelles, rue Linné, 11. — Couleurs broyées au fixatif pour les imitations de bois.   (**PALAIS.**)

> Fabrique de couleurs au fixatif (breveté) pour imitation du bois. Médaille de bronze, Bruxelles 1888.

19. VAN CAMPENHOUT Frères et Sœur, à Bruxelles, rue de la Colline, 13. — Registres et spécimens de reliures et d'imprimés.   (**PALAIS.**)

> Mention honorable aux Expositions de Londres 1862. — Paris 1867. — Méd. à Paris 1878.

20. ZECH et Fils (ancienne maison **Lelong**), à Braine-le-Comte. — Reliures ordinaires de bibliothèques et de luxe, reliures pour livres de piété.   **PALAIS.**)

> Maison fondée en 1785. Même maison : Paris, Lyon, Canada. Reliures pour livres de messe et cartonnages en tous genres. — Médailles de bronze, d'argent et d'or, Diplômes d'honneur aux Expositions de Londres, Paris, Anvers, Bruxelles.

BRÉSIL.

(Voir son Catalogue spécial.)

CHILI.

1. **MIRANDA (Roberto)**, à Santiago. — Reliures diverses.   (PARC.)
2. **RICCO MAHOTIÈRE**, à Valparaiso. — Articles de bureau.   (PARC.)
3. **SCHREBLER (Fédérico)**, à Santiago. — Reliures diverses.   (PARC.)

CHINE.

1. **YEE-KING-FONG**, à Paris, rue de Lille, 37. — Encre de Chine.   (PARC.)

DANEMARK.

1. **PETERSEN (Immanuel), Clément**, Successeur, à Copenhague. — Reliures.   (PALAIS.)
2. **WEITEMEYER (Carl)**, à Copenhague. — Presse à copier.   (PALAIS.)

ESPAGNE.

1. **CALLE (Placido de la)** à Madrid. — Tubes de couleurs à l'huile et aquarelles.   (PALAIS.)
2. **COSTAS (Bartholomé) Neveux**, à Barcelone. — Papier.   (PALAIS.)
3. **ESCALER (Benito)**, à Tassara (Barcelone). — Objets en carton.   (PALAIS.)
4. **FOSAS (Jaime G.)** à Igualada (Barcelone). — Jeux de cartes.   (PALAIS.)
5. **FOURNIER (Heraclio)**, à Vitoria. — Cartes à jouer.   (PALAIS.)
6. **JUST Y VALENTI (Francisco)**, à Alicante. — Albums de dessins. (PALAIS.)
7. **OSENALDE (Pedro N.)**, à Madrid. — Papier.   (PALAIS.)
8. **PLANELLS (J.)** à Palma (Baléares). — Caisses et étuis en carton.   (PALAIS.)
9. **RENAN (Veuve de)** à Tarrasa (Barcelone). — Encres.   (PALAIS.)
10. **SURROCA (José)**, à Madrid. — Tableau polychrôme.   (PALAIS.)
11. **TORRAS & MORGAT**, à San Juan-las-Fonts (Gerone). — Papier à cigarettes à main.   (PALAIS.)
12. **TORRAS JUVINYA (Salvador)**, à San Juan-las-Fonts (Gerone). — Papier à cigarettes à main.   (PALAIS.)
13. **TORRES & Neveux**, à Olot (Gerone). — Papier.   (PALAIS.)
14. **TORRES Frères (Les successeurs de)**, à San Juan-las-Fonts (Gerone). — Papier sans fin.   (PALAIS.)

ÉTATS-UNIS.

1. **BROWN (L. L.), Paper company (Greylock paper Mills)**, à Adams, Mass. — Papiers pour grand-livre et pour archives.   (PALAIS.)
2. **CARTER, DINSMORE & Co**, à Boston, Mass., 162, Colombus avenue. — Encres à écrire et à copier, colle liquide, encre indélébile de sûreté, à dessin. (PALAIS.)

3. Caws Ink & Pen Company, à New-York, N. Y., 189, Broadway. — Encres et plumes. **(PALAIS.)**

4. MOONEY (John G.), à Washington D. C., Corcoran building. — Art instructor, prepared-palettes, livre illustré. **(PALAIS.)**

5. MORGAN (W. E.), à Chicago, Ill., 180 et 182, Washington street. — Gravures héraldiques, coins, estampes. **(PALAIS.)**

6. Nassau Manufacturing Co (The), à New-York, N. Y., 110, Nassau street. — Flacon à colle avec bouchon en caoutchouc imperméable à l'air. **(PALAIS.)**

7. PETERSEN (Waldemar), à Londres, W., (Angleterre), 27, Soho square. — Plumes et porte-plumes américains (goldschmidt's self-regulating pens et pens-holders). **(PALAIS.)**

8. Philadelphia Novelty manuf. Co, à Philadelphia, Pa. — Articles de bureaux. **(PALAIS.)**

9. STAFFORD (S. S.), à New-York, N. Y., 603, Washington street. — Encres à écrire et à copier, colles. **(PALAIS.)**

10. STORY & FOX, à Buffalo, N. Y., 127, Erie street. — Vernissage et finissage à la vapeur, de lithographies, étiquettes, etc. **(PALAIS.)**

11. UNDERWOOD (John) & Co, à New-York, N. Y., 30, Vesey street. — Encres à écrire et à copier, colles, fournitures pour machines à écrire. **(PALAIS.)**

12. WARREN (S. D.) & Co, à Boston, Mass. — Papiers de qualité supérieure pour gravures fines. **(PALAIS.)**

13. Waterman (L. E.) Co, à New-York, 155, Broadway. — Porte-plume « fontaine ». **(PALAIS.)**

14. WEEKS & CAMPBELL, à New-York, 119, Church street. — Calendriers, brouillards, memorandums, etc. **(PALAIS.)**

GRANDE-BRETAGNE.

1. ALEXANDRE (J.), à Birmingham, York street. — Plumes d'acier, Humboldt, etc. **(PALAIS.)**

2. AYLMER (R.), à Londres, Parliament street, 42. — Planches pour peintres pour tendre à sec les papiers à dessiner ; papier à calquer et toile à calquer. **(PALAIS.)**

3. BUSH, (W. J.) & Co, à Londres, Artillery lane, Bishopsgate. — Carmins. **(PALAIS.)**

4. COHEN (B. S.), à Londres, Great Prescott street, 24. — Crayons à tous usages, plomb de Cumberland, plomb, taille-crayons. **(PALAIS.)**

5. Fac Simile Apparatus Company, à Londres, Gracechurch street, 79 A. — Cyclostyle, appareil imprimant 2,000 copies de n'importe quel dessin, écriture, ou musique. **(PALAIS.)**

6. GILLOTT (Joseph), & Sons, à Birmingham, Victoria works, Graham street. — Plumes de fantaisie et de commerce. **(PALAIS.)**

 Fabricant commissionné par la Reine d'Angleterre.
 Maisons succursales :
 37 Gracechurch street, Londres, E. C. et à New-York, 9, John street.
 M. Henry Hoe, seul agent.
 Seul dépôt pour la France :
 M. P. A. Angot, 121, boulevard Sébastopol, Paris.
 Récompense :
 Médaille d'or à l'Exposition de Paris 1878.

7. GROVENOR, CHATER & Co, à Londres, Cannon street, 68, à Paris, rue de Paradis, 6. — Papeterie, articles de bureau. **(PALAIS.)**

8. LECHERTIER, BARBE & Co, à Londres, Regent street, 60. — Couleurs fines en pains, pastels et tubes pour aquarelles. **(PALAIS.)**

9. **LEONARDT (D.) & Co**, à Birmingham, Universal Pen works. — Plumes d'acier de toutes espèces pour tous pays.   (PALAIS.)

10. **LEVINSTEIN & Co**, à Manchester, Minshull street, 21. — Couleurs et laques.   (PALAIS.)

11. **London Rubber Printing Company (H. Savage)**, à Londres, E. C., Cheapside, 33. — Timbres et caractères en caoutchouc, tampons.   (PALAIS.)

12. **MACNIVEN & CAMERON**, à Edinburgh, Waverley works, Blair street. — Plumes et porte-plumes d'acier, plumes d'or, plumes à pointe retroussée, rabattue, etc.   (PALAIS.)

13. **MITCHELL (William)**, à Birmingham, Washington works, et à Londres, Cannon street, 44. — Plumes d'acier et plumes métalliques de toutes sortes. (PALAIS.)

    Dépôt à Paris, MM. M. Foulon et G. Quantien, rue Malher, 20.
    Plumes d'acier et porte-plumes.
    Exposition consistant en :
    1° Plumes d'acier pour l'écriture générale.
    2° Plumes d'usages spéciaux, tels que lithographie, tirage multiple, etc. — Plumes dorées et de fantaisie.
    3° Séries choisies de plumes à l'usage de toutes mains, avec lettres brillantes indiquant des adaptations spéciales.
    Boîtes de plumes à lettre aux armes de la Cité de Londres.
    Médailles aux Expositions universelles de Londres, 1851 et 1862. (Voir aux annonces.)

14. **ROWNEY (Geo.) & Co**, à Londres, Percy street, 10, 11. — Couleurs, crayons, pinceaux et matériel d'artistes.   (PALAIS.)

15. **SANDERS (Hy.) & Sons**, à Londres, Victoria Gardens, Notting Hill Gate — Tubes compressibles pour couleurs etc., capsules, couvercles et jets en métal pour bouteilles.   (PALAIS.)

16. **SCOTT (James & John G. Limited)**, à Glasgow, Crown Colour works — Peintures couleurs sèches, peintures préparées.   (PALAIS.)

17. **SOPER & Co**, à High Wycombe, Bucks. — Papier buvard.   (PALAIS.)

18. **TETLEY T. WALSH**, Bradford works, Trinity road, 43. — Machine pour montrer et préserver les manuscrits, les croquis et les gravures de valeur. (PALAIS.)

19. **WITTING Brothers**, à Londres, Cannon street, 64. — Carton de pâte. (PALAIS.)

20. **ZUCCATO & WOLFF**, à Londres, Charterhouse street 15, Holborn Viaduct. — Typographe pour faire des copies fac-simile de dessins et d'écritures.   (PALAIS.)

GRÈCE.

1. **ARNIOTIS (Michel)**, à Athènes. — Reliures.   (PALAIS.)

2. **CONSTANTINIDES (Anesti)**, à Athènes. — Reliures.   (PALAIS.)

3. **CONTOGONIS (A)**, à Athènes. — Enveloppes, etc.   (PALAIS.)

4. **GRONDMANN (C.)**, à Athènes. — Lithographies, etc.   (PALAIS.)

5. **LARDIS (N. S.)**, à Athènes. — Reliure.   (PALAIS.)

6. **PALLIS & COTZIAS**, à Athènes. — Articles de bureau, cachets, etc. (PALAIS.)

7. **Papeterie de Phalerie**, à Athènes. — Papiers, etc.   (PALAIS.)

8. **TSOUCANÉLIS & CÉPHALAS**, à Athènes. — Papeterie.   (PALAIS.)

9. **XANTHAKIS (Michel)**, à Athènes. — Outils et appareils à l'usage des peintres, etc.   (PALAIS.)

ITALIE.

1. MATTEUCCI (A.), à Florence, 39, borgo Allegri. — Travaux artistiques en cartonnage, bonbonnières, étuis, boîtes, écrins. **(PALAIS.)**

2. MILIANI (Pierre), à Fabriano. — Papier pour dessin, pour imprimerie, pour lithographie, cartes et billets de banque. **(PALAIS.)**

JAPON.

1. FUSAYASU (Kihachi), Tottori-Ken, Keta-Kori. — Papiers japonais, dits « Minogami ». **(PALAIS.)**

2. HATTORI (Gensaburo), Tokio-fu, Nihonbashi-Ku. — Papiers de différentes sortes. **(PALAIS.)**

3. Ino-Seiski-Kaisha, Kochi-Ken, Akawa-Kori. — Papiers de différentes sortes. **(PALAIS.)**

4. KAGIMOTO (Tzurugiro), Kochi-Ken, Takaoka-Kori. — Papiers de différentes sortes. **(PALAIS.)**

5. Kiodo-Shoshi-Kaisha, Kochi-Ken, Tosa-Kori. — Papiers de différentes sortes. **(PALAIS.)**

6. KOBAYASKI (Kojiro), Tokio-fu, Kiobashi-Ku. — Coupe-papier en ivoire. **(PALAIS.)**

7. KUMAGAI (Naoji), Tokio-fu, Kiobashi-Ku. — Encres de Chine. Articles de bureau. **(PALAIS.)**

8. KURITA (Sensuke), Osaka-fu, Kita-Ku. — Pinceaux de différentes sortes. **(PALAIS.)**

9. MATSUI (Genjun), Nara-Ken, Sokami-Kori. — Encres de Chine. **(PALAIS.)**

10. Ministère de l'Agriculture et du Commerce (Direction de l'Industrie), à Tokio. — Dessins en couleur sur papiers, lanternes, échantillons des imitations de papiers européens. **(PALAIS.)**

11. Ministère des Finances (Imprimerie de l'Etat), à Tokio. — Papiers de différentes sortes. **(PALAIS.)**

12. NAKAYAMA (Hideo), Kochi-Ken, Tosa-Kori. — Papiers de différentes sortes. **(PALAIS.)**

13. OKUBO (Yasutaro), Akita-Ken, Yamamoto-Kori. — Porte-plumes et essuie-plumes en laque. **(PALAIS.)**

14. Osaka-Sekihitsu-Kaisha, Osaka-fu, Higashi-Ku. — Crayons pour ardoise. **(PALAIS.)**

15. SAKAIDA (Tamikichi), Gifu-Ken, Atsumi-Kori. — Lanternes de différentes sortes. **(PALAIS.)**

16. SHIMADA (Senyemon), Osaka-fu, Higashi-Ku. — Papiers de diverses sortes. Tapis de table, abat-jour, rideaux, encres d'imprimerie. **(PALAIS.)**

17. SUZUKI (Kichigoro), Tokio-fu, Nihonbashi-Ku. — Presse-papiers, encriers, coupe-papiers. **(PALAIS.)**

18. UYEDA (Juhei), Kochi-Ken, Akawa-Kori. — Papiers de différentes sortes. **(PALAIS.)**

GRAND-DUCHÉ DE LUXEMBOURG.

1. LAMORT (Eugène), à Manternach. — Papiers blancs, bulles, couleurs, parchemines, fins et mi-fins pour écriture, impression, emballages. **(PALAIS.)**

Maison fondée en 1830.
Médaille d'or à l'Exposition universelle d'Anvers (Belgique) 1885.

NORVEGE.

1. **MASKE (Julius A. L.),** à Trondhjem. — Ouvrages de reliure. **(PALAIS.)**

2. **THAGAARD (Hans Christian),** à Christiania. — Ouvrages de reliure. **(PALAIS.)**

PAYS-BAS.

1. **AMSTEL-VALLMAN (Ploos van),** à Amsterdam. — Carton paille et carton pâte. **(PALAIS.)**

2. **ARND (J. J.) & Fils,** à Amsterdam. — Registres reliés, chacun dans un style spécial. **(PALAIS.)**

3. **BLOMMESTEYJN-POWALSKY (H. C. Van),** à Apeldoorn. — Encre, cire à cacheter. **(PALAIS.)**

4. **Fabrique de Papier de Paille,** Directeur : **M. de Burlett,** à Ulrum. — Papier de paille. **(PALAIS)**

5. **GELDER Fils (Van),** à Amsterdam. — Papier. **(PALAIS.)**

6. **KALFF (C.),** à Kampen. — Papier de paille. **(PALAIS.)**

7. **LÉON (Maurice de) & Cie,** à Rotterdam, Passage, 4. — Timbres en caoutchouc et autres articles de bureau. **(PALAIS.)**

8. **LUTKIÉ & CRANENBURG,** à Bois-le-Duc. — Registres, imitation de reliure ancienne, spécialité d'art et d'amateurs. **(PALAIS.)**

9. **NEELMEYER & Cie,** à Apeldoorn. — Encre. **(PALAIS.)**

10. **SANDERS (F.) & Fils,** à Rigchelen. — Papier hollandais. **(PALAIS.)**

PORTUGAL.

1. **Companhia da Fabrica de papel do Prado.** — Papier. **(QUAI.)**

2. **Fabrica de papel de Ruaes.** — Papier. **(QUAI.)**

COLONIES PORTUGAISES.

1. **Musée des colonies,** à Lisbonne. — Collection d'échantillons de travaux de reliure des indigènes du Congo portugais. **(PALAIS.)**

ROUMANIE.

1. **BERMANN-REICHER (A.),** à Iassy, rue Stefan-cel-Mare. — Registres et spécimens de reliure. **(PALAIS.)**

2. **JONNITIU (Constantin),** à Bucharest, rue Lipscani, 27. — Encres de diverses couleurs, encres à écrire, à marquer, pour tampons. **(PALAIS.)**

RUSSIE.

1. **ELIACHEW (M. M.),** à Grodno. — Crayons. **(PALAIS.)**
Récompenses : 1878, Paris ; Amsterdam, 1883, Méd. de bronze ; 1885, Anvers, Mention hon.

2. **Fabrique de Sotchewka,** (Gouvernement de Varsovie). — Papiers   (PALAIS.)

3. **GAGARINE (V. Jean),** à Ekaterinbourg. — Presses à copier.   (PALAIS.)

4. **PANTCHENKO,** à Rostov-sur-Don. — Papiers.   (PALAIS.)

5. **Société Vargounine Frères**, de la fabrique de papier de **Newsky,** à Saint-Pétersbourg. — Papiers.   (PALAIS.)

> Vargounine Frères, fabricants de papiers, à St-Pétersbourg. Maison fondée en 1859.
> Récompenses : 1851 Londres, Médaille; 1862 Londres, Mention honorable; 1867 Paris, Médaille de bronze; 1873 Vienne, Médaille; 1876 Philadelphie; 1878 Paris, Médaille d'argent.

GRAND-DUCHÉ DE FINLANDE

1. **Fabriques de pâte de bois Enesso (Baron A. de Standertskiold),** à Imatra. — Cartons.   (PARC.)

2. **FRENCKELL (J. C.) & Fils,** à Tammerfors. — Papiers à écrire et à lettre, papier de chiffons extra fort pour documents, cartons.   (PARC.)

3. **Société anonyme de Kymmené** (Directeur : **Ernest Dahlstroem),** à Åbo. — Papiers, cartons.   (PARC.)

4. **Société anonyme de Tammerfors,** à Tammerfors. — Carton de bois en feuilles.   (PARC.)

5. **Société anonyme de Walkiakoski,** à Lembois. — Papiers.   (PARC.)

6. **Usines Kangas (Modéen),** à Juvaeskulae. — Papier-soie pour livres-copies et pour cigarettes.   (PARC.)

SALVADOR.

1. **Imprimerie Nationale,** à San Salvador. — Types de reliures.   (PARC.)

SUISSE.

1. **BICKEL-HENRIOD (Frédéric),** à Neuchâtel. — Registres.   (PALAIS.)

2. **Compagnie industrielle,** à Fribourg. — Cartonnages, boîtes pour parfumeurs, pharmaciens, confiseurs, bijoutiers, horlogers, etc.   (PALAIS.)

3. **Fabrique d'ardoises pour écrire,** à Thoune, Liebi et Karlen. — Ardoises pour écrire, tableaux d'ardoise.   (PALAIS.)

4. **Fabrique de registres de Berne,** (Drs **Neher et Muller),** à Berne. — Collection de registres.   (PALAIS.)

5. **GALLI-JUNIOR (Gaetano),** à Mendrisio (Tessin.) — Crayons divers, porte-plumes, craie découpée, règles, cire à cacheter, chancellerie.   (PALAIS.)

6. **KOCH (John.) & Cie,** à Aussersihl (Zurich). — Porte-plumes à réservoir d'encre (météor).   (PALAIS.)

7. **ORELL FUSSLI et Cie,** à Zurich. — Papier à lettre suisse.   (PALAIS.)

VÉNÉZUÉLA.

1. **Société « El Cojo » Herrera Yrigoyen et Cie,** à Caracas. — Registres, Enveloppes.   (PARC.)

GROUPE II.

ÉDUCATION ET ENSEIGNEMENT. MATÉRIEL ET PROCÉDÉS DES ARTS LIBÉRAUX.

Classe 11.

Application usuelle des Arts, du Dessin et de la Plastique.

FRANCE.

1. **ALIX (Étienne)**, à Paris, boulevard de Sébastopol, 141. — Spécimens de dessins et gravures industrielles. **(PALAIS.)**

2. **ANDRÉ DALY Fils et Cie**, à Paris, rue des Écoles, 51. — Gravures, lithographies, etc., (beaux-arts, architecture, décoration). **(PALAIS.)**

3. **AOST et GENTIL**, à Paris, faubourg Saint-Denis, 188 et 190. — Dessins industriels par procédés mécaniques, lithographiques et chromo-lithographiques. **(PALAIS.)**

4. **ARMENGAUD Aîné**, à Paris, rue Saint-Sébastien, 45. — Dessins industriels, tableaux dessinés ou coloriés à la main ou mécaniquement. **(PALAIS.)**

    Tableaux artistiques appliqués à l'industrie. — Tableaux d'enseignement et de décoration scolaire, adoptés par le Ministère de l'Instruction publique et par la Ville de Paris.

5. **AUDEBAUD (Constant)**, à Bressuire (Deux-Sèvres). — Lettres en bois. **(PALAIS.)**

6. **AVRILLIER (Louis)**, à Paris, rue Turbigo, 28. — Dessins, joaillerie, bijouterie. **(PALAIS.)**

7. **BAILLIF (François)**, à Paris, rue Truffaut, 66 et 68. — Dessins encadrés. **(PALAIS.)**

8. **BANNAUX (J.) et Fils**, à Paris, avenue de la Motte-Piquet, 63. — Alphabets pour graveurs, poinçons de blasons, travaux sur acier. **(PALAIS.)**

9. **BANNEVILLE (Hilaire)**, à Paris, rue des Petits-Champs, 6. — Dessin industriel (joaillerie, bijouterie, orfèvrerie). **(PALAIS.)**

    Transféré rue Molière, 9, Paris. — Mention honorable, Exposition 1878.

10. **BAPST & FALIZE**, à Paris, rue d'Antin, 6. — Modèles de bijouterie, de joaillerie et d'orfèvrerie. **(PALAIS.)**

11. BARBIER (Georges), à Paris, boulevard Voltaire, 200. — Enseignes.
(PALAIS.)

12. BATAILLE (Georges), à Paris, rue de Chabrol, 18 et 20. — Étiquettes, affiches, cartes chromo. Tableaux-annonces.
(PALAIS.)

13. BAUMANN (Robert), à Paris, passage Saint-Pierre-Amelot, 8. — Lettres en relief en gypse durci et imperméabilisé.
(PALAIS.)

14. BEAREL (Paul-Emile), à Paris, place Dauphine, 11. — Fers à dorer pour relieurs, écussons, fleurons, etc.
(PALAIS.)

15. BECQUET Frères, à Paris, rue des Noyers, 37. — Reproductions variées à la lithographie.
(PALAIS.)

16. BERGER (Charles), à Paris, boulevard Morland, 2. — Dessins, gravures, aquarelles et peintures.
(PALAIS.)

17. BIANCHINI, à Paris, au Grand Opéra. — Dessins et costumes de théâtres.
(PALAIS.)

18. BLOCHE (Désiré), à Paris, rue Godot-de-Mauroi, 37. — Sculptures, modèles en plâtre.
(PALAIS.)

19. BLOT (Mlle Arthurine), à Paris, rue de Grenelle, 71. — Peintures sur étoffes, faïence, porcelaine, émaux et vernis-martin, modelage, cire, terre cuite et barbotine.
(PALAIS.)

20. BORNET (Paul), à Paris, avenue des Ternes, 20. — Lettres peintes et dorées, décoration en tous genres.
(PALAIS.)

21. BOUASSE Jeune (Emile), à Paris, rue Bonaparte, 61, au coin de la Place Saint-Sulpice. — Imagerie religieuse.
(PALAIS.)

Chromo-lithographie, grand et petit format. — Textes étrangers.
Anciennement, 9, rue Mabillon.

22. BOUASSE LEBEL et MASSIN, à Paris, rue Saint-Sulpice, 29. — Imagerie religieuse (gravure et chromo) avec textes en toutes langues, chemins de croix, crucifix, statuettes, bénitiers, bronze, métal, galvano, modèles de dessin, etc. (PALAIS.)

Imprimeurs-éditeurs, fabricants. Mes Bouasse Lebel, fondée en 1845 et Mes Basset (1700) réunies. Ateliers : rue Garancière, 2. — Imagerie religieuse avec textes en français, anglais, allemand, italien, espagnol, portugais, hollandais, polonais. Signets gravés pour livres longs. Souvenirs mortuaires. Images peintes à la main sur parchemin, etc. Cachets de 1re communion, d'ordination, de confréries, etc. Estampes, gravures et photographies pour encadrement. Tableaux pour églises. Canons d'autel. Chemins de croix et Mystères du rosaire, peints sur toile, ou émaillés, ou en bas-relief. Paroissiens, livres d'heures, manuscrits à enluminer. Modèles de dessin : figure, ornement, lavis, etc. Tableaux synoptiques d'enseignement. Statuettes religieuses, crucifix, bénitiers, tryptiques, reliquaires, chapelets, scapulaires, médailles, croix, émaux, crèches de Noël, etc., Modèles spéciaux, propriétés de la maison.

23. BOUCHERAT et MALPIÈCE, à Paris, rue des Jeûneurs, 27. — Dessins originaux pour papiers peints et linoléum.
(PALAIS.)

24. BOURGEOIS Père et Fils, à Paris, rue des Gravilliers, 65. — Guilloché sur pièces d'orfèvrerie et timbales, coupes, plateaux, etc
(PALAIS.)

25. BOURGERIE (Veuve) & Fils Ainé, à Paris, rue Pierre-Levée, 19. — Imprimerie.
(PALAIS.)

26. BOUSSENOT (Gustave), à Paris, rue Guénégaud, 15. — Compositions décoratives, dessinées et gravées.
(PALAIS.)

27. BOUSSOD, VALADON et Cie, à Paris, rue Chaptal, 9. — Estampes, gravures, photogravures, typogravures.
(PALAIS.)

28. BOUTON (Louis), à Paris, rue Crébillon, 1. — Dessins, gravures et clichés.
(PALAIS.)

29. BOUTON (Noël), à Paris, rue de Maubeuge, 15. — Travaux d'art décoratif.

(PALAIS.)

30. BOUVET (René), à Paris, rue du Temple, 168. — Gravure sur pierres fines en tous genres.

(PALAIS.)

31. BRARD (Eugène), à Paris, rue des Haudriettes, 6. — Objets d'orfévrerie et bijouterie.

(PALAIS.)

32. BREGER et JAVAL, à Paris, rue Monsigny, 17. — Impressions lithographiques, papeterie, gravure, tôle imprimée.

(PALAIS.)

33. BUREAU (Eugène), à Paris, rue des Fourneaux, 21. — Modèles de sculpture, orfévrerie, etc.

(PALAIS.)

34. BUREAU (Mlle A.-G.), à Paris, passage Dulac, 8. — Modèle de sculpture, peinture, etc.

(PALAIS.)

35. BUTTNER-THIERRY (E.), à Paris, rue Laffitte, 34. — Impressions lithographiques.

(PALAIS.)

36. CALAVAS (Mme), à Paris, rue Lafayette, 68. — Chromo-lithographies, photographies, gravures, eaux-fortes, éditions d'arts décoratifs.

(PALAIS.)

37. CALMANT (Eugène), à Paris, rue de Sèvres, 35. — Panneaux décoratifs d'intérieur, stores peints, maquettes de décoration.

(PALAIS.)

38. CAMIS (Victor), à Paris, rue Saint-Sabin, 58. — Épreuves d'impressions lithographiques.

(PALAIS.)

39. CAPELLE (Henri), à Paris, rue Saint-Jacques, 350. — Galvanotypie, planches de burin, estampes, eaux-fortes, etc.

(PALAIS.)

Reproduction de planches gravées en taille-douce, estampes, eaux-fortes, imageries, cartes géographiques, pour l'impression de la faïence et porcelaine. Multiplication d'un seul sujet reproduit plusieurs fois sur la même planche. Nouveau procédé permettant d'obtenir avec un fragment de gravure une planche entièrement gravée et sans retouches. Nouveau procédé d'aciérage et de nickelage pour éviter l'usure de la gravure au tirage. — Mention honorable : Paris, 1878 ; médaille d'or, Barcelone 1888 ; médaille d'or, Bruxelles 1888. Voir page annonces.

40. CARPEZAT, à Paris, boulevard de la Villette, 50. — Maquettes et décorations pour théâtres.

(PALAIS.)

41. CHABERT (Charles-Edme), à Paris, rue Clavel, 21. — Applications de gravure à des miroirs, etc.

(PALAIS.)

42. CHAIX, à Paris, rue Bergère, 20. — Imprimerie et librairie centrales des chemins de fer, Société anonyme. Exposition spéciale des travaux de M. Jules Chéret.

(PALAIS.)

43. CHAMBRE SYNDICALE DE LA GRAVURE (Exposition collective de la), à Paris, rue des Filles-du-Calvaire, 7.

(PALAIS.)

BAUER (Georges), à Paris, rue de Montmorency, 34. — Gravure sur orfévrerie et bijoux.

BOUSSENOT (Gustave), à Paris, rue Guénégaud, 15. — Compositions décoratives dessinées et gravées.

BOUSSENOT (Joseph), à Paris, rue Guisarde, 10. — Gravure pour la céramique.

CANONNE (Auguste), à Paris, rue Stephenson, 11. — Plateaux gravés.

CAILLE (Léon), à Billancourt, route de Versailles, 93. — Un plateau gravé.

CHEVRÉ (Edmond), à Paris, rue de Montmorency, 40. — Gravure sur orfévrerie.

GROSNIER (Brennus), à Paris, rue des Coutures-Saint-Gervais, 12. — Gravure sur orfévrerie et bijoux.

FOURNIER (Honoré), à Paris, rue Rambuteau, 13. — Gravures sur poinçons et matrices.

GUÉNIOT (Eugène), à Paris, rue Saint-Denis, 120. — Plaque de porte de fantaisie gravée.

GUY (Achille), à Paris, rue du Faubourg Saint-Martin, 84. — Gravure sur ivoire.

HARTARD (Paul), à Paris, rue du Faubourg Saint-Antoine, 21. — Marqueterie et gravure sur ivoire.

HENRY (Stephen Michel), à Paris, rue Meslay, 31. — Gravure en épargne sur nacre et ivoire.

JARRAUD (Léon), à Paris, rue Rambuteau, 33. — Gravure sur bois.

JOUVE (Ernest), à Paris, rue Bailly, 11. — Gravure sur bijouterie et orfévrerie.

LEBLANC (Ferdinand), à Paris, rue Portefoin, 11. — Gravure sur orfévrerie et vaisselle.

LEMENU (François), à Paris, rue du Grand-Prieuré, 25. — Cylindres et moules gravés pour papier.

LEROUX (Charles), à Paris, passage Bourg-l'Abbé, 14. — Gravure sur bijouterie et orfévrerie.

MANOIN (Théodore), à Paris, rue Rambuteau, 33. — Gravure pour les ordres et la bijouterie.

MARTIN (Léon), à Paris, rue Molière, 9. — Gravure pour la bijouterie.

MELCHER (Nicolas), à Paris, rue des Trois-Bornes, 37 bis. — Gravure sur acier.

PERROT (Joseph), à Paris, rue de Thorigny, 1. — Gravure pour bijouterie et orfévrerie.

PLUMET (Eugène), à Paris, avenue du Maine, 171. — Gravure pour la typographie.

RIGOLEY (Jules), à Paris, rue d'Aboukir, 11. — Gravure pour la bijouterie et l'horlogerie.

RIMBERT (Alexis), à Paris, rue Barbette, 2. — Poinçons et matrices, gravure sur acier.

ROMIS (Honoré), à Paris, rue de Tourtille, 7. — Gravure sur acier.

ROYER (Émile), à Paris, rue de Montmorency, 50. — Gravure pour bijouterie et orfévrerie.

SAINT-BRICE, Père (Louis-Ernest de), à Paris, rue des Cloys, 43. — Poinçons pour papiers et dentelles en gravures.

SCHEFF (Gustave), à Paris, rue des Gravilliers, 16. — Appliques gravées pour la maroquinerie.

WAUTHUY (Désiré), à Paris, rue Burnouf, 19. — Gravure sur bois pour ameublement.

44. CHAMPENOIS et Cie, à Paris, boulevard Saint-Michel, 66. — Peintures et aquarelles par la chromo-lithographie, calendriers de luxe, cartes et menus, impressions d'art sur métal.   (PALAIS.)

45. CHAPELLE (Comtesse de la), à Paris, boulevard Latour-Maubourg, 1. — Un livre d'heures peint sur vélin, style du XVe siècle.   (PALAIS.)

  Manuscrit du XVe siècle, écrit, dessiné et peint par l'exposante.

46. CHAPONNET (Armand), à Paris, rue Charlot, 9. — Dessins et peintures à la gouache, pour joaillerie et bijouterie.   (PALAIS.)

47. CHARDON, à Paris, rue de l'Abbaye, 10. — Gravure en taille-douce. (PALAIS.)

  Impressions en taille-douce par estampes et illustrations (voir cl. 9). Récompenses : Londres 1862, médaille d'argent ; Paris 1867, médaille d'argent ; Vienne 1873, diplôme de progrès ; Paris 1878, médaille d'or ; Amsterdam 1883, médaille d'or ; Anvers 1885, diplôme d'honneur.

48. CHAVANNE (Mme Marie-Louise-Thérèse), à Alfort (Seine), rue des Deux-Moulins, 22. — Panneaux décoratifs sur fond d'or, imitations de meubles anciens, éventails, etc.   (PALAIS.)

49. CLOCHEZ (Alfred), à Paris, rue Vicq-d'Azir, 3 et 5. — Gravure sur cuivre et sur acier.   (PALAIS.)

50. CORROYER (Edouard), à Paris, rue de Courcelles, 14. — Dessins de modèles d'orfévrerie.   (PALAIS.)

51. COTTENS Père et Fils, à Paris, rue de l'Estrapade, 21. — Planeurs sur métaux, planches gravées et épreuves.   (PALAIS.)

52. COUTY (Gustave), à Tours (Indre-et-Loire), quai Saint-Pierre-des-Corps, 17. — Estampes en couleur (XVIII).   (PALAIS.)

53. CREMNITZ (Max), à Paris, avenue Victor Hugo, 111 et 113. — Tableaux-
annonces sur tôle vernie artistique.   **(PALAIS.)**

Récompenses : Chevalier de la Légion d'honneur.
Médaille d'or, Anvers 1885. — Médaille aux Expositions 1867, 1878.

54. DEBERNY et Cie, à Paris, rue d'Hauteville, 58. — Épreuves de gravure,
chiffres, monogrammes et sujets décoratifs.   **(PALAIS.)**

55. DEBRICON (Louis), à Paris, rue Montmartre, 159. — Un tableau calligra-
phique.   **(PALAIS.)**

56. DEJEY (Charles), à Paris, place des Vosges, 5. — Dessins industriels,
dessins par procédés pour illustration d'ouvrages scientifiques.   **(PALAIS.)**

57. DELARUE (Paul), à Paris, boulevard Saint-Germain, 122. — Gravures au
burin. Eaux-fortes.   **(PALAIS.)**

Maison à Londres, 15, Percy St. W. Eaux-fortes originales. Reproductions d'après les
maîtres modernes. — Vues et monuments pittoresques d'Europe. — Célébrités contemporaines.

58. DELAYE (Charles), à Paris, passage Ménilmontant, 7. — Épreuves chromo-lithographiques.   **(PALAIS.)**

59. DEMENGEOT (Charles), à Paris, rue de la Tour-d'Auvergne, 48. —
Sujets dessinés, peints et gravés.   **(PALAIS.)**

60. DEPOIX (Frères), à Paris, rue d'Argout, 55. — Gravure en taille-douce et
impressions, modèles d'écriture.   **(PALAIS.)**

61. DERAISMES (Pierre-Georges), à Paris, rue des Trois-Bornes, 2. —
Bracelets, broches et autres objets.   **(PALAIS.)**

62. DESAIDE (Alphonse), à Paris, quai des Orfèvres, 56. — Médailles bronze
et argentées, timbres étrangers de dimension.   **(PALAIS.)**

63. DESMAREST, à Paris, galerie Montpensier, 40. — Peinture et gravure
héraldiques, cachets, timbrage de papier de luxe, boutons de livrées, etc.   **(PALAIS.)**

Maison spéciale de gravure sur métaux et pierres fines.
Cachets, bagues, chevalières et bijoux de style pour hommes.
Impressions et papiers de luxe, petits bronzes d'art.
Mention honorable, Paris, 1878.

64. DEVAMBEZ (Edouard), à Paris, passage des Panoramas, 5. — Articles
de graveurs, cachets, gravure industrielle et commerciale.   **(PALAIS.)**

65. DITTIÈRE (Paul-Louis), à Noisy-le-Sec (Seine), boulevard de la République, 36. — Gravure sur pierres fines.   **(PALAIS.)**

66. DOLL-PANSERON (Mme Louise), à Paris, rue de Turbigo, 44. —
Dessins et peintures pour écrans, éventails, etc.   **(PALAIS.)**

67. DREYFUS (Mlle Edvine), à Paris, boulevard Malesherbes, 101. — Peinture.   **(PALAIS.)**

68. DUBOST (Eugène), à Asnières (Seine), rue de Normandie, 4. — Impressions
lithographiques.   **(PALAIS.)**

Étiquettes pour parfumeurs. Calendriers. Éphémérides.

69. DUFRESNE (Henri), à Paris, rue Pierre-Charron, 61. — Figurine en
métal, argent et bronze, procédés de damasquinure or et argent.   **(PALAIS.)**

70. DUJARDIN (P.-J.-R.), à Paris, rue Vavin, 28. — Gravures héliographiques.   **(PALAIS.)**

71. DUPEZAN (Jules), à Paris, rue Dauphine, 18. — Fers à dorer, gravure
pour la dorure sur cuir, etc.   **(PALAIS.)**

72. DUPUIS (Auguste), à Paris, rue Ordener, 91. — Composition d'akesian, de tapis, etc.
(PALAIS.)

73. DURAND (Frédéric), à Paris, rue Le Peletier, 12. — Groupes, statuettes et bustes en marbre.
(PALAIS.)

   Sculpteur-éditeur en marbre et terre cuite des œuvres des principaux statuaires.
   Mise aux points perfectionnée sur marbre, pierre, ivoire et bois. — Reproduction de sculpture en toutes matières. — Médaille d'argent à l'Exposition universelle de 1878.

74. DURANTON (Jules), à Paris, rue Denfert-Rochereau, 18 bis. — Chromolithographies.
(PALAIS.)

75. DUSEAUX (Adolphe), à Paris, rue Pastourelle, 29. — Médailles artistiques et industrielles, insignes et décorations.
(PALAIS.)

76. ENGELMANN (Robert), à Paris, boulevard Saint-Germain, 222. Chromolithographie.
(PALAIS.)

   Ateliers, 18, rue Nansouty. — Impressions d'art et de grand luxe. — Imitation de vitraux. — Diaphanie (Voir classe 19). Engelmann et Amand-Durand. — Hyalochromie. Nouveau procédé d'application et de cuissonerie des couleurs vitrifiables. — Maison fondée en 1816 par G. Engelmann introducteur de la lithographie en France. — Médailles or, 1819 ; 1re classe, 1855, 1869 ; argent, 1878.

77. ESPINASSE (Léon), à Paris, rue Condorcet, 21. — Dessins aux ciseaux exécutés à main levée.
(PALAIS.)

   Mention honorable, Exposition universelle 1878.

78. EUDES (Louis), à Paris, rue de l'Hôtel-Colbert, 12. — Impression de gravures au burin et à l'eau-forte. Héliogravure, couleurs, cartes, plans, etc.
(PALAIS.)

79. FELZ (Alphonse), à Paris, rue d'Assas, 116. — Peintures décoratives et dessins.
(PALAIS.)

80. FERNIQUE (Albert), à Paris, rue de Fleurus, 31. — Épreuves et clichés de photogravure, gravure chimique en relief.
(PALAIS.)

81. FERRET (Mlle E. Marie), à Paris, rue de Grenelle, 71. — Peinture sur bois et étoffes, fleurs modelées.
(PALAIS.)

82. FLEURET (François), à Paris, rue Richelieu, 19. — Gravure de médailles.
(PALAIS.)

   Récompenses obtenues : Médaille progrès, Exposition universelle, Vienne, 1873 ; Médaille argent, Exposition universelle, Paris, 1878 ; Médaille Prix d'honneur, Exposition universelle, Melbourne, 1881.
   Gravure, joaillerie, orfèvrerie, dessins.

83. FLORENTIN (Louis-Désiré), à Paris, faubourg Saint-Denis, 55. — Miniatures et paysages, armoiries, etc.
(PALAIS.)

84. FONTAINE (Emile), à Paris, rue des Filles-du-Calvaire, 23. — Enseignes et autres.
(PALAIS.)

85. FOUCAULT (Alfred), à Paris, rue des Trois-Bornes, 9. — Alphabets et chiffres en acier fondu.
(PALAIS.)

86. FOUCHER (L. A.), à Paris, rue du Champ-de-Mars, 8. — Miniatures et enluminures sur vélin avec application d'or brillant et en relief à l'aide de la pâte-mixtion Foucher.
(PALAIS.)

   Calligraphie et dessins en noir.

87. FRANÇOIS (A.), à Paris, rue Amelot, 2. — Dessins d'architecture, meubles, tentures, décorations d'intérieur.
(PALAIS.)

88. FRÉBAULT (Michel), à Clermont-Ferrand (Puy-de-Dôme), place Chapelle-de-Jaude, 12. — Armoiries, écussons et lettres.
(PALAIS.)

89. GAGNEPAIN (Edmond), à Paris, rue Poncelet, 24. — Objets divers.
(PALAIS.)

90. GARDELLO (Jules), à Paris, rue Chauveau-Lagarde, 10 bis. — Épreuves de gravures de toutes sortes, cachets, boutons, timbres, ex-libris, peinture héraldique.
(PALAIS.)

91. GARNIER (Jean), à Paris, rue Liancourt, 49. — Orfèvrerie, bijouterie, bronze d'art.
(PALAIS.

92. GAULARD (Emile F.), à Vincennes (Seine), rue Montebello, 6. — Gravure sur pierres fines.
(PALAIS.)

93. GAURIN (Alfred), à Paris, rue de l'Ouest, 99. — Coffrets, coupes, etc.
(PALAIS.)

94. GIBERT-CLAREY, à Tours (Indre-et-Loire), rue de Jérusalem, 7 et 9. — Chromo-lithographie. Tableaux-annonces, étiquettes, cartes-réclames, calendriers, etc.
(PALAIS.)

95. GILLET (François), à Paris, rue Fénelon, 9. — Dessins et décorations céramiques.
(PALAIS.)

96. GILLOT (Charles), à Paris, rue Madame, 79. — Épreuves de gravure.
(PALAIS.)

97. GRANDHOMME (Paul-Victor), à Paris, rue de l'Abbé-Grégoire, 39. — Dessins et maquettes pour émaux.
(PALAIS.)

98. GROS-RENAUD (Edouard), à Paris, rue Bergère, 31. — Panneaux décoratifs. Compositions et dessins industriels.
(PALAIS.)

99. GUILLAUME (Charles et Cie), à Paris, boulevard Raspail, 228. — Épreuves de gravure.
(PALAIS.)

100. GUISART (D. H), à Paris, avenue Duquesne, 28. — Maquettes de décoration peintes.
(PALAIS.)

101. HALIMBOURG (Jules), à Paris, rue des Fontaines-du-Temple, 5. — Impressions lithographiques pour le commerce, étiquettes, gravure en blanc, etc. (PALAIS.)

102. HAUTECŒUR (Jules-A.), à Paris, rue de Rivoli, 172. — Eaux-fortes, gravures, photogravures encadrées.
(PALAIS.)

Estampes : Gravures au burin, à la manière noire, à l'eau-forte. Photogravures en noir, photogravures imprimées en couleur en fac-simile d'aquarelles.

Médaille de bronze, Paris, 1878 ; Médaille d'argent, Anvers, 1888 ; Médaille d'or, Barcelone, 1888 ; Diplôme d'honneur, Bruxelles, 1888.

103. HENG (Victor), à Paris, rue du Sentier, 24. — Dessins de joaillerie et bijouterie.
(PALAIS.)

104. HINTERHOLZER (G. C.), à Rouen (Seine-Inférieure), boulevard Beauvoisin, 70. — Retouches d'art en noir, à l'aquarelle et à l'huile sur platinotypie et charbon.
(PALAIS.)

Maison fondée en 1882. Mention honorable, Barcelone 1888.

105. HIRTZE (Lucien), à Paris, boulevard Sébastopol, 94. — Dessin pour l'industrie.
(PALAIS.)

106. HUBERT (Louis-Joseph), à Paris, rue de Turbigo, 24. — Dessins modèles de plâtre afférant à l'orfèvrerie. Bijouterie d'art, coffret d'ivoire, or et émaux translucides.
(PALAIS.)

107. HUGO ALESIA (d'), à Paris, rue Rochechouart, 70. — Deux tableaux représentant, l'un la gare de Villeneuve-Saint-Georges, l'autre la gare de triage de Dijon-Perrigny.
(PALAIS.)

108. HUOT (Gustave), à Paris, rue de Provence, 5. — Gravure héraldique et commerciale en taille-douce, armoiries peintes sur parchemin, aquarelle et gouache.

(PALAIS.)

109. JANVIER (Victor), à Paris, rue Oberkampf, 104. — Gravure sur cuivre et acier en médailles, réductions et agrandissements sur diverses matières.   (PALAIS.)

110. JEANDRAUT (Charles), à Fontainebleau (Seine-et-Marne), rue Grande, 60. — Travaux en liège.

(PALAIS.)

Pièces artistiques en Liège.
Trône de la reine Victoria au Palais de Westminster. Tabernacle Gothique avec Clochetons.
Récompense : Médaille de bronze Exposition de Paris 1878.

111. JOINDY (Joseph), à Paris, rue de Ménilmontant, 74. — Dessins et maquettes pour bronze.

(PALAIS.)

112. KLUGE (W.), à Paris, rue Saint-Honoré, 97. — Modèles et épreuves de cachets héraldiques.

(PALAIS.)

113. LAAS (Henri) et Cie, à Paris, rue Pierre-Levée, 10. — Étiquettes en tous genres, tableaux-annonces, affiches, calendriers.

(PALAIS.)

114. LACLAIS (Alfred), à Paris, rue des Poitevins, 2. — Réductions et agrandissements au caoutchouc, de lithographie, chromo-lithographie, typographie et taille-douce.

(PALAIS.)

Médaille d'or à l'Exposition Internationale de Bruxelles 1888.

115. LACOSTE, à Paris, rue d'Orsel, 20. — Maquettes et décorations pour théâtres.

(PALAIS.)

116. LAFON (Victor), à Asnières (Seine), rue de l'Alma, 31. — Panneau décoratif industriel (Gouache).

(PALAIS.)

Médaille de bronze à l'Exposition universelle de Paris 1878.
Dessins industriels et décoratifs.

117. LA JUGIE DE LA CHAPELLE (Edmond de), à Bugne (Dordogne). — Gravure métallique sur laque.   (PALAIS.)

118. LAMEIRE (Charles Joseph), à Paris, avenue Duquesne, 52. — Dessins et maquettes décoratifs.

(PALAIS.)

119. LAVASTRE, à Paris, rue des Trois-Frères, 2. — Maquettes et décorations pour théâtres.

(PALAIS.)

120. LEBLANC (Mme Julie), à Paris, avenue du Maine, 28. — Dessins, maquettes, émaux.

(PALAIS.)

121. LECHEVREL (Alphonse Eugène), à Paris, place du Marché Saint-Honoré, 36. — Gravures et pierres fines.   (PALAIS.)

122. LÉCHOPIER (Henri), à Paris, rue du Château-d'Eau, 27. — Dessins pour tapis et étoffes.   (PALAIS.)

Dessins pour tapis et étoffes d'ameublement. — Deux Médailles d'argent, Exposition universelle de Paris, 1878, classe 11, Art industriel et classe 21, comme collaborateur de la fabrication des tapis.

123. LECLERC (Jean Frédéric), à Paris, rue du 4 Septembre, 9. — Gravures sur pierres fines, menus artistiques, peinture héraldique, gravure en taille-douce.

(PALAIS.)

124. LE DOUBLE (Frédéric), à Paris, rue Thévenot, 19. — Gravure pour la vue, pour impression, ciselures sur or, argent et acier, émaux en taille-douce et en peinture.   (PALAIS.)

125. LEFÈVRE & CABIN Fils, à Paris, boulevard Sébastopol, 74. — Dessins de tapisserie coloriés à la gouache pour la reproduction sur canevas et tout autre tissu.   (PALAIS.)

126. LEGRAS (Alfred), à Paris, rue de Bondy, 66. — Chromo-lithographies.   (PALAIS.)

127. LEMEUNIER, à Paris, rue Saint-Maur, 70. — Maquettes et décorations pour théâtres.   (PALAIS.)

128. LEMOINE (Ernest), à Paris, quai Jemmapes, 10. — Gravure en relief, en creux et en taille-douce pour l'estampage et le timbrage.   (PALAIS.)

129. LESSERTISSEUX & Cie, à Paris, passage du Caire, 68. — Travaux lithographiques.   (PALAIS.)

130. LETRONE (Ludovic), à Paris, rue Gounod, 11. — Panneaux décoratifs (Les 4 saisons).   (PALAIS.)

131. LE VASSEUR & Cie, à Paris, rue de Fleurus, 23. — Reproductions de tableaux en photogravure.   (PALAIS.)

132. LEVILLAIN (Ferdinand), à Paris, boulevard Richard-Lenoir, 34. — Modèle plâtre.   (PALAIS.)

133. LIARD (Antonin), à Saint-Maurice (Seine), Grande-Rue, 7. — Médailles fondues en bronze.   (PALAIS.)

134. LIARD (Ferdinand), à Paris, rue du Pont-Louis-Philippe, 5. — Reproduction de médailles anciennes. — Objets de curiosité etc. par la fonte de bronze, fer, argent.   (PALAIS.)

135. LIBERT (J. C. G.), à Paris, boulevard Bonne-Nouvelle, 34. — Dessins pour tissus d'ameublement et papier peint, grandes tentures, tapisseries, soieries en tapis.   (PALAIS.)

Dessins pour tapis, étoffes d'ameublement tissées et imprimées et papiers peints. — Deux médailles d'argent à l'Exposition universelle de 1878, classe 11, Arts industriels, et classe 21, comme collaborateur à la fabrication.

136. LINDENECHER (Edouard), à Paris, rue des Thermopyles (chez M. Fannière) — Une fontaine d'applique. Un baromètre.   (PALAIS.)

137. LOFFICIAUX (Auguste), à Paris, rue de Buci, 10. — Épreuves de gravure.   (PALAIS.)

138. LONGUET (Alexis), à Paris, rue Corbeau, 19. — Dessins pour orfèvrerie, bronze, etc.   (PALAIS.)

139. LOQUET (Jules), à Paris, rue de Vaugirard, 131. — Dorure sur verre.   (PALAIS.)

140. LOUVEL (E.) et Cie, à Paris, rue Montmartre, 65. — Dessins et croquis de toilettes de dames, haute nouveauté, inédits. Albums, journaux, clichés, etc.   (PALAIS.)

141. MAINCENT Ainé (Eugène), à Paris, rue de Lancry, 2 — Dessin d'ameublement et de décoration, originaux, épreuves.   (PALAIS.)

Médailles à Paris 1867, à Vienne 1873, à Amsterdam 1883, à Barcelone 1888.

142. MAIREL, à Paris, rue de Charonne, 5. — Marquetterie.   (PALAIS.)

143. MANUEL-PERIER, à Paris, rue du Trou-à-Sable, 1. — Porte de Bibliothèque. — Pyrogravure sur cuir et bois.   (PALAIS.)

Appartient à M. Ch. Rossignenx, architecte.

144. MARIE (Ernest), à Paris, boulevard du Temple, 17. — Gravure, miniature sur ivoire, gravure en taille-douce, chromo-typographie.   (PALAIS.)

145. MARIN (Charles), à Paris, boulevard Voltaire, 100. — Lavis à effet (machines, lustres et fleurs), gravure sur bois et sur pierre.   **(PALAIS.)**

146. MARIOTON (Claudius), à Paris, rue Michel-Bizot, 199. — Maquette en plâtre, esquisses etc.   **(PALAIS.)**

147. MAULER (Eugène), à Paris, rue du Cherche-Midi, 55. — Chromo-lithographies   **(PALAIS.)**

148. MAURICE (Stéphanie), à Paris, rue Curial, 8. — Dessins.   **(PALAIS.)**

149. MÉLEZ (E.), à Paris, rue de Rennes, 146. — Dessins et gravures sur bois. — Gravure sur cuivre, timbres en cuivre et caoutchouc.   **(PALAIS.)**

150. MICHELET (Abel), à Paris, rue de Rennes, 76. — Épreuves de photographie, simili-gravure, gravure chromo-typographique.   **(PALAIS.)**

151. MINIOT (Arthur), à Paris, boulevard Richard-Lenoir, 117. — Aquarelles dessins et gravures sur bois (artistiques et industriels).   **(PALAIS.)**

152. Ministère de la Justice et des Cultes, Chef de Cabinet : **M. Louis Favette**, à Paris. — Sceaux et constitutions de l'État, 1789-1889.   **(PALAIS.)**

153. MINOT (J.) & Cie, à Paris, rue Béranger, 5. — Impressions.   **(PALAIS.)**

    Minot et Cie, Éditeurs-imprimeurs. Maison fondée 1839, marque de fab. J.-M., Calendriers et éphémérides en toutes langues. Tableaux-annonces. Imitation de peinture et d'aquarelle. Affiches illustrées. Cartes chromo pour réclames. Médaille de bronze, Londres 1851 ; médaille d'argent, Paris 1855 ; médaille de bronze, Paris 1867 ; médaille d'argent, Amsterdam 1883 ; Officier d'académie 1885 ; Officier de l'Ordre du Vénézuela 1886 ; médaille d'or, Bruxelles 1888 ; médaille d'argent, Bruxelles 1888.

    Chevalier de l'Ordre de Léopold II, 1888.

154. MONTCHARMONT (Mlle Denise), à Paris, avenue Parmentier, 179. — Messe de mariage, manuscrit peint.   **(PALAIS.)**

    Manuscrits sur vélin, lettres, miniatures petites ou grandes, encadrements à chaque marge sur fond d'or, argent, couleurs ; le 1er d'après l'original (XVe siècle) de la Bibliothèque mazarine (Paris) ; le 2e d'après le bréviaire Grimani (Renaissance) de la Bibliothèque St-Marc (Venise).

155. MORTIER G., à Paris, rue de l'Aqueduc, 16. — Impressions, lithographies, chromo-lithographies.   **(PALAIS.)**

156. MOUCHON (Louis Eugène), à Paris, impasse du Maine, 7. — Dessins, gravures typographiques etc.   **(PALAIS.)**

157. MOULLOT Fils Aîné, à Marseille, rue de la Bourse, 51. — Lithographie artistique et commerciale, chromo-lithographies, reproductions par procédés, typographie en noir et en couleurs.   **(PALAIS.)**

    Direction : Maison principale.

    3 usines à vapeur rue Vacon, 51, (place de la Bourse) et rue de la Tour, 1, 3, 5 et 7.

    Succursales :

    Grande imprimerie de Marseille, rue Sainte, 28-30 (Palais de l'Alhambra).

    Papeterie Marseillaise, rue Paradis, 19 (Angle de la rue de la Darse, 32-34).

    Maison d'Exportation et Entrepôts rue Venture, 11 et rue Sainte, 66.

    Succursale de Toulouse, boulevard de Strasbourg, 17 bis.

158. MUNZINGER (Ernest Jules), à Paris, rue Saint-Sébastien, 36. — Pièces de gravure en fer, à dorer.   **(PALAIS.)**

159. NAPOLÉON (Alexandre), à Paris, rue Lafayette, 88. — Travaux d'imprimerie lithographique. — Gravure pour le commerce.   **(PALAIS.)**

160. NÈGRE-BAUDOIN (Henri), à Paris, rue Campagne-Première, 15. — Objets modernes imitant l'ancien en bois et en ivoire sculptés.   **(PALAIS.)**

161. NÉRET (Moreau Adrien), à Paris, rue de Seine, 6. — Peintures et esquisses décoratives.   **(PALAIS.)**

162. NOEL (Raphaël), à Brest (Finistère), Grande-Rue, 76. — Toile décorative à l'huile.   **(PALAIS.)**

163. NORDMANN (Abraham), à Paris, rue du Val-de-Grâce, 13. — Plusieurs dessins, reproductions des grands maîtres.   **(PALAIS.)**

164. OLIVE (Emile), à Paris, rue de Richelieu, 85. — Dessins modèles pour l'industrie.   **(PALAIS.)**

165. PARROT & Cie, à Paris, rue du Delta, 12. — Imprimerie lithographique et chromo-lithographique.   **(PALAIS.)**

166. PASQUIER (Charles), à Paris, rue du Faubourg Saint-Antoine, 19. — Panneaux de sculpture Louis XVI.   **(PALAIS.)**

167. PATOUILLET (L. G.), à Paris, rue de la Fidélité, 3. — Dessins industriels, maquettes de dessins pour tissus d'ameublement et pour tapis, maquettes ou brusel, impression sur chaîne ou chenille.   **(PALAIS.)**

168. PÊCHEUX (Emile), à Paris, rue Sainte-Croix-de-la-Bretonnerie, 26. — Étiquettes à bocaux (imprimées pour la pharmacie).   **(PALAIS.)**

169. PECONNET (Charles), à Paris, rue des Bois, 24. — Dessins de bijouterie.
                                                                              (PALAIS.)

170. PERAUT (Armand-Henri), à Paris, rue Saint-Maur, 168. — Étiquettes imprimées et gommées.   **(PALAIS.)**

171. PETOLA (Camille), à Paris, rue Sainte-Cécile, 4. — Dessins industriels pour le genre dentelle, rideaux et linge de table.   **(PALAIS.)**

172. PEUCHOT (P. E.), à Paris, rue de Nesles, 40. — Épreuves de gravure.
                                                                              (PALAIS.)

Peuchot, Officier d'académie. Ancienne maison Pérot. Récompenses : Vienne 1873, médaille de mérite ; Paris 1867, Paris 1878, médaille de bronze.

173. POILPOT (Théophile), à Paris, rue Boursault, 8. — Panorama.   **(QUAI.)**

Panorama transatlantique, vue prise du bateau la « Touraine » devant le Havre. Dioramas représentant : le carré des émigrants à bord de la « Normandie » ; l'entrée d'un transatlantique à New-York et la tente transatlantique au Havre. Vues panoramiques de l'exploitation du pétrole à Bakou et l'exploitation du pétrole en Pensylvanie.

174. POISSON, à Paris, rue du Faubourg-Poissonnière, 55. — Maquettes et décorations pour théâtres.   **(PALAIS.)**

175. POYET, à Paris, rue du Louvre, 17. — Spécimens d'épreuves de gravures sur bois, de sujets scientifiques et mécaniques. Mention honorable en 1878.   **(PALAIS.)**

Illustrations de livres. Bois dessinés, gravés. Clichés cuivre. Grands dessins au lavis de mécanique, aquarelles de vues d'usines. Mention honorable en 1878.

176. RAMÉ (A.), à Paris, rue Berlioz, 19. — Gravures d'histoire naturelle.
                                                                              (PALAIS.)

177. REGAD (Lucien), à la Fanaille (Ain). — Buste, serrure, roulette. **(PALAIS.)**

178. REIBER (Emile Auguste), à Paris, rue Vavin, 54. — Compositions décoratives pour céramique, tapisserie, verrerie, orfèvrerie, reliure, etc. Décoration des écoles.   **(PALAIS.)**

179. RENAUD (Henri), à Bois-Colombes (Seine), rue des Carbonnets, 5. — Écritures et dessins lithographiques.   **(PALAIS.)**

180. RODIGHIERO, à Paris, boulevard Voltaire, 101. — Dessins, gravures, clichés (illustration industrielle).   **(PALAIS.)**

181. ROGER (Jules), à Paris, rue de Vaugirard, 162. — Armoiries en relief.
                                                                              (PALAIS.)

182. ROMANET & Cie, à Paris, rue Corbeau, 27 bis. — Tableaux et sujets
chromo-lithographiques.   **(PALAIS.)**

Tableaux imitation de peinture, aquarelle. Bons points scolaires. Albums industriels,
Calendriers. Médaille argent, Exposition universelle, Paris 1878.

183. ROPPART (Raoul), à Paris, rue Saint-Jacques, 65. — Imagerie, estampes, noir, couleurs et chromo, habillage en relief, etc.   **(PALAIS.)**

184. ROSE (Victor), à Paris, boulevard des Capucines, 5. — Dessins, gravures.
                                                                            (PALAIS.)

Professeur à l'Association polytechnique et à la Chambre syndicale de la papeterie. Officier de
l'Instruction publique, Membre du Jury d'admission à l'Exposition universelle de 1889.
Membre du Jury aux Expositions de Paris 1885 et 1886, du Havre 1887 et de Bruxelles 1888.
Dessins et gravures sur bois, pierre et cuivre, pour publications scientifiques et industrielles.
Autographie, lithographie, chromo-lithographie, gravure chimique, photogravure, photolitho-
graphie. Reproductions de plans et tableaux. Dessins au lavis pour expositions et musées.
Aquarelles industrielles. Dessinateur graveur du Journal d'agriculture pratique, de la Revue
Horticole et du Bulletin de l'Industrie française. Récompenses aux Expositions : Paris 1867 ;
Vienne 1873 ; Paris 1878.

185. ROTHSCHILD (J.), à Paris, rue des Saints-Pères, 43. — Planches de la
Revue « Le Bijou ».   **(PALAIS.)**

186. ROUGERON-VIGNEROT & Cie, à Paris, rue de Vaugirard, 118. —
Réductions et agrandissements, chromo-typographie, photolithographie. Gravure en
relief.   **(PALAIS.)**

Spécimens de clichés typographiques obtenus par la photogravure

187. ROUYER (Eugène), à Paris, rue de Vaugirard, 344. — Dessins de portes,
lambris etc.   **(PALAIS.)**

188. RUBÉ, CHAPERON & JAMBON, à Paris, rue de Sambre-et-
Meuse, 20. — Maquettes et décorations pour théâtres.   **(PALAIS.)**

189. SCHAEFER, à Paris, rue Jean-de-Beauvais, 11. — Gravure sur métaux.
                                                                            (PALAIS.)

190. SCHNEIDER (Alfred), à Paris, rue Montesquieu, 9. — Gravure. **(PALAIS.)**

191. SEVENET (Eugène), à Paris, quai de la Tournelle, 25. — Photographies en relief, photosculture, médaille photographique, portraits transparents.
                                                                            (PALAIS.)

192. SICARD (Henry), à Paris, rue Amelot, 28. — Impressions lithographiques
et chromo-lithographiques.   **(PALAIS.)**

193. SIMONET (Edouard), à Paris, avenue de Breteuil, 60. — Dessins professionnels (menuiserie) exécutés par des élèves.   **(PALAIS.)**

194. SINS (Emile), à Paris, boulevard Montmartre, 5. — Dessins industriels pour
tissus.   **(PALAIS.)**

Soieries, robes et ameublements. Dentelles. Lainage. Cotons, robes et ameublements, mouchoirs, chemises, linge de table. Papiers peints.

195. SOGUEL (Ulysse), à Bordeaux (Gironde), rue Porte-Dijeaux, 82. — Gravure au burin sur or, argent et cuivre, chiffres, applications électrochimiques, etc.
                                                                            (PALAIS.)

196. SOUCHON (Joseph), à Paris, rue du Sentier, 28. — Dessins industriels
pour robes, nouveautés, rubans, impression, linge damassé.   **(PALAIS.)**

197. SPIEGEL (J. Edouard), à Paris, rue Saint-Dominique, 120. — Dessins
divers, reproductions artistiques en couleurs.   **(PALAIS.)**

198. STELMANS (César), à Paris, boulevard Montmartre, 15. — Gravure en
cachets, médailles.   **(PALAIS.)**

199. STEPHANY (Jean), à Paris, rue de l'Hôtel-de-Ville, 77. — Modèles d'écritures pour écoles, décoration, armoiries peintes. (PALAIS.)

200. STERN (M.), à Paris, passage des Panoramas, 47. — Gravure sur métaux et pierres fines, monogrammes, armoiries, ex-libris et vues de châteaux, etc., etc. (PALAIS.)

Médaille d'or à l'Exposition universelle de Paris, 1867. — Membre du Jury, hors concours, à l'Exposition universelle de 1878.

201. STIERS (Charles), à Roubaix (Nord), boulevard de la République, 33. — Dessins pour tissus d'ameublement et tapis moquette. (PALAIS.)

202. STRENZ (Emile), à Paris, rue des Trois-Couronnes, 7. — Matrices pour l'estampage du métal et du papier. (PALAIS.)

203. TASSET (Paulin), à Paris, rue Mazarine, 37. — Médailles gravées. (PALAIS.)

204. TÉTREL (Prosper), à Paris, rue du Faubourg-Montmartre, 4. — Vase de fleurs genre classique, bouquet fleurs gouache, le coq et la perle, canapé et panneau décoratif pour Aubusson. (PALAIS.)

205. THEVENON & Cie, à Paris, rue de Montmorency, 39. — Timbres à griffes en cuivre, acier, bronze, matrices pour l'estampage. (PALAIS.)

206. THIBARON (Joseph Julien), à Paris, rue de Birague, 11 bis. — Dessins pour l'industrie. (PALAIS.)

207. THOMAS, à Paris, théâtre de la Porte-Saint-Martin. — Dessins et costumes pour théâtres. (PALAIS.)

208. THOMAS (G.), à Paris, rue Pastourelle, 27. — Armures, bijoux et accessoires pour théâtre. (PALAIS.)

209. TIERSOT (Achille), à Paris, rue des Gravilliers, 46. — Dessins pour le découpage des bois, métaux et pour la sculpture, le tour et la marquetterie. (PALAIS.)

210. TISSERON (Léon) & Cie, à Paris, rue du Cherche-Midi, 30. — Gravures et dessins. (PALAIS.)

211. TORCHON (Veuve Ch.), à Paris, rue Jacob, 40. — Impressions chromo-typographiques, étiquettes et marques de fabrique. (PALAIS.)

212. TOURNAYRE, à Paris, rue du Mont-Dore, 4. — Six dessins industriels. (PALAIS.)

213. TURGIS (L.) & Fils, à Paris, rue des Écoles, 60. — Imagerie et estampes. (PALAIS.)

214. VAGNÉ (Marcel), à Pont-à-Mousson (Meurthe-et-Moselle). — Images et constructions en feuilles pour enfants, couvertures de cahiers. (PALAIS.)

215. VALLÉE (Charles), à Paris, rue Réaumur, 12. — Écussons tôle vernie au four, attributs, stores, lettres zinc, cristal, etc. (PALAIS.)

Fabrique et Maison fondées en 1872. — Lettres en relief, zinc et cristal dorés, armoiries.

216. VAUDET (Auguste), à Paris, rue de la Verrerie, 67. — Gravures sur pierres fines. (PALAIS.)

217. VERNIER (Emile), à Paris, boulevard Montparnasse, 35. — Croquis, maquettes, dessins etc. (PALAIS.)

218. VIEILLEMARD & ses Fils, à Paris, rue de la Glacière, 46. — Impressions lithographiques sur papier, tôle, etc. Cartonnages pour chocolatiers, confiseurs, etc. (PALAIS.)

219. VIOLLET (Henri), à Paris, rue Bouchardon, 29. — Dessins à la plume, au crayon, spécialité pour l'illustration de la musique. (PALAIS.)

220. WACHTER (Georges), à Paris, rue Fontaine, 45. — Enseignes, lettres or, argent relief, tableaux-annonces, réclames, etc.   **(PALAIS.)**

221. WEILL (Nathan) à Paris, boulevard Bonne-Nouvelle, 42. — Diverses épreuves de dessin, gravure et impression.   **(PALAIS.)**

   Gravure et impressions artistiques et commerciales. Reproductions en gravure, taille-douce de médailles, vues d'usines, marques de fabrique pour impressions commerciales ; factures, papiers à lettres, mandats, chèques, actions, diplômes, cartes, adresses. Papiers chiffrés avec armes, monogrammes, châteaux, etc. Menus. Fantaisies. *Récompenses* : Expositions universelles, Paris 1878 (M. H.) ; Barcelone 1888, *Médaille d'or.*

222. ZILHARDT (Mlle Madeleine), à Paris, rue Léon-Cognet, 11. — Diverses peintures.   **(PALAIS.)**

COLONIES.

ALGÉRIE.

1. CAPITAN (Éduardo), à Oran, boulevard Charlemagne. — Cadre sculpté en bois du pays.   **(ESPLANADE.)**

2. DAVAN (Louis), à Alger, rue Bab-Azoun. — Médaille romaine de Missipsa.   **(ESPLANADE.)**

3. GAYE (de), à Blidah (Alger), rue Mazini, 6. — Marbre factice, peint sur verre.   **(ESPLANADE.)**

4. JOHNER & BURGART, Oran, rue d'Arzew, 72. — Dessins industriels de machines.   **(ESPLANADE.)**

5. MARCHAND (F.), à Oran, boulevard Séguin. — Plateaux gravés, coffrets gravés, timbre et plaque gravés.   **(ESPLANADE.)**

COCHINCHINE.

1. BEER (Paul), à Saïgon. — Bouddha annamite en bois sculpté.   **(ESPLANADE.)**

2. DOC phu PHUONG, à Cholon. — Bouddha annamite.   **(ESPLANADE.)**

3. Exposition permanente des Colonies, à Paris. — Statuettes de bouddhas, tableaux en bois sculpté.   **(ESPLANADE.)**

GABON CONGO.

1. AVINENO, au Gabon. — Figurines en bois (fétiches) de la région de Loango, masques divers et pointes d'ivoire sculpté.   **(ESPLANADE.)**

2. COUSTURIER, à Libreville (Gabon). — Dents d'éléphants sculptées.   **(ESPLANADE.)**

3. Exposition permanente des Colonies, à Paris. — Collection de fétiches.   **(ESPLANADE.)**

4. PECQUEUR (Leona), à Libreville (Gabon). — Dents d'éléphants sculptées, fétiches, masques en bois, sceptre, masques et sifflet, fétiches, monnaie pahouine pour mariage. **(ESPLANADE.)**

5. SCHLUSSEL (Laurent), à Libreville (Gabon). — Bois sculpté du Loango, fétiches, dents, monnaies pahouines pour mariages. **(ESPLANADE.)**

GUADELOUPE.

1. GUESDE (Louis), à la Pointe-à-Pitre. — Collections d'aquarelles (antiquités caraïbes). **(ESPLANADE.)**

2. LONGUETEAU & BUDAN, à Paris, rue Washington, 2. — Album de fruits de la Guadeloupe ; texte et dessin. **(ESPLANADE.)**

3. ZAY (Ernest), à Paris, rue Montholon, 3. — Collections de monnaies des colonies françaises et pays de protectorat. **(ESPLANADE.)**

INDE FRANÇAISE.

1. ABBAY (Raw), Inde. — Tableaux peints sur toile. **(ESPLANADE.)**

2. Comité d'Exposition de l'Inde. — Toiles peintes d'Yanaon. Tableaux. **(ESPLANADE.)**

3. CORNET (Ernest). — Statues et statuettes de bouddhas en bronze et en marbre, petits éléphants en marbre. **(ESPLANADE.)**

4. Exposition permanente des Colonies, à Paris. — Divinités en granit, provenant de divers temples, fragments, bas-reliefs, temples et monuments sculptés en sola, lingam sculpté en pierre. Aquarelles représentant des divinités ; peintures sur talc, représentant des divinités, des oiseaux et divers corps de métiers. **(ESPLANADE.)**

5. Ministère du Commerce, de l'Industrie et des Colonies, (Comité de l'Exposition de l'Inde). — Statuettes, poulears en pierre verte (divinités hindoues). **(ESPLANADE.)**

MARTINIQUE.

1. FULCONIO, à Paris, rue Beethoven, 5. — Aquarelles, dessins, tableau à l'huile. **(ESPLANADE.)**

2. MARLIAVE (Mlle Louise), à la Martinique. — Objets en cire. **(ESPLANADE.)**

3. RUFFIN (M. C. H.), à Saint-Pierre. — Objets en cheveux. **(ESPLANADE.)**

MAYOTTE ET COMORES.

1. Service local, de Mayotte. — Case indigène. **(ESPLANADE.)**

NOUVELLE-CALÉDONIE.

1. Affaires Indigènes (Service des), à Nouméa. — Monnaie calédonienne, Tabous de case et de porte, seuils de porte, tabous sculptés. **(ESPLANADE.)**

2. Compagnie des Nouvelles Hébrides, à Nouméa. — Tabous en fougères et en cocotier (idoles) momie, crâne, etc. **(ESPLANADE.)**

3. Exposition permanente des Colonies, à Paris. — Tabous en ornements sculptés des cases canaques. Dessins canaques anciens, faits avec le feu sur feuilles de niaouli.   (ESPLANADE.)

4. KREMER, à Nouméa. — Travaux en cheveux.   (ESPLANADE.)

RÉUNION.

1. Exposition permanente des Colonies, à Paris. — Tête de cerf en bois sculpté.   (ESPLANADE.)

2. LOUÉL (Mlle Marie), à Saint-Denis. — Tableau fait en fougères et en lichens naturels.   (ESPLANADE.)

3. ROUSSIN, à Saint-Denis. — Volumes, albums de dessin.   (ESPLANADE.)

4. TERQUEM (Mme Sarah), à Saint-Denis. — Pèse-papier et pèse-lasses de bord de mer de la Réunion, avec objets peints.   (ESPLANADE.)

SÉNÉGAL.

1. CHAPER, à Paris, rue St-Guillaume, 31. — Collections de bijoux, meubles, poteries provenant de la Côte occidentale d'Afrique.   (ESPLANADE.)

2. Exposition permanente des Colonies, à Paris. — Statuettes-fétiches, masques sculptés, sièges fétiches de Porto-Novo, vues diverses et types indigènes, herbiers, musées commerciaux.   (ESPLANADE.)

PAYS DE PROTECTORAT.

ANNAM-TONKIN.

1. COULON-NUGUES, à Paris, rue des Écoles, 8. — Cloches en bronze de la pagode de Langson.   (ESPLANADE.)

2. DUMOUTIER (M.), à Hanoï (Tonkin). — Statues (Divinités). Statues de Quam-Am-Toa-Tam avec l'Enfant et le Perroquet.   (ESPLANADE.)

3. Exposition permanente des Colonies, à Paris. — Collection de bouddhas sculptés, laqués et dorés. Marchandises d'importation.   (ESPLANADE.)

4. LEQUEUX (Jacques), à Paris, rue du Cherche-Midi, 44. — Dessins, aquarelles faits pour l'Exposition d'Hanoï.   (ESPLANADE.)

5. Protectorat de l'Annam et du Tonkin. — Bassin en marbre sculpté, idoles, statues de Atnan-Da, de Bac-Dao, de bonze tonkinois, de Chan-Xuong, de Chuan-Dé, de Geac-hoa-Pha, de Nam-Tao, de Mgoe-hoang, de Phal-Ba, de Pho-hien, de Quan-Aubat-té, de Quan-Buila, de Ri-da, de Thi-Len, de Tho-dia-Long-tham, de Tho-dia-Song-Than, de Van-tha.   (ESPLANADE.)

6. Province de Hanoï. — Tableaux peints sur papier. Album d'aquarelles (fleurs et fruits).   (ESPLANADE.)

7. Province de Sontay. — Petit bassin en marbre.   (ESPLANADE.)

8. ROULLET (Gaston), à Paris, rue de Lille, 34. — Tableaux et aquarelles
(Vues du Tonkin et de l'Annam).   (ESPLANADE.)

9. SOING-LEING, à Paris, avenue de Wagram, 40, — Collections de curiosités.
— Étoffes jades du Tonkin et de Sangaï.   (ESPLANADE.)

10. TAMINE, à Paris, rue de Miromenil, 38. — Produits coloniaux d'importation
tonkinoise.   (ESPLANADE.)

CAMBODGE.

1. Exposition permanente des Colonies, à Paris. — Lions et chimères en
pierre des ruines d'Anghor, sculptures provenant de la mission de Lagrée.
                    (ESPLANADE.)

2. PLANTÉ (G. V.), à Phnom-Penh. — Tableau bouddha. Racine sculptée, monnaies du Laos.   (ESPLANADE.)

TAHITI.

1. Exposition permanente des Colonies, à Paris. — Grandes idoles en
pierre sculptée du Tuboui.   (ESPLANADE.)

2. LARBEYI, à Papeete. — Idole (Tii) marquisienne. Fronton en nacre.
                    (ESPLANADE.)

3. LONGOMAZINO (Hégésippe), à Papeete. — Idole (Tii) en corail et en
pierre.   (ESPLANADE.)

4. Service local, à Tahiti. — Idoles (Tii) des tombeaux indigènes.   (ESPLANADE.)

5. VIENOT (Charles), à Papeete. — Tombeaux marquisiens, idoles et divinités
(Tii).   (ESPLANADE.)

TUNISIE.

1. Direction des antiquités et arts de la Régence, à Tunis. — Antiquités.   (ESPLANADE.)

2. DOULEB, à Tunis. — Tableaux de calligraphie arabe.   (ESPLANADE.)

3. GUEZ (Victor), à la Goulette, rue de Carthage. — Antiquités carthaginoises
romaines, arabes, etc. Objets incrustés nacre et ivoire.   (ESPLANADE.)

———

PAYS ÉTRANGERS.

RÉPUBLIQUE ARGENTINE.

1. **GISMANI (Raphaël)**, à Santa-Fé. — Dessin à la plume. (PARC.)

AUTRICHE-HONGRIE.

1. **HAIDER (Michael)**, à Vienne. — Xylographie. (PALAIS.)
2. **RADKOVIC (Joseph)**, à Zagrab (Croatie). — Ouvrages de graveur. (PALAIS.)

BELGIQUE.

1. **BAUDEWYNS (Alphonse)**, à Ixelles, rue Wiertz, 31. — Échantillon de rechampissage, Modèles de peintures, panneaux de voitures. (PALAIS.)
2. **CLAESEN (Charles)**, à Liége, rue du Jardin Botanique, 26. — Publications sur les arts industriels et décoratifs. (PALAIS.)
3. **COLLIARD-PENAUT (J.)**, à Bruxelles, rue du Marais, 78. — Spécimens d'étiquettes. (PALAIS.)
4. **DE HOU (Ferdinand)**, à Bruxelles, rue du Boulet, 11. — Spécimens d'impressions lithographiques et chromo-lithographiques. (PALAIS.)

   Médaille d'argent : Anvers 1885. — Médaille d'argent, Bruxelles 1888.
5. **DEMESMAECKER (Paul) et MATHIEU (Armand)**, à Bruxelles, rue de Tilly, 10. — Enseignes et attributs. (PALAIS.)
6. **DE MUNTER (Pierre)**, à Bruxelles, rue de la Senne, 75. — Panneau décoratif porte-drapeau des arbalétriers du grand serment de Saint-Georges; imitation de tapisserie. (PALAIS.)
7. **DESAUCOURT (Pierre A. R.)**, à Bruxelles, rue de l'Archiduc-Rodolphe, 28. — Dessins d'ameublement, de ferronnerie, de bijouterie, d'orfévrerie, etc. (PALAIS.)
8. **DE SPIEGELER (Arthur)**, à Bruxelles, rue du Houblon, 31. — Dessins de dentelles. (PALAIS.)
9. **FALK (Th.)**, à Bruxelles, rue des Paroissiens, 18. — Lithographies, chromo-lithographies, gravures industrielles. (PALAIS.)
10. **FISCH (Antoine)**, à Bruxelles, rue du Houblon, 8. — Modèles de médailles. (PALAIS.)
11. **FUMIÈRE (Armand)**, à Bruxelles, rue de Verviers, 20. — Projets composés et exécutés pour l'ameublement, la ferronnerie artistique, la marbrerie, le bronze, etc. (PALAIS.)
12. **GOFFART (Paul)**, à Bruxelles. — Épreuves de gravures sur cuivre, taille-douce. (PALAIS.)

   Graveur sur métaux. Exp. collective du cercle de la librairie.
   Méd. d'argent, grand concours Bruxelles 1888.

13. GOOSSENS (J.-E.) & Cie, à Bruxelles, rue du Houblon, 25. — Tableaux-annonces, calendriers, étiquettes de luxe, éditions artistiques, affiches illustrées, etc.
(PALAIS.)

Maison à Paris, rue de Rivoli, 38. M. Blum, agent général. Travaux de commerce et de publicité. Lithographie et chromo-lithographie. Médaille d'argent, Anvers, 1885 ; médaille d'or, Bruxelles, 1888.

14. GOUVELOOS Frères et Sœur, à Bruxelles, rue Broguiez, 44. — Spécimens de travaux en lithographie, chromo-lithographie, oléographie, taille-douce, etc., etc.
(PALAIS.)

15. GUELTON (Richard), à Bruxelles, rue de Bailly, 16. — Marbres décoratifs, spécimens de peinture de marbres différents.
(PALAIS.)

16. HERMANUS (Paul), à Bruxelles, rue de Namur, 32. — Monument allégorique de la collectivité des brasseurs belges.
(PALAIS.)

17. JANLET (Émile), à Ixelles, rue de la Concorde, 54. — Décoration générale des compartiments belges, d'après ses plans.
(PALAIS.)

18. LICOT (Charles), à Nivelles. — Coupes, détails de décoration du local érigé pour les fêtes du Cinquantenaire, au parc Léopold, à Bruxelles en 1880.
(PALAIS.)

19. LIENARD (Léon), à Liége, rue des Chartreux, 6. — Spécimens de reproductions autographiques des anciens manuscrits, parchemins, etc.
(PALAIS.)

20. LOGELAIN (Pierre), à Ixelles, rue Keyenveld, 11. — Imitation de bois divers.
(PALAIS.)

21. MASSON (Louis), à Bruxelles, rue Royale-Sainte-Marie, 45. — Dessins d'art industriel, meubles, orfèvreries, bronzes, etc. Maquettes d'architecture décorative.
(PALAIS.)

22. MERTENS (Adolphe), à Bruxelles, rue d'Or, 12. — Typographie et chromo-lithographie. Fonderie de caractères. Éditeur Annuaire officiel.
(PALAIS.)

Récompenses : Vienne 1873 ; Paris 1878 ; Anvers 1885. — Membre de la Commission générale de Paris 1878. — Chevalier de l'ordre de Léopold.

23. MEUNIER (Émile), à Ixelles, rue Maes, 16. — Quatre panneaux, style japonais.
(PALAIS.)

24. MOMMAERTS, Freres, à Bruxelles, rue Montagne-aux-Herbes-Potagères, 17 bis. — Spécimens d'étiquettes.
(PALAIS.)

25. NATEN (Joseph), à Bruxelles, rue Saint-Jean, 7. — Dessins pour dentelles, broderies, armoiries et chiffres, dessins pour menus.
(PALAIS.)

26. NUMANS (Auguste), à Bruxelles, rue de la Croix-de-Fer, 9. — Cours d'aqua-forte.
(PALAIS.)

27. ROBERT (Léopold), à Bruxelles, rue de la Fortune, 5. — Peintures décoratives.
(PALAIS.)

28. Société anonyme «les Arts graphiques», à Bruxelles, rue du Lombard, 23. — Reproductions de gravures sur bois, zinc, cuivre. Procédés Bogaerts.
(PALAIS.)

29. TASSON (Joseph), à Bruxelles, rue du Chêne, 16. — Maquettes de travaux exécutés.
(PALAIS.)

30. VAN CAUWELAERT, à Gand, rue de Flandre, 53. — Peintures imitation de Gobelins (compartiment de M. Arthur Verstraete).
(PALAIS.)

31. VANCUTSEM (Henri), à Bruxelles, rue Josaphat, 20. — Dessins de dentelles.
(PALAIS.)

32. VAN DROOGHENBROECK (Justinien), à Bruxelles, Marché-aux-Bois, 2. — Enseignes et attributs. (PALAIS.)

33. VAN KEMMEL (Julien), à Bruxelles, rue de la Bienfaisance, 32. — Panneau, peinture décorative mate à la cire. (PALAIS.)

BOLIVIE.

1. ARTOLA (Comtesse Carolina de), à Paris, avenue Kléber, 34. — Médailles et monnaies or et argent. (PARC.)

2. BRESSON (André), à Paris, rue de Lafayette, 1. — Collections de monnaies anciennes et modernes. (PARC.)

3. CASO (Joaquin), à Paris, boulevard Haussmann, 154. — Monnaies et médailles. (PARC.)

BRÉSIL.

(Voir son Catalogue spécial).

CHILI.

1. BERTRAND (Enrique), à Santiago. — Plaques de patentes, médailles estampées. (PARC.)

2. CHANALET (E.), à Santiago. — Cachets. (PARC.)

DANEMARK.

1. BERG (Hans. C.), à Copenhague. — Plafond en stuc. (PALAIS.)

2. ELKJAER (P. M.), à Copenhague. — Imitations de mosaïques florentines (décorations). (PALAIS.)

3. HANSEN (E. M. A.), à Copenhague. — Lambris sculpté. (PALAIS.)

4. LUND (Carl), à Copenhague. — Peintures décoratives d'architecture ancienne danoise. (PALAIS.)

5. MOLMANN (C.) et Cie, à Copenhague. — Panneaux décoratifs. (PALAIS.)

6. OIGAARD (M. C.), à Copenhague. — Colonnes, marbres imitation. (PALAIS.)

7. SCHRODER (Bernhard), NIELSEN & HANSEN, à Copenhague. — Imitations des Gobelins, cuirs de tenture et d'ameublement. (PALAIS.)

RÉPUBLIQUE DOMINICAINE.

1. Commission Provinciale de Seibo. — Cuiller en corne travaillée. (PARC.)

2. GUILBERT (Ch. D. E.), à Paris, rue de Vaugirard, 59. — Réduction de la statue de Christophe Colomb érigée à Santo-Domingo. (PALAIS.)

3. THOMASSET (Enrique), à Santo-Domingo. — Gravures représentant le cacao. (PARC.)

ÉQUATEUR.

1. **COUSIN (Auguste)**, à Quito. — Antiquités indiennes. (PARC.)
2. **RENDON (Manuel E.)**, à Guayaquil. — Peinture sur toile. (PARC.)

ESPAGNE.

1. **ANTONIO GIMENEZ (Juan)**, à Madrid. — Tableaux de calligraphie et de dessin. (PALAIS.)
2. **ASIS LOPEZ (Francisco)**, à Madrid. — Tableau contenant des photographies d'objets d'art industriel. (PALAIS.)
3. **Association Artistique**, à Barcelone. — Œuvres d'archéologie. (PALAIS.)
4. **École et office des Arts**, au Ferrol. — Tableaux et vitrine avec travaux de dessin. (PALAIS.)
5. **LAZARO (Ignacio)**, à Madrid. — Peinture héraldique. (PALAIS.)
6. **ROCA (José)**, à Barcelone. — Cadre avec gravure. (PALAIS.)
7. **SEGUI (Miguel)**, à Barcelone. — Cadre avec gravure. (PALAIS.)
8. **VALLES (Mariano)**, à Tolosa (Guipuscoa). — Cadre fait à la plume et au pinceau. (PALAIS.)

ÉTATS-UNIS.

1. **Cooperative Building Plan association**, à New-York, N. Y., 63, Broadway. — Volumes de dessins de construction. (PALAIS.)
2. **GLEASON (Balduin)**, à New-York, N. Y., 61, Broadway. — Objets divers en celluloïd décorés par la gravure. (PALAIS.)
3. **HARRIS (Nathaniel R.)**, à Philadelphie, Pa., 811, Ellsworth street. — Dessins industriels. (PALAIS.)
4. **MORGAN (W. E.)**, à Chicago, Ill., 180, Washington street. — Encre lithographique à imprimer et marquer, poudre de bronze et matériel d'éclairage. (PALAIS.)
5. **RATH (Arthur)**, à New-York, N, Y., 38, Ann street. — Vignettes gravées sur pierre. (PALAIS.)
6. **WETZEL (John)**, à Salt-Lake-City, Utah. — Système pour prendre soi-même la mesure de chaussures. (PALAIS.)

GRANDE-BRETAGNE.

1. **ARDESHIR & BYRAMJI**, Hummum street, 10, Fort Bombay (Indes). — Objets estampés, ciselés, sculptés. (PALAIS.)
2. **BHUMGARA FRAMJU PESTONJEE**, à Bombay, Kalbadorie road, 5, et à Madras, Mount road, 5, (Indes). — Objets estampés, ciselés, sculptés. (PALAIS.)

3. **BIGEX, E. SRINURGUR**, à Cashmere et à Londres, 15, New street Bishopsgate street. — Objets sculptés et ciselés.   (PALAIS.)

4. **PROCTOR & Co (The Indian Art Gallery)**, à Londres, Oxford street, 423. — Objets sculptés et gravés.   (PALAIS.)

5. **SKIPPER & EAST (Charles)**, à Londres, Saint-Dunstan's Hill, 1 et à Paris, rue de la Victoire 33. — Billets de banque, chèques, obligations, certificats, lettres de change, timbres-poste.   (PALAIS.)

6. **SMITH & WRIGHT (Limited)**, à Birmingham, Brearley street, 180. — Médailles.   (PALAIS.)

7. **WADE, SEYMOUR**, à Londres, Bloomfield House, London Wall. — Tablettes en bas-relief.   (PALAIS.)

   Les nouvelles tablettes de bas-relief, brevetées, fabriquées sous la concession donnée à MM. Waterlow et Fils.
   Les tablettes « Gem » de verre.
   La machine à écrire avec les types en miniature.

8. **WILLING (James)**, à Londres, E. C., Clerkenwell road, 12. — Caractères et tablettes émaillées et autres pour affiches.   (PALAIS.)

GRÈCE.

1. **DRAMANDIS (N.)**, à Athènes. — Sculpture sur bois.   (PALAIS.)

2. **PROSSALENTIS (Evangela)**, à Lanas (Corfou). — Sculpture sur bois.   (PALAIS.)

3. **RALLIADOROS (D.)**, à Athènes. — Sculpture sur bois.   (PALAIS.)

4. **SAMAROS (P.)**, à Athènes. — Sculpture sur bois.   (PALAIS.)

GUATEMALA.

1. **BARRUTIA (Salvador)**, à Guatemala. — Calebasses sculptées.   (PARC.)

2. **CABRERA (Angel)**, D', à Guatemala. — (Frutas de cera) fruits en cire.   (PARC.)

3. **CUCUL (Salvador)**, à Coban. — Calebasses sculptées.   (PARC.)

4. **Gouvernement de Guatemala**, à Guatemala. — Collection d'antiquités indiennes, etc.   (PARC.)

5. **KELLY (M. J.)**, à Quiché. — Antiquités indiennes.   (PARC.)

6. **ORDOÑEZ (Cipriano)**, à Guatemala. — Sculpture sur bois.   (PARC.)

7. **PECTOR (Désiré)**, à Guatemala. — Collection d'antiquités.   (PARC.)

8. **PERALES (Juan)**, à Antigua. — Fruits en cire.   (PARC.)

9. **RIBON (Tomas G.)**, à Antioquia. — Statues en or du temps des Aztèques.   (PARC.)

10. **SPINOLA (Salvador)**, à Guatemala. — Calligraphie.   (PARC.)

JAPON.

1. **ANDO (Chiutaro)**, Tokio-fu. — Peintures à l'huile.   (PALAIS.)

2. **HATTORI (Kumaji)**, Aichi-Ken Nagoya-Ku. — Peinture.   (PALAIS.)

3. **IMURA (Kan-Ichi)**, Aichi-Ken, Nagoya-Ku. — Peintures sur soie.   (PALAIS.)

4. **IWAMOTO (Hanji)**, Hiogo-Ken, Shikito-Kori. — Peintures sur soie.
                                                                                      (PALAIS.)

5. **KISHI (Chikudo)**, Kioto-fu, Kamikio-Ku. — Peintures sur soie.   (PALAIS.)

6. **KITO (Tamasaburo)**, Aichi-Ken, Nagoya-Ku. — Peintures sur soie. (PALAIS.)

7. **MANBA (Kamakichi)**, Tokio-fu, Asakusa-Ku. — Reproduction d'une des
portes du Temple de Nikko (Yomeimon).   (PALAIS.)

8. **MATSUDA (Hikoroku)**, Oita-Ken, Shimoge-Kori. — Motifs en couleurs
sur mouchoirs. Kakemono.   (PALAIS.)

9. **Ministère de l'Agriculture et du Commerce** (Direction de l'Industrie),
à Tokio. — Objets en bronze, émail cloisonné, laque, shibaichi, ivoire, bois, faïence,
fer, argent ; vases, brûle-parfums, boîtes, assiettes, étagères, panneaux, dessus de
table, plateaux, chambranles.   (PALAIS.)

10. **MOCHIDZUKI (Giokusen)**, Kioto-fu, Kamikio-Ku. — Kakemono.
                                                                                      (PALAIS.)

11. **NAKAMURA (Zenjiro)**, Kioto-fu, Kamikio-Ku. — Peinture sur soie.
                                                                                      (PALAIS.)

12. **OKANO (Rintaro)**, Kioto-fu Amada-Kori. — Peintures sur soie.   (PALAIS.)

13. **OSAWA (Nankoku)**, Tokio-fu, Nihonbashi-Ku. — Tableaux à l'aquarelle
                                                                                      (PALAIS.)

14. **SAKAKIBARA (Bunsui)**, Kioto-fu, Kamikio-Ku. — Peintures sur soie.
                                                                                      (PALAIS.)

15. **SAWAKI (Saburo)**, Gifu-Ken, Atsumi-Kori. — Peintures sur soie. (PALAIS.)

16. **TAMURA (Soriu)**, Kioto-fu, Shimokio-Ku. — Peintures à l'huile.   (PALAIS.)

17. **WATANABE (Chiuki)**, Tokio-fu, Kanda-Ku. — Peintures sur soie.
                                                                                      (PALAIS.)

18. **WATANABE (Masatsura)**, Aichi-Ken Nagoya-Ku. — Peintures. (PALAIS.)

19. **WATANABE (Riosuke)**, Tokio-fu, Nihonbashi-Ku. — Tableaux. (PALAIS.)

PRINCIPAUTÉ DE MONACO.

1. **Gouvernement de la Principauté de Monaco**, Collaborateur : **Jolivot**,
à Monaco. — Monnaies et bijoux antiques trouvés à Monaco. Monnaies et médailles
des princes de Monaco.   (PARC.)

2. **SAIGE (Gustave)**, à Monaco, au Palais. — Collection de moulages de sceaux
des XIIIe, XIVe et XVe siècles.   (PARC.)

NORVÈGE.

1. **HOLTER (Gustav E.)**, à Christiania. — Ouvrages de xylographie.   **(PALAIS.)**
2. **LYNG (Martinius)**, à Christiania. — Planches lithographiques : anciennes maisons campagnardes norvégiennes, antiquités norvégiennes, Fauna Norvegica.
   (PALAIS.)
3. **THRONDSEN (Ivar)**, à Kongsberg. — Médailles gravées.   **(PALAIS.)**

PAYS-BAS.

1. **BES (J.)**, à Harlem. — Modèles en fil de fer.   **(PALAIS.)**
2. **BIEGMAN (Anton M)**, à Leyde. — Modèles en plâtre : Vases grecs antiques, chapiteaux, coupes, collection d'animaux, tableaux divers.   **(PALAIS.)**
3. **BRINKMAN (C. L.)**, à Amsterdam. — Tableaux servant à l'enseignement classique du dessin.   **(PALAIS.)**
4. **École de peinture de P. Van der Burg**, à Rotterdam. — Travaux d'élèves, imitation de bois et de marbre.   **(PALAIS.)**
5. **KLYSEN (J. & C.)**, à Zwolle. — Ornements en plâtre.   **(PALAIS.)**
6. **LEER (L. Van) & Cie**, à Harlem. — Chromo-lithographies.   **(PALAIS.)**
7. **VERSLUYS (W. & J.)**, à Amsterdam. — Modèles muraux pour le dessin à main levée dans les écoles primaires.   **(PALAIS.)**

PORTUGAL.

1. **ALMEIDA (José A. d')**. — Dessin à la plume.   **(QUAI.)**
2. **LE RETORD (José Antonio)**. — Peinture sur faïence.   **(QUAI.)**
3. **MAIA (Cassanio A. Vidal da)**. — Gravures, médailles.   **(QUAI.)**
4. **PIMENTA (Rafael Iderio Maria)**. — Gravures.   **(QUAI.)**
5. **RATO (Antonio Moreira) et Fils**. — Bas-relief.   **(QUAI.)**
6. **REIS LOUREIRO (José dos)**. — Gravures.   **(QUAI.)**

COLONIES PORTUGAISES.

1. **Musée des Colonies**, à Lisbonne. — Collection de monnaies en cours aux colonies portugaises.   **(PALAIS.)**

ROUMANIE.

1. **ENISTEANU (Joan C.)**, à Bucharest, strada Oietari, 6. — Dessins à la plume et calligraphie.   **(PALAIS.)**
2. **GRASSIANY (Elia)**, à Bucharest, strada Safari, 10. — Albums des tableaux symboliques du couronnement de Leurs Majestés, le Roi et la Reine de Roumanie, dont un lithographié sur satin.   **(PALAIS.)**

3. **JACOVENCO (Mlle Hélène)**, à Bucharest, strada Lutherană, 11 bis. — Écrans avec fleurs et amours, écrans avec fleurs et raisins. **(PALAIS.)**

4. **MARCOVICI (Bodgan)**, à Piatra, (district de Neamtzo). — Tableaux comprenant des modèles calligraphiques, ornés de fleurs. **(PALAIS.)**

5. **MUTZNER**, à Bucharest, rue Victoriei, 16. — Travaux lithographiques en tous genres. **(PALAIS.)**

6. **ROCULESCU (AL)**, à Iassy. — Divers travaux de lithographie et de calligraphie. **(PALAIS.)**

7. **SOFRONIE (Sultana D. Lazu, Vve)**, à Cursesci (Vaslui). — Tableaux en écorce de cerisier, soie, mousse d'arbres et insectes divers. **(PALAIS.)**

8. **TUFESCU (Joan)**, à Iassy, rue Nicorita, 15. — Stéréotypie exécutée sans machine, échantillons de galvanoplastie. **(PALAIS.)**

9. **VILESCU (Joan)**, à Constanta (Dobrudja). — Bouquets de fleurs, paysages gravés sur verre. **(PALAIS.)**

RUSSIE.

1. **KOZMINE (S.)**, à Moscou. — Dessin d'une machine pour la fabrication des tubes à cigarettes. **(PALAIS.)**

2. **ZOUBRITZKI (N.)**, à Ekaterinbourg (Perm). — Peinture industrielle. **(PALAIS.)**

GRAND-DUCHÉ DE FINLANDE

1. **Amis touristes (Les)**, à Helsingfors. — Collection de monnaies du Grand-Duché. **(PARC.)**

2. **Ateliers lithographiques de GOESTA SUNDMANN**, à Helsingfors. — Collection de gravures en chromo-lithographie. « Poissons et œufs d'oiseaux de Finlande. » **(PARC.)**

SAINT-MARIN.

1. **Commission du Gouvernement.** — Panneaux décoratifs, représentant diverses vues de la ville et de la citadelle de Saint-Marin. Empreintes sur plâtre des sceaux, anciens et modernes, existant dans les archives de l'État. **(PALAIS.)**

SALVADOR.

1. **AGUILAR (André)**, à Santa-Ana. — Lutte d'un chasseur, sculpture en cèdre. **(PARC.)**

2. **GONZALEZ (Juan M.)**, à San-Salvador. — Pots de fleurs et de fruits en plâtre. **(PARC.)**

3. **GONZALEZ (P.)**, à San-Salvador. — Écusson national, cèdre sculpté. Boîte à secret en bois sculpté. **(PARC.)**

4. **GONZALEZ (Mme Mercedes P. de)**, à San-Salvador. — Tableau allégorique fait en tusa, pâte et moëlle de chiendent. **(PARC.)**

5. **GUERARA (Théodule)**, à Santa-Tecla. — Lithographies assorties (titres, plans, lettres, etc.) **(PARC.)**

6. **PISSIS DE L...**, à San-Salvador. — Monnaies d'argent de divers titres (calados). **(PARC.)**

SUISSE.

1. **ABPLANALP (Jacques)**, à Brienz (Berne). — Sculpture sur bois, baromètre et thermomètre.   (PALAIS.)

2. **BAUMANN (André)**, à Brienz (Berne).— Sculpture sur bois, fleurs.   (PALAIS.)

3. **Ecole de sculpture de Brienz** (Berne). — Collections de sculptures en bois.   (PALAIS.)

4. **Ecole de sculpture de Meyringen**, à Meyringen (Berne). Directeur : **ROGGERO Ernest**. — Bibliothèque, table à ouvrage pendule, trophées de chasse, cadres, dessus de table, etc.   (PALAIS.)

5. **FLUCK (Pierre)**, à Hofstetten (Berne). — Sculpture sur bois, portrait brûlé sur bois.   (PALAIS.)

6. **HOMBERG (Franz)**, à Berne. — Armoiries, médailles, sceaux.   (PALAIS.)

7. **HUGGLER (Henri)**, à Brienz (Berne). — Sculpture sur bois, aigles.   (PALAIS.)

8. **MICHEL (Jean)**, à Brienz (Berne). — Sculpture sur bois, vaches.   (PALAIS.)

9. **MICHEL (Pierre)**, à Bonigen (Berne). — Sculpture sur bois, trophée.   (PALAIS.)

10. **ORELL FUSSLI et Cie**, à Zurich. — Dessins industriels, papiers, valeurs, lithographies.   (PALAIS.)

11. **ZUMBRUM (Pierre)**, à Ringgenberg (Berne). — Sculpture sur bois, tables et chaises.   (PALAIS.)

URUGUAY.

1. **Commission d'Exposition**, à Montevideo. — Photographies diverses. Ecusson aux armes de l'Uruguay.   (PARC.)

VÉNÉZUÉLA.

1. **ALVARADO (Manuel M.)**, à Paris, boulevard Haussmann, 21. — Idoles et trépied en terre cuite, provenant d'un cimetière indien, près de Bocono.   (PARC.)

GROUPE II.

ÉDUCATION ET ENSEIGNEMENT. MATÉRIEL ET PROCÉDÉS DES ARTS LIBÉRAUX.

CLASSE 12.

Épreuves et Appareils de Photographie.

FRANCE.

1. **ABEL (Jean)**, à Paris, rue Cauchois, 9. — Applications industrielles de la photographie à l'ameublement. **(PALAIS.)**

2. **AOST et GENTIL**, à Paris, rue du Faubourg-St-Denis, 188 — Nouveaux procédés de reproduction par la lumière, des dessins faits sur papier calque, traits noirs inaltérables sur fond blanc. **(PALAIS.)**

3. **APPERT (Ernest)**, à Paris, rue Taitbout, 24.— Photographies diverses inaltérables. **(PALAIS.)**

    Expositions de Paris, 1855, méd. argent ; 1867, bronze ; 1878, bronze.

4. **ARNAULT (Georges A.)**, à Paris, rue Poisson, 9. — Épreuves photographiques instantanées. **(PALAIS.)**

5. **ARON Frères**, à Paris, rue Lebrun, 39. — Épreuves phototypiques. **(PALAIS.)**

6. **ARTIGUE (J. Victor F.)**, à Bordeaux (Gironde), rue Terrenègre, 114. — Photographies obtenues au moyen d'un procédé nouveau donnant directement des images inaltérables. **(PALAIS.)**

7. **ASTRUC**, à Bergerac (Dordogne), boulevard Maine-Biran, 10. — Photographies. **(PALAIS.)**

8. **ATTOUT-TAILFER (P. Alphonse)**, à Paris, rue du Moulin-de-la-Pointe, 63 — Épreuves photographiques obtenues par le procédé isochromatique. **(PALAIS.)**

9. **AUDOUIN (Jules)**, à Paris, cité Bergère, 5. — Appareils et fournitures générales pour la photographie. Chambres noires pour touristes. **(PALAIS.)**

10. **AUDOUIN (Paul)**, à Paris, rue Cuvier, 14. — Nouveau procédé fournissant, par l'application de la lumière artificielle et du gaz d'éclairage, des clichés photographiques. **(PALAIS.)**

    Agrandissements de sujets et portraits par ce procédé. Applications aux sciences naturelles, etc.

11. AUDRA (N. J. Edgard), à Paris, rue de Logelbach, 3. — Photographies dans un cadre.   (PALAIS.)

> Le gelatino-bromure d'argent. Sa préparation et son emploi. Traité pratique.

12. AUMONT (Joseph), à Tours (Indre-et-Loire) rue Ragueneau, 1. — Photographies et études de paysage.   (PALAIS.)

13. BALAGNY (Georges,) à Paris, rue Salneuve, 11. — Plaques souples et papiers pelliculaires de A. Lumière et ses fils pour l'instantané. Application à la phototypie.   (PALAIS.)

14. BALBRECK Aîné (Maximilien), à Paris, boulevard Montparnasse, 81. — Objectifs photographiques.   (PALAIS.)

15. BARCO (Joseph), à Nancy (Meurthe-et-Moselle). — Photographies. (PALAIS.)

16. BARTHÉLÉMY (Félix), à Nancy (Meurthe-et-Moselle), rue des Dominicains, 17. — Photographies ; agrandissement au charbon.   (PALAIS.)

17. BAY (Gustave-E.), à Paris, rue du Chemin-Vert, 35. — Héliographie industrielle. Dessins.   (PALAIS.)

18. BAYARD (J. A. Edmond), à Paris, rue de Lisbonne, 18. — Série de photographies.   (PALAIS.)

19. BAZARD (C.-Edouard), à Paris, rue des Fossés-St-Bernard, 28. — Paysages, monuments, vues animées.   (PALAIS.)

20. BEAUGRAND (Joseph), à Paris, boulevard Saint-Denis, 16. — Photographies peintes sur étoffes, papiers, etc.   (PALAIS.)

21. BELLINGARD (Pierre-J.), à Lyon (Rhône), place St-Pierre, 3. — Épreuves, portraits photographiques au charbon.   (PALAIS.)

> Épreuves inaltérables au charbon.
> Médaille d'or, Barcelone, 1888.

22. BELLOTTI (Louis), à Saint-Étienne (Loire), rue du Général Foy, 31. — Portraits d'après nature imprimés aux encres grasses.   (PALAIS.)

23. BERAUD (G. E. Marcel), à Paris, rue Pigalle, 57. — Épreuves photographiques.   (PALAIS.)

24. BERTHAUD Frères, à Paris, rue Cadet, 9. — Phototypies, photographies aux encres grasses.   (PALAIS.)

25. BERTHIOT (Claude), à Paris, rue Saint-Antoine, 168. — Objectifs pour la photographie.   (PALAIS.)

26. BERTHON (Louis-M.), au Richoud, par Roussillon (Isère). — Photo-peintures sans dessous photographiques. Photographies instantanées, mises au point par le compas Berthon.   (PALAIS.)

27. BEZIER (Louis C.), à Paris, rue Montmartre, 125. — Applications à la photographie, tableaux, cartes d'identité.   (PALAIS.)

28. BÉZU-HAUSSER et Cie, à Paris, rue Bonaparte, 1. — Microscopes et objectifs pour la photographie.   (PALAIS.)

29. BILCO (Charles-J.), à Paris, rue de l'Assomption, 73. — Miniatures photographiques inaltérables peintes à l'huile.   (PALAIS.)

30. BLAIN Frères (Isidore et Gabriel), à Valence (Drôme). — Épreuves photographiques, agrandissements sur papier au collodio-chlorure. Fournitures, papiers spéciaux.   (PALAIS.)

31. BLANC (Germain), à Paris, rue Saint-Antoine, 222. — Photographies et portraits.   (PALAIS.)

32. BLOCK (A.), à Paris, boulevard de Sébastopol, 91. — Photographie, platinotypie, photoglyptie, épreuves sur verre et sur papier noir et coloriées transparentes.

(PALAIS.)

33. BOSCHER (Gustave), à Paris, rue Duphot, 16. — Portraits instantanés, cavaliers, agrandissements inaltérables, peintures, vues, reproductions.   **(PALAIS.)**

Portraits-médailles, aquarelles, etc. Expositions universelles de Paris 1878 et Sydney 1880.

34. BOUILLAUD (Gustave), à Mâcon (Saône-et-Loire), rue de la Paroisse, 4. — Impression photographique au charbon double transfert en toutes dimensions.

(PALAIS.)

35. BOURDIN (Jules), à Paris, boulevard des Italiens, 31. — Appareils photographiques, de campagne.   **(PALAIS.)**

36. BOYER (Paul A. M. J.), Successeur de **Van-Bosch,** à Paris, boulevard des Capucines, 35. — Photographies, platinotypes, émaux, aquarelles, peintures, photofloras, lampe éclair pour photographies de nuit.   **(PALAIS.)**

37. BRAUN & Cie, à Paris, avenue de l'Opéra, 43. — Photographies, photogravures.   **(PALAIS.)**

Éditeurs photographes officiels du Louvre et des Musées Nationaux.

Salle d'exposition et de vente au musée du Louvre.

Médailles d'or, Paris 1855, 1867, 1878, Vienne 1873, Amsterdam 1882. Diplômes d'honneur, Anvers 1885, Bruxelles 1888.

Photographie artistique et industrielle.

Reproductions par le Procédé inaltérable au Charbon de tous les musées d'Europe, des collections particulières les plus remarquables, Œuvres choisies des peintres modernes. Vues de Suisse, d'Égypte. Photogravures, phototypes, papiers pigmentaires. Portraits et agrandissements inaltérables au charbon. Collection historique des Contemporains célèbres, photographiés depuis 1847.

38. BRAY (Jean de), à Cannes (Alpes-Maritimes), rue Hoche, 3. — Vues de Cannes. Plantes et arbres, études.   **(PALAIS.)**

39. BUCQUET (Maurice), à Paris, rue de Chaillot, 34. — Photographies instantanées et agrandissements sans retouche.   **(PALAIS.)**

Médaille d'argent, Bruxelles 1888.

40. BUISSON (Jules), à Cannes (Alpes-Maritimes). — Photographies.   **(PALAIS.)**

41. CALAVAS (Artin), à Paris, rue Lafayette, 68. — Photographie et phototypie en couleurs, documents pour les arts décoratifs.   **(PALAIS.)**

42. CAPELLE (Albert L.), à Paris, rue Laffitte, 45. — Photographies.   **(PALAIS.)**

Médaille d'argent à l'Exposition de Bruxelles 1888.

43. CARETTE et Cie, à Bois-Colombes (Seine), rue Charpentier, 5. — Épreuves photographiques, agrandissements inaltérables au charbon.   **(PALAIS.)**

44. CARETTE (Henry), à Paris, rue du Château-d'Eau, 12. — Produits chimiques, appareils photographiques, ébénisterie.   **(PALAIS.)**

45. CARSAULT (Arthur), à Paris, rue de l'Hôpital-Saint-Louis, 11. — Épreuves photographiques.   **(PALAIS.)**

Maison Grillaud et Cie, fondée en 1869.

Papiers pour la photographie albuminés et salés.

Papier sensible, marque P. G.

Papiers coupés de tous formats et mis en boîtes.

46. CAYEZ (Alfred-Louis), à Lille, rue de Béthune, 75. — Photographies, machines à glacer.   **(PALAIS.)**

47. CHABRIER (E. Paul), à Paris, rue Tronchet, 31. — Photographies d'amateur.   **(PALAIS.)**

48. CHALOT (A. Isidore), à Paris, rue Vivienne, 18. — Photographies et platinotypies. **(PALAIS.)**

Médaille d'or à l'Exposition universelle d'Anvers 1885.

49. CHAMBAY (Modeste), à Paris, boulevard des Capucins, 12, (Grand hôtel). — Portraits et vues imprimés sur papier ivoire. **(PALAIS.)**

50. CHÉRI ROUSSEAU, à Saint-Étienne (Loire). — Agrandissements au charbon inaltérables, noirs et polychrômes. **(PALAIS.)**

Maison fondée en 1851. — Succursales à Marseille et Vichy. — Ateliers spéciaux pour le tirage et la retouche des épreuves au charbon.
Récompenses : Paris 1867, diplôme d'honneur. Paris 1878, médaille d'or.

51. CHÉRON (Eugène), à Paris, rue du Faubourg-St-Honoré, 14. — Épreuves et papiers sels d'argent, platine, fer, gélatine, bromure, chlorure. **(PALAIS.)**

52. CHESNAY (Émile), à Dijon (Côte-d'Or). — Agrandissements au charbon par projection électrique. **(PALAIS.)**

53. CLAUDE (J. Félix), à Paris, rue Denfert-Rochereau, 106. — Tableau contenant des reproductions photographiques de plans dessinés sur papiers ou toiles à calquer transparents, avec de l'encre de Chine bien noire. **(PALAIS.)**

Papiers photographiques pour les Administrations et l'Industrie.
Cyanotype, Ferro-prussiate, Héliographique, articles de dessin, reproduction de calques à façon, appareils et produits photographiques.

54. CLÉMENT (Paul J.), à Paris, boulevard St-Germain, 131. — Photographies diverses. **(PALAIS.)**

55. COGNET (Charles), à Paris, rue du Faubourg St-Honoré, 28. — Photographies. **(PALAIS.)**

56. COLSON (René), à Paris, rue de la Pompe, 68. — Photographie sans objectif (Loi du maximum de netteté, et applications). **(E. C.) (PALAIS.)**

57. Compagnie de l'Autocopiste, Directeur : **C. RAYMOND**, à Paris, boulevard Poissonnière. — Autocopiste et papier photographique, produits photographiques. **(PALAIS.)**

58. COUDAN (Noël), à Lyon (Rhône), rue Centrale, 56. — Photographies au charbon pour double transfert. **(PALAIS.)**

59. COULET (Paul), à Paris, rue de Greffulhe, 4. — Épreuves photographiques. **(PALAIS.)**

60. COURRIER (Albert L. L.), Ancienne Maison **L. Bacard**, à Paris, rue de Rivoli, 59. — Photographies, portraits d'enfants, émaux vitrifiés, agrandissements inaltérables au charbon. **(PALAIS.)**

Spécialités de portraits d'enfants. Vente d'éditions de bébés. Émaux vitrifiés, agrandissements.

61. COUTON (Claudius), à Vichy (Allier). — Épreuves instantanées, papier positif et négatif, épreuves positives, épreuves sur métal, épreuves vitrifiées ; photolithographie. **(PALAIS.)**

62. COUTURIER (Paul), au Mans (Sarthe), avenue Thiers, 39. — Portraits, vues et paysages. **(PALAIS.)**

63. DAGRON, à Paris, boulevard Bonne-Nouvelle, 34. — Dépêches pigeon sur pellicule ; agrandissements charbon ; microscopie. **(PALAIS.)**

64. DAIREAUX (V. L.), à Paris, rue de Rivoli, 156. — Photographies. **(PALAIS.)**

65. DALLE (L. Léon), à Noisy-le-Sec (Seine), rue de la Madeleine, 43. — Photographies. **(PALAIS.)**

66. DAMASCHINO (D''), à Paris, boulevard Saint-Germain, 199.— Épreuves photomicrographiques et photographiques appliquées à l'étude de la médecine.

(PALAIS.)

67. DANGEREUX (F. Émile), à Paris, rue St-Denis, 120. — Photographies, portraits d'enfants.

(PALAIS.)

68. DARIER (Charles), à Paris, rue Vivienne, 4.— Produits nécessaires à la reproduction en couleur des épreuves photographiques.

(PALAIS.)

69. DARLOT, (Alphonse), à Paris, boulevard Voltaire, 125.— Instruments de photographie.

(PALAIS.)

70. DAVID (J.), à Levallois-Perret (Seine), rue de Courcelles, 90. — Photographies.

(PALAIS.)

71. DECOUDUN (Jules), à Paris, rue de St-Quentin, 8. — Instruments divers pour la photographie.

(PALAIS.)

72. DEHORS (Auguste) et DESLANDRES (Albert), à Paris, rue des Haudriettes, 8. — Le Sténope-Photographe ; le Photo-Poche ; le Photo-Gibus.

(PALAIS.)

73. DELONDRE (Paul), à Paris, rue Léonie, 7. — Photographie sur papier.

(PALAIS.)

74. DEMACHY (Robert), à Paris, rue François I''', 13. — Épreuves photographiques positives sur papier.

(PALAIS.)

75. DEMARIA (Isidore), à Paris, rue du Canal-Saint-Martin, 2. — Glaces, verres polis, cuvette, verrerie et objets divers pour la photographie.

(PALAIS.)

76. DEROGY (E. Eugène), à Paris, quai de l'Horloge, 33. — Objectifs, chambres noires pour la photographie.

(PALAIS.)

Maison fondée en 1820 par M. Wallet.

Objectifs en tous genres pour la photographie. Objectifs rectilignes rapides et extra-rapides pour portraits, groupes, paysages et reproductions. — Objectifs panoramiques à grand angle. — Objectifs à portraits. — Objectifs simples à paysages. — Appareils solaires pour agrandissements, réflecteur à mouvement d'horlogerie (Breveté S. G. D. G.). — Appareils pour agrandissements à lumière artificielle. — Chambres noires extra légères pour voyages, pour atelier. — Appareils à main (Brevetés S. G. D. G.). — Pieds en tous genres, châssis, cuvettes, lanternes, etc. — Glaces préparées au gélatino-bromure, papiers préparés pour tous procédés, produits chimiques purs, etc., etc. Réc. 1855 Paris ; 1862 Londres ; 1867 Paris, méd. d'arg. 1876 Philadelphie ; 1878 Paris, deux médailles d'argent.

77. DESCHAMPS (Gustave), à Paris, rue de Lonchamps, 76.— Épreuves photographiques sur papiers industriels.

(PALAIS.)

78. DESMAREST (Henri), à Fontainebleau (Seine-et-Marne), rue des Bois, 27. — Épreuves photographiques; marines et paysages.

(PALAIS.)

79. DESOR (A. J.), à Paris, avenue Parmentier, 103. — Porte-photographies, système dit : « Le merveilleux ». Cadres émaillé et fantaisie, croix, bénitiers, chapelle émaillée montée sur onyx et sur marbre, etc.

(PALAIS.)

Fabricant de cadres et porte-cartes photographiques en glace, systèmes brevetés, haute nouveauté en ce genre, fantaisie riche et ordinaire.

80. DESSOUDEIX (Charles-E.-A.), à Paris, rue du Rocher, 47. — Obturateurs à vitesse variable et à pose, chambre à prisme détective, chambre de voyage, viseur à double transformation.

(PALAIS.)

81. DOISEN (Louis), à Paris, boulevard de Sébastopol, 123. — Photographie-canevas au charbon et portraits directs.

(PALAIS.)

82. DREYFUS (Georges), à Paris, rue de Paradis, 32. — Photographies peintes sur étoffes.

(PALAIS.)

83. DUBRONI (Roger-P.-S.-Albert), à Paris, rue de Rivoli, 250. — Appareils, produits et accessoires pour la photographie. **(PALAIS.)**

Spécialité d'appareils portatifs. Médailles. Paris, 1867 ; Vienne, 1873 ; Paris, 1878.

84. DUCHESNE (Léon), à Evreux (Eure), rue des Murs-Saint-Louis. — Photographies de diatomées. **(PALAIS.)**

85. DUJARDIN (Paul), à Paris, rue Vavin, 28. — Gravures héliographiques. **(PALAIS.)**

86. DUMETEAU (Jean), à Paris, rue Chapon, 17. — Epreuves photographiques. **(PALAIS.)**

87. DURANDELLE (Louis-Emile), à Paris, rue du Faubourg-Montmartre, 4. — Photographies. **(PALAIS.)**

88. ECKERT (J. Alexandre), à Paris, rue du Chemin-Vert, 119. — Chambres noires spéciales à la main, pour instantanés. Nouveau châssis pelliculaire. Pieds de campagne à triangle en métal. **(PALAIS.)**

89. ENJALBERT (Ernest), à Paris, rue Saint-Martin, 4. — Appareils photographiques. **(PALAIS.)**

90. FABRE (Charles), à Toulouse, rue Fermat, 18. — Photographies, ouvrages divers sur la photographie et ses applications scientifiques et autres. **(PALAIS.)**

91. FALLER (Eugène), à Paris, rue du Temple, 6. — Appareils photographiques. **(PALAIS.)**

92. FAURE Père et Fils, à Lille (Nord), rue Nationale, 83. — Photographies, portraits-albums sur tablettes contenant des platines, des charbons et des sels d'argent. **(PALAIS.)**

Maisons fondées à Amiens en 1856 et à Lille en 1864, par M. Faure père, breveté en 1860, pour un dégradateur automatique. Agrandissements directs par l'électricité, simili-gravure, photo-polychromie, etc. — Atelier spécial de photographie Hippique, avenue des Tribunes 6 et 8, Champ de courses de Lambersart.

93. FAUVEL (Auguste), à Paris, rue Mazarine, 40. — Appareils, chambres noires, appareil à développer les clichés, stéréoscopes américains. **(PALAIS.)**

94. FERNIQUE (Albert), à Paris, rue de Fleurus, 31. — Epreuves photographiques et de photogravure. **(PALAIS.)**

95. FERRAND (Jules), à Lille, boulevard de la Liberté, 62, (Nord). — Clichés directs. **(PALAIS.)**

96. FETTER (Joseph), à Paris, rue Delambre, 34. — Nouveaux systèmes d'applications photographiques, accessoires. **(PALAIS.)**

97. FISCHER (Jacques), à Paris, avenue des Gobelins, 12 bis. — Miniatures coloriées sur opale. **(PALAIS.)**

98. FLEURY-HERMAGIS (Jules), à Paris, rue Rambuteau, 18. — Optique de précision et fournitures générales, objectifs et épreuves à l'appui, appareil Groult, compas Berthon, etc. **(PALAIS.)**

99. FRANÇAIS (J.-P. Emile), à Paris, rue du Châlet, 3. — Objectifs, obturateurs, Appareils complets. Appareils instantanés à main. Le Kinégraphe. **(PALAIS.)**

Construction spéciale d'objectifs de tous systèmes, pour photographes et amateurs. Obj. extra-rapides pour portraits dans l'atelier. Obj. rectilinéaires rapides, pour vues instantanées. Obj. rectilin. à grand angle, pour vues panoramiques, monuments, intérieurs et reproductions. Obj. simples pour paysages. Obj. rectilin. à foyers multiples pour tous usages, dits trousses d'objectifs. Nouveau modèle d'obturateur instantané et à pose facultative, système à secteurs concentriques, dit le « Cyclope », tout en métal.

Atelier spécial pour la fabrication de chambres de touristes et d'appareils instantanés à main, avec ou sans mise au point. Le Kinégraphe. Le Cosmopolite. Le Traveller.

Maison fondée en 1865. Médailles et récompenses aux Expositions : Paris 1878, méd. d'argent ; Amsterdam 1883, méd. d'argent.

100. FRANÇOIS (A. Théodore, O), à Paris, rue du Faubourg-Montmartre, 4. — Tableau photographique.   **(PALAIS.)**

101. FRIBOURG (Commandant), à Paris, rue de Rennes, 70. — Photographies aérostatiques.   **(E. C.) (PALAIS.)**

102. FRUCHIER & POTTIER, à Paris, rue Saint-Maur, 214. — Stéréoscopes. Monocles. Appareils photographiques.   **(PALAIS.)**

103. GABRIEL, à Paris, avenue du Bois-de-Boulogne, 24. — Un cadre contenant des photographies.   **(PALAIS.)**

104. GAILLARD (Charles-S.-J.), à Paris, rue Vieille-du-Temple, 92. — Épreuves photographiques au platine. Procédé inaltérable.   **(PALAIS.)**

Chef du service photographique de la Maison Poulenc Frères.

105. GARIN (Adolphe), à Valence (Drôme). — Papiers photographiques.   **(PALAIS.)**

106. GAULTIER (Jules-L.-S.), à Paris, quai des Grands-Augustins, 55. — Épreuves photographiques et héliographiques.   **(PALAIS.)**

107. GAUTHIER-VILLARS et Fils, à Paris, quai des Grands-Augustins, 55. — Ouvrages scientifiques.   **(PALAIS.)**

Maison fondée en 1791 par Jean-Marie Courcier, Imprimeurs-Libraires de l'École Polytechnique, de la Société française de Photographie, etc., Éditeurs de la *Bibliothèque Photographique*.

108. GILLES Frères, à Paris, rue Fromentin, 7 bis. — Appareils photographiques.   **(PALAIS.)**

Maison fondée en 1855. Récompenses aux Expositions universelles de Paris, 1867, 1878.

109. GILLON (Léon), à Paris, rue de la Grange-Batelière, 11. — Chambres sans pied, viseurs, obturateurs et châssis à rouleaux.   **(PALAIS.)**

110. GIRARD (Aimé), à Paris, quai Conti. — Reproduction photomicrographique, pour projections d'études destinées à l'enseignement technologique. **(E. C.) (PALAIS.)**

111. GIRAUDON (B. Adolphe), à Paris, rue Bonaparte, 15. — Documents artistiques en photographie, relatifs à l'histoire de l'art.   **(PALAIS.)**

112. GOLDSCHMIDT (Edmond), à Paris, rue Magellan, 12. — Photographies.   **(PALAIS.)**

113. GORDE (E.-Auguste-A.), à Paris, rue Bochard-de-Saron, 4. — Objectifs rectilignes, grands angulaires, trousses d'objectifs. Appareils à main instantanés et chambres noires.   **(PALAIS.)**

1 Diplôme de médaille de bronze, Exposition de Paris, 1878.

114. GOURDON Père et Fils, à Mende (Lozère), avenue des Casernes. — Vues photographiques, album, principaux monuments du Gard, de l'Hérault, de la Lozère.   **(PALAIS.)**

115. GRAFFE (E.) et JOUGLA (J.), au Perreux (Seine). — Produits photographiques.   **(PALAIS.)**

Grieshaber (J. B.) représentant.

116. GRASSIN (Charles-L.), à Boulogne-sur-Mer, (Pas-de-Calais), rue Beaurepaire. — Cadres de photographies instantanées.   **(PALAIS.)**

117. GRAVEREAUX (Jules-L.), à Paris, avenue de Villars, 4. — Photographie de Madame Boucicaut (photographie au charbon).   **(PALAIS.)**

118. GRAVET (Georges-L.), à Paris, rue du Temple, 32. — Photographies.   **(PALAIS.)**

119. GUERRY (Claude), à Paris, rue Bochard-de-Saron, 5. — Obturateurs photographiques.   **(PALAIS.)**

120. GUILBOT (Narcisse), à Paris, rue de la Verrerie, 4. — Papiers pelliculaires, points, lignes, hachures pour reproduire et dessiner la photographie, l'imprimer et la graver sur métal, clichés photo et typo.   (PALAIS.)

121. GUILLEMINOT & Cie, à Paris, rue Choron, 6. — Plaques au gélatino. Appareils. Produits chimiques pour la photographie.   (PALAIS.)

122. GUINOT (A. Henri), à Paris, rue de Dunkerque, 15. — Portraits, agrandissements.   (PALAIS.)

123. GUITON (P.-J.), à Paris, passage Jouffroy, 13. — Appareil de photographie à châssis unique, contenant 6 plaques sensibles, nouvelle lanterne de laboratoire.   (PALAIS.)

124. GUYARD (Léon J.-J.), à Paris, rue Amelot, 94. — Appareil à rouleaux, le Portatif.   (PALAIS.)

125. HAINCQUE DE SAINT-SENOCH, à Paris, rue Royale, 25. — Epreuves photographiques, paysages, portraits, procédé au charbon.   (PALAIS.)

   Médaille d'or à l'Exposition d'Anvers, 1885.

126. HANAU (Eugène), à Paris, boulevard de Strasbourg, 27. — L'Omnigraphe, appareil portatif avec châssis-boîte à escamoter, contenant 12 châssis pour plaques se substituant automatiquement l'un à l'autre.   (PALAIS.)

   Breveté S. G. D. G. Médaille d'argent, Barcelone 1888.

127. HARRISON et Cie, à Bois-de-Colombes (Seine), avenue Dianoux, 10. — Agrandissements de photographies au charbon.   (PALAIS.)

128. HAUTECŒUR (Edouard J.), à Paris, avenue de l'Opéra, 35. — Vues de Paris; reproductions des musées du Louvre, Luxembourg, Versailles. Agrandissements de portraits d'après photographies. Vues de tous pays. Estampes.   (PALAIS.)

129. HENRY (Paul & Prosper), à Paris, à l'Observatoire. — Photographies astronomiques.   (E. C.) (PALAIS.)

130. HERMANN (Mme Marthe), à Paris, rue de la Chaussée-d'Antin, 20. — Portraits d'enfants.   (PALAIS.)

131. HERVÉ (Lucien), à Paris, rue Raynouard, 71. — Papier pelliculaire photographique.   (PALAIS.)

132. HIEKEL (O.), à Paris, rue du Faubourg-Saint-Honoré, 138. — Photographies.   (PALAIS.)

133. HILD, LANDRY et DECHAVANNES, à Paris, rue Dussoubs, 36. — Cartes pour la photographie.   (PALAIS.)

134. HOFER Frères, à Paris, rue des Grands-Augustins, 3. — Appareils et matériel pour photographie.   (PALAIS.)

135. HUILLARD (Ernest-F.), à Paris, rue du 29 Juillet, 5. — Epreuves photographiques.   (PALAIS.)

136. JACQUIN (Charles), à Paris, rue des Moulins, 5. — Épreuves photographiques au charbon.   (PALAIS.)

137. JANSSEN, à Meudon (Seine-et-Oise), à l'Observatoire d'astronomie physique. — Photographies astronomiques et météorologiques.   (E. C.) (PALAIS.)

138. JANSSENS (Mlle Cécile de), à Paris, rue Vineuse, 9. — Photographies et phototypes destinées à la Société Archéologique d'Eure-et-Loir.   (PALAIS.)

139. JEANNIN & JUMEAU, à Paris, rue Pastourelle, 4. — Pellicules hydrofuges universelles; menus accessoires.   (PALAIS.)

140. JEANNOT-DAFOURNOUX, à Mâcon (Saône-et-Loire), rue Mathieu, 19. — Photographies.   (PALAIS.)

141. JOLTRAIN (Mlle Clarisse-Z.), à Paris, rue du Chemin-Vert, 80. — Épreuves sur papier cyanofer et sur papier ferro-prussiate.   (PALAIS.)

142. JONTE (Frédéric), à Paris, rue Lafayette, 124. — Chambres noires et appareils pour ateliers, voyages, excursions, accessoires et produits.   (PALAIS.)

143. JULIEN-LAFERRIÈRE (Ludovic-H.), à La Rochelle (Charente-Inférieure), rue des Augustins, 8. — Album d'héliogravures, monuments de l'arrondissement de Saintes sous le titre de : L'Art en Saintonge et en Aunis.   (PALAIS.)

144. KLARY (Charles), à Paris, rue de Beaune, 22. — Nouveau procédé photo-typographique, planches.   (PALAIS.)

145. KRAFFT (Hugues), à Paris, boulevard Malesherbes, 84. — Épreuves photographiques ; paysages, architectures, costumes d'Europe et d'Orient.   (PALAIS.)

146. LACHENAL (Jean) et Cie, à Paris, boulevard de Sébastopol, 72. — Vues stéréoscopiques sur verre et vues pour la projection.   (PALAIS.)

147. LADREY, à Paris, passage des Princes. — Portraits artistiques, reproductions et agrandissements par le procédé inaltérable au charbon.   (PALAIS.)

   Médailles aux Expositions universelles, Paris 1867 ; Paris, 1878.
   Photographe du Sénat, de la Chambre des Députés, de l'Institut, Corps diplomatique, des Écoles spéciales, etc.

148. LAMBEL (Jean C.), à Paris, boulevard Richard Lenoir, 120. — Reproductions.   (PALAIS.)

149. LAMPUÉ Père et Fils, à Paris, boulevard de Port-Royal, 72. — Concours et grands prix d'architecture : restaurations de monuments antiques. Motifs d'architecture française, romaine, gothique, renaissance, moderne.   (PALAIS.)

150. LAMY (P. Ernest E.), à Courbevoie (Seine), rue de Colombes, 13. — Photographie sur papier au gélatino-bromure d'argent, sur papier au charbon; spécimens de ces papiers.   (PALAIS.)

151. LAPLAUD (Pierre H.), à Paris, rue des Martyrs, 15. — Certificat photographique illustré de récompenses classiques. Tableau dit : l'Alliance. (Souvenir du mariage).   (PALAIS.)

152. LAVERNE (A.) & Cie, à Paris, rue de Malte, 8. — Instruments, Appareils et accessoires pour la photographie, l'agrandissement, la projection, le dessin et la peinture.   (PALAIS.)

153. LE CORBEILLER (Charles), à Paris, rue St-Lazare, 11. — Photographies.   (PALAIS.)

154. LE DELEY (Ernest-L.-D.), à Paris, rue Crespin, 7. — Phototypie, photochromie. Épreuves et planches impressionnées.   (PALAIS.)

155. LEFÈVRE-PONTALIS (Eugène), à Paris, rue des Mathurins, 3. — Photographies au sel d'argent. Paysages et monuments.   (PALAIS.)

156. LEMUET (Léon E.), à Coutances (Manche). — Épreuves photographiques.   (PALAIS.)

157. LIÉBERT (A.), à Paris, rue de Londres, 6. — Portraits photographiques en tous genres, inaltérables au charbon et au platine.   (PALAIS.)

   Photographies à la lumière électrique. — Récompenses aux Expositions universelles de : Paris, 1867 ; Philadelphie, 1876 ; Vienne, 1873 ; Paris, 1878.

158. LOGÉ (Hippolyte), à Paris, rue Émile Lepeu, 31. — Encadrements spéciaux pour photographies en cadres, passe-partout, vitrines d'exposition.   (PALAIS.)

159. LONDE, Directeur du service photographique à l'Hôpital de la Salpêtrière : Service du professeur **CHARCOT**, à Paris, rue du Rocher, 35. — Photographies médicales, appareils pour obtenir ces épreuves.   (PALAIS.)

160. LONDE (Albert), à Paris, Hospice de la Salpêtrière. — Applications diverses de la photographie à la médecine.   **(E. C.) (PALAIS.)**

161. LUMIÈRE (Antoine) et ses Fils, à Monplaisir-Lyon (Rhône), rue Saint-Victor, 21. — Plaques sèches au gélatino-bromure d'argent et impressions diverses.   **(PALAIS.)**

162. MACKENSTEIN (Hermann-H.-J.), à Paris, rue des Carmes, 15. — Appareils photographiques.   **(PALAIS.)**

163. MALFAIT (Clément), à Dunkerque (Nord), rue du Sud, 10. — Photographies de chevaux aux plus grandes allures, de profil.   **(PALAIS.)**

> Médaille à l'Exposition universelle internationale de Barcelone, 1888.

164. MARCILLY (Henri-F.), à Paris, rue de Rennes, 106. — Obturateur « l'Éclair » pour poses facultatives et instantanées, échantillons de glaces et tous appareils accessoires.   **(PALAIS.)**

165. MARCO MENDOZA (Ch. Léandre), à Paris, 148, boulevard Saint-Germain. — Chambres noires, obturateurs, photo-miniature.   **(PALAIS.)**

> Trois brevets, 1888, Médaille d'argent, Exposition de Barcelone.

166. MAREY (D^r), à Paris, boulevard Delessert, 11. — Photographies scientifiques.   **(E. C.) (PALAIS.)**

167. MAREY (D^r), à Paris, boulevard Delessert, 11. — Analyse des mouvements par la photo-chronographie.   **(PALAIS.)**

168. MARILLIER (Charles) & Cie, à Paris, boulevard Saint-Martin, 45. — Châssis pelliculaire Perron.   **(PALAIS.)**

> Supprimant le poids et la fragilité des plaques, et permettant à l'amateur de prendre, sous un petit volume, une grande quantité de clichés, sans nécessité d'aucun laboratoire.

169. MARINIER Père et Fils, à Paris, cité Milton, 9. — Nitrate d'argent pur, cristallisé, fondu, plaques, cylindres, pointes, chlorure d'or, jaune pur, chlorure or et sodium, potassium, platine, argent.   **(PALAIS.)**

170. MARIO-CARQUERO et Frères, à Paris, rue Montmartre, 50. — Appareils photographiques, photographies.   **(PALAIS.)**

171. MARION Fils et Cie, à Paris, cité Bergère, 14. — Papier au ferro-prussiate, cartes et bristols, chambres noires.   **(PALAIS.)**

172. MARTIN (Hippolyte), à Paris, faubourg Saint-Denis, 77. — Appareils photographiques pour touristes, excursionnistes, photographes.   **(PALAIS.)**

173. MARTIN (Louis), successeur de **E. Fürst**, à Nantes (Loire-Inférieure), rue du Calvaire, 10. — Photographies, tirages au charbon, portraits et paysages.   **(PALAIS.)**

174. MARTINOTTO Frères (Joseph et Auguste), à Grenoble (Isère), avenue de la Gare, 6. — Portraits photographiques.   **(PALAIS.)**

175. MATHIEU-DEROCHE, à Paris, boulevard des Capucines, 39. — Photographie et miniatures sur émaux vitrifiés.   **(PALAIS.)**

> Récompenses : Paris 1878, médaille d'or. — Amsterdam 1883, médaille d'or.

176. MAUVILLIN (Pierre) et Fils, à Paris, rue du Commerce, 19. — Portraits au charbon sur toile, simili-gravure typographique.   **(PALAIS.)**

177. MÉHEUX (Félix J.), à Paris, rue Lhomond, 35. — Premières épreuves photographiques obtenues sans objectif.   **(PALAIS.)**

> La mise en pratique de la photographie par simple ouverture a été, pour la première fois, formulée et décrite par son auteur, M. Méheux à la séance de la Société française de photographie, le 7 mai 1886 et publiée, dans le Bul. de cette Société, le même mois.

178. MENDEL (Ch.), à Paris, rue d'Assas, 118. — Le photo-express, appareil sur pied, l'instantané, appareil à main, allumeur pneumatique pour l'inflammation des photo-poudres, plaques soleil.   (PALAIS.)

179. MENIER (Henri), à Paris, rue Alfred-de-Vigny, 8. — Photographies stéréoscopiques de voyages, portraits.   (PALAIS.)

180. MERCIER (Pierre), à Paris, rue du Faubourg-Saint-Martin, 158. — Révélateur inaltérable à l'hydroquinone et à l'éosine, renforcateur à un seul liquide pour clichés, réducteur d'intensité à un seul liquide.   (PALAIS.)

181. MICHAUD (Alfred), à Paris, boulevard Jourdan, 20. — Planches et rouleaux galvanogravés, réflecteurs, cuivres plans, épais et pelliculaires, tissus inextensibles.   (PALAIS.)

182. MICHELET (Abel), à Paris, rue de Rennes, 76. — Photo-gravures.   (PALAIS.)

183. MIEUSEMENT (Médéric), à Paris, rue de Passy, 13. — Photographies de monuments et collections des objets des musées nationaux.   (PALAIS.)

184. MOESSARD (Paul), à Versailles (Seine-et-Oise), rue St-Honoré, 13. — Appareils photographiques dits cylindrographes, épreuves cylindrographiques, cylindrographe topographique.   (PALAIS.)

185. MOESSARD (Commandant), à Paris. — Levé topographique exécuté au cylindrographe, épreuves et dessins, photographies d'éclairs.   (E. C.) (PALAIS.)

186. MOLTENI (Alfred), à Paris, rue du Château-d'Eau, 44. — Appareils de photographie, d'agrandissement et de projections, épreuves sur verre et sur papier.   (PALAIS.)

187. MOREAU Frères, à Paris, rue du Faubourg-Saint-Jacques, 21. — Fleurs photographiées et peintes.   (PALAIS.)

   Grande collection de photographies en couleurs de fleurs d'après nature ; édition de monuments historiques et autres avec planches de détails ; documents artistiques : mobilier, statues et statuettes, bijoux et objets d'art.

188. MORGAN (P.) et Cie, à Paris, boulevard des Italiens, 20. — Photographies, agrandissements sur papiers au gélatino-bromure d'argent, appareils et fournitures.   (PALAIS.)

189. MOURGEON (Clovis-J.-B.), Ancienne Maison **Bureau Frères,** à Paris, Palais Royal, 44. — Portraits, agrandissements et reproductions au charbon et en platinotypie.   (PALAIS.)

190. MOUSSETTE (Charles-Ed.). — Photographies des éclairs durant les orages principaux en 1886, 1887 et 1888. Photographie du spectre solaire.
(E. C.) (PALAIS.)

191. NADAR (Paul) (Galerie et office général de photographie), à Paris, rue d'Anjou, 51. — Épreuves photographiques, accessoires et produits.   (PALAIS.)

192. NEURDEIN Frères, à Paris, avenue de Breteuil, 52. — Épreuves photographiques.   (PALAIS.)

   Médaille d'argent, Exposition universelle, Paris, 1878.

193. NOEL (Alphonse), à Paris, rue de Belleville, 26 et 28. — Papier argento-platinique et épreuves imprimées sur ce papier par la lumière.   (PALAIS.)

194. NOEL (L.-Edouard-M.), à Coulommiers (Seine-et-Marne), rue de l'Hôtel-de-Ville, 15. — Compositions artistiques avec multiplicateur E. Noel, photographies.   (PALAIS.)

195. NORMAND, à Paris, rue des Martyrs, 51. — Photographies de monuments.   (PALAIS.)

196. OTTO, à Paris, place de la Madeleine, 3. — Photographies diverses, portraits vitrifiés sur verre, émail, etc.   **(PALAIS.)**

Fournisseur breveté de plusieurs Cours. — Récompense : Barcelone 1888, médaille d'or.

197. PAMARD (A. Louis), à Paris, avenue d'Orléans, 102. — Photographies de monuments et paysages.   **(PALAIS.)**

198. PANNELIER (E. Victor), à Paris, avenue du Maine, 76. — Photographies au sel d'argent, charbon, platinotypie.   **(PALAIS.)**

199. Papeterie de Renage, près Rives (Isère), administrateur : **Bruel.** — Papiers de toutes natures, papiers photographiques.   **(PALAIS.)**

200. PATIN (Pierre), à Bois-Colombes (Seine), rue Royale, 6. — Impressions photographiques sur papier blanc et couleur, doré et argenté, etc., photochromie-diaphanographie sur mica et sur glace.   **(PALAIS.)**

201. PECTOR (A. J. Sosthènes), à Paris, rue Lincoln, 9. — Épreuves photographiques.   **(PALAIS.)**

202. PEIGNÉ Père et Fils, à Tours, rue Néricault-Destouches, 2. — Épreuves photographiques et aux encres grasses.   **(PALAIS.)**

203. PERLAT (Alfred), à Poitiers (Vienne). — Chevalet-automatique Perlat pour amateurs d'estampes. Photographies de monuments et paysages.   **(PALAIS.)**

204. PERPIGNA (J. E. Henri de), à Royan (Charente-Inférieure), Villa des Oiseaux. — Épreuves photographiques posées et instantanées, études d'enfants en mouvement.   **(PALAIS.)**

205. PERRENOUD (Louis), à Paris, rue de Bondy, 70. — Chambres noires en tous genres et accessoires.   **(PALAIS.)**

206. PERRON (Jean-Baptiste), à Bel-Air, Mâcon (Saône-et-Loire). — Plaques photographiques au gélatino-bromure d'argent.   **(PALAIS.)**

207. PETIT (Pierre), à Paris, place Cadet, 17. — Photographie au charbon, photogravure, linographie, peinture, émaux noir et couleurs, photoplatine noir et couleurs.   **(PALAIS.)**

Photographie des ministères, des lycées et des écoles. Récompenses : Paris 1855, Paris 1867, Paris 1878, Médailles d'argent, Chevalier de la Légion d'Honneur, Officier d'académie.

208. PETIT (Charles-G.) et Cie, à Paris, boulevard de Vaugirard, 8. — Photogravure, cadre d'épreuves typographiques.   **(PALAIS.)**

Inventeur de la stelligravure.
Récompenses :
Médaille d'or, grand concours international de Bruxelles 1888.

209. PHOTOGRAPHIE (Exposition collective des applications de la). — Applications de la photographie aux sciences et aux grandes administrations.   **(PALAIS.)**

Cotson (R.).	Janssen.	Moussette (Ch.).
Fribourg.	Londe (A.).	Thouroude.
Girard (A.).	Marey (Dr).	Tissandier (G.).
Henry (P. et P.).	Moessard.	

210. PICARD (Léon), (Comptoir général de photographie), à Paris, rue Saint-Roch, 57. — Ébénisterie. Optique et produits photographiques, Box-tables.   **(PALAIS.)**

Voir pour renseignements complémentaires; Dessins et notices.

211. PICQ (Mlle Anaïs), à Paris, rue Sainte-Apolline, 9. — Appareils photographiques, système Bretagne.   **(PALAIS.)**

212. PILARSKI (Gaetan) et Cie, à Gentilly (Seine), rue des Barons, 44. — Recherches histologiques et scientifiques, paysages, monuments, manuscrits, portraits. Reproductions pour la phototypie et la photo-chromotypie.   **(PALAIS.)**

213. PINEL PESCHARDIÈRE Frères, à Paris, rue de Richelieu, 102. — Photographie vitrifiée sur émail, porcelaine et faïence.   (PALAIS.)

214. PIQUÉE (Georges-H.), à Troyes (Aube), place du Ravelin, 10. — Miniatures photographiques sur verre par procédé spécial.   (PALAIS.)

215. PIROU (Eugène), à Paris, boulevard Saint-Germain, 5. — Photographies des célébrités aux sels d'argent, de platine et au charbon.   (PALAIS.)

216. PLACET (Paul-Emile), à Paris, rue Denfert-Rochereau, 47. — Gravure héliographique, applications diverses, revification des photographies altérées.   (PALAIS.)

217. POIREL (Georges L.) et Cie, à Paris, rue de la Tour-d'Auvergne, 38.— Phototypie : épreuves obtenues par impression à la presse mécanique à la vapeur. Héliogravure en taille-douce, demi-teinte. Clichés typographiques.   (PALAIS.)

218. POULENC (Frères), à Paris, rue Vieille-du-Temple, 92. — Produits chimiques spéciaux pour la photographie et accessoires divers.   (PALAIS.)

    Prize medal, Londres 1862.
        Médailles d'or   (Paris 1878.
            aux   Melbourne 1880.
    Expositions universelles, (Barcelone 1888.

219. PROUZET (Albert), à Paris, boulevard Sébastopol, 17. — Photographies.   (PALAIS.)

220. PROVOST (E. Antoine M.), à Toulouse (Haute-Garonne), rue Alsace-Lorraine, 22.— Photographies.   (PALAIS.)

221. QUÉVAL (Jules-Hippolyte), à Paris, rue Notre-Dame-de-Lorette, 52.— Photographies.   (PALAIS.)

222. QUINSAC (André) et G. BAQUIÉ, à Paris, rue Claude-Bernard, 73. — Impressions héliographiques aux encres grasses.   (PALAIS.)

223. REUTLINGER (Charles), à Paris, boulevard Montmartre, 21.—Épreuves photographiques directes.   (PALAIS.)

224. RICHTENBERGER (Eugène), à Paris, rue de la Chaussée-d'Antin, 58 bis. — Photographies.   (PALAIS.)

225. RIEGEL (Émile), à Paris, rue Morère, 15 bis. — Papiers photographiques. Reproduction héliographique.   (PALAIS.)

226. ROBERT (Madame Berthe), à Paris, rue St-Paul, 5.— Peintures sur émaux photographiques, peintures directes sur émaux blancs et camaïeux.   (PALAIS.)

227. ROBUCHON (Jules-C.), à Paris, rue Mignon, 2.—Spécimens des planches hors texte en héliogravure et photoglyptie illustrant les paysages et monuments du Poitou.   (PALAIS.)

228. ROGER (Raphael), à Saint-Étienne (Loire), rue de la République, 27. — Appareils, fournitures générales pour la photographie.   (PALAIS.)

229. RONGIER (Gabriel J.), à Paris, rue Antoine-Dubois, 4. — Collection du journal « l'Amateur photographe ». Bibliothèque publiée par ce journal. Travaux photographiques.   (PALAIS.)

230. ROSSIGNOL (Amédée), à Paris, rue Galvani, 21.— Épreuves photographiques, procédés divers.   (PALAIS.)

231. ROSS (A.), à Paris, rue du Temple, 62. — Soufflets, sacs et gaînerie pour la photographie et l'optique.   (PALAIS.)

232. ROTHIER (François), à Reims (Marne), rue des Carmes, 15. — Photographies de bébés.   (PALAIS.)

233. ROUSSEAU (Paul), & Cie, à Paris, rue Soufflot, 17.— Produits et appareils photographiques, le Favori, appareil complet, plaques Paris et de toutes marques.
(PALAIS.)

234. ROUSSEL (H.) & BERTEAU (L.), à Paris, rue Villehardoun, 10. — Objectifs, projections, loupes, viseurs, lanternes, obturateurs, condensateurs de tous diamètres. (PALAIS.)

Fournisseurs du Ministère de la Marine et des Colon. Réc. Paris, 1855-1867. Londres, 1862.

235. ROYDEVILLE (Comte Gaston E. J. de), à Paris, boulevard Malesherbes, 100. — Emaux photographiques. (PALAIS.)

Récompenses : Médaille de mérite, Vienne 1873 ; médaille d'argent, Paris 1878 ; médaille d'argent, Amsterdam 1883.

236. RUCKERT (J.), MARTINET (L.), successeur, à Paris, rue du Figuier, 7. — Appareils de photographie pour l'industrie, spécialité de chambres pour amateur. (PALAIS.)

237. SAINT-PRIEST (Comte Georges de), à Paris. — Portraits photographiques. (PALAIS.)

238. SAUGRIN (Louis-François-Gérard), à Paris, rue de Vaugirard, 328. — Carnets photographiques de poche et autres, à répétition automatique, instantanée. (PALAIS.)

239. SAURET (M. A.), à Paris, rue de la Pépinière, 33. —Chambre noire, objectifs, produits chimiques et accessoires de photographie. (PALAIS.)

240. SAUVAGER (Louis), à Fontainebleau (Seine-et-Marne).— Photographies diverses. (PALAIS.)

241. SCHLOSS (Ernest), à Paris, rue Taitbout, 52. — Épreuves photographiques. (PALAIS.)

242. SCHAEFFNER (Antoine), à Paris, rue de Châteaudun, 2. — Papiers et appareils photographiques. Produits chimiques. Accessoires. (PALAIS.)

243. SILVESTRE et Cie, à Paris, rue Oberkampf, 97. — Reproductions par la photographie et impressions d'objets par le procédé dit « Glyptographie ». (PALAIS.)

244. SIMONET (Isidore), à Paris, rue des Gloys, 17. — Photogravure, chromotypogravure, épreuves photographiques. (PALAIS.)

245. Société Centrale de Produits Chimiques, Ancienne Maison **Rousseau**, à Paris, rue des Écoles, 44. — Produits photographiques et appareils. (PALAIS.)

246. Société d'Études Photographiques, Président: **Dr Judée**, à Paris, rue de l'École de Médecine, 2. — Spécimens des travaux scientifiques et pratiques, exécutés par les membres de la Société. (PALAIS.)

247. Société d'Excursions des Amateurs de Photographie, à Paris, avenue Carnot, 22. — Photographies par les membres de la Société. (PALAIS.)

248. Société Fermière des Applications photographiques (Sgap), à Paris, rue de l'Échelle, 3. — Phototypie, photogravure, clichés en creux et en relief. (PALAIS.)

249. Société Photographique du Nord de la France, à Douai (Nord), au Musée. — Épreuves et appareils photographiques. (PALAIS.)

250. Société Photographique du Sud-Ouest, Président: **Comte Henry de la Laurencie**, à Angoulême (Charente). — Albums des divers procédés étudiés par les membres. (PALAIS.)

251. TALUFFE (Aubin M.), à Mantes (Seine-et-Oise). — Portraits, timbres en caoutchouc. (PALAIS.)

252. TARGET (E. A.), à Paris, rue St-Gilles, 26.—Nitrate d'argent, chlorure d'or, oxalate neutre de potasse, sulfite de soude, sulfate de fer, acétate de soude. (PALAIS.)

253. TARLAY (A. A.), à Brest (Finistère), rue Siam, 57. — Photographies.
(PALAIS.)

Spécialité de portraits d'enfants. — Maison fondée en 1887.

254. TERPEREAU (J. Alphonse), à Bordeaux (Gironde), cours de l'Intendance, 39. — Photographies, travaux industriels.
(PALAIS.)

255. THOUROUDE (Eugène), à Paris, rue Bastiat, 10. — Épreuves photomicrographiques.
(PALAIS.)

256. THOUROUDE (Eugène), à Paris, rue Bastiat, 10. — Photographie de préparations micrographiques.
(E. C.) (PALAIS.)

257. TISSANDIER (Gaston), à Paris, avenue de l'Opéra, 19. — Application de la photographie à la gravure typographique.
(E. C.) (PALAIS.)

258. TISSANDIER (Gaston), à Paris, avenue de l'Opéra, 19. — Cadre contenant des photographies en ballon de MM. G. Tissandier et J. Ducom.
(PALAIS.)

259. TISSIER Aîné (Alexandre E.), à Paris, rue Louis-le-Grand, 32. — Photographies.
(PALAIS.)

260. TOMBELLE (Baron Fernand de la), à Paris, rue Newton, 6. — Épreuves photographiques.
(PALAIS.)

261. TONDEUR (J. B.), au Grand-Montrouge (Seine), rue des Ruelles, 14. — Glaces, papiers, pellicules, lanternes, cuvettes, chambres, pieds, objectifs, épreuves, produits chimiques.
(PALAIS.)

262. TROMPETTE (Joseph), à Reims (Marne), rue des Tapissiers, 39. — Photographies de la cathédrale de Reims.
(PALAIS.)

263. VALLOT Frères, à Paris, rue Vaneau, 50. — Photographie sur bois et sur cuivre. Épreuves photographiques sur papier.
(PALAIS.)

264. VALLOT (H. M. Joseph), à Paris, avenue d'Antin, 61. — Photographies scientifiques (glaciers, géologie, botanique).
(PALAIS.)

265. VAN DEN HOVE (J.-L.-H.-Anatole), à Paris, boulevard de la Villette, 36. — Photolithographie, photogravure, phototypie.
(PALAIS.)

266. VAN-RYCKEGHEM (Désiré-A.-J.), à Paris-Grenelle, rue du Théâtre, 130. — Photographies.
(PALAIS.)

267. VATHIS (Solon), à Paris, rue Vivienne, 4. — Photographies.
(PALAIS.)

268. VÉRA & MARTIN, à Paris, rue des Petites-Écuries, 55. — Plaques Perron.
(PALAIS.)

269. VICTOIRE (Joseph), à Lyon (Rhône), rue Saint-Pierre, 22. — Photographies au charbon inaltérable.
(PALAIS.)

270. VIDAL (Léon), à Paris, rue Scheffer, 7. — Application de la photographie à la décoration céramique et des meubles. Ouvrages divers.
(PALAIS.)

271. VILLECHOLLE (Franck de), à Paris, avenue des Ternes, 78. — Plaques pour la photographie, « la Favorite », épreuves photographiques.
(PALAIS.)

272. VILLESTREUX (Vicomte Olivier de la), à Paris, rue de Courcelles, 12. — Photographies.
(PALAIS.)

273. VINCENT (Eugène), à Paris, rue de Belleville, 2. — Épreuves photographiques.
(PALAIS.)

274. VOELCKER (Francis X.), à Saumur (Maine-et-Loire), rue d'Orléans, 40. — Photographies instantanées de chevaux en mouvement, anglo-normands, de courses, carrousel, manœuvres militaires.
(PALAIS)

275. WALERY (Maison), — **Chary (Félix)** Successeur, — à Paris, rue de Londres, 9 bis. — Photographies, Agrandissements, Émaux, Peintures, Photographies à la lumière électrique   (**PALAIS.**)

   Médaille de bon goût, Vienne 1873. Médaille de mérite, Philadelphie 1876. Médaille d'or, Paris 1878. Médaille d'or, Amsterdam 1883.

276. WILZ (Antoine), à Paris, impasse Guéménée, 5. — Chambres de voyage et d'atelier, pieds et accessoires photographiques.   (**PALAIS.**)

277. YVES (André), à Paris, rue Thévenot, 6. — Photogravure, planches de gravure sur métaux obtenues par les procédés photographiques.   (**PALAIS.**)

278. ZIEGLER (P, Ulric), à Paris, rue Rembrandt, 1. — Épreuves et clichés photographiques.   (**PALAIS.**)

279. ZION (Joseph), à Paris, rue de Jouy, 7. — Objectifs, obturateurs. (**PALAIS.**)

COLONIES.

ALGÉRIE.

1. AGERON (Louis), à Batna (Constantine). — Photographies et peintures, types arabes et femmes de Biskra.   (**ESPLANADE.**)

2. BERTHOMIER, à Souk-Ahras (Constantine). — Photographies, sujets algériens.   (**ESPLANADE.**)

3. CABESSA (J.), à Oran. — Photographies diverses, vues de la province d'Oran.   (**ESPLANADE.**)

4. CAIROL (Léon), à Oran, place Kléber. — Photographies diverses, portraits et vues d'Algérie.   (**ESPLANADE.**)

5. DAVID (Louis), à Blidah (Alger). — Photographies diverses, sujets algériens.   (**ESPLANADE.**)

6. DJURDJURA (Commune mixte du), à Michelet (Alger). — Vues photographiques diverses.   (**ESPLANADE.**)

7. DONAT (Sainte-Marie), à Relizane (Oran). — Vue de Relizane, portrait indigène, portrait miniature.   (**ESPLANADE.**)

8. DUCOS du HAURON, à Alger, rue Rovigo, 68. — Épreuves héliochrômiques.   (**ESPLANADE.**)

9. FAMIN & Cie, à Alger, rue Bab-Azoun. — Photographies diverses, sites et types algériens.   (**ESPLANADE.**)

10. GEISER (Jean), à Alger, rue Bab-Azoun, 7. — Photographies et vues diverses.   (**ESPLANADE.**)

11. GERVAIS-COURTELLEMONT, Alger, rue des Trois-Couleurs, 10. — Photographies diverses, types et sites algériens.   (**ESPLANADE.**)

12. GIROUD (Fernand), à Alger, rue Bruce, 7. — Photographies, sujets algériens.   (**ESPLANADE.**)

13. JOUVES (Noël), à Tlemcen (Oran). — Albums de vues de Tlemcen. (**ESPLANADE.**)

14. KARSENTY (Charles), à Oran, rue Philippe, 6. — Photographies et cadres. **(ESPLANADE.)**

15. LEROUX (A.), à Alger, rue Rovigo, 2. — Algérie illustrée, édition en photogravure. **(ESPLANADE.)**

16. MAURE (Auguste), à Biskra (Constantine). — Photographies, types et paysages. **(ESPLANADE.)**

17. MAUREL (Ludovic), à Oran, rue de Ténès, 15. — Epreuves lithographiques. **(ESPLANADE.)**

COCHINCHINE.

1. Exposition permanente des Colonies, à Paris. — Photographies. **(ESPLANADE.)**

GABON CONGO.

1. AVINENO, au Gabon. — Photographies du Gabon et environs. **(ESPLANADE.)**

GUADELOUPE.

1. Exposition permanente des Colonies, à Paris. — Photographies. **(ESPLANADE.)**

INDE FRANÇAISE.

1. Comité d'Exposition de l'Inde. — Boîte contenant des photographies ; photographies des environs de Pondichéry et de Chandernagor. **(ESPLANADE.)**

2. Exposition permanente des Colonies, à Paris. — Photographies. **(ESPLANADE.)**

MARTINIQUE.

1. Exposition permanente des Colonies, à Paris. — Photographies. **(ESPLANADE.)**

2. Service local de la Martinique. — Album de photographies. **(ESPLANADE.)**

NOUVELLE CALÉDONIE.

1. Exposition permanente des Colonies, à Paris. — Photographies. **(ESPLANADE.)**

2. LE COCQ, à Nouméa. — Photographies de Nouméa, curiosités canaques. **(ESPLANADE.)**

RÉUNION.

1. CUDEVET (François), à Saint-Pierre. — Photographies. **(ESPLANADE.)**

2. Exposition permanente des Colonies, à Paris. — Photographies. **(ESPLANADE.)**

3. GEORGI (Henri), à Saint-Denis. — Photographies. **(ESPLANADE.)**

SAINT-PIERRE ET MIQUELON.

1. Exposition permanente des Colonies, à Paris. — Photographies. **(ESPLANADE.)**

SÉNÉGAL.

1. Exposition permanente des Colonies, à Paris. — Photographies.
(ESPLANADE.)

2. NOIROT (Ernest), Administrateur colonial, au Sénégal. — Clichés photographiques.
(ESPLANADE.)

3. RIBES (François), à Perpignan (Pyrénées-Orientales), rue St-François-de-Paul. — Album, photographies du Sénégal, Gabon, côte de Guinée.
(ESPLANADE.)

PAYS DE PROTECTORAT.

CAMBODGE.

1. Exposition permanente des Colonies, à Paris. — Photographies.
(ESPLANADE.)

TAHITI.

1. Exposition permanente des Colonies, à Paris. — Photographies.
(ESPLANADE.)

2. HOARE (Mme), à Papeete. — Photographies sur papier.
(ESPLANADE.)

TUNISIE.

1. GARRIGUES, à Tunis, rue de la Commission. — Photographies.
(ESPLANADE.)

2. Paris-Tunis (Propriétaire : **A. Méritte**), à Tunis, rue Es-Sadikia. — Photographies.
(ESPLANADE.)

PAYS ÉTRANGERS.

RÉPUBLIQUE ARGENTINE.

1. **CHUTE & BROOK,** à Buenos-Ayres. — Épreuves photographiques. (**PARC.**)

AUTRICHE-HONGRIE.

1. **KALMAR (Pierre),** à Budapest, VI. Andrassy'ut, 29. — Photographies et aquarelles. Beautés hongroises en costumes populaires. (**PALAIS.**)

2. **LETZTER & KEGLEVICH,** à Szegedin (Hongrie). — Photographies, aquarelles. (**PALAIS.**)

3. **MAI & Cie,** à Budapest, V. Vaczi-Korut, 14. — Photographies. (**PALAIS.**)

BELGIQUE.

1. **ALEXANDRE,** à Bruxelles, rue Haute, 268. — Photographies instantanées ; agrandissements. (**PALAIS.**)

2. **Association Belge de photographie,** à Ixelles, rue Souveraine, 37. — Bulletin et publications. (**PALAIS.**)

3. **BACKELANDT (Dr) & Cie,** à Gand, Maisons-aux-Anguilles, 120. — Plaques photographiques développables à l'eau ; clichés ; épreuves. (**PALAIS.**)

4. **BEERNAERT (Edouard),** à Gand, rue de la Vigne, 16. — Plaques au gélatino-bromure d'argent. Cliché photographique. (**PALAIS.**)

   Médaille d'argent, Paris 1878.
   Médaille d'or, Bruxelles 1888.
   Médaille d'or, Barcelone 1888.

5. **FALK (Th.),** à Bruxelles, rue des Paroissiens, 18. — Photographies et spécimens d'application par procédés mécaniques, chromo-photographies. (**PALAIS.**)

6. **GÉRUZET Frères,** à Bruxelles, rue de l'Écuyer, 27 B. — Photographies sur papier ; photographies céramiques. (**PALAIS.**)

7. **HERMANS (Gustave),** à Anvers, rue Dambrugge, 98. — Vues, monuments et tableaux, types du pays, etc. (**PALAIS.**)

   Médailles à l'Exposition universelle d'Anvers 1885.

8. **HOFMANS (Charles),** à Bruxelles, rue du Viaduc, 50. — Chambres noires, pieds de campagne, obturateur et accessoires pour la photographie. (**PALAIS.**)

9. **MAES (J.),** à Anvers, rue Gramaye, 10. — Phototypies artistiques et industrielles ; ouvrages et publications illustrés par la phototypie. (**PALAIS.**)

   Médailles : Londres 1862 ; Paris 1867 ; Vienne 1873.
   Diplômes : d'honneur Anvers 1885 ; Bruxelles 1888.

Classe 12. 2*

10. Société anonyme «les Arts graphiques», à Bruxelles, rue du Lombard, 23. — Photographies.   **(PALAIS.)**

Hincographie. — Héliogravure. — Phototypie. — Photographie artistique et industrielle. Grand concours de Bruxelles 1888, diplôme d'honneur, deux méd. d'or, 1er prix d'honneur.

11. VAN MONCKHOVEN, à Gand, boulevard d'Akkerghem, 72. — Glaces au gélatino, papiers au charbon. Appareils d'agrandissement pour photographies.
                                                                       (PALAIS.)

12. VAN NECK (Louis), à Anvers, rue Klapdorp, 10. — Appareils photographiques, obturateurs et accessoires, plaques.   **(PALAIS.)**

13. ZEYEN (H.), à Liège, boulevard de la Sauvenière, 137. — Photographies.
                                                                       (PALAIS.)

RÉPUBLIQUE DE BOLIVIE.

1. PALMERO (Francisco), à Paris, rue d'Antin, 16. — Photographies nationales.   **(PARC.)**

2. PAZ-GUILLEN (José), à Paris, rue de l'Echiquier, 27. — Collection de portraits des Présidents de la République depuis Bolivar jusqu'à Arce.   **(PARC.)**

3. VILLALBA (Ricardo), à Paris, rue de Berri, 8. — Grandes photographies nationales.   **(PARC.)**

BRÉSIL.

(Voir son Catalogue spécial.)

CHILI.

1. BROWER, HARDIE I Cia, à Valparaiso. — Photographies.   **(PARC.)**

2. Commissariat de l'Exposition, à Santiago. — Photographies.   **(PARC.)**

3. CONRADO & GRIEBEL, à Santiago. — Photographies.   **(PARC.)**

4. MARKS, à Antofagasta. — Photographies.   **(PARC.)**

DANEMARK.

1. BIERING (Le Capitaine), à Odense. — Plaques photographiques au gélatinobromure.   **(PALAIS.)**

2. BUDTZ (successeur de Muller et Cie), à Copenhague. — Plaques photographiques au gélatinobromure.   **(PALAIS.)**

3. PETERSEN (J.) et Fils, à Copenhague. — Photographies.   **(PALAIS.)**

ÉGYPTE.

1. COOKS & Cie, à Londres et à Paris. — Réduction du Temple d'Edfou.
                                                                       (PALAIS.)

ESPAGNE.

1. ANDONARD, à Barcelone. — Photographies.   **(PALAIS.)**

2. ARENAS (Rafael), à Barcelone. — Photographies.   **(PALAIS.)**

3. **BAS & REY (Santiago)**, à Barcelone, calle Molas, 24, 1º. — Machines à imprimer. **(PALAIS.)**

4. **CAMPOMANY (Agostin)**, à Barcelone. — Photographies. **(PALAIS.)**

5. **CIRIQUIAN (Alberto)**, à Barcelone. — Photographies. **(PALAIS.)**

6. **COMPANY (Manuel)**, à Madrid. — Photographies. **(PALAIS.)**

7. **DEBAS (Edgardo)**, à Madrid. — Photographies. **(PALAIS.)**

8. **DUPONT (Edmond)**, à Barcelone. — Photographies. **(PALAIS.)**

9. **ESPLOGAS (Antonio)**, à Barcelone. — Photographies. **(PALAIS.)**

10. **RAMIREZ** (Successeurs de **N.**) à Barcelone. — Photographies. **(PALAIS.)**

11. **TORRÈS (Ginès)**, à Tarragone. — Photographies. **(PALAIS.)**

12. **VALIENTE (Porfirio)**, à Barcelone. — Photographies. **(PALAIS.)**

ÉTATS-UNIS.

1. **ALMAN (Louis)**, à New-York, N. Y., 172, 5th avenue. — Portraits photographiques. **(PALAIS.)**

2. **BARKER (George)**, Niagara Falls, N. Y. — Photographies instantanées du Niagara, de la Floride et autres vues américaines. **(PALAIS.)**

3. **BEAL (J. H.)**, à New-York, N. Y., 278, Pearl street. — Grandes vues photographiques. **(PALAIS.)**

4. **BLOCH (Benoit)**, à Brooklyn, N. Y., 179, Myrtle avenue. — Photographies représentant les quatre saisons. **(PALAIS.)**

5. **CHAMPAGNE (E.)**, à Paris, rue de Rivoli, 180. — Photographies américaines. **(PALAIS.)**

6. **CLARK (D. R.)**, à Chicago, Ill., 2134, Michigan boulevard. — Neuf grandes photographies. **(PALAIS.)**

7. **COX (G. C.)**, à New-York, N. Y., 826, Broadway. — Photographies encadrées. **(PALAIS.)**

8. **Eastman Dry Rate & Film Co (the)**, à New-York, N. Y., Rochester. — Appareils de photographies, matières premières, chambre noire « Kodak ». **(PALAIS.)**

9. **GUÉRIN (F. W.)**, à Saint-Louis, Mo. 1137, Washington avenue. — Photographies. **(PALAIS.)**

10. **JABOR (H.)**, à San-Francisco, Cal. — Photographies de la couronne du soleil. **(PALAIS.)**

11. **LANDY (James)**, à Cincinnati, Ohio. — Photographies encadrées. **(PALAIS.)**

12. **SCHOTTEN (John A.)**, à Saint-Louis, Mo. 920, Olive street. — Protographies d'hommes éminents, composition et études d'après nature. **(PALAIS.)**

13. **Scovill Manufacturing Co**, à New-York, N. Y., Broome street. — Appareils de photographie et matières premières de la photographie. **(PALAIS.)**

14. **SEAVEY (Lafayette W.)**, à New-York, N. Y., 216, East 9th street. — Photographies de fonds et accessoires photographiques. **(PALAIS.)**

15. **Society of amateur photographers of New-York**, Prés't **C. W. Canfield**, à New-York, N. Y., 122, West 36 th street. — Exposition de photographies encadrées, œuvres des membres de la société. **(PALAIS.)**

16. United States Geological Survey (Director : **J.W. Powell**), à Washington, D. C. — Transparents photographiques montrant la topographie des diverses portions des Etats-Unis.   (PALAIS.)

17. University of California, Lick Observatory, (Director : **E. S. Holden**), à Berkeley, California. — Photographies de la lune prises à l'observatoire Lick, à Mont-Hamilton, et vues de l'observatoire et du télescope Lick.   (PALAIS.)

18. WOOD (George B.), à Philadelphie, Pa., Drexel building. — Photographies.   (PALAIS.)

GRANDE-BRETAGNE.

1. BURNSIDE (James), à Guernsey, Pollet street, 5. — Photographies, grandeur naturelle.   (PALAIS.)

2. DALLMEYER (J. H.), à Londres Newman street, 25. — Appareils photographiques.   (PALAIS.)

Agent pour la France, M. L. Puech, 21, place de la Madeleine, Paris.
Lentilles photographiques pour faire les portraits, les groupes, les vues, les sujets d'architecture, etc., comprenant les deux dernières inventions du « Long foyer pour paysage » et « Le nouveau paysage rectiligne », brevetés cette année.
Chambres noires, deux obturateurs instantanés, brevetées récemment.
Mesureurs de vue, etc. Iris-diaphragmes.

3. GIBSON (J. P.), à Hexham, Northumberland. — Photographies de paysages, vues de rivières dans le Northumberland.   (PALAIS.)

4. LAFAYETTE (James), à Dublin, Westmoreland street, 30. — Portraits photographiques en grandeur naturelle obtenus sans agrandissement.   (PALAIS.)

5. MENDELSOHN, (Hayman Seleg), à Londres, Pembridge Crescent, 14. — Portraits photographiques.   (PALAIS.)

6. ROSS & Co, à Londres, New Bond street, 112. — Chambres noires, lentilles et autres appareils photographiques.   (PALAIS.)

7. SANDS & HUNTER, à Londres, Cranbown street, 20, Leicester square. — Chambres noires, volets et autres appareils photographiques.   (PALAIS.)

8. SCOTT J. BLAINE, à Carlisle, Devonshire street. — Photographies encadrées, grandeur naturelle, imprimées en platinotype et charbon.   (PALAIS.)

9. SHEW (J. F.) & Co, à Londres, Newman street 88, Oxford street. — Chambres noires, volets et autres appareils photographiques.   (PALAIS.)

10. SUTCLIFFE (Frank M.), à Whitby, Yorkshire. — Photographies. (PALAIS.)

11. THOMSON (John), à Londres, Grosvenor street, 70 A.— Portraits, photographies en blanc et en noir.   (PALAIS.)

12. VANDERWEYDE (Henry), Vanderweyde studios, à Londres, Regent street, 18 A. — Photographies.   (PALAIS.)

13. WALERY (Count Ostrorog), à Londres, Regent street, 64. — Portraits photographiques, épreuves sur papier d'argent, au charbon, en platinotype et sur émail, photogravure.   (PALAIS.)

14. WATSON & Sons, à Londres, High Holborn, 313. — Chambres noires, lentilles et autres appareils photographiques.   (PALAIS.)

15. WERNER (Alfred Werner) & Son, à Dublin, Grafton street, 30. — Photographies grandeur naturelle, amplifications au bromure.   (PALAIS.)

16. WEST (G.) & Son, à Southsea, Hants, Palmerston road. — Photographies instantanées de vaisseaux à pleines voiles.   (PALAIS.)

17. WINCH, Brothers, à Colchester. — Livres, photographies, etc.   (PALAIS.)

18. YORK & Son, à Londres, Lancaster road, 57, Notting Hill. — Plaques photographiques et optiques pour lanternes magiques.   (PALAIS.)

GRÈCE.

1. **BORRI (B.)**, à Corfou. — Photographies.   (PALAIS.)
2. **DRAGONUIS (D.)**, à Athènes. — Photographies.   (PALAIS.)
3. **MORAITIS (G. J.)**, à Athènes. — Photographies.   (PALAIS.)
4. **MORAITIS (Georges Pierre)**, à Athènes. — Photographies.   (PALAIS.)
5. **PHAROUGIAS (Ange)**, à Corfou. — Photographies.   (PALAIS.)
6. **ROMAIDÉS Frères**, à Athènes. — Photographies.   (PALAIS.)
7. **VATHYS**, à Paris. — Collection de photographies.   (PALAIS.)

GUATEMALA.

1. **COSTALLAT (Louis)**, à Guatemala. — Photographies et dessins de ponts.
(PARC.)
2. **MEDINA (Crisanto)**, à Guatemala. — Collections diverses de photographies
et autres.   (PARC.)
3. **PALACIO de ARTES**, à Guatemala. — Vues photographiques et portraits
de Guatemala.   (PARC.)

HAWAI.

1. **G. W. S. S. C. O.**, à Hawai. — Photographies diverses et albums de vues
hawaïennes.   (PARC.)

ITALIE.

1. **ALINARI Frères**, à Florence. — Album de photographies et phototypies, etc.
(PALAIS.)
2. **BENATELLI (Odorico)**, à Vérone, ponte Garibaldi. — Photographies en
transparence.   (PALAIS.)
3. **FIORILLO (Edouard)**, à Paris, 7, avenue Mac-Mahon. — Recueil de photographies artistiques.   (PALAIS.)

JAPON.

1. **KUWADA (Masasaburo)**, Osaka-fu, Minami-Ku. — Album de dessins
d'après nature, planches lithographiques, dessins sur papier d'après nature.   (PALAIS.)
2. **Ministère de l'Agriculture & du Commerce** (Direction de l'Industrie),
à Tokio. — Albums de photo-peinture, photo-peinture en tableaux.   (PALAIS.)

GRAND-DUCHÉ DE LUXEMBOURG.

1. **BERNHOEFT (Charles)**, à Luxembourg. — Vues et portraits photographiés.
(PALAIS.)
2. **SCHUTZ (Pierre)**, à Luxembourg. — Vues et portraits photographiés.
(PALAIS.)

PRINCIPAUTÉ DE MONACO.

1. **NUMA BLANC Fils (André)**, à Monte-Carlo. — Photographies. (PARC.)

NORVEGE.

1. **BEYER (Fredrik)**, à Bergen. — Photographies de paysages et de costumes nationaux. (PALAIS.)
2. **KNUDSEN (Knud)**, à Bergen. — Photographies de paysages norvégiens. (PALAIS.)
3. **KOERNER (Carl)**, à Stavanger. — Photographies. (PALAIS.)
4. **SKOEIEN (M.)**, à Christiania. — Photographies de paysages norvégiens. (PALAIS.)

PARAGUAY.

1. **SAN MARTIN**, à Assomption — Albums contenant 300 vues du Paraguay, faites spécialement pour l'Exposition de Paris 1889, sur les ordres du gouvernement du Paraguay. (PARC.)

PAYS-BAS.

1. **ECKSTEIN (C. A.)**, à La Haye. — Chromo-lithographie en trois pierres, héliogravure sur pierre et typo-autographie. (PALAIS.)
2. **WESTERBORG (Eduard)**, à Arnhem. — Photographies. (PALAIS.)

PORTUGAL.

1. **CAMACHO (J.-F.)**. — Photographies. (QUAI.)
2. **LAMARAO (Augusto)**. — Photographies. (QUAI.)
3. **RELVAS (Carlos)**. — Photographies. (QUAI.)
4. **RELVAS (D. Marianna)**. — Photographies. (QUAI.)
5. **ROSTAING (Francisco-Augusto)**. — Photographies. (QUAI.)

COLONIES PORTUGAISES.

1. **CARVALHO (A. F. de)**, à Lisbonne. — Collection de photographies de la ligne de chemins de fer de Mormogao (Inde portugaise). (PALAIS.)
2. **MACEDO (H. de)**, à Lisbonne. — Collection de photographies de la ligne des chemins de fer de Lourenço Marques (Mozambique). (PALAIS.)
3. **Musée des colonies**, à Lisbonne. — Collection de photographies des colonies portugaises. (PALAIS.)
4. **PRADO (A. de S.)**, à Lisbonne. — Collections de photographies de la province d'Angola. (PALAIS.)

ROUMANIE.

1. GARLEANU (Ion. C.) à Bucharest, hôtel Fiesky. — Tableaux lithographiés. L'arbre historique-généalogique de la Roumanie, et l'arbre généalogique de tous les Etats de l'Europe et de leurs souverains. **(PALAIS.)**

2. HECK (Nestor), à Iassy, rue Golia. — Album de photographies représentant les peintures de la cathédrale d'Iassy. **(PALAIS.)**

RUSSIE.

1. DMITRIEF (M. P.), à Nijni-Novgorod. — Photographies. **(PALAIS.)**

2. FEDETSKY (A.), à Kharkow. — Photographies. **(PALAIS.)**

3 GLUECKMANN (J.), à Elizavetgrad (Gouvernement de Kherson). — Photographies. **(PALAIS.)**

4. KHMELEWSKI (J.), à Poltava. — Photographies. **(PALAIS.)**

5. METENKOFF (B.), à Ekaterinbourg. — Photographies. **(PALAIS.)**

6. STEIN (W.), à Saint-Pétersbourg. — Photographies. **(PALAIS.)**

GRAND-DUCHÉ DE FINLANDE.

1. Amis touristes (Les), à Helsingfors. — Collection de photographies, paysages et vues du Grand-Duché. **(PARC.)**

SAINT-MARIN.

1. ZOPPI (Pietro), à Saint-Marin. — Vues photographiques **(PALAIS.)**

SALVADOR.

1. BALETTE Y GOËNS, à San-Salvador. — Photographies. **(PARC.)**

2. BOUSQUET (Pablo), à San-Salvador. — Photographies. **(PARC.)**

3. COHEN Y DREYFUS, à San-Salvador. — Photographies. **(PARC.)**

4. CROMEYER (Alejandro), à San-Salvador. — Photographies. **(PARC.)**

5. DORANTES Y OJEDA, à San-Salvador. — Photographies. **(PARC.)**

6. REVELO (Docteur J.) Y Ca., à San-Salvador. — Photographies. **(PARC.)**

7. RUIZ (J. Manuel) Y Ca., à San-Salvador. — Photographies. **(PARC.)**

8. SCHONEMBERG (Roberto), à San-Salvador. — Photographies. **(PARC.)**

9. VERNIER (Pedro, A.) à Santa-Ana. — Photographies. **(PARC.)**

RÉPUBLIQUE SUD-AFRICAINE.

1. **GROS (H. F.)**, à Prétoria. — Photographies sur papier. (ESPLANADE.)

2. **ROBERTSON & Cie**, à Prétoria. — Photographies sur papier. (ESPLANADE.)

SUISSE.

1. **BOISSONNAS (Fréd. & Éd. V.)**, à Genève. — Photographies, plaques sensibles et orthochromatiques ; spécimens obtenus sur ces plaques. (PALAIS.)

Portraits et études. — Paysages et agrandissements d'après nos plaques orthochromatiques. Albums d'essais comparatifs ; plaques orthochromatiques et plaques ordinaires. Reproductions comparatives de vitraux coloriés. L'Escopette, appareil à obturateur hémisphérique.
Récompenses : Paris 1878, médaille argent. Bruxelles 1888, médaille d'or et médaille d'argent ; Barcelone 1888, médaille d'or.

2. **FLURY (Alex.)**, Pontresina (Engadine). — Vues des montagnes de la chaîne de Berne. (PALAIS.)

3. **GRECK (Robert de)**, à Lausanne. — Photographies artistiques. (PALAIS.)

4. **GULER (Romedo)**, à Seefeld (Zurich). — Photographies des principaux hôtels, bains et stations balnéaires du canton des Grisons. (PALAIS.)

5. **HINNEN (Élise)**, à Zurich, Tonhallestrasse, 20. — Vues suisses et sujets de genre. (PALAIS.)

6. **LIENHARD & SALZBORN**, à Coire et St-Moritz. — Paysages. (PALAIS.)

7. **MOEGELE (Jean)**, à Thoune. — Portraits, paysages, animaux. (PALAIS.)

8. **ORELL FUSSLI et Cie**, à Zurich. — Photographies coloriées d'après un nouveau procédé, photochrômie, épreuves lithophotographiques. (PALAIS.)

9. **PFENNINGER (Otto)**, à St-Gall, Rorschacherstrasse, 7. — Photographies d'enfants. (PALAIS.)

10. **STÉPHAN (Charles)**, à Winterthur. — Portraits photographiés. (PALAIS.)

11. **THURY & AMEY**, à Genève, chemin des Sources, 12. — Obturateurs pour la photographie instantanée ; spécimens de photographies obtenues avec l'obturateur. (PALAIS.)

Instruments de précision. Microscopie, géodésie, physique, mécanique, outils de mesurage. Obturateur pour photographie instantanée.

12. **WIRTH (Henri)**, à Zurich, Centralhof, 16. — Photographie (portraits et tableaux de genre). (PALAIS.)

URUGUAY.

1. **HARRIAGUE (Pascual)**, à Salto. — Photographies. (PARC.)

2. **RICHLING**, à Montevideo. — Photographie : « vue de la brasserie Richling. » (PARC.)

GROUPE II.

ÉDUCATION ET ENSEIGNEMENT. MATÉRIEL ET PROCÉDÉS DES ARTS LIBÉRAUX.

CLASSE 13.

Instruments de musique.

FRANCE.

1. ABBEYE. (et J.), à Versailles (Seine-et-Oise), rue de la Chancellerie, 12. — Orgue d'église construit spécialement pour les climats exotiques du Sud. Plans d'un grand orgue en construction pour l'église de Saint-Séverin, à Paris. **(PALAIS.)**

Spécimen du Levier pneumatique breveté, employé par la maison E. et J. Abbey, à l'effet d'obtenir la répétition parfaite des claviers.

Paris 1878, médaille d'argent de première classe.

2. Aciéries de Firminy, à Firminy (Loire). — Cercles d'acier pour pianos. **(PALAIS.)**

3. ALIBERT (Jean-Pierre), à Paris, rue Mazagran, 2. — Chevilles Alibert pour faciliter et assurer l'accord des instruments à cordes. **(PALAIS.)**

4. AMAMAT-CHANTOUX (Marcel), à Paris, rue Riquet, 33. — Dièses pour pianos et orgues. **(PALAIS.)**

5. ANGENSCHEIDT Frères, à Paris, boulevard Ménilmontant, 63. — Piano grand oblique. Pianos droits, barrage en acier. **(PALAIS.)**

6. ARBAN (Jean-Baptiste) & BOUVET (Louis F. A.), à Paris, rue Popincourt, 10. — Instruments de musique en cuivre. Instruments Arban, système Bouvet. **(PALAIS.)**

Deux familles complètes d'instruments perfectionnés à double perce, l'une à quatre pistons et l'autre à trois pistons, se jouant avec les anciens doigtés.

7. Association générale des ouvriers (François (L.) Maitre & Cie, à Paris, rue St-Maur, 81. — Instruments de musique à vent, en cuivre et à percussion. **(PALAIS.)**

8. AUCHER Frères, à Paris, boulevard de Belleville, 27. — Pianos. **(PALAIS.)**

9. AURAND-WIRTH, à Lyon (Rhône), rue de la République, 48. — Piano droit de style à cordes croisées et cadre en fer. Grand piano, cordes obliques, transpositeur. **(PALAIS.)**

10. AVISSEAU et Fils, à Paris, rue de Bondy, 52. — Piano droit. **(PALAIS.)**

11. BARROUIN (Félix), à Paris, rue de Sèvres, 91. — Piano renfermant un appareil régulateur pour durcir à volonté le toucher des claviers. Auto-clavier ou clavier somnambule. **(PALAIS.)**

Voir son appareil régulateur pour durcir les claviers graduellement. (breveté S. G. D. G.). Voir également à la fin du volume, l'annonce intitulée : Auto-Clavier.

12. BARUTH (François-Claude), à Lyon (Rhône), place de la Bourse, 3. — Piano droit et piano à queue. **(PALAIS.)**

13. BAUDASSÉ-CAZOTTES (Maison), Georges Jäger, gendre et successeur, à Montpellier (Hérault). — Cordes harmoniques. **(PALAIS.)**

14. BESSON (F.), Fontaine-Besson, à Paris, rue d'Angoulême, 96. — Instruments de musique à vent, métalliques, simples, à coulisse, à rallonge, à pistons, système prototype Besson. **(PALAIS.)**

Paris 1878, médaille d'or. Melbourne 1880, grande médaille. Amsterdam 1883, diplôme d'honneur. Anvers 1885, hors concours. Membre du Jury International.
Barcelone 1888, médaille d'or. (Voir classe 60).

15. BING (O.), à Paris, rue Payen. — Cordes harmoniques. **(PALAIS.)**

16. BLANCHARD (Paul F.), à Lyon (Rhône), rue Ferrandière, 45. — Double quatuor d'instruments à archet, comprenant : quatre violons, deux altos, deux violoncelles. **(PALAIS.)**

17. BONNEVILLE (Auguste) & Fils, à Paris, rue Corbeau, 9. — Grandes et petites flûtes de tous systèmes. **(PALAIS.)**

18. BORD (A.), à Paris, boulevard Poissonnière, 44 bis. — Pianos à queue, pianos droits à cordes croisées, obliques et verticales. **(PALAIS.)**

Maison fondée en 1840, Fabrique à Saint-Ouen (Seine), Ateliers, 52, rue des Poissonniers, Paris.
Spécialité de pianos à queue et pianos droits avec cadre en fer à cordes croisées, sommier nickelé.
Pianos obliques et à cordes verticales en palissandre, bois noir, noyer, loupeux, etc., avec filets cuivre, marqueterie, etc.
Fabrique spéciale pour les Colonies.
Récompenses : Médaille d'or, Melbourne 1882.
Médaille d'or, Amsterdam 1883. Diplôme d'honneur, Anvers 1885.
Membre du Jury à l'Exposition universelle 1878.

19. BOUSSUGE (Léon P.), à Paris, quai du Louvre, 8. — Piano et pianista, s'adaptant à tout piano, pour jouer à l'aide d'une manivelle et de cartons perforés, la musique de danses et d'opéras. **(PALAIS.)**

20. BURCKHARDT (D.) & MARQUA, à Paris, boulevard Saint-Germain, 82. — Piano droit, style Renaissance, piano à queue. **(PALAIS.)**

Maison fondée en 1829 par M. Burckhardt, spécialité de pianos transpositeurs perfectionnés, pianos à cordes obliques et à cordes croisées, vente et location. Récompenses aux expositions universelles de 1855 et 1867. Médaille, Paris 1878.

21. BURGASSER (L.) & THEILMANN, Ancienne Maison **de Prouw, Aubert et Cie**, à Paris, boulevard du Temple, 37. — Pianos avec cadre en fer ou barrage en bois à cordes obliques et croisées. **(PALAIS.)**

Usine, 98, rue Oberkampf.
Maison fondée en 1846 par M. de Prouw.
Pianos droits, obliques et à cordes croisées, de tous styles.
Pédalier système Vidal, 1878, Amsterdam, 1883. Catalogue et notice franco.

22. BUSSON (Constant), à Paris, boulevard Voltaire, 166. — Harmoniflûte, accordéon français et harmoniums. **(PALAIS.)**

Inventeur breveté de l'harmoniflûte.
Médailles aux Expositions universelles, Paris 1867 et 1878.

23. CARPENTIER (J.), à Paris, rue Delambre, 20. — Mélographes et mélotropes. Batteur de mesure. **(PALAIS.)**

24. CAVAILLÉ-COLL (Aristide), à Paris, avenue du Maine, 15. — Grand orgue de salon, style Louis XVI, à double expression. — Modèle au dixième de l'orgue monumental pour St-Pierre de Rome. **(PALAIS)**

> Orgues d'église et de salon.
> Auteur des orgues de la Madeleine, de St-Vincent-de-Paul, de Ste-Clotilde, de la Trinité, de St-Sulpice, de Notre-Dame et du Palais du Trocadéro, à Paris.
> Grand prix, Exposition universelle 1878. Officier de la Légion-d'Honneur.

25. CHARDOT (Joseph), à la Varenne-St-Hilaire (Seine), rue Parmentier, 30. — Feutre étouffoir et marteaux pour pianos. **(PALAIS.)**

26. CHARLY (Valentin), à Paris, rue du Faubourg-St-Denis, 11. — Clarinettes et flûtes en cristal et anches pour tout instrument de musique. **(PALAIS.)**

27. CHAUSSIER (Henri), à Dijon (Côte-d'Or), cours du Parc, 2. — Instruments omnitoniques et chromatiques ramenés tous à la tonalité du quatuor à cordes. **(PALAIS.)**

28. CHEVREL (Georges), à Paris, rue de la Cerisaie, 11. — Découpures et marqueterie pour pianos. **(PALAIS.)**

> Maison fondée en 1860. — Spécialité d'adresses pour pianos et orgues, marqueterie de tous styles. — Médailles d'argent, 1878 Paris. — Or, Anvers, 1885.

29. CHRISTOPHE (H.) & ETIENNE, à Paris, rue de Charonne, 97. — Harmoniums et harmoniflûtes. **(PALAIS.)**

30. COLLIN-MÉZIN (Charles J.-B.), à Paris, rue du Faubourg-Poissonnière, 10. — Violons, violoncelles et accessoires. **(PALAIS.)**

31. CONSTANTZ (F.), à Paris, boulevard du Temple, 12. — Pianos perfectionnés à double table d'harmonie, à trois pédales expressives, échappement automatique à répétition. **(PALAIS.)**

> Transpositeurs perfectionnés. Pianos boulonnés. Barre de fer. Brevetés s. g. d. g.
> Mention honorable, Paris 1878.

32. COSSANGE-BARBU (Pierre A.), Ancienne Maison **Barbu**, à Paris, avenue Parmentier, 10. — Anches pour clarinettes, Saxophones et autres. **(PALAIS.)**

> Fournisseur des conservatoires de Paris et de Bruxelles, des armées française et étrangères.
> Expositions internationales de Londres 1862, Paris 1878.

33. COSSELÉS & PAGNON, à Paris, rue Planchat, 61. — Mécaniques pour pianos. **(PALAIS.)**

34. COTTINO & TAILLEUR (Maison **Bouttevillin & Cie**), à Paris, rue de Montreuil, 119. — Harmoniums. **(PALAIS.)**

35. COUESNON & Cie (Ancienne maison **Gautrot Aîné & Cie**), à Paris, rue d'Angoulême, 94. — Instruments de musique. **(PALAIS.)**

36. DANTI (L.) (Ancienne maison **Franche**), à Paris, rue de l'Université, 40. — Piano à queue en vernis Martin. Piano droit à cordes croisées, cadre en fer, et pédale sourdine. **(PALAIS.)**

37. DELANOÉ et Cie, à Paris, avenue Ledru-Rollin, 40. — Cordes pour pianos, fournitures. **(PALAIS.)**

38. DERONDEL & ROCACHER, à Paris, rue Mademoiselle, 55. — Orgue à manivelle à papier perforé. Harmoniphone français. **(PALAIS.)**

39. DEROUX (S. Auguste), à Paris, rue Geoffroy-Marie, 16. — Quatuors à cordes : violoncelles, altos et violons. **(PALAIS.)**

40. DHIBAUT (Jules), à Paris, avenue de Villiers, 101. — Pianos mécaniques perfectionnés et pianos ordinaires. Musique pour piano. Mécanique Debain. **(PALAIS.)**

41. DIDION (Louis), à Nantes (Loire-Inférieure), rue Crébillon, 15. — Pianos droits à cordes obliques. **(PALAIS.)**

42. DIEFFENBACHER (Louis G.), à Paris, rue de Vaugirard, 55. — Pianos à cordes croisées, cadre en fer, 7 octaves 1/4, en bois noir.   **(PALAIS.)**

Pianos droits à cordes demi-obliques, pianos droits à cordes obliques avec sommier prolongé en fer, pianos grand modèle à cordes croisées avec cadre en fer, 7 octaves 1/4 d'une très grande puissance de sons. Commission. Exportation.

43. DOLNET-LEFEVRE & PIGIS, à Mantes-la-Ville (Seine-et-Oise). — Instruments de musique à vent en bois et saxophones.   **(PALAIS.)**

44. DRIN (Louis J.), à Paris, rue Lacondamine, 52. — Piano droit.   **(PALAIS.)**

45. DUMAS (J.-Aristide), à Nîmes (Gard), avenue Feuchère, 7. — Piano vertical oblique avec clavier lévigrave et pédale pianissimo.   **(PALAIS.)**

46. DUMONT & LELIÈVRE, aux Andelys (Eure). — Orgues-harmoniums, harmoniphrase, orgues, mélophones.   **(PALAIS.)**

Paris 1878, Médaille de bronze. — Anvers 1885, or. — Barcelone 1888, or.

47. ERARD (Nicolas), à Paris, rue de la Duée, 8. — Pianos droits.   **(PALAIS.)**

48. ERARD & Cie, à Paris, rue du Mail, 13. — Pianos à queue, pianos droits, pianos à clavier de pédales, harpes.   **(PALAIS.)**

Maison fondée en 1780 par Sébastien Erard.
Fournisseurs du Ministère des Beaux-Arts, du Conservatoire de musique de Paris, des Conservatoires de musique de France et de la Maison d'éducation de la Légion d'honneur.
Maison à Londres, 18, Great Marlborough street. — Maison à Bruxelles, 4 rue Latérale.
Récompenses obtenues :
Grande Médaille, Londres 1851. — Médaille d'or, Paris 1855.
Membre du Jury, hors concours, Paris 1867. — Hors concours, Vienne 1873. — Deux Médailles d'or, Paris 1878. — Deux Médailles de première classe, Sydney, 1880. — Trois Médailles d'or, Melbourne 1881. — Deux Médailles d'or, Anvers 1885. — Membre du Jury, hors concours, Barcelone 1888.

49. EVETTE & SCHÆFFER (Ancienne maison **Buffet-Crampon et Cie**, à Paris, passage du Grand-Cerf, 18. — Instruments de musique.   **(PALAIS.)**

Médaille d'or, Paris, Exposition universelle 1878.
Médaille d'or, Barcelone, Exposition universelle 1888.
Diplôme d'honneur, Anvers, Exposition universelle 1885.

50. FOCKÉ Fils ainé, (Ernest), à Paris, rue Morand, 9. — Piano à queue, pianos à cordes croisées et obliques.   **(PALAIS.)**

51. FORTIN (Eugène-C.), à Clermont (Oise). — Feutres pour pianos et orgues.   **(PALAIS.)**

Usine de la Mayette. Récompenses obtenues spécialement pour les feutres à pianos et orgues, aux Expositions universelles internationales ; Londres 1851, Prize medal ; Vienne 1873, Médaille de progrès ; Paris 1878, Médaille de bronze ; Anvers 1885, Médaille d'or.

52. FOURNIER (Maison), **Bretonneau (L. Albert)**, Successeur, à Paris, rue d'Orsel, 13. — Anches de clarinettes, saxophones, hautbois, cor anglais, basson.   **(PALAIS.)**

53. FRANTZ (J.-B.), à Paris, rue Lafayette, 64. — Piano droit.   **(PALAIS.)**

54. GAND & BERNARDEL, à Paris, passage Saulnier, 4. — Violons, altos, violoncelles, contrebasses à 4 et 5 cordes, archets et accessoires.   **(PALAIS.)**

Prize medal, Londres 1851.
2 médailles de 1re classe, Paris 1855.
Médaille d'argent, Paris 1867.
Médaille d'or et décoration de la Légion d'honneur, Paris 1878.

55. GASPARINI (Alexandre), à Paris, rue de la Vega, 17 et 19. — Orgues à cylindres pour foires, salles de danses, salons, etc.   **(PALAIS.)**

Manufacture d'orgues à cylindres. Spécialité d'orgues. Musiques militaires pour forains.

56. GAUSS (Charles), Successeur de la maison **Boucher**, à Paris, rue du Faubourg-Poissonnière, 31. — Pianos.   **(PALAIS.)**

57. GAVEAU (J. G.), à Paris, rue Servan, 47-49. — Pianos à queue et pianos droits.   **(PALAIS.)**

Récompenses aux Expositions universelles internationales. Médaille bronze, Paris 1855. Médaille argent, Paris 1867. Médaille d'or, Paris 1878. Diplômes d'honneur : Amsterdam 1883, Anvers 1885, Bruxelles 1888. Membre du jury, Barcelone 1888. Officier d'Académie, Chevalier de l'Ordre du Christ de Portugal.

Chevalier de l'ordre du Cambodge.

Maison de Vente et Location, 8, Boulevard Montmartre.

58. GAVIOLI (Anselme) & Cie, à Paris, avenue de Taillebourg, 2 bis. — Orgue quatuor. Piano-exécutant. Harpe-mandoline. Pianista.   **(PALAIS.)**

Chevalier de l'Ordre de la Couronne d'Italie, 1884, pour Expositions Françaises ; médailles d'or : Philadelphie, 1876. Melbourne, 1880. Amsterdam, 1883. Paris, Anvers, 1885. Barcelone, 1888. Médailles d'argent, Paris, 1867 et 1878. Bruxelles, 1888.

59. GEHRLING Fils, (Charles), à Paris, rue de l'Ourcq, 59. — Mécaniques pour pianos et orgues, et modèles de tous genres. Agrafes, peignes, fourches et platines en cuivre.   **(PALAIS.)**

Médaille de bronze, Londres 1862. Paris 1867. — Médaille de mérite, Vienne 1873. — Médaille d'argent, Paris 1878. — Médaille d'or, Melbourne 1881. — Diplôme d'honneur, Anvers 1885.

60. GERVEX (Félix L.), à Paris, rue des Poissonniers, 23. — Pianos droits.   **(PALAIS.)**

61. GOUTTIÈRE (Edmond), Ancienne Maison **Elcké**, à Paris, rue de Babylone, 47. — Pianos droits et à queue.   **(PALAIS.)**

Récompenses : Paris, 1878, argent ; Diplômes d'honneur Anvers, 1885, Bruxelles 1888.

62. GRANDON (Charles), à Paris, rue de Belleville, 323. — Touches de pianos en ivoire et en os.   **(PALAIS.)**

Ivoire, 2 médailles : argent, Paris 1867, Vienne, 1873.
Os, 1 médaille : bronze, Paris 1878.

63. GUÉRIN (Alexandre), à Marseille (Bouches-du-Rhône), rue Paradis, 18. — Instruments à vent en bois et en cuivre et instruments à cordes.   **(PALAIS.)**

64. GUILLOT (A.), à Paris, boulevard St-Denis, 16. — Pianos.   **(PALAIS.)**

65. GUITZILKE (Jean Edouard), à Paris, rue de Belleville, 80. — Piano   **(PALAIS.)**

66. HANSEN (Pierre, M.), à Paris, rue Saint-Maur, 60. — Pianos droits. Pianos cordes croisées et piano oblique.   **(PALAIS.)**

67. HEL (P. Joseph), à Lille (Nord), rue Nationale, 14. — Quatuors d'instruments de musique à cordes et à archet.   **(PALAIS.)**

Maison fondée en 1865.
Luthier du Conservatoire de musique.
Médaille d'or, Exposition universelle, Anvers 1885.

68. HENRY (Eugène), à Paris, rue Saint-Martin, 151. — Violons, alto, baryton, violoncelle et archets.   **(PALAIS.)**

Maison fondée en 1788. — Mention honorable 1855 et 1878.

69. HEROUARD Frères (Ancienne Maison), **Laubé**, successeur, à la Couture-Boussey (Eure). — Clarinettes basses, clarinettes, flûtes, cors anglais, hautbois, petites flûtes, flageolets.   **(PALAIS.)**

Usine à vapeur.
Occupant un grand nombre d'ouvriers pour la fabrication spéciale d'instruments de musique à vent en bois.
Une des plus importantes de la contrée pour la fabrication spéciale de Clarinettes, Flûtes et Hautbois.
Système Boehm et système ordinaire.
Réunissant au bon marché, perfection, solidité et une justesse parfaite qui défie toute concurrence.
Commission. Exportation.
Flûte, système Boehm, métal et bois à perce cylindrique.

70. HERZ, (Vve Henri), à Paris, rue de la Victoire, 48.—Pianos à queue et pianos droits. **(PALAIS.)**

Maison fondée en 1825.

Nomenclature des pianos exposés. — Mod. 9. Grand piano à queue de concert, palissandre, du sol grave au la aigu. Mod. 8. Piano 1/2 queue, bois noir dépoli, style Louis XVI. Mod. C. Piano 1/4 de queue, bois noir, filets en cuivre. Mod. E. Piano à queue, petit format, palissandre. Mod. 7. Piano grand modèle, à cordes obliques, style Louis XV, riche. Mod. 4. Piano à cordes obliques palissandre. Mod. 1. Piano à cordes verticales bois noir.

Récompenses : 1836, Chevalier de la Légion d'honneur, 1846, Chevalier de l'Ordre de Léopold. 1855 Paris, Médaille d'honneur. 1862 Londres, Prize Medal, Officier de la Légion d'honneur, 1867 Paris, Hors concours et Membre du Jury. 1873, Paris, rappel de Médaille d'or, 1880 et 1881, Melbourne, 2 Médailles d'or, 1888 Barcelone, Médaille d'or.

71. IVON (Louis A.), à Paris, rue Saint-Lazare, 11. — Clavier pour pianos : « Le vrai Clavier ou Clavier Uniton ». **(PALAIS.)**

72. JACQUOT & Fils, à Nancy (Meurthe-et-Moselle), rue Gambetta, 10. — Instruments à cordes et à archet : violons, altos, violoncelles, contre-basses. **(PALAIS.)**

Lutherie artistique et ordinaire d'après les plus beaux modèles italiens.

Médailles de bronze et d'argent, Paris 1867, 1878. — Londres 1851, 1862, etc.

73. JAULIN (L. Julien), à Paris, rue du Château-d'Eau, 27. — Harmoni-cor, dit hautbois Jaulin, s'adaptant aux pianos. Instrument monocorde à clavier. **(PALAIS.)**

74. JEANPERT (Charles A.), à Paris, rue St-Simon, 9. — Piano. **(PALAIS.)**

75. JORAY (Gabriel N.), à Paris, rue du Faubourg-St-Martin, 194. — Articles divers pour pianos, orgues, etc. **(PALAIS.)**

76. JOUFFROY, à Paris, rue de Charonne, 176. — Piano droit. **(PALAIS.)**

77. KASRIEL (L. Maurice), à Paris, rue d'Angoulême, 92. — Harmoniums pliants et portatifs, harmoniflûtes, célestinas. **(PALAIS.)**

78. KLEIN (Henri), à Paris, rue Oberkampf, 138 (passage Ménilmontant, 10). — Pianos droits. **(PALAIS.)**

Grande manufacture de pianos à cadres en fer, cordes droites, obliques et croisées. Grand piano extra à cordes croisées à 88 notes pour concerts. Usine à vapeur. Nouveau piano, orgue mélodieux pour salons et églises.

79. KNEIP (Alfred), à Paris, avenue Parmentier, 182. — Marteaux de pianos. **(PALAIS.)**

80. KOHLER (Louis J. B. G. G.), à Saint-Ouen (Seine), rue Saint-Denis, 38. — Pupitre de musique à pied. **(PALAIS.)**

81. LABROUSE (P. Joseph L.), à Paris, rue de Rivoli, 46. — Pianos. **(PALAIS.)**

82. LACAPE (Jean), à Paris, boulevard Saint-Martin, 29. — Pianos clavigraphe, pianos-podophane et pianos simples. **(PALAIS.)**

83. LAFONTAINE (Jules), à Paris, rue de Charonne, 170. — Piano à queue, petit modèle, pianos droits à cordes croisées. **(PALAIS.)**

Nouveaux pianos à cadres en fer à cordes verticales obliques et à queue croisées. Pianos de luxe sur commande. Mention honorable à l'Exposition 1878.

84. LAMY (J. Alfred), à Paris, rue Poissonnière, 34. — Archets. **(PALAIS.)**

85. LAPASSET (J. Cyprien), à Paris, rue Beautreillis, 15. — Anches de clarinettes et de saxophones, clarinettes-basses et clarinettes-alto. **(PALAIS.)**

86. LARY (Jules), à Paris, rue Laugier, 71. — Pianos. **(PALAIS.)**

Maison fondée en 1871. — Exportation.

87. LECLERC, à Garennes (Eure). — Instruments à vent en cuivre. **(PALAIS.)**

88. LECOMTE (A.) & Cie, à Paris, rue Saint-Gilles, 12. — Instruments à vent et batterie. **(PALAIS.)**

89. LE DAN, à Paris, rue du Roi-Doré, 6. — Autopianiste. **(PALAIS.)**

90. LEFEVRE-Thibouville (André), Successeur, à Paris-Grenelle, pourtour du Théâtre, 5. — Clarinette système Roméro, Boehm, clarinettes-basses, flûtes et hautbois de tous systèmes.   (PALAIS.)

91. LEGAY (Émile), à Paris, rue de Rennes, 56. — Piano-autonophone. (PALAIS.)

92. LEGUERINAIS (Émile G.), à Paris, passage Ménilmontant, 9 bis. — Pianos cordes obliques.   (PALAIS.)
  Médaille de bronze, Anvers 1885.

93. LEIBNER (G. Henri), à Paris, rue Richer, 46. — Pianos cordes croisées, construction en fer.   (PALAIS.)

94. LÉVÊQUE (Louis), à Paris, rue Saint-Antoine, 110 bis. — Pianos avec barrage en fonte d'une seule pièce.   (PALAIS.)

95. LÉVÊQUE et THERSEN, à Paris, rue Dahesme, 15. — Pianos droits.   (PALAIS.)

96. LEVET (Philibert), à Paris, rue de la Nation, 1. — Marteaux pour pianos.   (PALAIS.)

97. LÉVY (Mario), à Paris, rue St-Lazare, 20. — Pianos.   (PALAIS.)

98. LIMONAIRE Frères & Cie, à Paris, avenue Daumesnil, 166. — Pianos et orgues à cylindre.   (PALAIS.)

99. LORÉE (François), à Paris, rue Blondel, 2. — Hautbois et cors anglais.   (PALAIS.)

100. MAAS (Louis D.), à Neuilly-sur-Seine (Seine), passage Masséna, 21. — Tourne-pages pneumatiques pour pupitres d'orchestre et de pianos.   (PALAIS.)

101. MARTIN Frères (Maison) **Martin F. Jean-Baptiste**, Successeur, à Paris, rue Turbigo, 8. — Clarinettes, flûtes, basson, hautbois, etc.   (PALAIS.)
  Récompenses : Paris, 1855, 1867, 1878, bronze ; Barcelone, 1888, argent.

102. MAYER-MARIX, Morhange (L.), Gendre et Successeur, à Paris, passage des Panoramas, 48. — Harmoniflûtes, harmoniums, accordéons.   (PALAIS.)

103. MERKLIN & Cie, à Paris, rue Delambre, 22. — Orgues à transmission électro-pneumatique. Instruments fonctionnant par des claviers placés sur une console unique.   (PALAIS.)

104. MILLE, Successeur d'**Antoine Courtois et Mille**, à Paris, rue des Marais, 88. — Instruments de musique en cuivre.   (PALAIS.)

105. MILLEREAU (François), à Paris, rue d'Angoulême, 66. — Flûtes, Clarinettes, Hautbois, Saxophones, Cors d'Harmonie, Cornets, Basses, Trombones, etc., Clairons d'ordonnance, Tambours.   (PALAIS.)
  Invent. du Clairon Chasseur, Méd. d'arg., Paris 1867, Rappel de la Méd. d'arg.; Paris 1878.

106. MONTI (Charles), à Paris, rue Oberkampf, 127. — Claviers pour pianos et orgues.   (PALAIS.)

107. MONTI (F. J.), à Champigny-sur-Marne (Seine). — Touches de pianos en ivoire.   (PALAIS.)

108. MULLER (Édouard), à Paris, rue de Bondy, 66. — Fournitures et accessoires pour pianos et orgues.   (PALAIS.)

109. MULLER (Ancienne maison), **Cousin (Léon)**, Successeur, à Lyon (Rhône), place des Célestins, 9. — Instruments à vent, en bois et en cuivre.   (PALAIS.)

110. MUSTEL Victor, à Paris, rue de Maubeuge, 34 et 42. — Harmoniums. (PALAIS.)
  Orgues à double expression.
  Instruments de salon et de concert, facture exclusivement artistique.
  Inventeur de la double expression du Forte-Expressif, du jeu de Harpe Éolienne, du Typophone, du Métophone, de l'Anche euphonique, du Célesta et de la partition Mustel.
  Médailles or et argent, Paris 1855, 1867.
  Médaille d'or à l'Exposition de 1878.
  Membre de la commission d'installation de la classe 13 en 1878.
  Membre de la commission d'admission et d'installation de la classe 13 en 1889.

111. OURY (Alphonse C.), à Paris, rue Bayen, 14. — Pianos.   **(PALAIS.)**

112. PAQUET et ses Fils, à Beaumont-sur-Oise. — Métronomes, pupitres,
Fournitures pour pianos.   **(PALAIS.)**

113. PAQUOTTE Frères (Henri & Placide), à Paris, boulevard Saint-
Germain, 99. — Quatuors, instruments à cordes.   **(PALAIS.)**
  Maison fondée en 1830.
  Cordes harmoniques de Naples et de France.
  Fabrication et réparations d'instruments à cordes et archets.
  Location pour orchestres et concerts.
  Vente, achat et échanges d'instruments en tous genres. — Commission. — Exportation.

114. PARISSE (Achille), à Paris, rue de Charonne, 100. — Pianographe. **(PALAIS.)**

115. PECCATTE (Charles F.), à Paris, rue de Valois, 8. — Archets de violon,
alto-violoncelle et contre-basse à hausses, ébène, ivoire, écaille garnie, or et argent.
                (PALAIS.)

116. PÉRINET (François), PETTEX, MUFFAT (Henri J., successeur), à Paris, rue Copernic, 31. — Trompes de chasse, dites trompes Perinet,
accessoires.   **(PALAIS.)**

117. PICARD (Désiré), à Courcelles-sur-Seine (Eure). — Guide chant. **(PALAIS.)**

118. PINET (Léon), à Paris, rue Morand, 14. — Anches libres métalliques et fournitures pour harmoniums et autres instruments analogues.   **(PALAIS.)**

119. PLEYEL, WOLFF et Cie, à Paris, rue Rochechouart, 22. — Pianos à
queue, pianos droits, pianos à 3e pédale harmonique, clavecins, pédaliers, claviers
2/4 transpositeurs.   **(PALAIS.)**
  Piano donnant à volonté les premières harmoniques. — Inventions nouvelles. — Pédale
douce progressive à enfoncement constant. — Pédale forte graduelle. — Enregistrements et
appareils de mesures acoustiques.

120. POIROT Frères (Victor & Gabriel), à Mirecourt (Vosges). — Orgues
à cylindres et à touches.   **(PALAIS.)**

121. POIRSON (Elophe), à Lyon (Rhône). — Violoncelles, altos, violons,
archets. Serre-joints pour réparations.   **(PALAIS.)**

122. PORCHET (J.-B.-F. Jules), à Paris, rue du Faubourg-Poissonnière, 8. —
Clavier lecteur-harmonisateur instantané de plain-chant.   **(PALAIS.)**
  A l'aide de cet appareil (breveté S. G. D. G. en France et à l'Etranger) s'appliquant sur
les claviers usuels des orgues, harmoniums, pianos, toute personne, même n'ayant aucune
connaissance musicale préalable, peut, après quelques minutes d'étude, jouer, d'un seul doigt,
n'importe quel morceau de plain-chant avec son accompagnement correct, dans le ton voulu.
Les principaux cantiques et des morceaux spéciaux se jouent également d'un seul doigt.

123. POUDRA (P.-A.), à Paris, rue de la Bucherie, 9. — Outillages pour la
fabrication des instruments de musique et anches.   **(PALAIS.)**

124. POURTIER (Louis), à Paris, boulevard Barbès, 67. — Consoles et orne-
ments de tous styles en toutes essences de bois. Vernis mat ou doré.   **(PALAIS.)**
  Consoles et appliques pour Pianos.
  Vernis et prêtes à poser. Commission. Exportation.
  Récompense Paris 1878.

125. PRUVOST (Henri), à Paris, rue Saint-Maur, 77. — Piano à barrage en bois,
Piano à cadre en fer.   **(PALAIS.)**
  Nouveau système breveté S. G. D. G. Maison fondée en 1850 (voir aux annonces).

126. PRUVOST (Victor), à Paris, rue du Faubourg-Poissonnière, 56. — Pianos.
                (PALAIS.)
  Pianos obliques et cordes croisées avec cadre en fer forgé fabriqués spécialement pour
l'exportation. Pianos de luxe. Méd. d'argent en 1878. Fabrique rue Clignancourt, 100.

127. QUANTIN & ROLLE, à St-Denis (Seine), rue des Ursulines, 21. —
Feutres pour piano.   **(PALAIS.)**

128. RENAUDIN et Cie, à Provins (Seine-et-Marne). — Claviers pour pianos à queue et droits. Claviers d'orgues.   (PALAIS.)

129. RICHARD et Cie, à Étrépagny (Eure). — Harmoniums.   (PALAIS.)

130. RIVE (C.), à Paris, rue du Temple, 93. — Flûtes.   (PALAIS.)

Médaille d'argent à l'Exposition universelle de 1878.

131. ROBLIN (Eugène), à Paris, rue Ménilmontant, 26. — Instruments à vent en cuivre, nouveau contralto si bémol.   (PALAIS.)

132. RODOLPHE Fils, à Paris, rue Chaligny, 15. — Orgues-harmoniums.
                                                                        (PALAIS.)

Près le faubourg Saint-Antoine. — Maison fondée en 1856.

Harmonium Franco-Américain, composé de jeux, système français, parlant par le vent refoulé, et de jeux, système américain, parlant par le vent aspiré.

Harmonium pédalier d'étude et d'exécution. Dispositions et proportions exactes des claviers manuels et du clavier de pédales des grandes orgues à tuyaux.

Harmonium Grand-Orgue, composé de vingt-et-un jeux et demi, de deux claviers, d'un clavier de pédales, de trente-deux registres et de dix pédales d'accouplement.

Récompenses :

Médailles de bronze, Expositions universelles de Londres 1862 et Paris 1867. Médaille d'or, Exposition universelle, Paris 1878.

133. ROHDEN (Charles de), à Paris, rue St-Maur, 185. — Mécaniques et modèles de divers systèmes, agrafes, barres, fourches, moulures en cuivre.   (PALAIS.)

Maison fondée en 1831. Inventeur breveté S.G.D.G. des platines, fourches et noix à régler, barres simples et doubles dents ; vis spéciales dites pour pianos. Barres en fer.

Récompenses : Médailles d'argent, Paris 1855, Londres 1862, Paris 1867, Vienne 1873, Paris 1878 ; Médaille d'or, Barcelone 1888.

134. ROSSERO (Dominique), à Paris, rue St-Martin, 182. — Peaux spéciales pour orgues et pianos.   (PALAIS.)

135. RUCH (Jacques), à Paris, rue Saint-Maur, 60. — Pianos à queue et droits.
                                                                        (PALAIS.)

Paris 1878, Médaille d'argent. Melbourne 1881, mérite. Amsterdam 1883, or. Anvers 1885, or. Barcelone 1888, or.

136. SÉZÉRIE (Jules C.), à Paris, avenue du Maine, 147. — Fournitures et accessoires pour grandes orgues d'église, outils, jeux d'anches, noyaux anchés, grosse ferrure, jeux d'anches pour orgues à cylindre, etc.   (PALAIS.)

Jeux d'anches pour orgues à cylindre, orgues-orchestre et carrousels, laitons.
Ancienne Maison Chaillot Dœminy.

137. SILVESTRE (Hippolyte C.), à Paris, rue du Faubourg-Poissonnière, 24. — Instruments à cordes, violons, altos, violoncelles.   (PALAIS.)

Médaille d'argent, Paris 1878.

138. Société des Facteurs de pianos de Paris, Hanel Bénard et Cie, à Paris, rue des Poissonniers, 54. — Pianos modèles grand oblique, cordes croisées, quart oblique.   (PALAIS.)

139. Société des Orgues d'Alexandre Père & Fils, à Paris, rue de Richelieu, 106. — Orgues et harmoniums.   (PALAIS.)

Usine à vapeur à Ivry-sur-Seine.
Orgues-harmoniums pour Églises, Écoles et Salons.
Nouveaux modèles d'orgues à mains doublées, modèle mixte à tuyaux et anches libres avec accordoir breveté.
Médaille d'honneur unique pour cette industrie, 1855.
Grande médaille d'or, 1867.
Croix de la Légion d'Honneur.
Créateurs de l'orgue à 100 francs.
Fabrication supérieure, offrant toute garantie de solidité et de durée.
Soins spéciaux pour les Colonies.

140. SOUFLETO (Charles), à Paris, rue du Faubourg-St-Martin, 172 — Piano à queue, pianos droits croisés. **(PALAIS.)**

141. SUDRE (Francis), à Paris, rue des Poitevins, 6. — Instruments de musique, à vent, en cuivre. **(PALAIS.)**

142. THIBOUT (Amédée et Cie), à Paris, rue Victor Massé, 28. — Pianos droits et à queue, auto-pianiste universel et auto-organiste universel. **(PALAIS.)**

143. THIBOUVILLE (Martin) Fils Aîné, à Paris, rue de Turenne, 91. — Bassons, saxophones, clarinettes basses, ténors et ordinaires, flûtes et petites flûtes, hautbois. **(PALAIS.)**

Modèle du conservatoire. Médailles, Expositions 1855-1867-1878. Usine à vapeur.

144. THIBOUVILLE (Eugène) & Fils, à Ivry-la-Bataille (Eure). — Instruments en bois et en métal. **(PALAIS.)**

145. THIBOUVILLE-CABART (J. B.), à Paris, rue Notre-Dame de Nazareth, 35. — Clarinettes, hautbois, cors anglais, bassons, flûtes, fifres et flageolets. **(PALAIS.)**

146. THIBOUVILLE-COUDEVILLAIN (successeur de la Maison **Lot** et de la Maison **Thibouville Noë Fils**), à La Couture-Boussey (Eure). — Instruments à vent en bois, de tous systèmes : clarinettes, flûtes, hautbois, etc. **(PALAIS.)**

147. THIBOUVILLE-LAMY (L. E. Jérôme), à Paris, rue Réaumur, 68. — Violons, basses, contre-basses, cornets, saxhorns, flûtes, hautbois, pianos, etc. **(PALAIS.)**

Guitares, mandolines, clarinettes, organinas, harmoniums. Récompenses : Londres 1862, médaille de prix; Paris 1867, 3 médailles; Vienne, médaille de progrès 1873; Philadelphie 1876, médaille de prix et décoration de la Légion d'honneur; Paris, 1878, hors concours.

148. TOMASINI (Louis), à Paris, rue Oberkampf, 149. — Clavecin. **(PALAIS.)**

149. TOUDY Jeune (Félix C.-C.), à Paris, rue du Helder, 14. — Piano mégaphone à sons prolongés. **(PALAIS.)**

150. TRUCHOT (Guillaume) et COLLIN (Auguste-L.), à Paris, rue du Faubourg-Saint-Denis, 162. — Marteaux pour pianos. **(PALAIS.)**

151. VANET (Eugène), à Paris, rue Lecourbe, 70. — Piano, suppression de ressorts, échappement système Vanet, sourdine divisée, clavier muet à volonté. **(PALAIS.)**

152. VERDEAU (B.) & Fils, à Bordeaux (Gironde), cours d'Alsace-Lorraine, 108. — Instruments en cuivre. **(PALAIS.)**

153. WINTHER (N.-Nathaniel), à Paris, rue Denfert-Rochereau, 77. — Pianos. **(PALAIS.)**

COLONIES.

ALGÉRIE.

1. BOU-SAADA (l'Administrateur de la Commune indigène de), à Bou-Saâda (Alger). — Flûtes, tambours et musettes arabes. **(ESPLANADE.)**

2. MÉRITAN (Prosper), à Philippeville (Constantine). — Piano symphonium, produisant effet de contre-basse, violoncelle, alto et violon. **(ESPLANADE.)**

3. **SOLAL (Léon)**, à Alger, place Malakoff, 6 — Instruments de musique nègres et kabyles.
(ESPLANADE.)

4. **WILLEMS**, à Oran (Algérie). — Instruments de musique arabe.
(ESPLANADE.)

COCHINCHINE.

1. **Exposition permanente des Colonies**, à Paris. — Flûtes, gongs, guitares, harpes, tambours, tambourins. (Cochinchine et Cambodge.)
(ESPLANADE.)

2. **MONTAIGNAC de CHAUVANCE (Gaspard de)**, à Giadinh. — Instruments de musique indigènes.
(ESPLANADE.)

3. **Service local**, à Saïgon. — Instruments de musique indigènes.   (ESPLANADE.)

GABON-CONGO

1. **AVINENG**, au Gabon. — Instruments de musique indigènes.   (ESPLANADE.)

2. **Exposition permanente des Colonies**, à Paris. — Instruments divers.
(ESPLANADE.)

3. **MACHENAUD**, à Paris, rue Drouot, 5. — Pianos fabriqués avec du bois dige cuaminguè santal venant du Haut-Ogooué (colonie du Gabon-Congo).
(ESPLANADE.)

4. **PECQUEUR (Léona)**, à Libreville (Gabon). — Instruments de musique indigènes.
(ESPLANADE.)

5. **SCHLUSSEL (Laurent)**, à Libreville (Gabon). — Instruments de musique indigènes.
(ESPLANADE.)

INDE FRANÇAISE.

1. **Comité d'Exposition de l'Inde**. — Instruments de musique de Chandernagor, tam-tams, tambourins, flûtes.
(ESPLANADE.)

2. **Exposition permanente des Colonies**, à Paris. — Instruments à anche.
(ESPLANADE.)

MAYOTTE ET COMORES.

1. **Exposition permanente des Colonies**, à Paris. — Coché, instrument porté au maillet, flûte des sakalaves, guitare.   (ESPLANADE.)

2. **Service local** de Mayotte. — Caboussi, bob, tambour, cahiamba, mochebé, violon.
(ESPLANADE.)

NOUVELLE-CALÉDONIE.

1. **Affaires Indigènes (Service des)**, à Nouméa. — Musiques en roseau.
(ESPLANADE.)

2. **Compagnie des Nouvelles-Hébrides**, à Nouméa. — Tam-tam.
(ESPLANADE.)

3. **Exposition permanente des Colonies**, à Paris. — Conques marines.
(ESPLANADE.)

RÉUNION.

1. **Comité central d'Exposition**, à Saint-Denis. — Vallihr.   (ESPLANADE.)

2. **Exposition permanente des Colonies**, à Paris. — Vallek, sandic.
(ESPLANADE.)

3. **GRONDIN (Edouard)**, à Bras-Panon. — Violon.   (ESPLANADE.)

4. **PALMER (P.-E.)**, à Saint-Pierre-Grand-Bois. — Violons.   (ESPLANADE.)

5. **PAYET (Antoine)**, à Tilaos (Petit-Serré). — Violons.   (ESPLANADE.)

SÉNÉGAL.

1. **AMADY NATAGO Lam Toro**, Chef du **Toro**, (protectorat du Toro). — Tambour de guerre, guitare.   (ESPLANADE.)

2. **DIMBA WAR**, Président des chefs du **Cayor**, (protectorat du Cayor). — Tam-tam, tambours et tambours de guerre, guitare.   (ESPLANADE.)

3. **Exposition permanente des Colonies**, à Paris. — Balafons, flûte, bambara, guitares, tam-tams divers, violons.   (ESPLANADE)

4. **IBRAHIMA N'DIAYE**, Chef du **N'Diambour**, (protectorat du N'Diambour). — Guitares, tambour de guerre.   (ESPLANADE.)

5. **MADIOR THIORO**, Chef du **N'Guick Mérina**, (protectorat du N'Guick Mérina). — Tambour de guerre.   (ESPLANADE.)

6. **NOIROT (Ernest)**, Administrateur colonial, au Sénégal. — Guitares indigènes et de captifs, tambours.   (ESPLANADE.)

PAYS DE PROTECTORAT.

ANNAM-TONKIN.

1. **Exposition permanente des Colonies** à Paris — Instruments divers, cloches, gongs, grelots.   (ESPLANADE.)

2. **MOULIÉ**, à Phuong-Lam. — Tam-tam en bronze provenant de la région de la Rivière-Noire.   (ESPLANADE.)

3. **Protectorat de l'Annam et du Tonkin.** — Tambours divers, baguettes de tambours, clochettes, cymbales, baguettes de tam-tams, tambour pagode. (ESPLANADE.)

4. **Province de Hanoï.** — Cymbales, gongs, tambour, tam-tam à main.   (ESPLANADE.)

CAMBODGE.

1. **Exposition permanente des colonies**, à Paris. — Flûtes, gongs, guitares, harpes, tambours, tambourins.   (ESPLANADE.)

2. **PLANTÉ**, à Pnom-Penh. — Instruments de musique divers.   (ESPLANADE.)

3. **Ministre de la Justice**, à Pnom-Penh (protectorat du Cambodge). (ESPLANADE.)

TAHITI

1. DELARUELLE, lieutenant de vaisseau, à Papeete. — Tambour canaque (Tuamoutu).   **(ESPLANADE.)**

2. LABBEYI, à Papeete. — Passants de tambourin en os humains (Marquises).   **(ESPLANADE.)**

3. VIENOT (Charles), aux Marquises. — Conque marine des Marquises avec cheveux, flûte canaque.   **(ESPLANADE.)**

PAYS ÉTRANGERS.

RÉPUBLIQUE ARGENTINE.

1. **MILANI Fils (François)**, à Buenos-Ayres. — Guitare. (PARC.)

AUTRICHE-HONGRIE.

1. **BRUNNBAUER (Philippe)**, à Vienne, VII, Zieglergasse, 53. — Harmonicas de bouche. (PALAIS.)
2. **CERVENY (V. F.) & Fils**, à Kœniggraetz (Bohême). — Instruments à vent métalliques. (PALAIS.)
3. **DVORAK (K. B.)**, à Prague (Bohême), Hussgasse, 230, L. — Violons, violas, violoncelles. (PALAIS.)
4. **PILAT (Paul)**, à Budapest, VIII, Kerepecsi-Utcza, 17. — Quatuor d'instruments à cordes. (PALAIS.)
5. **STRANSKY Frères (Édouard & Charles)**, à Vienne, VI, Gumpendorferstrasse, 129. — Instruments à vent, à clavier, etc. (PALAIS.)

BELGIQUE.

1. **ALBERT (Jacques)**, à Bruxelles, rue des Ébarons, 4. — Hautbois, cors anglais, bassons. (PALAIS.)
2. **ALBERT Frères**, (Successeurs de **Eugène Albert**), à Bruxelles, rue de Liedekerke, 8. — Clarinettes, flûtes et saxophones. (PALAIS.)
3. **BERDEN & Cie, Campo & Cie**, Successeurs, à Bruxelles, rue Keyenveld, 42. — Pianos. (PALAIS.)
4. **CAUSARD (F. et A.)**, à Tellin. — Cloches. (PALAIS.)
5. **DIETZ (Christian J.)**, à Bruxelles, rue de la Presse, 17. — Clavi-harpes. (PALAIS.)
6. **HAINAUT & Fils**, à Houdeng, près Mons. — Pianos. (PALAIS.)
7. **HEINEMANN (Guillaume)**, à Liége, boulevard d'Avroy, 116. — Pianos, style Louis XVI. (PALAIS.)
8. **MAHILLON (C.), Association Victor et Joseph Mahillon**, à Bruxelles, chaussée d'Anvers, 23. — Instruments à vent en bois et en cuivre. Pistons régulateurs; tambours divers. (PALAIS.)
9. **MONGENOT (George)**, à Bruxelles, rue Saint-Jean, 17. — Violons, altos et violoncelles. (PALAIS.)
10. **PIERRARD (Louis)**, à Bruxelles, place de la Justice, 4. — Violoncelle, alto et violons. (PALAIS.)

11. RENSON & Fils (Antoine), à Liége, rue des Guillemins, 18. — Pianos.
(PALAIS.)

Médaille d'argent, Amsterdam 1883, Anvers 1885 et Bruxelles 1888 avec diplôme d'encouragement.

12. VAN AERSCHODT (Severin), à Louvain, rue de la Station, 90. — Sonnerie composée de quatre cloches en bronze ; gamme de huit clochettes en bronze.
(PALAIS.)

13. VAN CAUWELAERT (Maison), Van Cauwelaert Frères et Sœurs, successeurs, à Bruxelles, boulevard Barthélemy, 46. — Instruments de musique en cuivre.
(PALAIS.)

RÉPUBLIQUE DE BOLIVIE.

1. DORADO (Mme Margarita), à Paris, au Grand-Hôtel. — Instruments de musique indigènes.
(PARC.)

2. ORTIZ (Mme Clementina), à Paris, avenue Carnot, 21. — Instruments de musique des Indiens indigènes.

CHILI.

1. CORLMACHER (Antonio), à Santiago. — Cordes pour violon.
(PARC.)

RÉPUBLIQUE DOMINICAINE.

1. Commission Provinciale de Santo-Domingo. — Guitare.
(PARC.)

2. GAUTIER (Manuel M.), à Santo-Domingo. — Instruments de musique.
(PARC.)

ESPAGNE.

1. BRUSCO (Bartolomé), à Barcelone. — Pianos.
(PALAIS.)

2. CALLÈS & Fils, à Castello de Ampurias (Gerona).—Instruments de musique.
(PALAIS.)

3. CASANOVAS Frères, (Miguel et Bartolomé), à Palma (Baléares). — Guitare.
(PALAIS.)

4. FERRAN (Eusebio), à Barcelone. — Livres de musique.
(PALAIS.)

5. GARRIDO (Pedro), à Lerida. — Livres de musique.
(PALAIS.)

6. GUARRO & Fils, à Barcelone. — Pianos.
(PALAIS.)

7. MARTI (José), à Barcelone. — Cordes d'harmonie.
(PALAIS.)

8. MOLAS CASAS (Juan), à Barcelone. — Livres de musique.
(PALAIS.)

9. MUNOZ ORTIZ (José), à Barcelone. — Livres de musique.
(PALAIS.)

10. RIBOT Y ALCANIZ, à Barcelone. — Guitares.
(PALAIS.)

ÉTATS-UNIS.

1. **DION (Charles)**, à Paris, rue de l'Arcade, 7. — Violons perfectionnés. **(PALAIS.)**

2. **LEFORESTIER (Alexandre)**, à Philadelphie, Pa., Corner Locust and 8th street. — Instruments de musique à vent. **(PALAIS.)**

3. **MASON & RISCH**, à Worcester, Mass. — « Vocalione » orgues à anges émettant des sons qui ressemblent à la voix humaine. **(PALAIS.)**

4. **WEBER (Albert)**, à New-York, N. Y., 108, 5th avenue. — Pianos. **(PALAIS.)**

GRANDE-BRETAGNE.

1. **ARDESHIR & BYRAMJI**, Hummum street, 10, Fort Bombay (Indes). — Instruments de musique. **(PALAIS.)**

2. **ATKINSON (William)**, Park lane, Tottenham, Middlesex. — Violons. **(PALAIS.)**

3. **BISHOP (E.) & Sons**, à Londres, Belmont street, Chalk farm. — Pianos de toutes formes en caisses métalliques, isolateurs en poterie de grès. **(PALAIS.)**

4. **BRINSMEAD (John) & Son**, à Londres, Wigmore street, 18. — Pianos à queue de diverses formes, pianos droits, caisse intérieure de piano. **(PALAIS.)**

5. **BROAD (J. M.)**, à Bristol, Eastfield House, Cotham. — Violons vernis à l'huile, vernis. **(PALAIS.)**

6. **HILL (William E.) & Sons**, à Londres, New Bond street, 38. — Violons, violes, violoncelles et archets, caisses à violon, mentonnières et boîtes à résine perfectionnées. **(PALAIS.)**

7. **IMHOFF & MUCKLE**, à Londres, New Oxford street, 110 ; Sandland street, 9, Holborn. — « Orchestrina » pour jouer des morceaux choisis d'opéra ou de danse avec effets d'orchestre. **(PALAIS.)**

8. **LACHENAL & Co**, à Londres, Little James street, Gray's Inn road. — Concertinas de tous genres. **(PALAIS.)**

9. **SILVANI & SMITH**, à Londres, Wilson street, 36 a. — Instruments à vent en cuivre argenté et en bois avec accessoires. **(PALAIS.)**

10. **WARD (R. J.) & Sons**, à Liverpool, Saint-Anne street, 10. — Instrument de musique de tous genres et accessoires. **(PALAIS.)**

GRÈCE.

1. **MARROPOULOS (George-A.)**, à Athènes. — Instruments de musique. **(PALAIS.)**

2. **MURTZINO (Démétrius)**, à Athènes. — Instruments de musique. **(PALAIS.)**

3. **STATHOPOULOS (Jean)**, à Athènes. — Instruments de musique. **(PALAIS.)**

4. **VENIOS (Emmanuel)**, à Pholegandre (Cyclades). — Instruments de musique. **(PALAIS.)**

5. **ZOUZOULAS (Spyridion)**, à Athènes. — Instruments de musique. **(PALAIS.)**

GUATEMALA.

1. **ALVARES (Rafael)**, à Guatemala. — Compositions musicales.   (PARC.)

2. **CONTRERAS (Elias)**, à Guatemala. — Guitare composée de 6414 morceaux de bois.   (PARC.)

3. **DE MUNCK (Ernesto)**, à San-Luis. — Composition de musique.   (PARC.)

4. **LAFUENTE (Mariano)**, à San-Benito. — Compositions musicales.   (PARC.)

5. **MORAGA (Manuel E.)**, à Guatemala. — Compositions musicales.   (PARC.)

6. **PANIAGUA (Miguel A.)**, à Guatemala. — Hymne populaire du Guatemala.   (PARC.)

7. **PANIAGUA (L.)**, à Guatemala. — Compositions musicales.   (PARC.)

8. **Préfet de Sacatepequez**, à Antigua. — Instruments de musique.   (PARC.)

9. **RENDON (Victor)**, à l'alengue. — Compositions de musique pour piano.   (PARC.)

10. **ROMERO (Antonio)**, à Coban. — Instruments de musique.   (PARC.)

11. **VALLE (Tomas)**, à Guatemala. — Compositions musicales.   (PARC.)

HAWAI.

1. **Gouvernement Hawaien**, à Hawaï. — Divers petits tambours faits de noix de coco et différents instruments de musique indigènes, anciens et modernes.   (PARC.)

ITALIE.

1. **BRIZZI & NICCOLAI**, à Florence, via Cerretani. — Piano vertical. (**PALAIS.**)

2. **BRUNELLI (Jean-Baptiste)**, à Vérone, via Amatipi, 9. — Dyophone, nouvel instrument de musique à vent, émettant deux notes en même temps, différentes et moissonnantes.   (**PALAIS.**)

3. **DEVENUTI (Ferdinand)**, à Rome, place de la Scala, 20. — Mandoline ornée d'incrustations et d'ébène.   (**PALAIS.**)

4. **CALDERA (Louis)**, à Turin. — Armonipiano Caldera, instrument de musique.   (**PALAIS.**)

5. **GIORGI & SCHAEFFNER**, à Florence, via Cerretani, 8. — Instruments à vent.   (**PALAIS.**)

6. **MEZZETTI (Hercule)**, à Paris, boulevard de la Villette, 12. — Ocarinas, instruments à vent en terre cuite.   (**PALAIS.**)

7. **PUPPATI (François)**, à Udine. — Deux violons.   (**PALAIS.**)

8. **VOLPI (Gustave) & Cie**, à Florence, via della Fonderia, 3. — Piano vertical à cordes droites.   (**PALAIS.**)

9. **VRISSLINGER (C.-A.)**, à Naples. — Instruments de musique.   (**PALAIS.**)

JAPON.

1. TANOMOKI (Genshichi), Tokio-fu, Asakusa-Ku. — Instruments à cordes.
(PALAIS.)

NORVÈGE.

1. ELLEFSEN STENKJOENDALEN (Sjur), à Boe, Telemarken. — Violon de Hardanger.
(PALAIS.)

2. HELLAND (Gunnar), à Boe, Telemarken. — Violons.
(PALAIS.)

3. LARSSEN (Lars), à Kongsvinger. — Instruments de musique à archet.
(PALAIS.)

4. THORESEN (Johannes), à Christiania. — Pianos.
(PALAIS.)

PAYS-BAS.

1. VAN KIESHOUT et Fils (Michel), à Rosendaal (N. B.). — Deux pianos à cordes croisées.
(PALAIS.)

PORTUGAL.

1. ALEGRIA (Antonio-Jorge). — Instruments de musique, pièces détachées.
(QUAI.)

2. CARREGAL (Costa). — Instruments de musique.
(QUAI.)

3. HAUPT (Augusto-F.). — Flûtes.
(QUAI.)

4. PEREIRA (Custodio-Cardozo) & Ca. — Instruments métalliques à vent.
(QUAI.)

5. SANTOS (Manoel-Pereira). — Instruments de musique.
(QUAI.)

6. WAGNER (Erneste-Victor). — Piano.
(QUAI.)

COLONIES PORTUGAISES.

1. Association Industrielle Portugaise, à Lisbonne. — Violon des indigènes de l'Ile de Brava, Cap-Vert.
(PALAIS.)

2. Musée des Colonies, à Lisbonne. — Collection d'instruments de musique des indigènes du Cap-Vert, Angola, Mozambique, Macao, Goa, etc.
(PALAIS.)

3. ROCHA (J. F. P. da), à l'Ile de Santiago, Cap Vert. — Instruments de musique des indigènes du Cap-Vert.
(PALAIS.)

RUSSIE.

1. CHEDIFF (J.), à Odessa. — Instruments de musique à vent.
(PALAIS.)

2. DATYNER & SZPECHT, à Varsovie. — Harmoniums.
(PALAIS.)

3. FEDOROFF (N.), à Moscou. — Instruments de musique à vent.
(PALAIS.)

4. GEISSER (E.), à Saint-Pétersbourg. — Instruments de musique à cordes.
(PALAIS.)

5. **GLAVATCH (V. J.)**, à Saint-Pétersbourg. — Pianos et harmoniums.
(PALAIS.)

6. **KERNTOPF (J.) & Fils**, à Varsovie. — Pianos de concert. (PALAIS.)
Maison fondée en 1840.
Fournisseurs du Conservatoire de Varsovie.

7. **KRALL & SEIDLER**, à Varsovie. — Pianos de concert. (PALAIS.)
Récompenses : Aigle impériale russe.
1873 Vienne, médaille de progrès ; 1876 Philadelphie, grande médaille ; 1878 Paris,
grande médaille d'argent.

8. **MALECKI** à Varsovie. — Pianos de concert. (PALAIS.)
La fabrique est située rue Przemyslova, 35. — Récompenses : 1867 Paris, médaille d'argent ;
1873 Vienne, médaille de mérite ; 1878 Paris, médaille de bronze.

SALVADOR.

1. **ALVARENGA (S.)**, à San-Miguel. — Instruments à cordes. (PARC.)

2. **CHAVEZ (Tomas)**, à San-Salvador. — Instruments à cordes. (PARC.)

3. **GARCIA (Victor)**, à Santa-Ana. — Instruments à cordes. (PARC.)

4. **OLMEDO (Miguel)**, à Santa-Ana. — Instruments à cordes (PARC.)

SERBIE.

1. **ANTONOVITCH (Milan)**, à Podounavza (dépt de Tchatchak). — Instruments de musique. (PALAIS.)

2. **BOULYA (Jivko)**, à Vintchi (dépt de Tchatchak). — Instruments de musique.
(PALAIS.)

3. **BOULYA (Vitomir)**, à Vintchi (dépt de Tchatchak). — Instruments de musique. (PALAIS.)

4. **Département de Stoudenitza (Le préfet du)**, à Raschka. — Instruments de musique. (PALAIS.)

5. **DOBELIAKOVITCH (Novitza)**, à Dogna-Stoupona (dépt de Krouchevatz. — Instrument de musique. (PALAIS.)

6. **Établissement pénitencier**, à Belgrade. — Instruments de musique.
(PALAIS.)

7. **MITROVITCH (Lyoubomir)**, à Loznitza. — Instruments de musique.
(PALAIS.)

RÉPUBLIQUE SUD-AFRICAINE.

1. **GOUVERNEMENT (Le)**, à Prétoria. — Instruments de musique indigènes.
(ESPLANADE.)

SUISSE.

1. **Agence Internationale, (arts, littérature et musique),** directeur : A. de Roth de Markus, à Vevey. — Xylophones et musique. **(PALAIS.)**

2. **ALLARD (D.) & SANDOZ,** à Genève. — Orchestres avec cylindres interchangeables, et assortiment d'autres pièces de genres différents, avec meubles ou simples boîtes. **(PALAIS.)**

3. **BACKER-TROLL (G.) & Cie,** à Genève, rue Bonivard, 6. — Orchestrions perfectionnés. — Grand et petit modèle, pièces à musique de modèles inédits. **(PALAIS.)**

4. **BIEGER (Boniface),** à Rorschach (Zurich). — Deux pianos droits. **(PALAIS.)**

5. **BOEHME (Hermann),** à Riesbach (Zurich). — Chaises mécaniques pour pianos. **(PALAIS.)**

   Chaise de piano à manivelle. Nouvelle construction permettant au pianiste de hausser ou baisser le siège sans se déplacer.
   Ameublement complet.

6. **CONCHOU (François M.),** à Genève, (place des Alpes), rue des Pâquis, 2. — Meubles-pièce à musique et quelques petites pièces. **(PALAIS.)**

7. **GUEISSAZ Fils & Cie,** à Auberson, près Sainte-Croix (Vaud). — Boîtes à musique. **(PALAIS.)**

8. **LANGDORFF & Fils,** à Genève. — Boîtes à musique en tous genres. **(PALAIS.)**

9. **PAILLARD & Cie** à Sainte-Croix. — Collection de boîtes à musique en tous genres, systèmes interchangeables. **(PALAIS.)**

10. **PERRELET (Auguste),** à Genève, rue Cornavin, 11. — Pièces à musique diverses, derniers perfectionnements. **(PALAIS.)**

11. **RINDLISBACHER (Jacques),** à Berne. — Pianino à cordes croisées. **(PALAIS.)**

12. **RORDORF (C.) & Cie,** à Zurich. — Pianos droits et à queue. **(PALAIS.)**

   Spécialité de pianos à queue de salon, longueur 2 m., et de pianos à cordes croisées, construction en fer. Système américain de la plus récente invention, mécanisme patenté. Envoi franco à toute personne, qui en fera la demande, de prix-courants illustrés, ainsi que d'attestations de conservatoires et d'Instituts de musique, du pays et de l'étranger.

13. **SIEBENHUNER (Antoine),** à Zurich. — Violons, viole, violoncelle. **(PALAIS.)**

14. **SIMOUTRE (N. Eugène),** à Bâle. — Instruments à cordes. **(PALAIS.)**

15. **STERN (Abraham),** à Gessenay (Berne). — Bois sapin et érable pour la lutherie ; pianos et orgues ; bois de vieux châlets. **(PALAIS.)**

16. **TROST (J.) & Cie** à Zurich. — Pianos. **(PALAIS.)**

17. **WAHLEN (Théophile),** à Payerne. — Cornets pour artistes ; flûtes cylindriques à doigté simplifié. **(PALAIS.)**

18. **WOLFF (Jean),** à Frauenfeld. — Divers instruments de musique. **(PALAIS.)**

GROUPE II.

ÉDUCATION ET ENSEIGNEMENT. MATÉRIEL ET PROCÉDÉS DES ARTS LIBÉRAUX.

Classe 14.

Médecine et chirurgie. — Médecine vétérinaire et comparée.

FRANCE.

1. **ABRIOUX (Emile-F.)**, à Paris, rue de Seine, 31. — Chaussures avec appareils reconstituant l'aplomb de chaque difformité. (PALAIS.)

   Médailles de bronze, Exposition universelle 1878.

2. **ACHARD-MILHET (Joseph)**, à Lyon (Rhône), rue de la République, 67. — Bandages pneumatiques herniaires, appareils d'orthopédie et prothèse, appareils d'hygiène. (PALAIS.)

3. **AUBRY (Alfred)**, à Paris, boulevard Saint-Michel, 6. — Instruments de chirurgie, orthopédie et coutellerie. (PALAIS.)

4. **AUZOUX (Veuve)**, à Paris, rue de Vaugirard, 56. — Modèles d'anatomie clastique du docteur Auzoux. (PALAIS.)

   Modèles se démontant, destinés à l'étude de l'anatomie descriptive, de l'anthropologie, de l'hippologie, de la zoologie, de la botanique, etc. ; par suite, en usage dans les écoles de médecine, de pharmacie, les facultés des sciences, musées d'anthropologie ou autres, régiments de cavalerie, écoles de vétérinaires, etc., dans les établissements de l'enseignement secondaire, écoles d'agriculture, écoles normales, etc.

   M. Montandon, mandataire de Mme Auzoux.

5. **BACQ-PRODHOMME (Eugène-F.)**, à Paris, rue de la Monnaie, 12. — Ceintures et suspensoirs, sans couture, entièrement tricotés à la main. (PALAIS.)

6. **BADIN Frères (F. Camille et V. Léon)**, à Toulouse (Haute-Garonne), rue des Tourneurs, 36. — Appareils orthopédiques. Bandages herniaires. (PALAIS.)

7. **BALL (Benjamin)**, à Paris, boulevard Saint-Germain, 179. — Carbonimètre. (PALAIS.)

8. BARETTA (P. Jules F.), à Paris, rue Bichat, 40. — Pièces d'anatomie en pâte plastique représentant les maladies de la peau. **(PALAIS.)**

> Médaille d'or, Paris 1878. — Diplôme d'honneur, Anvers 1885.

9. BERGSTROM (A. F.), à Paris, avenue d'Orléans, 16. — Tours de cabinet et d'atelier, tours dentaires « Bergstrom ». **(PALAIS.)**

> Inventeur des nouveaux tours dentaires à mouvement continu et accéléré, système breveté S. G. D. G.
> Tour actionné par une pédale, et fonctionnant seul le temps nécessaire à toute opération.

10. BERGUERAND Fils (Félix F.), à Paris, rue des Archives, 16. — Instruments de chirurgie en caoutchouc. **(PALAIS.)**

11. BING (O.) à Paris, quai de Javel, 35. — Cat-gut pour opérations chirurgicales. **(PALAIS.)**

12. BOGNIER (A.) et BURNET (G.), à Paris, rue Vieille-du-Temple, 125. — Instruments de chirurgie en caoutchouc. **(PALAIS.)**

> Urinaux, ceintures, bandages, sondes, tuyaux.
> Accessoires de chimie et photographie, etc.

13. BOURGOGNE (Eugène L.), à Paris, rue du Cardinal-Lemoine, 34. — Préparations microscopiques. **(PALAIS.)**

14. BOUSSENOT (Camille), à Lyon (Rhône), rue de la République, 80. — Éponges comprimées. **(PALAIS.)**

> Voir aux annonces.

15. BREDEVILLE (P.) & PATUREL (R.), à Paris, rue Mazet, 5. — Biberon nouveau B. x B. à prise d'air sans tube. **(PALAIS.)**

16. BRENOT (E. T.) à Paris, rue des Gravilliers, 29. — Instruments de chirurgie. **(PALAIS.)**

17. BRUYGE (Albert E.), à Paris, rue Boursault, 72. — Chaussures pour coxalgie, fractures, pied-bot, paralysie, amputation, ankylose, déviation des chevilles, pied plat ; liège articulé. **(PALAIS.)**

18. BURLOT (Joseph C.), à Paris, rue Saint-Lazare, 35. — Gymnase médical de chambre. **(PALAIS.)**

> Médailles d'argent aux Expositions universelles de 1867 et 1878.

19. CARUE (Ph.), à Paris, rue Saint-Denis, 269. — Appareils et Traité pratique de gymnastique, hygiénique et médicale. **(PALAIS.)**

> Modèles brevetés et déposés. — Récompenses : Médailles, 1867 Paris, 1873 Vienne, 1878 Paris, 1885 Anvers ; Chevalier du Nicham, 1888 Barcelone, 1888 Bruxelles ; Officier d'Académie, Hors concours ; jury, 1888 Melbourne.

20. CHANE (Edouard-F.-J.), à Paris, rue Saint-Martin, 319. — Bandages, Orthopédie, Corsets, Modèles perfectionnés. **(PALAIS.)**

21. CHARDIN (Charles), à Paris, rue de Châteaudun, 5. — Appareils électro-médicaux. **(PALAIS.)**

22. CHOQUART et PEUCHOT, à Paris, quai des Grands-Augustins, 31. — Ophthalmoscopes, optomètres, phakomètres, laryngoscopes. Boîtes de verres et lunettes d'essai, miroirs dentistes, etc. **(PALAIS.)**

23. CLAISE (Nicolas), à Paris, rue Grenéta, 7. — Dents minérales. **(PALAIS.)**

24. COLLIN (A.-P.), — ancienne Maison **Charrière**, — à Paris, rue de l'École-de-Médecine, 6. — Instruments de chirurgie. **(PALAIS.)**

25. COULOMB (G.-H.), Successeur de **A.-P. Boissonneau Fils**, à Paris, rue Vignon, 28. — Prothèse oculaire, yeux artificiels. **(PALAIS.)**

26. CONTENAU (Charles A.) & GODART Fils (Charles A.), à Paris, rue du Bouloi, 7. — Appareils en platine. Ressorts et porte-ressorts en or et platine. Tire-nerfs et autres objets en platine iridié.   (PALAIS.)

27. COULOMB-BOISSONNEAU et Fils, à Paris, rue du Faubourg-Saint-Honoré, 51. — Yeux artificiels humains.   (PALAIS.)

Médailles de mérite, de bronze et d'or aux Expositions universelles de Vienne 1873 ; Paris 1878 ; Amsterdam 1883.

28. CRÉTÈS (Auguste), à Paris, rue de Rennes, 66. — Instruments d'ophthalmologie.   (PALAIS.)

29. CREUZOT (Augustin), à Paris, rue Lafayette, 11. — Bandages, ceintures.   (PALAIS.)

Mention honorable, Paris, 1878. Exposition universelle.

30. CURION (Anselme), à Paris, carrefour de l'Odéon, 4. — Bandages à pelote électro-galvanique. Bandages nouveau système.   (PALAIS.)

31. DÉJARDIN (D') — Ferdinand Ménétrier, Successeur, — à Paris, boulevard de Sébastopol, 37. — Appareils dentaires.   (PALAIS.)

32. DELALAIN (Charles P.), à Paris, boulevard Saint-Germain, 128. — Appareils dentaires.   (PALAIS.)

33. DELOGE (Émile L. A.), à Paris, rue Pastourelle, 8. — Bandages et appareils herniaires. Ceintures hypogastriques et abdominales.   (PALAIS.)

34. DESNOIX (Ch.-Julien), à Paris, rue Vieille-du-Temple, 17. — Objets de pansement.   (PALAIS.)

35. DESPREZ (D' E.-Marius), chirurgien en chef de l'hôpital de Saint-Quentin (Aisne). — Brancards suspendus et brancards à ressorts, compensateur pour supprimer les chocs violents.   (PALAIS.)

36. DORIGNY (Paul), à Paris, rue Beaubourg, 105. — Tissus élastiques, ceintures et bas à varices.   (PALAIS.)

Fabriques à Mériel (Seine-et-Oise) et à Romilly-sur-Seine (Aube).

37. DOUCET (Sylvain), à Paris, Hôtel des Invalides, boulevard des Invalides, 6. — Béquilles et cannes.   (PALAIS.)

38. DRAPIER (Henri A. D.) & Fils (Ancienne Maison), — **Van Steenbrugghe Aîné**, Successeur, — à Paris, rue de Rivoli, 41. — Bandages, ressorts, bas élastiques, etc.   (PALAIS.)

39. DUBOIS (Charles J.-B.), à Paris, rue Monsieur-le-Prince, 21. — Instruments de chirurgie.   (PALAIS.)

40. DUMEZ (Lucien), à Paris, rue Duphot, 4. — Instruments de chirurgie.   (PALAIS.)

Hygiène de la femme. — Indispensables pour la toilette intime. — Speculum à douches (invention brevetée). — 1° Pour les injections à tous les irrigateurs, injecteurs, réservoirs, etc. — 2° Pour le bain, le tube central se dévisse, la cage sert à la dilatation pendant la durée du bain. Réservoir également en caoutchouc durci, de un ou de trois litres.

41. DUTHEIL, à Paris, rue Saint-Maur, 194-196. — Appareils de gymnastique orthopédique. Voitures de malade.   (PALAIS.)

Voiture de malade à dossier et coquille incassable et à avant-train articulé breveté s. g. d. g. permettent d'abaisser la coquille jusqu'à terre.
Voiture de malade dite litière, pour coxalgie, brevetée s. g. d. g., à chassis mobile.
Brancard roulant, breveté s. g. d. g., pour le transport des malades et blessés.
Appareil orthopédique, extenseur des muscles dans les cas d'atrophie des membres supérieurs et inférieurs, à la suite d'affections chroniques ou accidentelles, breveté s. g. d. g.
Voitures pour enfants malades. — Fauteuils de salon, pour se conduire soi-même.
Anvers 1885, récompense unique à la Croix-Rouge ; 2 médailles de bronze et mention honorable ; Barcelone 1888, 2 médailles d'or, 1 médaille d'argent.
(Voir gr. VI, cl. 52 ; gr. VI, cl. 60 ; gr. IV, cl. 40).

42. École dentaire de Paris, à Paris, rue Rochechouart, 57. — Pratique et enseignement de l'art dentaire.   **(PALAIS.)**

43. EYNARD & RICHEFEU, à Paris, Place Saint-André-des-Arts, 13. — Instruments de chirurgie en gomme.   **(PALAIS.)**

44. Fabrique Internationale d'Objets de Pansement, (Directeur : **Challandes**), à Montpellier (Hérault). — Produits antiseptiques. Objets de pansement en tous genres.   **(PALAIS.)**

45. FAFOURNOUX (Antoine), à Paris, rue Saintonge, 63. — Biberons hygiéniques.   **(PALAIS.)**

   Inventeur du tire-lait forme bout de sein, biberon « accessoires de pharmacie ».
Médaille d'or, Barcelone, 1888.

46. FAVRE (N. Samuel), à Paris, rue de l'École de Médecine, 4. — Nouvel appareil à coxalgie de M. le Professeur Lannelongue.   **(PALAIS.)**

   Fabricant d'instruments de chirurgie, d'orthopédie et bandages. Breveté pour tous les tranchants tout en acier, d'une seule pièce. Dépôt de pansement de Lister. Méd. Paris 1867, 1878.

47. FRANCK-VALERY Freres (Paul et Emile), à Paris, boulevard des Capucines, 25. — Cornets, cornes, éventails, tables acoustiques, etc.   **(PALAIS.)**

   Médaille d'argent, Exposition Universelle d'Amsterdam 1883.

48. FRÉBAULT (V. Félix), à Paris, rue Cler, 22. — Galvano-Cautère actionné par accumulateurs.   **(PALAIS.)**

   Galvano-Cautère, breveté S. G. D. G. en France et à l'étranger.
   Récompenses :
   1888, grand concours international, Bruxelles, Médaille d'or.

49. FRIESE (Jules), à Paris, rue de la Michodière, 20. — Dents diatoriques, dent à pivots, couronnes, tampons en porcelaine, émail plastique.   **(PALAIS.)**

   Grande fabrique de dents françaises, inventeur de l'émail et de l'or plastique et fournitures générales pour dentistes.

50. FRISON (Paul-J.-B.), à Paris, rue Saint-Honoré, 255. — Dentiers, Redressements dentaires.   **(PALAIS.)**

51. FROGER (Edouard), à Saint-Rémy (Calvados). — Coton, étoupe, ramie, gaze et étoffes à pansements septiques et antiseptiques, procédés Weber et Thomas.   **(PALAIS.)**

   Fournisseur des ministères de la Guerre, de la Marine, de l'Assistance publique, des deux Sociétés françaises de secours aux blessés militaires et des principaux hôpitaux.

52. GAIFFE et Fils, à Paris, rue Saint-André-des-Arts, 40. — Appareils électriques, batteries à courant continu, appareils d'induction, appareils de mesure et de recherches.   **(PALAIS.)**

53. GALANTE (H.) et Fils, à Paris, rue de l'École-de-Médecine, 2. — Instruments de chirurgie.   **(PALAIS.)**

54. GALLAY (Léon), à Paris, rue des Petits-Champs, 91. — Pièces dentaires, dentiers, redressements de dents, obturateurs, dents à pivots.   **(PALAIS.)**

55. GAMICHON (Auguste), à Paris, rue du Caire, 12. — Bas pour varices, ceintures, tricots, tissus élastiques.   **(PALAIS.)**

56. GAUTHEY & HAUSSMANN, à Paris, rue Greneta, 13. — Instruments de chirurgie en caoutchouc.   **(PALAIS.)**

57. GAUTTARD (Albert G.) à Paris, rue des Vinaigriers, 33. — Le d'Eichthal, papier et baudruche antiseptiques.   **(PALAIS.)**

   Papier et Baudruche antiseptiques, d'Albert Gauttard. Pour la guérison des plaies, blessures, brûlures, piqûres venimeuses, et pour la cicatrisation des varices, écrouelles, etc.

58.   GENESTE, HERSCHER & Cie, à Paris, rue du Chemin-Vert, 42. —
Spécimens en nature, classe d'hygiène.   **(ESPLANADE.)**

> Appareils de désinfection pour les objets de literie, linges, vêtements, chiffons, instruments de chirurgie, crachoirs et crachats de tuberculeux, parois et matériel des hôpitaux, casernes, écuries, wagons à bestiaux, abattoirs, etc.
> Voir Pavillon spécial et appareils en fonctionnement à l'Esplanade des Invalides.

59.   GENY (Clément), à Paris, rue des Lombards, 31. — Biberons, ceintures, suspensoirs.   **(PALAIS.)**

> Médaille de bronze, Exposition Barcelone, 1888.

60.   GIROUX (Ernest F.), à Paris, quai des Orfèvres, 58. — Ophthalmoscopes, laryngoscopes, optomètres, ophthalmomètres, périmètres, etc.   **(PALAIS.)**

61.   GOBINARD (Frédéric), — Successeur de **C.-E. Capron,** — à Paris, boulevard Saint-Germain, 104. — Instruments de chirurgie, orthopédie, bandages, ceintures pour dames, Pulvérisation.   **(PALAIS.)**

> Médailles aux Expositions universelles de Paris 1855, 1867 et 1878.

62.   GODDÉ (Georges J. D.), à Paris, rue des Filles-du-Calvaire, 18. — Dents et dentiers en or perforé.   **(PALAIS.)**

63.   GOGUEY (Veuve L.), — Ancienne Maison **Darbo,** — à Paris, passage Choiseul, 86. — Instruments d'hygiène, de médecine et de chirurgie.   **(PALAIS.)**

64.   GRAILLOT (L.-G.), à Paris, boulevard Saint-Martin, 4. — Instruments de chirurgie vétérinaire.   **(PALAIS.)**

65.   GRANDJEAN (J.) à Paris, rue Oberkampf, 143. — Biberons à soupapes.
                                                      (PALAIS.)

66.   GRANDJEAN KLIPPFEL, à Savigny-sur-Meuse (Meuse). — Biberons.
                                                      (PALAIS.)

67.   GUÉRINEAU (L. Victor), à Paris, boulevard Saint-Martin, 19. — Plastrons et genouillères en laine de suint.   **PALAIS.)**

68.   GUILLOT (Maison), — **Lacroix (Félix),** Successeur, — à Paris, rue Jacob, 4. — Appareils orthopédiques, prothétiques, herniaires et chirurgicaux.   **(PALAIS.)**

> Fournisseur des Hôpitaux, du Ministère de la Guerre. — Médaille argent, Paris 1878.

69.   GUYOT (L. Émile M.), au Parc Saint-Maur (Seine), avenue de l'Est, 57. — Appareil orthopédique contre les déviations de la colonne vertébrale.   **(PALAIS.)**

70.   HEYMEN-BILLARD (A.), à Paris, passage Choiseul, 4. — Fauteuils, dents, instruments de chirurgie dentaire.   **(PALAIS.)**

71.   HUCLIN (G.) et Cie, à Paris, rue du Roi-de-Sicile, 43. — Appareils de chirurgie et de médecine.   **(PALAIS.)**

72.   JOURDAIN (Alphonse C.), à Paris, rue de Turbigo, 16. — Bandages, ceintures, bas élastiques.   **(PALAIS.)**

73.   KARMANSKI (Alfred), à Paris, rue de l'Estrapade, 11. — Dessins d'histologie et d'anatomie.   **(PALAIS.)**

74.   LAROCHE (Alexandre), à Paris, rue du Perche, 8. — Bandages herniaires, instruments de chirurgie en gomme et en caoutchouc.   **(PALAIS.)**

75.   LEGENDRE et Cie, Ancienne Maison **A. D. Olarin et Cie,** breveté s.g.d.g. à Paris, rue de Sévigné. — Bandages, Cartonnages de toutes formes, Suspensoirs, Ceintures ventrières.   **(PALAIS.)**

> Accessoires de pharmacie. — Instruments de chirurgie, verrerie, cartonnages pharmaceutiques et accessoires de pharmacie en tous genres.

76. LE GONIDEC (François M.), à Paris, rue Jean-Jacques-Rousseau, 49.
— Bandages, orthopédie.   **(PALAIS.)**

   Ancienne Maison Milleret.

   Suspensoir Milleret élastique, sans sous-cuisses, bandages imperceptibles et anatomiques. Bas pour varices. Ceintures ventrières et hypogastriques. Instruments de chirurgie en gomme et en caoutchouc. Fournisseur de la Marine et des Colonies, appareils orthopédiques.

77. LISKENNE (Henri), à Paris, rue de Rivoli, 68. — Yeux en émail. **(PALAIS.)**

78. LORET (J.) et Cie, à Paris, rue Sainte-Croix-de-la-Bretonnerie, 37. — Bandages. Ceintures. Bas à varices élastiques et peau de chien. Accessoires de pharmacie.
                                                                     (PALAIS.)

   Ancienne Maison veuve Fichot et Cie.

79. MARIAUD (Jean-B.), à Paris, boulevard Saint-Michel, 41. — Instruments de chirurgie, de physiologie et d'orthopédie.   **(PALAIS.)**

80. MARTIN (Claude), médecin-dentiste, à Lyon (Rhône), rue de la République, 30. — Prothèse immédiate, appliquée aux restaurations des maxillaires. **(PALAIS.)**

   Appareils prothétiques destinés aux restaurations chirurgicales de la face. — Nez artificiels, imitation parfaite de la peau se fixant sans le secours de lunettes. — Restauration de la voûte et du voile du palais, pour fissures congénitales ou acquises. — Obturateurs spéciaux.

   Exposition universelle, Paris 1878, médaille d'argent ; Exposition universelle d'Anvers, 1885, diplôme d'honneur.

81. MARTIN (Odile), à Paris, passage des Panoramas, 19. — Couveuse pour enfants « La Petite Mère ».   **(PALAIS.)**

82. MATHIEU (Raoul P. P.), à Paris, boulevard Saint-Germain, 113. — Instruments de chirurgie.   **(PALAIS.)**

   Chevalier de la Légion d'honneur, Membre du jury d'admission et du comité d'installation, à l'Exposition universelle de 1889.

   Médaille d'or à l'Exposition universelle de 1878.

   Diplôme d'honneur à l'Exposition universelle d'Amsterdam.

   Fournisseur des hôpitaux de Paris et des ministères de la guerre, de la marine et des colonies, de la Société française de secours aux blessés, des armées de terre et de mer, des chemins de fer, orthopédiste des Maisons d'Éducation de la Légion d'honneur.

83. MÉHEUX (Félix-J.), à Paris, rue Lhomond, 35. — Dessins, aquarelles, lithographies, photographies concernant l'anatomie, la pathologie, la dermatologie, la bactériologie, etc.   **(PALAIS.)**

84. MORIN (Emile), à Paris, rue de Charenton, 105. — Bas élastiques pour varices et ceintures pour dames.   **(PALAIS.)**

85. MORIS et Cie, à Paris, rue Corneille, 3. — Tourbe à pansement, ouate de tourbe.   **(PALAIS.)**

86. MULLER RAGON (Camille), à Paris, rue Mandar, 12. — Bandages, ceintures abdominales.   **(PALAIS.)**

87. NACHET (Alfred), à Paris, rue Saint-Séverin, 17. — Appareils relatifs à la vision et microscopes.   **(PALAIS.)**

88. NICOUD (J.-L.), à Paris, rue Saint-Roch, 28. — Fournitures générales pour dentistes.   **(PALAIS.)**

89. OSSELIN (E.), à Asnières (Seine), rue du Maine, 3. — Bagues électromagnétiques, de 2 à 10 courants, bracelets, colliers, chaînes, ceintures, plaques, porte-plumes, peignes, épingles à cheveux, médailles, etc.   **(PALAIS.)**

   Inventeur breveté des bagues électro-magnétiques. Médailles électro-médicales (modèle déposé), fabricant autorisé des plaques et armatures métallothérapiques des docteurs V. Burq et Moricourt, fournisseur des hôpitaux. (Demander le catalogue illustré.)

90. PANNETIER (Alphonse J. M. G.), à Commentry (Allier). — Inhalopulvérisateurs : inhalateurs, tire-lait à soupape, produits pour inhalation. **(PALAIS.)**

91. PELISSIER à Paris, rue d'Hauteville, 66.—Cornets contre la surdité. (**PALAIS.**)

92. PERDRIZET (A. Adolphe), à Boulogne (Seine), rue Saint-Denis, 33. —
Dessins anatomiques et microscopiques.   (**PALAIS.**)

93. POTIER (Albert), à Paris, boulevard Saint-Michel, 26. — Instruments de
chirurgie en gomme.   (**PALAIS.**)

94. PRADEL & PAQUIGNON, (Pharmacie Normale), à Paris, rue
Drouot, 19. — Pharmacies de Famille, de Campagne, Trousses.   (**PALAIS.**)

   Aucune succursale ni à Paris, ni en Province.
   Pradel et Paquignon, pharmaciens, propriétaires directeurs, fournisseurs de la ville de Paris,
des Chantiers de l'État et de plusieurs grandes administrations.
   Principales spécialités :
   Pharmacies de famille, Pharmacies de poche et de classe, Trousse officier, Ambulance Nor-
male pour usines, Ambulance des Communes, Grande pharmacie de Campagne, Gargarisme sec
Tri-digestif, liqueur Normale à la Pepsine Pancréatine et Diastase, Lisérénine Antigoutteuse du
Dr Davysonn. Huile anglaise de foie de morue préparée à froid.
   Laboratoire modèle d'analyses chimiques et micrographiques. (Voir la Notice).

95. PRÉTERRE (A.-P.), à Paris, boulevard des Italiens, 29. — Pièces dentaires. Restaurations buccales. Ouvrages divers, etc.   (**PALAIS.**)

96. QUATREBARD Aîné (Hippolyte), à Paris, boulevard Saint-Germain,
97. — Orthopédie, bandages.   (**PALAIS.**)

   Corsets orthopédiques, jambes de bois et béquilles, ceinture contre l'onanisme. Appareils
orthopédiques pour toutes les difformités. Bras et jambes artificiels.
   Bandages herniaires. Instruments de chirurgie en gomme et en caoutchouc.

97. RAINAL Frères (Léon et Jules), à Paris, rue Blondel, 23. — Bandages,
orthopédie.   (**PALAIS.**)

98. RASPAIL (Vve) et ses Fils, à Paris, rue du Temple, 14. — Appareils
orthopédiques.   (**PALAIS.**)

99. REDON (Dr Henri G.), à Sidi-bel-Abbès (Province d'Oran Algérie). —
Ouates de tourbe aseptique et antiseptique.   (**PALAIS.**)

100. REINIER (Arthur), à Paris, rue de Turenne, 82.— Gants, lanières et articles de crin.   (**PALAIS.**)

101. RICHARD VANSCHOOR, à Paris, rue des Écoles, 54. — Instruments
de chirurgie.   (**PALAIS.**)

102. ROBERT (Édouard), à Paris, boulevard de Reuilly, 50.— Biberons-Robert
perfectionnés pour l'élevage des nourrissons.   (**PALAIS.**)

103. ROBILLARD (Eugène J. D.), ancienne Maison **A. Boissonneau
Père**, à Paris, rue Vivienne, 17. — Yeux artificiels.   (**PALAIS.**)

   Appareils de prothèse oculaire.
   Cabinet d'application d'yeux artificiels sans opération chirurgicale. Mobilité, ressemblance
parfaite et insensibilité dans l'emploi.
   Fournisseur des Hôpitaux et de l'Assistance publique.
   Médaille d'or : Exposition universelle Internationale, Anvers 1885.

104. RONDEAU (Eugène), — Maison **Delamotte**, — à Paris, rue Jean-
Jacques-Rousseau, 68. — Instruments de chirurgie et bandages en gomme.   (**PALAIS.**)

   Maison de vente, 19, rue Montmartre.

105. ROUGEOT (Pierre), à Paris, rue de Rivoli, 59. — Baignoire articulée formant fauteuil. Biberon normal, gradué, à thermomètre et à crémomètre, chauffe-
biberon.   (**PALAIS.**)

   Docteur en Médecine. — La Baignoire articulée, forme un fauteuil confortable avec ses accessoires, chauffe-bain et thermomètre-flotteur à bascule en métal nickelé. Accessoires divers d'hygiène de l'enfance.

106. ROULLIER & ARNOULT, à Gambais (Seine-et-Oise). — Couveuse pour enfants nés avant terme.   **(PALAIS.)**

107. ROUSSE (Dr A. L.) à Fontenay-le-Comte (Vendée). — Instrument : galacto-densimètre.   **(PALAIS.)**

Brevets : France, Allemagne, Amérique, Belgique, Espagne, Luxembourg, Russie, Italie.

108. ROUSSEAU (Paul) et Cie, à Paris, rue Soufflot, 17. — Produits chimiques, ustensiles. Instruments pour laboratoires d'histologie, de bactériologie, de chimie biologique.   **(PALAIS.)**

109. SANDRAS (Dr L.), à Paris, rue Rambuteau, 24. — Inhalateurs des hôpitaux et des chanteurs. — Antisepsie des voies respiratoires.   **(PALAIS.)**

Produisant : 1° Le revêtement balsamique de la muqueuse respiratoire, et des cordes vocales. 2° La guérison rapide des maladies de la poitrine, de la gorge, du nez et du larynx. 3° L'amélioration immédiate de la voix, comme force, timbre et étendue. Expériences le jeudi à 3 heures, rue Rambuteau, 24.

110. SCHŒNFELD Frères (J. et J.), à Paris, rue du Faubourg-Saint-Martin, 68. — Instruments en caoutchouc pour la médecine, pharmacie, chimie. **(PALAIS.)**

111. SIMAL (Dieudonné), à Paris, rue Monge, 5. — Instruments de chirurgie.   **(PALAIS.)**

112. SIMON (Victor), à Paris, rue Lamartine, 54. — Ciment silex émail. Amalgame métallique Victa. Poudres et eaux dentifrices.   **(PALAIS.)**

113. Société des Lunettiers (Okermans, Poircuitte, Alépée et Cie), à Paris, rue Pastourelle, 6. — Instruments et appareils divers à l'usage des médecins, oculistes.   **(PALAIS.)**

114. SORMANI (Ernest O.), à Saint-Denis (Seine), rue d'Aubervilliers, 12. — Appareils prothétiques.   **(PALAIS.)**

115. TALRICH (Jules V. J.), à Paris, boulevard Saint-Germain, 97. — Modèles d'anatomie normale, pathologique, physiologique, et travaux d'art en cire résistante et Staff-Peint.   **(PALAIS.)**

Récompenses : Officier de l'Instruction publique. — Médaille aux Expositions universelles de Londres 1862, Prize medal, Vienne 1873, du progrès, et Paris 1867 et 1878. Nota. — Voir aussi à L'Anthropologie et à la classe VII.

116. TAYAC (D. A.) à Paris, carrefour de la Croix Rouge, 2. — Dents artificielles.   **(PALAIS.)**

117. THILLIER (A. Victor), à Paris, avenue de Châtillon, 52. — Instruments de chirurgie en caoutchouc et en gomme élastique.   **(PALAIS.)**

118. TOLLAY Fils et LEBLANC (J.), à Paris, rue Cadet, 7. — Irrigateurs du Dr Eguisier. Injecteurs.   **(PALAIS.)**

Maison de l'inventeur. — Récompenses aux Expositions universelles de 1867 et 1878.

119. TRAMOND (P. G.), à Paris, rue de l'École-de-Médecine, 9. — Pièces anatomiques et ostéologiques.   **(PALAIS.)**

120. VALLADON (J. F.), à Cambrai (Nord), rue des Sœurs-de-Charité, 8. — Dents et dentiers adhérents.   **(PALAIS.)**

121. VANNIER (Eugène), à Paris, passage d'Angoulème, 40. — Poterie d'étain. Injecteurs et clysos.   **(PALAIS.)**

122. VAN STEENBRUGGHE (Jules), à Paris, rue du Faubourg-Saint-Martin, 195. — Bandages, ceintures, bas élastiques, irrigateurs, ressorts, ceintures hypogastriques à mouvement.   **(PALAIS.)**

123. VERGNE (Henri), à Paris, rue de Rivoli, 116.— Instruments, gomme et caoutchouc. **(PALAIS.)**

Usine à vapeur à Sarlat (Dordogne).

Fabrique d'instruments de chirurgie en gomme et caoutchouc vulcanisé. Spécialité de sondes et bougies à extrémités souples. Nouvelles sondes antiseptiques, brevetées S. G. D. G. Seul fournisseur des hôpitaux militaires et du ministère de la guerre, fournisseur des hôpitaux civils de Paris depuis 1874. 1873 Vienne médaille de mérite, 1876 Philadelphie grande médaille. Seule Médaille d'argent décernée à cette industrie à l'Exposition universelle de Paris 1878. Médaille d'or, Exposition Melbourne 1881.

124. VILLAIN (H.) & Cie, à Paris, rue d'Hauteville, 64. — Table pour opérations chirurgicales et à spéculum, transportable à la main. **(PALAIS.)**

125. VITRY Frères (Maison) ; — **Fernand Schwob**, Successeur, — Paris, boulevard de Sébastopol, 106. — Instruments de chirurgie. **(PALAIS.)**

Médailles d'argent et bronze, Paris 1855 ; Prize medal, Londres, 1862 ; médailles d'argent, Paris 1867 ; médaille d'argent, Paris 1878 ; médaille d'argent, Melbourne 1881.

126. VOITELLIER Frères (Paul et Henri), à Mantes (Seine-et-Oise). — Couveuse pour élever les enfants avant terme. **(PALAIS.)**

Fabrique de couveuses artificielles à renouvellement d'eau et à thermo-siphon avec n'importe quel mode de chauffage, mères éleveuses, sécheuses, poulaillers mobiles et fixes en tous genres, épinettes, faisanderies, pigeonniers et tous objets et ustensiles concernant l'élevage, l'entretien et l'engraissement de tous les animaux de basse-cour et de parc, volailles de race, œufs à couver, Installation en province de faisanderies et de chenils, niches à chiens, grilles en fer pour chenils, poulaillers, clôtures. Gibier pour repeuplement, Chiens de chasse dressés. Vente de tous animaux reproducteurs. Spécialité de vaches bretonnes. — Exportation.

Maison fondée en 1878.

Maison à Paris, 4, place du Théâtre-Français.

Méd. aux Exp. universelles internationales de Vienne 1873 ; Sydney 1880 et Melbourne 1881.

127. WAGNER (Vve Odile), à Paris, boulevard Bonne-Nouvelle, 5. — Tableau contenant des yeux humains artificiels. **(PALAIS.)**

Fournisseur des Hôpitaux. Mention honorable en 1878.

128. WALTER LÉCUYER, à Paris, rue Montmartre, 138. — Appareils pour inhalations antiseptiques. Pneumomètres et spiromètres. **(PALAIS.)**

Appareils d'Hydrothérapie et bains de vapeur chez soi, appareils d'aérothérapie pour établissements et chez soi. Chauffe-bain instantané fonctionnant au gaz.

Mention honorable : Paris 1855, Londres 1862, Paris 1867.

Médaille de bronze, Paris 1878.

2 Médailles d'or, Barcelone 1888.

129. WERBER (Ernest-A.), à Paris, rue de Richelieu, 20. — Orthopédie, bandages. **(PALAIS.)**

Médailles de 1re classe aux Expositions de Paris 1855, argent ; Londres 1862, Prize medal ; Paris 1867, bronze et argent ; Vienne 1873, progrès ; Paris 1878, argent.

130. WICKHAM (Georges P.J.), à Paris, rue de la Banque, 16. — Bandages avec pelotes, à mécanismes divers, à vis de pression. Bandages herniaires. Bas à varices. **(PALAIS.)**

Maison fondée en 1814. Récompenses : Médailles, Diplômes d'honneur aux Expositions universelles : Paris, Londres, Amsterdam ; commissaire délégué aux Expositions universelles : Anvers, Melbourne ; Membre du Jury, hors concours : Paris, Barcelone. Président de la Chambre syndicale des instruments et appareils de l'art médical. Chevalier de la Légion d'honneur, Officier de l'instruction publique. Commandeur de trois ordres étrangers.

131. WIESNEGG, à Paris, rue Gay-Lussac, 64. — Appareils et accessoires pour laboratoires de microbiologie, de bactériologie et d'histologie. **(PALAIS.)**

132. WIRTH (Jacob), à Paris, avenue Philippe-Auguste, 22. — Fauteuils et fraiseuses d'opérations, tours d'ateliers et de cabinet, appareils à vulcaniser, anciens et nouveaux, accessoires divers. **(PALAIS.)**

> Tours de voyage, articulateurs, presses à moules, supports de tablettes, tabourets d'opération, crachoirs, porte-crachoirs, etc.
> Tous ces articles en différents modèles et garantis.

133. WULFING (Lüer), à Paris, rue Antoine-Dubois, 6. — Instruments. Appareils. **(PALAIS.)**

134. YVON & BERLIOZ, à Paris, rue de la Feuillade, 17. — Instruments relatifs à l'hygiène et à la bactériologie. **(PALAIS.)**

COLONIE.

ALGÉRIE.

1. RELIZANE (le Maire de la Commune de), à Relizane, (Oran). — Tableaux présentant l'âge du veau et du bœuf, de 3 mois à 20 ans. (Système dentaire). **(ESPLANADE.)**

2. TRANT (Georges), à Oran. — Articles d'orthopédie. **(ESPLANADE.)**

3. VALLEIX (Georges), à Bougie, Constantine. — Appareil à doucher hydrothérapique à pression. **(ESPLANADE.)**

PAYS ÉTRANGERS.

AUTRICHE-HONGRIE.

1. BIASION (Alfred), à Cracovie. — Instruments de chirurgie.   (PALAIS.)

2. JELENFFY (Dr Z. de), à Budapest, Kigyo, 3. — Cassette avec instruments rhino-laryngologiques.   (PALAIS.)

BELGIQUE.

1. BARUCH (J), à Bruxelles, rue de la Montagne, 83. — Pièces de prothèse dentaire.   (PALAIS.)

2. CROCQ (Jean), à Bruxelles, rue Royale, 110. — Livres, brochures et instruments de médecine.   (PALAIS.)

3. DAVIN-GLIBERT (Jean), à Bruxelles, rue de l'Orient. — Table pour cabinet de médecin.   (PALAIS.)

4. DEBAISIEUX (Théophile), à Louvain, rue Léopold, 14. — Cours de médecine opérative. Cours de pathologie chirurgicale.   (PALAIS.)

5. DE KEERSMAECKER, à Bruxelles, rue de Laeken, 74. — Séraptomètre, instrument donnant le degré d'aptitudes visuelles. Le beurre stérilisé et diverses publications médicales.   (PALAIS.)

6. DENAEYER (Alphonse), à Bruxelles, place Liedts, 3. — Tableaux des éléments pathologiques de l'urine humaine. Les bactéries schizomycètes.   (PALAIS.)

7. DU MOULIN (Nicolas), à Gand, rue des Baguettes, 147. — Publications scientifiques, sur la prophylaxie de la variole, le choléra, les maladies pestilentielles, etc.   (PALAIS.)

8. FÉLIX (Jules), à Bruxelles, rue Marie-de-Bourgogne, 22. — Appareils orthopédiques. Pansements métalliques et antiseptiques. Porte caustique et antiseptique.   (PALAIS.)

9. FELLENDAELS (G. H.), à Molenbeck-Saint-Jean, rue du Ruisseau, 14. — Fauteuil mécanique chirurgical et dentaire.   (PALAIS.)

10. FESTRAERTS (Auguste), à Liége, avenue d'Avroy, 30. — Journaux : « Le Scalpel » et le « Médecin de la famille. »   (PALAIS.)

11. FLORE MÉDICALE, à Statte (Huy). — Touffes de plantes médicinales de la Belgique (sauvages et cultivées).   (PALAIS.)

12. HOVENT (Julien), à Ixelles, rue du Viaduc, 81. — Appareil pneumothérapique donnant l'inspiration d'air comprimé avec expiration dans l'air raréfié, etc.   (PALAIS.)

13. HUBERT (Alexis), à Bruxelles, rue Fossé-aux-Loups, 54. — Reproduction d'une jambe atteinte de cal difforme anguleux et redressée par l'ostéotomie cunéiforme sous-périostée.   (PALAIS.)

14. KUBORN (Hyacinthe), à Seraing (Liége), rue de Colard, 33. — Publications scientifiques traitant d'hygiène, d'épidémiologie et de médecine.   (PALAIS.)

15. MARTHA (Alfred), à Bruxelles, chaussée d'Anvers, 46. — Appareils en ébonite servant à l'inhalation de l'acide fluorhydrique.   (PALAIS.)

16. MAX (H. E.), à Bruxelles, rue Joseph II, 57. — Table de cabinet de médecin pour examen et opérations.   (PALAIS.)

17. PLETTINCK-BAUCHAU (Alphonse), à Meulebeke, rue du Château. — Appareil amovible pour le traitement des fractures du bras, du coude et de l'avant-bras.   (PALAIS.)

Médaille d'or, Grand Concours International de Bruxelles 1888.

18. SIMON (J. B), à Bruxelles, rue des Minimes, 63. — Spiro-pneumotomètre. Dynamomètre. Appareils de gymnastique médicale; appareil aérothérapique transportable.   (PALAIS.)

19. Société médico-chirurgicale, à Liége, boulevard Piercot, 18. — Annales de la Société.   (PALAIS.)

20. SOUPART (Dr F.), à Gand, rue Neuve Saint-Pierre, 61. — Pièces en plâtre montrant le tracé des incisions tégumentaires dans les différentes régions des membres.   (PALAIS.)

21. Sous-Comité de la Croix Rouge de Belgique, à Courtrai, rue de Tournay, 65. — Brancard de campagne.   (PALAIS.)

22. SPEHL (Emile), à Bruxelles, rue des Petits-Carmes, 21. — Traité d'exploration clinique et de diagnostic médical, etc.; myographe et appareils de chirurgie.   (PALAIS.)

23. THIRIAR, à Bruxelles, rue d'Egmont, 4. — Brochures.   (PALAIS.)

24. VANDENBROECK & Cie, à Bruxelles, rue du Poinçon, 13. — Pansements antiseptiques.   (PALAIS.)

25. VANDEN CORPUT (Ed.), à Bruxelles, avenue de la Toison-d'Or, 19. — Trocarts aspirateurs. Publications diverses.   (PALAIS.)

26. WAERSEGERS (Joseph), à Anvers, place Verte, 33. — Membres artificiels, corsets orthopédiques, bandages herniaires.   (PALAIS.)

27. WALRAVENS, WILLIAME & Cie, à Lessine. — Peptone de viande de bœuf pure, en poudre blanche, soluble et inaltérable.   (PALAIS.)

28. WASEIGE Frères, à Anvers, rue du Printemps, 16. — Pulvérisateurs à vapeur; seringues de Pravaz; appareils pour lavages; instruments de chirurgie.   (PALAIS.)

29. WASSEIGE (Adolphe), à Liége. — Instruments de chirurgie pour accouchements.   (PALAIS.)

RÉPUBLIQUE DE BOLIVIE.

1. ABECIA (Valentin), à Sucre. — Collection anthropologique.   (PARC.)

2. DROUIN (Alexis), à Paris, rue Charlot, 33. — Ethnographie, crâne indien, céramique inca.   (PARC.)

3. VILLALBA (Ricardo), à Paris, rue de Berri, 8. — Collection ethnographique (reproduction des types des races indigènes).   (PARC.)

BRÉSIL.

(Voir son Catalogue spécial.)

CHILI.

1. CAMPBELL (Frank H.), à Santiago. — Dents avec ou sans râtelier.
(PARC.)

2. Quinta Normal de Agricultura, à Santiago. — Collection des instruments et objets de l'Institut de vaccine animale, virus charbonneux, procédé Chauveau.
(PARC.)

ESPAGNE.

1. BONIQUET (José), à Barcelone. — Dents.   (PALAIS.)

2. CEA (Leopoldo), à Valladolid. — Objets concernant le service médical. (PALAIS.)

3. CLAUSOLLES (José), à Barcelone. — Appareils orthopédiques.   (PALAIS.)

4. LOPEZ (Salvador), à Séville. — Appareils de gymnastique.   (PALAIS.)

5. MACAYA (José), à Barcelone. — Vaccine et ses appareils.   (PALAIS.)

6. NOGUES (Juan), à Madrid. — Appareils dentiers.   (PALAIS.)

7. OLICTE (S.) Y Hijos à Valence. — Appareils orthopédiques.   (PALAIS.)

8. SAN MIGUEL (José), à Vendrell (Tarragone). — Produits pharmaceutiques.
(PALAIS.)

9. VALENZUELA, à Madrid. — Appareil d'inhalation.   (PALAIS.)

ÉTATS-UNIS.

1. BROWN (E. Parmly), à Flushing, N. Y. — Dentiers en porcelaine, instruments pour dentistes.   (PALAIS.)

2. CONDELL (J.) & Son, à New-York, N. Y., 822, Broadway. — Bras et jambes artificiels pour différentes sortes d'amputations.   (PALAIS.)

3. FARLEY (William), à Paris, rue Royale, 25. — Spécimens des progrès opérés dans la prothèse dentaire.   (PALAIS.)

4. FARRINGTON (Cleopatra K.), à Boston, Mass., 17, Allston street. — Support pour l'abdomen et l'épine dorsale, fait en caoutchouc sans ressorts. (PALAIS.)

5. FELL (George E.), à Buffalo N. Y., 72, Niagara street. — Appareil de respiration forcée, applicable aux êtres humains asphyxiés.   (PALAIS.)

6. FREES (C. A.), à New-York, N. Y., 766, Broadway. — Membres artificiels, béquilles, appareils pour membres difformes.   (PALAIS.)

7. HOFFMAN (Lena M.), à Philadelphie, Pa., 518, North 7th street. — Chaises gynæcologiques.   (PALAIS.)

8. KNAPP (J. D. C.), à Minneapolis, Miss. — Vaporisateur Knapp pour la vaporisation et l'inhalation des médicaments dans le traitement de toutes les maladies de la gorge.   (PALAIS.)

9. NICHDSON (I. H.), à Paris, rue Drouot, 4. — Tympan artificiel.   (PALAIS.)

10. PARR (Henry A.), à New-York, N. Y., 15, West 34th street. — Appareils divers pour dentistes « crown and bridge-work ».   (PALAIS.)

11. RHODES (Richard S.), à Chicago, Ill., 329, Lake street. — Appareils auditifs pour les sourds, les mettant à même d'entendre par l'intermédiaire des dents.
(PALAIS.)

12. ROTTENSTEIN & FARLEY (J. B. & W.), à Paris, rue Royale, 25. — Spécimens d'appareils de dentistes, mécanique dentaire (inventions et procédés), opérations dentaires, préparations antiseptiques.
(PALAIS.)

13. ROY (F. M.) & Co, à Flushing-Long-Island, N. Y. — Instruments de chirurgie.
(PALAIS.)

14. SCABURY & JOHNSON, à New-York, N. Y., 21, Platt street. — Emplâtres, bandages, ligatures, et articles pour pansements.
(PALAIS.)

15. SCHOTT (William), à Brooklyn, N. Y., 357, Keap street. — Instruments de chirurgie de poche et antiseptiques.
(PALAIS.)

16. TESCHNER (Isidor W.), à New-York, 34, East 72nd street. — L'optomètre « Teschner ».
(PALAIS.)

17. Welch Dental Co, à Philadelphia, Pa., 1413, Filbert street. — Outils de dentistes et dents artificielles.
(PALAIS.)

GRANDE-BRETAGNE.

1. Cellular Clothing Co (Limited), à Londres, Aldermanbury, 75. — Ceintures et autres appareils de médecine et de chirurgie.
(PALAIS.)

2. CHRISTY (Thomas) & Co, à Londres, Lime street, 25. — Bandages Christia et draps pour chirurgie.
(PALAIS.)

3. GRAY (Joseph) & Son, à Sheffield, Truss works, New George street. — Instruments de chirurgie dentaire et vétérinaire.
(PALAIS.)

Maison fondée en 1849. Boîtes d'amputation, couteaux, scies, tourniquets, aiguilles à suture, pinces à artères, pour les os et résection, etc. Trousses de pansement de poche, pinces et instruments de pansement. Couteaux écaille et autres, instruments d'obstétrique et forceps. Instruments pour les yeux, les oreilles et le nez, instruments de lithotomie et de lithotritie, boîtes de dissection pour autopsie, scalpels, bistouris, couteaux, scies, etc. Cathéters bougies, sthethoscopes, aspirateurs, pompes d'estomac, enemas, scarificateurs, lancettes, machines et indicateurs magnéto-électriques, Daviers, modèles anglais, français et américains, fouloirs, forets, excavateurs, miroirs, seringues, articulateurs, Porte-empreintes. Elévateurs, clefs, etc. Instruments de vétérinaires en tous genres, bandages herniaires, spatules, etc. Réc. ; 1er prix, Londres 1862; argent, Paris 1878, Paris, 10, rue de la Paix. New-York, 43, Chambers st.

4. MANDLEBERG (J.) & Co Albion Rubber works, à Manchester, Pendleton; à Paris, rue de l'Echiquier, 13. — Appareils de chirurgie en caoutchouc.
(PALAIS.)

GRÈCE.

1. CARACATSANIS (D.), à Athènes. — Râteliers et opérations dentaires.
(PALAIS.)

2. CARANASSOPOULOS (B.), à Patras (Achaïe et Elide). — Râteliers et opérations dentaires.
(PALAIS.)

3. DIAMANTOPOULO (Georges), à Athènes. — Râteliers et opérations dentaires.
(PALAIS.)

4. Office vaccinogène militaire, à Athènes. — Produits et mode opératoire.
(PALAIS.)

NORVÈGE.

1. STOERMER (Frédéric), à Christiania. — Inhalateur norvégien, invention de l'exposant. **(PALAIS.)**

ROUMANIE.

1. CRAINICEANU (D^r), à Bucharest. — Pièce anatomique : « oreille ». **(PALAIS.)**

2. GAISLER (F.), à Jassy, rue Lapusnéano, 7. — Assortiments de bandages. **(PALAIS.)**

3. NAUMEANU (F.) à Bucharest, caléa Victoriei. — Bandages, appareils d'orthopédie et membres artificiels. **(PALAIS.)**

RUSSIE.

1. ENGALITCHEFF (Prince N.), à Saint-Pétersbourg. — Matériaux pour plomber les dents. **(PALAIS.)**

2. FEIGUINE (Philippe), à Mohilew, sur le Dniéper. — Scies pour dissections anatomiques. **(PALAIS.)**

3. KHROUSTCHOFF (J.), à Saint-Pétersbourg — Appareils dentaires. **(PALAIS.)**

4. MILLER (H. J.), à Saint-Pétersbourg. — Instruments dentaires. **(PALAIS.)**

5. PHILIPPOVITCH (V.), à Odessa. — Palpatomètre. **(PALAIS.)**

6. RICHTERZ (A. A.), à Moscou — Cachets pharmaceutiques. **(PALAIS.)**

SUISSE.

1. BUCHI (Frédéric), à Berne. — Représentation des fibres dans le cerveau humain. Préparations microscopiques. **(PALAIS.)**

2. DEMAUREX (Félix), à Genève, place de la Fusterie, 10. — Tables d'opérations, collection d'instruments de chirurgie et d'appareils orthopédiques et prothétiques. **(PALAIS.)**

> Maison fondée en 1822.
> Récompenses aux Expositions universelles internationales de Paris 1867, mention honorable. Vienne 1873, deux médailles de mérite ; Paris 1878, médaille de bronze.

3. EGLI-SINCLAIR (D. Th.), à Zurich. — Stérilisateur du lait pour le nourrisson. **(PALAIS.)**

4. ETERNOD (Auguste C. F.), à Genève. — Appareil de photographie universel, engins de microscopes photographiques scientifiques, pièces anatomiques, mémoires et documents sur l'embryologie et l'histologie. **(PALAIS.)**

5. Fabrique Suisse de pansements (directeur : **Russenberger**, H. Ch. E.), à Genève. — Nouveaux produits stérilisés et autres, objets de pansement les plus utilisés, trousses de secours améliorées. **(PALAIS.)**

6. FROELICH (J. Louis Ch.), à Zurich. — Appareil pour le transport des blessés, en pays de montagne, avec photographie et notice explicative.   **(PALAIS.)**

7. Institut vaccinal suisse (Directeur : **C. Haccines**), à Lancy (Genève). — Instruments servant à la récolte et à l'inoculation du vaccin, réparations vaccinales.
          (PALAIS.)

8. LASKOWSKI (S. L.), à Genève, boulevard des Philosophes, 28. — Spécimens de conservation inaltérable des préparations anatomiques.   **(PALAIS.)**

   Conservation inaltérable des pièces anatomiques avec la couleur, le volume et la souplesse naturelle. — Récompenses obtenues : Paris 1867, Paris 1878.

9. PELLANDA (Antoine), à Biasca (Tessin). — Lit.   **(PALAIS.)**

10. REVERDIN (Auguste), à Genève. — Instruments de chirurgie.   **(PALAIS.)**

11. ROUSSEL (J.), à Genève. — Transfuseur direct du sang vivant : seringue hypodermique en celluloïd aseptique ; aiguilles, flacon double bouchage, étui.   **(PALAIS.)**

12. SCHENK (Félix), à Berne, place Christophe, 7. — Tables d'école et pupitres hygiéniques.   **(PALAIS.)**

13. SCHLENKER (M.), à Saint-Gall. — Modèles et préparations microscopiques et microphotographiques.   **(PALAIS.)**

14. SCHOEN (J.-B.), à Bâle, Saint-Alban Anlage, 3. — Yeux artificiels humains, prothèse et pathologie oculaires.   **(PALAIS.)**

15. WIENAND (Frédéric), à Liestal (Bâle-Campagne). — Râteliers artificiels, plombages en or, etc.   **(PALAIS.)**

———

GROUPE II.

ÉDUCATION ET ENSEIGNEMENT. MATÉRIEL ET PROCÉDÉS DES ARTS LIBÉRAUX.

CLASSE 15.

Instruments de précision.

FRANCE.

1. ADAM (Pierre), à Paris, rue des Écoles, 2 bis. — Mesures linéaires.
(PALAIS.)

2. AVIZARD (R. et C.), à Paris, rue de Rambuteau, 57. — Instruments d'optique, jumelles, longues-vues, instruments de précision. (PALAIS.)

3. BAILLE-LEMAIRE (Jean-Baptiste), à Paris, rue Oberkampf, 22. — Jumelles de théâtre et de marine. Instruments d'optique. (PALAIS.)

Jumelles et longues-vues en tous genres. Spécialité de nacre et aluminium. Objectifs pour photographie. Récompenses aux Expositions de Philadelphie, Melbourne, Vienne, Amsterdam, Anvers. Paris 1867, 2 médailles d'or et médailles diverses aux collaborateurs; 1878, médaille d'or et légion d'honneur. Maison fondée en 1846. — Usine de 80 chevaux-vapeur. — Voir section XIV (Économie sociale).

4. BALBRECK Ainé (Maximilien), à Paris, boulevard Montparnasse, 81.— Théodolites, niveaux, boussoles, lunette méridienne. (PALAIS.)

5. BARDOU (D.-Albert), à Paris, rue de Chabrol, 55. — Lunettes astronomiques et télescopes à montures équatoriales. Lunettes astronomiques et terrestres. Objectifs astronomiques. (PALAIS.)

Maison fondée en 1818, nommé par concours (en date du 29 juillet 1872), fournisseur du ministère de la guerre.

Médailles or et argent, Exposition universelle Paris 1878.—Palais des arts libéraux, n° 1646.

Lunettes astronomiques et terrestres montées sur pieds, cuivre ou bois, de tous modèles.

Lunettes de campagne et de marine. Lunettes micrométriques brevetées, pour mesurer les distances. Télémètres. Appareils de télégraphie optique du colonel Mangin. Microscopes. Chambre claire du colonel Laussedat. Jumelles pour la marine, la campagne et le théâtre. Spécialité en aluminium. Jumelles et longues-vues militaires. (Seul possesseur des modèles-types, avec le cachet du ministère de la guerre.)

6. BASERGA (Alfred), à Paris, quai de l'Horloge, 29. — Baromètres, thermomètres, hygromètres, psychomètres, aéromètres, etc., etc. (PALAIS.)

7. BASTIEN (F) & ROUX (Paul), à Paris, passage Raoul, 22, et 24, rue Popincourt, 31. — Balances et poids pour le commerce. Balances et poids de haute précision pour les sciences.
                                                                                   (PALAIS.)

Instruments de pesage en tous genres.
Balances et poids pour laboratoires de chimie, de pharmacie, d'essayeurs.
Balances et poids pour diamants et pierres fines.
Balances pour joailliers, bijoutiers.

8. BAUDIN (L. C.), à Paris, rue Saint-Jacques, 276.— Thermomètres, aréomètres et mesures de précision en verre.
                                                                                   (PALAIS.)

9. BELLIENI Fils (H.), à Nancy (Meurthe-et-Moselle), place de l'Académie, 17. — Instruments de précision, géodésie, arpentage, topographie.
                                                                                   (PALAIS.)

Modèles adoptés par le Génie, la Compagnie des Chemins de fer de l'Est et les Forêts.
Médaille de 2ᵉ classe, Exposition universelle de Paris 1855.
Fournisseur de l'École Nationale d'application de l'Artillerie et du Génie.

10. BENOIST (F.) & BERTHIOT (L), à Paris, rue Saint-Martin. 207. — Verres de lunettes et d'optique.
                                                                                   (PALAIS.)

Mais. fond. en 1840. Usine à Sézanne (Marne). Paris 1878. Barcel. et Brux. 1888, 2 m. d'arg.

11. BERTHÉLEMY (Alfred-V.), à Paris, rue Dauphine, 16. — Instruments de Mathématiques, Géodésie, Nivellement, Topographie, etc, Fioles de précision pour instruments. Télémètre de côte.
                                                                                   (PALAIS.)

Médaille d'argent, Amsterdam 1883. — Médaille d'argent, Anvers 1885. — 2 Médailles d'or Bruxelles, 1888. — Médaille d'or Barcelone, 1888.
Appareil indicateur de la température à distance.

12. BÉZU-HAUSSER & Cie, à Paris, rue Bonaparte, 1. — Microscopes et objectifs pour la photographie.
                                                                                   (PALAIS.)

13. BIENNAIT (Louis), à Paris, rue Oberkampf, 95. — Jumelles de théâtre, marine et campagne.
                                                                                   (PALAIS.)

Maison fondée en 1869. — Récomp. : Paris. 1878, Méd. de bronze. Amsterdam, 1883, Méd. de bronze.

14. BOISSEL (Sévère-H.), à Paris, quai de l'Horloge, 19. — Théodolites, tachéomètres, cercles géodésiques et d'alignement, niveaux d'Egault à bulle et Lenoir. Cannes de géomètres.
                                                                                   (PALAIS.)

15. BOLLÉE Fils (Léon), au Mans (Sarthe). — Machine à calculer.   (PALAIS.)

16. BOUISLY (U.-A.-Amédée), à Saumur (Maine-et-Loire). — Pointage et mise de feu automatiques des pièces d'artillerie sur mer.
                                                                                   (PALAIS.)

17. BOULAN (Jules), à Paris, rue Royer-Collard,5. — Baromètres Fortin, Gay-Lussac, à large cuvette de M. Renou. Thermomètres, hygromètres, évaporomètres.
                                                                                   (PALAIS.)

18. BOURDON (C.-H.), à Paris, rue Moret, 15. — Jumelles pour l'armée, la marine, les courses, la campagne, le théâtre.
                                                                                   (PALAIS.)

19. BOURDON (Charles-A.), à Paris, boulevard Magenta, 20. — Anémomètre multiplicateur enregistrant la vitesse et la direction du vent, anémomètre pour mines.
                                                                                   (PALAIS.)

20. BOURETTE (Eugène-F.), à Paris, rue Lesage, 10. — Thermomètres.
                                                                                   (PALAIS.)

Bourette, successeur de son père, inventeur du thermomètre en zinc fondu, chiffres et divisions en relief. Thermomètres en bois, faïence et porcelaine. Thermométrographes. — Médaille de bronze, 1878.

21. BOURGEOIS (Jules), à Damprichard (Doubs). — Boussoles en métal, baromètres, boîtes de montres.
                                                                                   (PALAIS.)

22. BROSSET Frères, à Paris, rue des Francs-Bourgeois, 22. — Instruments de géodésie, nivellement, arpentage, etc.   **(PALAIS.)**

23. BUZENAC, à Paris, rue Popincourt, 32. — Niveaux à coulisse. **(PALAIS.)**

24. CAILLETET (Louis-P.), à Paris, boulevard Saint-Michel, 75. — Appareils divers pour l'étude et la liquéfaction des gaz.   **(PALAIS.)**

   Chevalier de la Légion d'honneur. Récompenses : Paris 1878, grand diplôme d'honneur. Anvers 1885, diplôme d'honneur.

25. CARPENTIER (J.), — ateliers **Ruhmkorff**, — à Paris, rue Delambre, 20. — Appareils de mesures.   **(PALAIS.)**

26. CHAMPIGNY (Armand), à Paris, rue de Berne, 11. — Lunettes courtes. Tachéomètres. Télémètres portatifs.   **(PALAIS.)**

   Lunettes courtes ayant un large champ de vue et une grande netteté. (Brevetées s. g. d. g.) Tachéomètre donnant les distances réduites à l'horizon et les altitudes (br. s. g. d. g.).

   Télémètres portatifs, pour mesurer les distances au moyen d'une base d'orientation quelconque, les distances se lisant directement sur la graduation. (br. s. g. d. g.).

27. CHATEAU Père et Fils, à Paris, rue Montmartre, 118. — Pluviographes, stréphoscopes, enregistreurs, horloges de précision.   **(PALAIS.)**

   Horlogerie, précision, électricité, téléphonie.

28. CHOQUART (L. G.), à Paris, rue d'Angoulême, 72. — Instruments d'optique.   **(PALAIS.)**

29. CLERMONT (F.-Alphonse), à Paris, rue du Temple, 104. — Divers modèles de jumelles pour le théâtre, la campagne et la marine et de longue portée.   **(PALAIS.)**

30. COLARD (L.-Evergiste-A.), à Paris, rue Ordener, 52. — Appareils destinés à mesurer les petites épaisseurs.   **(PALAIS.)**

31. COLAS (Marcel-M.), à Paris, rue Saint-Gilles, 18. — Mesures linéaires, métalliques, pieds à coulisse, palmers, mètres, étalons, jauges, mesures anthropométriques, mesures étrangères.   **(PALAIS.)**

32. COLLOT (A.) & Fils, à Paris, boulevard Edgar-Quinet, 8. — Instruments de précision pour les sciences. Trébuchets et balances d'analyse, poids et mesures, étalons en cuivre, mesures en verre divisées et jaugées.   **(PALAIS.)**

33. COLMONT (Edmond), à Paris, rue du Temple, 81. — Jumelles longues-vues de théâtre, campagne et marine, en aluminium et autres métaux ; loupes à lire et verres d'optique.   **(PALAIS.)**

34. CONTE (J.), à Paris, boulevard Saint-Martin, 23. — Pantographes. **(PALAIS.)**

   Article pour dessiner servant pour agrandir ou réduire toutes sortes de dessins et portraits.

35. COPPIN (E.-Charles), (successeur de **Hue**), à Paris, rue de la Verrerie, 78. — Instruments pour les mathématiques, compas et outils pour graveurs, lithographes, etc.   **(PALAIS.)**

36. DELAHAYE (E.), à Paris, rue du Faubourg-du-Temple, 75. — Appareils de météorologie.   **(PALAIS.)**

37. DELAUNAY (André-P.), à Paris, rue Saint-Jacques, 57. — Instruments de précision en verre.   **(PALAIS.)**

38. DENISE (E.-G.), à Paris, rue de la Perle, 14. — Mesures linéaires en bois, métal, rubans. Articles pour dessins, de bureaux, articles d'arpentage.   **(PALAIS.)**

39. DEPEYRE (Firmin), à Cahors (Lot). — Une série de mesures de capacité en fer.   **(PALAIS.)**

40. DEROGY (E.-Eugène), à Paris, quai de l'Horloge, 33. — Verres de lunettes
et instruments d'optique.   **(PALAIS.)**

   Maison fondée en 1820 par M. Wallot. — Spécialité de lunettes à lire à verres achromati-
ques (brevetés S. G. D. G.), supprimant toute fatigue de la vue. Verres d'optique en tous
genres pour dioramas, stéréoscopes, etc. Lentilles pour condensateurs de tous diamètres.
Loupes montées et non montées. Jumelles de théâtre, marine et campagne. Jumelles très puis-
santes à 12 verres. Jumelles longue-vue perfectionnées. Longues-vues de campagne, terrestres
et astronomiques. Microscopes supérieurs à très forts grossissements. Constructeur spécial
d'instruments, appareils et accessoires pour la photographie. Appareils à projections en tous
genres avec lampes au pétrole, lumière oxyhydrique, lumière électrique. Usines hydrauliques
à Sully, Saint-Samson, Hénécourt et Fontenay (Oise). — Récompenses : 1885, Paris ;
1862, Londres ; 1867, Paris, médaille d'argent ; 1876, Philadelphie ; 1878, Paris, 2 méd. d'arg.

41. DEVOUASSOUD (J.-F.), à Chamonix-Argentières (Haute-Savoie). —
Machine à additionner.   **(PALAIS.)**

42. DREUX (A.-A.), à Angers (Maine-et-Loire), rue Voltaire, 4. — Lunettes
excelsior, pince-nez horizontal du Dr Motais, pince-nez, lunettes Dreux.   **(PALAIS.)**

43. DUBOSCQ (A.-Albert), à Paris, rue Saint-Jacques, 55. — Saccharimètres,
spectroscopes, appareils de projections.   **(PALAIS.)**

44. DUCRETET (E.) & Cie, à Paris, rue Claude-Bernard, 75. — Instruments de
précision pour cabinets de physique, laboratoires, l'étude des sciences appliquées aux
arts et à l'industrie.   **(PALAIS.)**

   Constructeurs d'instruments pour les sciences. Catalogues spéciaux pour cabinets de physique complets. Maison fondée en 1864. Récompenses : Paris 1878, médaille d'or ; Sydney 1879,
grand prix spécial ; Melbourne 1881, médaille d'or ; Amsterdam 1883 et Anvers 1885,
diplôme d'honneur.

45. DUMAIGE (Paul E.), à Paris, rue Saint-Merri, 24. — Théodolites,
tachéomètres, microtomes, microscopes, etc.   **(PALAIS.)**

   Instruments de précision pour la Physique, les Mathématiques et la Géodésie.

46. DUMOULIN-FROMENT, à Paris, rue Notre-Dame-des-Champs, 85. —
Instruments de précision.   **(PALAIS.)**

47. DURIG (Aimé), à Dôle (Jura), rue des Vieilles-Boucheries, 28. — Un niveau
à lunettes à 3 pieds, un niveau de poche sans bulle d'air.   **(PALAIS.)**

48. DUTROU (Paul), à Paris, rue Dauphine, 18. — Fioles de niveaux, instruments de météorologie, de nivellement, de topographie, aréomètres, manomètres à
mercure, etc.   **(PALAIS.)**

   Alcoomètres, densimètres, thermomètres, boussoles, instr. pour les mines. Anvers 1885, méd.
d'argent ; Vienne 1873, méd. de bronze ; Londres 1862, M. H. ; Paris 1855, méd. de bronze.

49. EON (Hippolyte), à Paris, rue des Boulangers, 13. — Baromètres Fortin
avec modification, pluviomètres, hygromètres, thermomètre maxima vertical, thermo-
métrographe, thermomètre avertisseur.   **(PALAIS.)**

50. FAUCHIER (Anselme-A.), à Saint-Amand-Mont-Rond (Cher). — Hygromètres d'absorption à cadrans entiers, d'une grande sensibilité.   **(PALAIS.)**

51. FILLIEUX, à Paris, rue du Parc-Royal, 9. — Mesures de capacité bois et
métal. Etalons prototypes (modèles ministériels). Etalons communaux. Mesures de
capacité de nations étrangères.   **(PALAIS.)**

   Maison Fillieux-Gambard, fondée en 1740.
   Médaille or, Paris, 1878 ; Amsterdam, argent, 1884 ; Anvers, argent, 1885.

52. FOULON (M.) & QUANTIN (G.), à Ligny (Meuse). — Boîtes à compas,
articles de dessin et de mathématiques.   **(PALAIS.)**

   Maison de vente à Paris, rue Malher, 20.
   Articles d'Arpentage et de Géodésie. Porte-crayons en cuivre. Clous à papier dits « Punaises ».
Pochettes d'Ingénieurs. Compas pour Ecoles. Compas spéciaux pour Graveurs-Lithographes.
Médailles aux Expositions Paris, 1855, Paris 1878, Anvers 1885.

53. FRANQUET (Charles), à Paris, rue Fromentin, 14. — Plusieurs modèles d'appareils lenticulaires, grossissements divers et autres appareils.   **(PALAIS.)**

54. FRÉCHET (J. P.), à Paris, rue Turbigo, 47. — Jumelles de théâtre, de campagne et marine.   **(PALAIS.)**

Jumelles Pompadour avec manche amovible breveté.
Succursale : Avenue de l'Opéra, 5.

55. GARNIER (P. L.), à Paris, rue Moret, 16. — Jumelles théâtre, marine, campagne, jumelles longues-vues et aluminium. Appareils et instruments de photographie.   **(PALAIS.)**

Opticien breveté s. g. d. g.
Maison fondée en 1865.
Fabrique de jumelles en tous genres.
Jumelles de théâtre, de campagne et marine.
Jumelles de voyage, de courses.
Longues-vues à grandes puissances.
Jumelles de poche et pour officiers.
Jumelles en aluminium, nacre, émaille, émail, etc.
Instruments pour la photographie, objectifs extra-rapide.
Obturateurs instantanés.

56. GAUTHIER & BONDIER-MORET, à Paris, rue des Francs-Bourgeois, 141. — Lunetterie, optique.   **(PALAIS.)**

57. GAUTIER (Paul), à Paris, boulevard Arago, 56. — Grand cercle méridien de vingt deux centimètres d'ouverture.   **(PALAIS.)**

M. Gautier a construit des grands instruments pour les observatoires de Paris, Meudon, Lyon, Bordeaux, Nice, Toulouse, Besançon, Cadix (Espagne), Alger, Vienne (Autriche), Buenos-Ayres, la Plata, le Chili et le Brésil.

58. GHIDINI (Christoforo), à Paris, rue du Parc-Royal, 10. — Mécaniques de précision, diverses mesures linéaires, système Ghidini.   **(PALAIS.)**

59. GOLAZ Père & Fils, à Paris, rue Saint-Jacques, 282. — Appareils de physique.   **(PALAIS.)**

60. GOUBEAUX (Ambroise), à Paris, boulevard Saint-Germain, 216. — Instruments de physique à l'usage des sciences.   **(PALAIS.)**

Fournisseur des écoles de la ville de Paris. — Médaille de bronze, Paris 1878.

61. GRESSET (J. F.), à Gentilly (Seine), rue des Aqueducs, 41. — Instruments d'optique, boussoles, cercle de mire et niveaux d'arpentage.   **(PALAIS.)**

62. GUÉPRATTE (J. M.), à Paris, rue Fontaine-au-Roi, 28. — Aréomètres, pèse liquides, alcoomètres, densimètres, baromètres au mercure, thermomètres industriels de laboratoires et fantaisies.   **(PALAIS.)**

63. GUÉRINEAU (Adolphe), à Paris, passage de l'Industrie, 10. — Compas et tire-lignes, instruments divers, outils pour lithographie et gravure sur pierre. Cassettes et pochettes.   **(PALAIS.)**

64. GUINOT (Gustave), à Limoges (Haute-Vienne), rue Chinchauvaud, 28. — Nouveaux gabarits divers, donnant le niveau des pentes, inclinaisons de talus, etc.   **(PALAIS.)**

65. GUYARD (A) & CANARY (U), à Paris, rue de la Cerisaie, 13. — Tachéomètres, théodolites, niveaux, boussoles, règles à calcul. Divisions de précision, échelles de proportions, mètres, étalons.   **(PALAIS.)**

Ancienne Maison Richer, fondée en 1760. Échelle de proportion et de réduction de M. le colonel Goulier. La même échelle mais logarithmique ; règles à calcul du topographe. Décamètres en acier chiffrés par mètre ; petits décamètres en acier en boîte à manivelle rentrante chiffrée, gravés ou perlés. Récompenses ; Paris 1855. Médaille d'argent ; Paris 1867, Médaille d'argent ; Paris 1878, Médaille d'argent ; Anvers 1885, Médaille d'argent.

66. HÜE (Théodore), à Paris, rue des Gravilliers, 79. — Baromètres métalliques.
(PALAIS.)

Brevets. — Baromètres métalliques et anéroïdes pour appartements, voyage et marine, baromètres de poche pour touristes et aéronautes, modèles de tous les styles et de tous les genres, baromètre nouveau, dit de la Tour Eiffel (déposé). — Médailles aux Expositions universelles de 1867 et 1878, et d'Amsterdam, 1883.

67. HUETZ (Alphonse), à Sèvres (Seine-et-Oise), rue des Écoles, 9. — Instruments de précision.
(PALAIS.)

68. HUMBERT (A.-A.), à Marseille (Bouches-du-Rhône), rue Thiers, 67. — Machines à calculer.
(PALAIS.)

69. HURLIMANN (Alfred), à Paris, passage Dauphine, 13. — Petit sextant de poche avec horizon artificiel, théodolite simple et à boussole, micromètre, sextant avec gyroscope collimateur.
(PALAIS.)

Fournisseur du dépôt des cartes et plans de la Marine. Instruments d'astronomie.
Ancienne maison L. Lorieux Père. — Récompense : Paris, 1855, Médaille de première classe.

70. HUSSON (François), à Paris, rue Notre-Dame-de-Nazareth, 66. — Mesures françaises et étrangères en toile enduite et caoutchouc.
(PALAIS.)

71. IMBERT (Gustave-M.), à Paris, boulevard Saint-Michel, 31. — Compas de précision. Tire-lignes pour tracer les traits fondus. Compas pour tracer les ellipses.
(PALAIS.)

Compas breveté s. g. d. g.
Médaille de bronze à l'Exposition universelle de 1878.

72. JACQUEMIN Frères (J.-B.), à Morez-du-Jura. — Lunettes, pince-nez, étuis à lunettes, articles d'optique.
(PALAIS.)

73. JACQUEMIN VERGUET Ainé Frères, à Saint-Claude (Jura). — Mètres en bois et métal, mesures de divers pays.
(PALAIS.)

74. JOBARD Frères, à Paris, rue Saint-Martin, 147. — Lunettes, pince-nez et objets d'optique en tous genres.
(PALAIS.)

75. KERN (Victor), à Paris, rue de Châteaudun, 5. — Instruments d'ophtalmologie, lunettes, boîtes de verres, etc.
(PALAIS.)

76. KORSHUNOFF, à Paris, rue de Chazerolles, 37. — Pince-nez et accessoires.
(PALAIS.)

77. LACOMBE (Etienne), à Paris, rue du Temple, 79. — Jumelles de théâtre, campagne, marine, jumelles longue-vue.
(PALAIS.)

78. LAMOTTE (J. Charles), à Paris, rue St-Martin, 88. — Compas de précision, boîtes de mathématiques, tire-lignes.
(PALAIS.)

Récompenses : médaille d'argent, Paris 1878.

79. LANCELOT (Joseph), à Paris, avenue du Maine, 79. — Appareils d'acoustique pour la démonstration.
(PALAIS.)

Fournisseur du Ministère de l'Instruction publique et des Facultés. Paris, 1878, méd. de br.

80. LANGLET (E.) & Fils, à Paris, rue de Savoie, 9. — Aréomètres, thermomètres, alcoomètres et thermomètres contrôlés. Fournitures de laboratoire.
(PALAIS.)

81. LAURENT (Léon L.), à Paris, rue de l'Odéon, 21. — Saccharimètres Laurent, Eolipyle-Laurent remplaçant le gaz. Colorimètres. Spectroscopes. Goniomètres. Focomètre-Laurent. Prismes, glaces planes et parallèles.
(PALAIS.)

Instruments d'optique et de précision. — Saccharimètre-Laurent à lumière jaune, seul adopté par le Gouvernement (depuis 14 ans). — A lumière ordinaire, plus précis. — Méthodes et appareils nouveaux pour le contrôle et l'exécution des pièces optiques de haute précision.

82. LAVERNE (A.) & Cie, à Paris, rue de Malte, 10. — Objectifs, chambres noires et accessoires pour la photographie, appareils pour les agrandissements photographiques et les projections lumineuses. **(PALAIS.)**

83. LEFEBVRE (Victor), à Paris, avenue du Maine, 70. — Appareils de projection, polarisation. Saccharimètres à pénombres et autres. **(PALAIS.)**

Fournisseur du Ministère de l'Instruction publique. — Récomp. : Paris, 1879, Méd. d'arg.

84. LEREBOURS & SECRÉTAN (G. Secrétan, successeur), à Paris, place du Pont-Neuf, 13. — Equatorial photographique, méridienne, lunettes, télescopes, tachéomètres, théodolites, niveaux, pantographes, objectifs photographiques, etc. **(PALAIS.)**

85. LÉVY (Arthur), à Paris, rue de Turenne, 48. — Jumelles, longues-vues et jumelles longue-vue, Manches porte-jumelle. Cuivre, aluminium, or et argent. **(PALAIS.)**

Jumelles Flammarion (marque déposée). Spécialité de forts grossissements. Jumelles à tirage rapide. Jumelle à double rapprochement instantané.

86. LHÉON, à Paris, rue de la Boétie, 8. — Règle articulée ou centimètre conformateur. **(PALAIS.)**

87. LORIEUX (Vve) & ROYER, à Paris, rue Chapon, 25. — Objets d'optique, tels que longues-vues, microscopes, etc. **(PALAIS.)**

Maison fondée en 1835, par M. Alexandre Lebrun. — Instruments d'optique. Récompenses : 1851, Londres; 1855, Paris; 1862, Londres; 1867 et 1878, Paris.

88. LUIZARD (Léon), à Paris, rue du Cloître-Notre-Dame, 14. — Instruments de physique, machine pneumatique, machine électrique. **(PALAIS.)**

89. LUTZ (Edouard), à Paris, boulevard Saint-Germain, 65. — Instruments d'optique à l'usage des sciences, spectroscopes, appareils pour la polarisation, lunettes équatoriales, etc. **(PALAIS.)**

90. MARC (Octave), à Paris, rue Saint-Maur, 89. — Séries de mesures de capacités françaises pour matières sèches, mesures étrangères pour l'exportation. **(PALAIS.)**

91. MARCEL (Charles-M.-V.-de-P.), Major au 26e Régt. de Ligne, à Toul (Meurthe-et-Moselle). — Eolimètre à pendule de poche, goniomètre de poche, support commun aux deux instruments. **(PALAIS.)**

92. MARÉCHAL (Jean-J.), à Talaudière, par Saint-Étienne (Loire). — Graphomètre suspendu à l'usage du levé des plans des mines, etc. — Trigonomètre indiquant le relief du sol. **(PALAIS.)**

93. MATAMOU (J.-M.), à Barlest (Hautes-Pyrénées). — Xylomètre : ruban métrique chiffré de manière à donner le cubage des bois en grume et équarris. **(PALAIS.)**

94. MAZEREAU (Henri), à Paris, rue Saint-Anastase, 4. — Mesures linéaires, mètres, règles, équerres divisées. **(PALAIS.)**

95. MERGIER (G.-Émile), à Paris, boulevard Saint-Michel, 133. — Focomètres pour déterminer les constantes optiques des appareils dioptriques. Œil artificiel pour l'étude de l'optique de la vision. **(PALAIS.)**

96. MIGNOT (Henri-L.), à Paris, rue Gauthey, 34. — Manomètres métalliques à toutes pressions, étalons, compteurs indicateurs du vide. **(PALAIS.)**

97. MINISTÈRE DES TRAVAUX PUBLICS (Exposition collective des services du) :

M. Ritter (Charles), ingénieur en chef. — Instruments, appareils et cartes hydrométriques.

École des Ponts-et-Chaussées.

MM. Durand-Claye, Klein, Avril. — Instruments de précision. **(TROCADERO.)**

98. MIRAND (Jean), à Paris, rue Galande, 57. — Microscopes et compteuses de poche. Totalisateur ou marque à jeu dite la « Mirande ». **(PALAIS.)**

99. MOREAU-CROZET, à Paris, rue de Seine, 10. — Planches autonivellatrices, chambres claires, lunetterie. **(PALAIS.)**

100. MOREAU-TEIGNE, à Paris, rue du Faubourg-du-Temple, 50. — Longues-vues ; astronomiques, terrestres, jumelles, microscopes. **(PALAIS.)**

101. MOREL FATIO, à Paris, rue du Général Foy, 3. — Règle pour le calcul des jours. **(PALAIS.)**

102. MORIN (H.) & GENSSE, à Paris, rue Boursault, 3. — Cercle méridien et théodolite. **(PALAIS.)**

103. NACHET (J.-A.), à Paris, rue St-Séverin, 17. — Microscopes pour les sciences, la médecine, la minéralogie et les usages industriels. **(PALAIS.)**

   Appareils à dispositions nouvelles pour la bactériologie, et la micro-photographie ;
   Diplômes d'honneur : Vienne, Amsterdam, Anvers. Médailles d'or : Paris 1855, 1867, 1878 ; Barcelone 1888.

104. NACHET Jeune, à Paris, rue Caumartin, 21. — Appareils d'optique. **(PALAIS.)**

105. NAPOLI (David), à Paris, rue de Dunkerque, 31 ter. — Dynamomètre de rotation avec indication optique, appareil pour relever le profil des rails de chemin de fer, diagraphe, indicateur de pression avec intégrateur, etc. **(PALAIS.)**

106. NAPOLI & LALLEMAND, à Paris, boulevard Barbès, 22. — Machine à additionner. **(PALAIS.)**

107. NAUDET & Cie (PERTUIS & Fils Successeurs), à Paris, place de Thorigny, 4. — Baromètres anéroïdes dits holostériques pour nivellement, mesure des hauteurs, marine et météorologie, etc. **(PALAIS.)**

108. PARENT (Victor), à Paris, rue Saint-Honoré, 175. — Instruments de géodésie, de mathématiques, et tous instruments nécessaires au dessin. **(PALAIS.)**

109. PARIS (Ville de) Observatoire municipal de Montsouris, à Paris. — Appareils et documents ; instruments d'observations ; instruments à analyse. **(PARC.)**

110. PAYEN, (L.-E.), à Paris, rue de Châteaudun, 44. — Arithmomètre, machine à calculer. **(PALAIS.)**

111. PEIGNÉ (Paul), lieutenant-colonel d'Artillerie, à Vincennes. — Instrument de topographie-automatique. **(PALAIS.)**

112. PELLIN (Philibert), — Successeur de **Jules Duboscq**, — à Paris, rue de l'Odéon, 21. — Instruments d'optique et de météorologie. Appareils de mesures. **(PALAIS.)**

113. PÉRILLAT (Vve F.) & Fils, à Paris, rue du Faubourg-du-Temple, 52. — Baromètres anéroïdes de poche, baromètres de précision à compensateur pour la marine et les hauteurs. **(PALAIS.)**

   Maison fondée en 1875. Fournisseurs des ministères de la Guerre et de la Marine. Récompenses : Paris 1878, médaille d'argent.

114. PERREAUX (Louis G.), à Paris, rue Jean-Bart, 8. — Machine à diviser la ligne droite et la ligne circulaire, machine micrométrique divisant le millimètre en 3,000 parties. **(PALAIS.)**

   Cathétomètre donnant le 200ᵐᵉ de ᵐ/ᵐ. Sphéromètre à double lecier, dit comparateur, mesurant 1/4,000 de ᵐ/ᵐ.
   Paris, 1878, médaille d'or.

115. PERRIER (L.), à Nîmes (Gard), place Bouquerie, 1. — Manomètre à différencier les liquides, alcoomètres. **(PALAIS.)**

116. PICART (A.-Auguste), à Paris, rue Mayet, 20. — Instruments de précision, microscopes. Appareils pour les expériences d'optique, et pour l'étude de la minéralogie et de la géologie. **(PALAIS.)**

117. Préfecture de Police de Paris (Service photographique et service d'identification de la), à Paris. — Épreuves photographiques, Mobilier et instruments de mensuration. Documents divers. **(PARC.)**

118. PRINCE (Vve E.), à Paris, rue Réaumur, 7. — Mesures linéaires. **(PALAIS.)**

Mesures linéaires françaises et étrangères, droites et pliantes en toutes matières, mesures sur rubans soie, fil, fil métallique et acier gravé de 1 à 100 mètres, articles pour arpentage, pour dessin, etc. — Récompenses aux Expositions 1855-1867 ; médaille d'argent en 1878.

119. RADIGUET (E.-Julien), à Évreux (Eure), place du Grand-Carrefour, 3. — Glaces et verres de couleur à faces parallèles pour instruments d'optique et de marine. **(PALAIS.)**

120. RAYMOND (Georges), à Achères (Seine-et-Oise). — Barographe de précision. **(PALAIS.)**

121. RENAUD-TACHET (Auguste J.), — Successeur de **Tachet**, — à Paris, rue du Bac, 42. — Instruments de mathématiques pour le dessin graphique, la géodésie et le nivellement. **(PALAIS.)**

122. RENAUT (Paul), à Paris, avenue Parmentier, 122. — Baromètres. **(PALAIS.)**

123. RICHARD Frères, à Paris, impasse Fessard, 8. — Enregistreurs, instruments de précision pour les sciences et l'industrie. **(PALAIS.)**

Aéroscopes, Anémomètres, Anémoscopes, Actinomètres, Baromètres, Évaporomètres, Hygromètres, Psychromètres, Pluviomètres, Thermomètres, Transmetteurs à distance des indications météorologiques ou autres.
Diplômes d'honneur : Anvers, 1885 ; Bruxelles, 1888.

124. ROUGIER (J.-E.), à Paris, rue du Temple, 44. — Mesures linéaires décamètres, mètres droits et pliants, articles de dessin et de bureau. **(PALAIS.)**

125. ROUSSEL (H.) & BERTEAU (L.), à Paris, rue Villehardouin, 10. — Jumelles de marine, de campagne, de voyage, de courses, militaires, de théâtre. **(PALAIS.)**

Fournisseurs du min. de la Marine et des Colonies. Réc. : Paris 1855, 1867, Londres 1862.

126. SANGUET (J.-Louis), à Paris, rue Monge, 29. — Tachéomètre autoréducteur, coordinatomètre, longialtimètre, instruments de calculs. **(PALAIS.)**

127. SÉNÉE (M.-Aristide-P.), à Paris, rue du Dragon, 19. — Instruments de précision et de mathématiques à l'usage du dessin et de l'architecture. **(PALAIS.)**

128. SIMON (Th.), (Successeur de **Gettliffe (E.) & Th. Simon**, à Ligny-en-Barrois (Meuse). — Verres de lunettes en tous genres. **(PALAIS.)**

Manufacture de verres sphéro-cylindriques, prismatiques et coquilles, lentilles, miroirs, loupes montées, grands réflecteurs paraboliques et nouvelle loupe brevetée à miroirs, condensateurs montés ; Médailles d'argent, Expositions universelles, Paris 1867 et 1878. Diplôme de mérite à Vienne (Autriche) 1873. Pour renseignements, s'adresser au dépôt, 87, rue Turbigo, Paris. Faedouel, représentant.

129. Société des Lunetiers, (Okermans, Poircuitte, Alépée & Cie, à Paris, rue Pastourelle, 6. — Lunetterie, optique, physique, mathématiques, arpentage, géodésie, etc. **(PALAIS.)**

130. TAVERNIER-GRAVET (Vve), à Paris, rue Mayet, 19. — Instruments de précision, règle à calcul. **(PALAIS.)**

131. TONNELOT (Jules), à Paris, rue du Sommerard, 25. — Instruments de météorologie. **(PALAIS.)**

Fournisseur de l'Observatoire de Paris, du Bureau central Météorologique et du Bureau international des Poids et Mesures. Récompenses : Paris, 1878, médaille d'or.

132. TRENTA Frères, à Lyon (Rhône), quai Claude-Bernard, 6. — Appareils pour contrôler les rondes. **(PALAIS.)**

133. VERDIN (Charles), à Paris, rue Linné, 7 — Instruments de précision servant en physiologie expérimentale et en clinique médicale. **(PALAIS.)**

134. VERICK & STIASSNIE, à Paris, rue des Écoles, 43. — Instruments de micrographie. **(PALAIS.)**

    Fabricant d'optique à Paris 43, rue des Écoles, ci-devant rue de la Parcheminerie, 2. Microscopes divers, microtomes, appareils pour microphotographie. Récompenses : Vienne 1873, médaille de mérite ; Paris 1878, médaille d'or.

135. VESLY (Henri de), à Paris, rue Gerbillon, 3. — Règle à calcul pour le jaugeage des tonneaux. **(PALAIS.)**

136. VILLEPIGUE (A.-Floran de), à Paris, rue Charlot, 73. — Appareils autographomètres. **(PALAIS.)**

137. VION Frères, à Paris, rue de Turenne, 38. — Boussoles, longues-vues, microscopes et instruments de précision. **(PALAIS.)**

138. WERLEIN (Ivan), à Paris, rue du Cardinal-Lemoine, 71. — Instruments d'optique, de physique, de minéralogie, etc. **(PALAIS.)**

COLONIES.

ALGÉRIE.

1. CHARNOT (Achille), à Blidah (Algérie). — Tachéomètre, donnant directement et sans calcul la déclivité et la distance horizontale. **(ESPLANADE.)**

2. GAYE (de), à Blidah (Algérie), rue Mazim, 6. — Appareil servant de canne, de règle, de mètre, d'équerre, de fil à plomb, de niveau. **(ESPLANADE.)**

3. SUBRA & Cie, à Alger, rue Jenina, 2. — Bascules romaines, balances, pendules, trébuchets, etc. **(ESPLANADE.)**

MAYOTTE ET COMORES.

1. Exposition permanente des Colonies, à Paris. — Instruments de pesage. **(ESPLANADE.)**

NOUVELLE-CALÉDONIE.

1. Pénitencier de Montravel. — Canne podomètre, balance sans poids avec notice explicative. **(ESPLANADE.)**

PAYS DE PROTECTORAT.

ANNAM-TONKIN.

1. Exposition permanente des Colonies, à Paris. — Instruments de pesage. **(ESPLANADE.)**

2. Provinces de Hanoi et de Sontay. — Balances. **(ESPLANADE.)**

3. Province de Sontay. — Mètres annamites. **(ESPLANADE.)**

PAYS ÉTRANGERS.

RÉPUBLIQUE ARGENTINE.

1. ESTELLE (G.), à Buenos-Ayres. — Balances pour banques et pharmacies, mètres. **(PARC.)**

AUTRICHE-HONGRIE.

1. DIAMAND (A.) & Cie, à Lemberg, Ulica Kazimierzowska, 22. — Imitation de bijouterie or, et articles optiques. **(PALAIS.)**

2. NEMETZ (Joseph), à Vienne, I Sonnenfeldgasse. — Balances de précision. **(PALAIS.)**

3. REICHERT (C.), à Vienne VIII Beunogasse, 26. — Microscope, microphone, haémomètre, apochromat, objective. **(PALAIS.)**

BELGIQUE.

1. BEAUPIED (Joseph), à Bruxelles, chaussée d'Anvers, 76. — Compas à ovale. **(PALAIS.)**

2. GÉRARD (Émile) & Cie, à Liège, quai d'Amercœur, 19. — Appareil auto-diagrammateur pour l'essai des fils à la traction; instruments pour laboratoires de physique. **(PALAIS.)**

3. HANNOT (Alfred), à Ixelles, rue Faider, 79. — Tachéomètre pour l'exécution rapide des levés. **(PALAIS.)**

4. JASPAR (Joseph), à Liège, rue Jonfosse, 12. — Chronographe « Le Boulengé » avec chevalet de pointage et plaque disjonctrice. **(PALAIS.)**

Paris 1855, médaille de bronze ; Londres 1862, mention honorable ; Paris 1867, médaille de bronze ; Vienne 1873, médaille de mérite ; Paris 1878, mention honorable, 2 médailles de bronze, médailles d'argent et d'or.

5. ROSSO (Ange), à Anvers, rue Dierckxsens, 37. — Appareils pour le travail du cristal de roche, instruments d'optique. **(PALAIS.)**

6. SCHUBART (Théodore), à Gand, rue du Marais, 27. — Instruments de précision. **(PALAIS.)**

7. WÉRY (Alexis), à Liège, rue de l'Université, 58. — Instruments de géodésie et de précision. **(PALAIS.)**

BRÉSIL.

(Voir son Catalogue spécial).

DANEMARK.

1. **BUNG (Le capitaine J.)**, à Copenhague. — Appareils d'explorations hydrographiques. **(PALAIS.)**

2. **FALCK (V.), RASMUSSEN & MÖLLER**, à Copenhague. — Instruments de précision. **(PALAIS.)**

3. **NEERGAARD (T. A.)**, à Copenhague. — Instruments de précision. **(PALAIS.)**

RÉPUBLIQUE DOMINICAINE.

1. **CASTILLO (J. M.)**, à Samana. — Corde non élastique. **(PARC.)**

ESPAGNE.

1. **BASTOS Y LAGUNA**, à Saragosse. — Chronomètres et niveaux. **(PALAIS.)**

2. **ROMERO (Melchior)**, à Saragosse. — Objets scientifiques. **(PALAIS.)**

ÉTATS-UNIS.

1. **Adder Co (The)**, à New-York, 30, East 14th street. — Machine à addition. **(PALAIS.)**

2. **BOOTH (Mary A.)**, à Longmeadow, Mass. — Préparations microscopiques de divers objets. **(PALAIS.)**

3. **DASLING BROWN & SHARP**, à Providence, R. I. — Appareils et instruments de mesure, etc. **(PALAIS.)**

4. **DION (Charles)**, à Paris, rue de l'Arcade, 7. — Echophone ou phonographe perfectionné, et appareil enregistrant à l'encre sur papier, les vibrations de la voix humaine. **(PALAIS.)**

5. **HOLLERITH (Hermann)**, à Washington, D. C. 617, 7th street. — Appareils électriques et mécaniques pour la compilation des recensements et autres statistiques du même genre. **(PALAIS.)**

6. **LUBIN (Siegmund)**, à Philadelphia, Pa., 237, North 8th street. — Verres oculaires, lunettes avec support-milieu doublé de liège. Appareil pour éprouver les yeux, articles d'optique. **(PALAIS.)**

7. **MAC DONALD (Alexander E.)**, à Brooklyn, 223, Schemerhorn street. — Instrument pour prendre la mesure de la main. **(PALAIS.)**

8. **TAYLOR (Thomas)**, à Washington. D. C. — Polariscope de poche pour découvrir l'adultération du beurre. **(PALAIS.)**

9. **United states signal service** (By Gen. **A. W. Greeley**, Chief signal officer), à Washington, D. C. — Instruments météorologiques du service du bureau. **(PALAIS.)**

10. **WERNER (Charles) & Co**, à Kansas-City, Mo., Southwest boulevard & 27th street. — Articles d'optique. **(PALAIS.)**

GRANDE-BRETAGNE.

1. **CLARKSON (Alexander)**, à Londres, Bartletts buildings, 29. — Télescopes astronomiques, instruments d'arpentage.   **(PALAIS.)**

2. **DALLMEYER (J. H.)**, à Londres, Newman street, 25. — Appareils microscopiques, instruments d'astronomie et de précision.   **(PALAIS.)**

   Grand instrument pour photographier les étoiles, monté avec une lunette de recherche de la forme d'un télescope. Instrument pratiquement le même que celui employé par le Dr Gill, du Cap de Bonne-Espérance, pour sa carte céleste.
   Télescopes pour l'astronomie, la marine et l'armée.
   Microscope multiple.
   Longue-vue de campagne, construite pour le service de surveillance trigonométrique du gouvernement indien.

3. **JOHNSON MATTHEY & Co**, à Londres, Hatton Garden. — Mesures et poids.   **(PALAIS.)**

4. **PILLISCHER (J.)**, à Londres, New Bond street. — Instruments d'ophtalmie, d'astronomie, de mathématiques et de précision. Lunettes et lorgnons, appareils microscopiques.   **(PALAIS.)**

5. **REIN (Frederick Charles) & Son**, à Londres, Strand, 108. — Instruments scientifiques et acoustiques.   **(PALAIS.)**

6. **ROSS & Co**, à Londres, New Bond street, 112. — Microscopes et appareils, télescopes.   **(PALAIS.)**

GRÈCE.

1. **PIERRONI (Henri)**, à Athènes. — Thermomètres métalliques.   **(PALAIS.)**

ITALIE.

1. **CANZI (Dominique)**, à Milan, 46, via Solferino. — Balances pour chimistes.   **(PALAIS.)**

2. **GHIDONI (Cristo)**, à Paris, rue du Parc Royal, 10. — Objets de précision.   **(PALAIS.)**

3. **MACCHI (Antoine)**, à Londres, 23, Stadium street. — Cristaux pour l'optique, la physique. Instruments d'optique.   **(PALAIS.)**

4. **VIGEVANO**, à Milan. — Cristaux, verres, lentilles pour l'optique, lunettes, pince-nez, etc.   **(PALAIS.)**

JAPON.

1. **Ministère de l'Agriculture & du Commerce** (Direction de l'Industrie), à Tokio. — Mètres et équerres en bambou.   **(PALAIS.)**

NORVÈGE.

1 **FOSS (A.-P.)**, à Christiania. — Balances.   **(PALAIS.)**

2. **STANG (Georg)**, à Christiania. — L'orographe, instrument de mesure à différents usages.   **(PALAIS.)**

PAYS-BAS.

1. BECKER'S Sons, à Rotterdam. — Balances et séries de poids de haute précision et de précision. **(PALAIS.)**

Fournisseurs des laboratoires des Facultés des Sciences et de Médecine, du collège de France, de l'École supérieure de pharmacie, etc., etc., Cambridge, Oxford et des principales Universités d'Angleterre, Belgique, Amérique et autres pays.

Les plus hautes distinctions aux Expositions universelles d'Amsterdam 1883 ; Londres 1862; Anvers 1885 ; Bruxelles 1888.

2. OLLAND (H), à Utrecht. — Instruments météorologiques, balances de précision, instruments de physique. **(PALAIS.)**

PORTUGAL.

1. BASTO (Antonio-Pinto). — Appareils de mesure. **(QUAI.)**

2. DIAS (Emilio). — Instruments de précision. **(QUAI.)**

3. MARQUES (Sebastiao-Antonio). — Instruments d'optique. **(QUAI.)**

RUSSIE.

1. DUCHESNE, Frères (A. J. A.), à St-Pétersbourg. — Modèles de balances de différentes espèces. **(PALAIS.)**

2. DZIEGELOWSKI (J.), à Varsovie. — Polarimètre pour betteraves à sucre. **(PALAIS.)**

3. KOTLIAREVSKI (Paul), à St-Pétersbourg. — Appareil pour mesurer la vitesse d'un courant d'eau ou de vent. **(PALAIS.)**

4. RABINOVITCH (L.), à Ochmiana (Gouvernement de Vilna). — Appareils de physique et mécanique. **(PALAIS.)**

5. RIASSOVSKI (B.), à Saint-Pétersbourg. — Pèse-monnaies. **(PALAIS.)**

6. ROHN (I. G.), à Varsovie. — Appareils pour dessiner les courbes. **(PALAIS.)**

7. TIMTCHENKO (J.), à Odessa. — Anémographe, pluviomètre. **(PALAIS.)**

GRAND-DUCHÉ DE FINLANDE.

1. HELIN (Frans), à Helsingfors. — Limnigraphe (compteur de crue d'eau). **(PARC.)**

SALVADOR.

1. FLAMENCO (Manuel), à San-Salvador. — Balance romaine pour peser. **(PARC.)**

2. MONTOYA (Manuel), à San-Salvador. — Balance romaine pour peser. **(PARC.)**

SERBIE.

1. Manufacture royale d'armes et fonderie de canons, à Kragouyévaz. — Pieds à coulisse. — Micromètres. — Vérificateurs des douilles (mod. 80.) — Tarauds vérificateurs 2 millim. 20 millim. par 0,01 c. — Vérificateurs cylindriques avec les cylindres correspondants. — Forets à spirale de 10-15 $^{m/m}$, 35-40 $^{m/m}$ avec les accessoires correspondants. — Collection d'outils pour la fabrication de douilles (mod. 80). **(PALAIS.)**

SUISSE.

1. AMSLER, LAFFON (J.) & SOHN, à Schaffhouse. — Planimètres, intégrateurs, hydromètres, pantographes.   (PALAIS.)

Maison fondée en 1855 par M. J. Amsler-Laffon.
Mécanique de précision ; planimètres, intégrateurs pour constructions navales, balistiques, etc. Pantographes, appareils hydrométriques (rhéomètres, limnigraphes etc.) ; machines à diviser le cercle et la ligne droite.
Récompenses : 1861 Londres ; 1867 Paris ; 1873 Vienne, (diplôme d'honneur et croix de François-Joseph).

2. CHATELAIN (Fritz-G.), à Neuchâtel. — Curvimètres pour cartes d'état-major de tous pays.   (PALAIS.)

3. COMBAZ (S.-Cyprien), à Fribourg, au Varis, 171. — Équerre.   (PALAIS.)

4. CORADI (Gottlieb), à Zurich, Unterstrass. — Planimètre et pantographe de précision, instruments de géodésie, intégraphe.   (PALAIS.)

5. DESPRÈS (P. Alphonse), à Frauenfeld. — Collection de calibres, pieds à coulisses.   (PALAIS.)

6. KERN & Cie, (successeurs de **J. Kern**), à Aarau. — Boîtes de mathématiques prima, compas suisses, instruments de géodésie et d'astronomie.   (PALAIS.)

Maison fondée en 1819. Boîtes de mathématiques de première qualité, réputées sous le titre : « Compas Suisses ». Fabrication distinguée par des outils et machines de propre invention. Exportation pour tous pays. Instruments de géodésie et d'astronomie. Planchettes et stadias. Tachygraphomètres les plus nouveaux. Niveaux et mires de précision. Théodolites, tachymètres, planimètres. Règles logarithmiques, pantographes. 14 médailles et diplômes. Vienne 1873, diplôme d'honneur ; Paris 1878, médaille d'or.

7. KLINGELFUSS (Jean F.), à Aarau. — Niveaux à bulle d'air pour la construction, la pose et l'usage des machines, transmissions, etc.   (PALAIS.)

8. Société Genevoise pour la construction d'instruments de physique, à Genève. — Appareils de mesure, spectomètres, cathétomètres.   (PALAIS.)

9. THURY & AMEY, à Genève. — Obturateurs pour photographies instantanées. Microscopes et accessoires.   (PALAIS.)

Instruments de précision. Microscopie, géodésie, physique, mécanique, outils de mesurage. Obturateur pour photographie instantanée.

10. USTERI-REINACHER (Théophile), successeur de **Hottinger & Cie,** à Zurich. — Appareils pour la météorologie et l'industrie textile.   (PALAIS.)

Maison fondée en 1808.
Instruments et appareils météorologiques. Barographes. Thermographes. Pluviographes, nouvelle construction.
Hygromètres, d'après M. le docteur Koppe. Baromètres anéroïdes perfectionnés, système Goldschmid, héliographes, etc. Instruments et appareils de géodésie. Niveaux d'instimètres militaires, planimètres, instruments de mesure, etc. Instruments et appareils appliqués à l'industrie. Dévidoirs, romaines, dynamomètres, compteurs, appareils enregistreurs.
Appareils pour la classification des éléments hydrauliques, etc.
Médaille d'argent, Paris 1878.

11. VELLARD (J.-B) & Cie, à Zurich. — Mesures gravées en acier pour constructeurs de machines, ingénieurs et architectes.   (PALAIS.)

GROUPE II.

ÉDUCATION ET ENSEIGNEMENT. MATÉRIEL ET PROCÉDÉS DES ARTS LIBÉRAUX.

Classe 46.

Cartes et appareils de géographie et de cosmographie. — Topographie.

FRANCE.

1. **ANDRIVEAU-GOUJON** (Maison), **Barrère** successeur, à Paris, rue du Bac, 4. — Cartes géographiques, atlas, globes et sphères. **(PALAIS.)**

2. **ARMENGAUD Aîné (C. Eugène)**, à Paris, rue Saint-Sébastien, 45. — Tableaux de statistique industrielle. **(PALAIS.)**
   Relief de statistique démographique de la France. — Tableaux statistiques de la production, de la consommation et du commerce du blé dans les principaux pays.

3. **BATTON (Louis)**, à Argenteuil (Seine-et-Oise). — Cartes topographiques. **(E. O.) (PALAIS.)**

4. **BAUDRY & Cie**, à Paris, rue des Saints-Pères, 15. — Cartes géologiques. **(PALAIS.)**

5. **BAYLE (Pierre D. C.)**, à Paris, rue de l'Abbaye, 16. — Cartes et atlas de géographie et de statistique. Publications géographiques et diverses. **(PALAIS.)**

6. **BAZIN (François)**, à Vincennes (Seine), villa David, rue des Carrières, 1. — Carte murale de l'Europe, cartes diverses. **(E. O.) (PALAIS.)**

7. **BEAUVAIS** (Ville de). — Plan de la ville de Beauvais (Oise). **(PALAIS.)**

8. **BELIN (Vve Eugène & Fils)**, à Paris, rue de Vaugirard, 52. — Livres, atlas, cartes et plans. **(PALAIS.)**

9. **BENOIST (Louis D.)**, à Lizy-sur-Ourcq (Seine-et-Marne). — Histoire des communes du canton de Lizy, bibliothèque circulante des écoles publiques du canton de Lizy. **(PALAIS.)**

10. **BERNIS (Jean)**, à Andy (Basses-Pyrénées). — Climatographe. **(PALAIS.)**

11. **BERTAUX (Émile L.)**, à Paris, rue Serpente, 25. — Globes terrestres et célestes. Cartes et atlas de géographie, cartes astronomiques. **(PALAIS.)**

12. **BERTHELOT (Alphonse)**, à Paris, place du Théâtre-Français, 3. — Carte géographique d'Alsace-Lorraine, après 1870. **(E. O.) (PALAIS.)**

13. BOREL (C. Maurice), à Paris, avenue d'Orléans, 19. — Cartes et reliefs du canton de Neuchâtel, des environs de Paris, des environs de Lausanne, relief colombier. **(PALAIS.)**

14. BOULNOIS (A. T.), à Paris, rue de Lille, 19. — Reliefs des environs de Paris et du Canal du Sud-Ouest de la France. **(E. C.) (PALAIS.)**

15. BOURGOIN (Adolphe), à Chartres (Eure-et-Loir), rue du Cheval-Blanc, 28. — Plan de la Ville et des Faubourgs de Chartres. Planimétrie et topographie. **(PALAIS.)**

Ce plan dressé à l'échelle de 1/2000, 0m.0005 pour mètre, donne exactement l'emplacement des rues, des monuments publics, le détail de chaque propriété située dans la partie extra-muros, et, par des côtes d'altitude à chaque carrefour, le nivellement général.

16. BOUYGUES (Félix, J.), à Aurillac (Cantal), rue Neuve. — Atlas et cartes du département du Cantal, hypsométrique, géologique, botanique, topographique. **(PALAIS.)**

17. BUCLON (Jean C.), à Lyon (Rhône), rue de la Terrasse, 4. — Appareil cosmographique. **(PALAIS.)**

18. CAREZ (Leon, L. H.) & VASSEUR (Gaston C.), à Paris, avenue Hoche, 36. — Carte géologique de la France, au 1/500,000e. **(PALAIS.)**

19. CHAIX (Imprimerie et Librairie centrales des chemins de fer, Société anonyme), à Paris, rue Bergère, 20. — Cartes des chemins de fer, cartes commerciales. **(PALAIS.)**

20. CHALLAMEL & Cie, à Paris, rue Jacob, 5. — Cartes et ouvrages de géographie. **(PALAIS.)**

21. CHAMPEAUX (Georges de), à Autun (Saône-et-Loire). — Volumes de tableaux graphiques d'observations météorologiques faites à Autun, 1867-1889 et tableau mural. **(PALAIS.)**

22. CHARDON (L. Jules), à Montrouge (Seine), rue Barbès, 18. — Relief de la France d'après le Génie militaire. **(PALAIS.)**

23. CHER (Département du), Le Préfet au nom du département, à Bourges (Cher). — Carte murale du Cher. **(PALAIS.)**

24. CHERVIN (Dr Arthur, C. F.), à Paris, avenue Victor Hugo, 82. — Répartition géographique du bégaiement en France. **(PALAIS.)**

25. CHEVREUX (Paul), à Épinal (Vosges). — Atlas statistique du département des Vosges. Statistique graphique. Ancienne population. Population en 1886, agricole et industrielle. **(PALAIS.)**

Indications archéologiques. — Voies romaines. — Ruines. — Armoiries des villes et villages. Anciens monuments religieux, civils et militaires : Abbayes, châteaux-forts, etc. Indication des principales cultures et des principaux établissements industriels.

26. Club Alpin-Français, à Paris, rue du Bac, 30. — Cartes, plans en relief, photographies, publications, instruments de topographie, objets d'équipement. **(PALAIS.)**

27. COLAS (Étienne A.), à Tonnerre (Yonne). — Avant-projet d'un chemin de fer stratégique. **(E. C.) (PALAIS.)**

28. COLIN (Armand) & Cie, à Paris, rue de Mézières, 1. — Livres, atlas et cartes géographiques. **(PALAIS.)**

Maison fondée en 1870. (Voir Classes 67 et 9). Géographies-Atlas par Pierre Foncin. Cartes murales double face, par Vidal-Lablache.

29. Collège Sainte-Barbe, à Paris, place du Panthéon. — Plan relief du Petit-Collège Sainte-Barbe-des-Champs. **(PALAIS.)**

30. Commission centrale de Météorologie du Cher, à Bourges (Cher). — Travaux de la Commission. **(PALAIS.)**

31. Compagnie des Chemins de fer de Paris à Lyon et à la Méditerranée, (Directeur : **Noblemaire**), à Paris, rue de la Boétie, 88. — Carte du réseau de la Compagnie, dressée par Mlle Kleinhans. **(PALAIS.)**

32. CONTE (M. P. A.), à Bergerac (Dordogne). — Instruments et dessins topographiques. **(E. C.) (PALAIS.)**

33. CORNEL DE JRINGI, à Paris, rue Bénard, 34. — Cartes géographiques. **(PALAIS.)**

34. COSTE (Pierre, J.), à Montreuil-sous-Bois (Seine), rue de Paris, 247. — Relief du Massif central méridional de la France. **(PALAIS.)**

35. COURTOIS (Jules), à Chartres (Eure-et-Loir). — Atlas élémentaire du département d'Eure-et-Loir. **(PALAIS.)**

36. DECUIGNIÉRES (Dr Joseph), à Clermont (Oise). — Sphère céleste pour l'observation directe des astres et des phénomènes célestes. **(PALAIS.)**

37. DELAGRAVE (Ch.), à Paris, rue Soufflot, 15. — Cartes et atlas, cartes topographiques, plans en relief, globes, sphères. Appareils cosmographiques. **(PALAIS.)**

Traités de géographie et atlas, Atlas Levasseur, Ni et Brue. Topographie. Cartes murales d'enseignement et de cabinet. Globes terrestres et célestes. Reliefs topographiques, géographiques et géologiques. Montres et pendules géographiques, appareils de démonstration. Jeux géographiques. Ateliers pour la cartographie.

38. DELAUNE (J. Emile), à Paris, rue de la Grande-Chaumière, 8. — Cartes géographiques et topographiques. **(PALAIS.)**

39. DENNERY (Justin), chef de bataillon à l'état-major du 6e corps d'armée, à Châlons-sur-Marne (Marne). — Cours de topographie, de lecture des cartes à l'usage des sous-officiers, etc. **(E. C.) (PALAIS.)**

40. DEUSSAULT (Philibert P.), à Paris, rue des Lombards, 12. — Paris et ses environs (1773-1857). **(E. C.) (PALAIS.)**

41. DRAPEYRON (Ludovic), à Paris, rue Claude-Bernard, 55. — Revue de géographie. **(E. C.) (PALAIS.)**

42. DRU (Léon), à Paris, rue Rochéchouart, 69. — Cartes et plans. Travaux de géographie et de géologie. Puits artésiens de la ville de Paris-Grenelle. **(PALAIS.)**

43. DUFRENOY (E.), à Paris, rue du Four, 34. — Cartes géographiques. **(PALAIS.)**

44. ENGUEHARD (Raphaël H.), à Paris, boulevard de l'Hôpital, 99. — Carte topographique de l'île Sainte-Hélène. **(E. C.) (PALAIS.)**

45. ERHARD Frères, à Paris, rue Denfert-Rochereau, 35 bis. — Cartes géographiques. Plans de villes. Ouvrages se rapportant à la géographie. **(PALAIS.)**

Maison fondée en 1850 par M. Erhard père. Récompenses : 1855, Paris, médaille d'argent 1867, Paris, Médaille d'argent et Légion d'honneur. 1878, Paris. 1885, Anvers, Médailles d'or.

46. ESPÉRANDIEU (Emile), lieutenant-instructeur, à Saint-Maixent (Deux-Sèvres). — Carte de la Tunisie au 1/400.000 en 5 couleurs. **(E. C.) (PALAIS.)**

47. FAY (Joseph, P. Eynaud de), à Paris, rue du Cherche-Midi, 80. — Carte murale de France et d'Algérie (au 800.000). **(PALAIS.)**

48. FONTAINE Fils (N. Urbain), à Paris, rue Saint-Jacques, 67. — Accessoires pour la gravure des cartes, épreuves de gravure et clichés gravés. **(PALAIS.)**

Teintes fondues et cliché typo-chromo pour cartes géographiques, teintes de points et lignes pour les sables, vases et fonds des cartes marines, quadrillé métrique et pour la mise en carte des dessins pour tissage à la Jacquart. Teintes de points et lignes pour la phototypogravure. Mention honorable, Paris 1867 et 1878.

49. FOUILLIANT (A. Remy, V.), à Lyon (Rhône), rue Pierre-Dupont, 58. — Carte manuscrite de la province de Corrientes (République Argentine) dressée par MM. Col et Fouilliant. **(PALAIS.)**

50. FOUQUET (Louis C.), à Paris, boulevard Haussmann, 161. — Ouvrage et tableau de statistique. **(PALAIS.)**

51. FRÉBAULT (François H.), à Bourges (Cher). — Cartes et plans. **(PALAIS.)**

52. FROISSAC-JULLIA (G. H.), président de l'Académie de Montauban (Tarn-et-Garonne), à Montauban, rue Léon-de-Malleville, 12. — Travaux de l'Académie des sciences, belles-lettres et arts de Montauban **(PALAIS.)**

53. FROTTIER (Mme L.), à Dun-sur-Auron (Cher). — Historique et dessins concernant l'arrondissement de Gien (Loiret). **(PALAIS.)**

54. GAGET (Aimé), capitaine d'Artillerie et **PALMAT (Eugène)**, lieutenant d'Artillerie au 11ᵉ bataillon de forteresse, à Lyon (Rhône). — Plans en relief de Lyon et environs. **(PALAIS.)**

55. GARASSUT (Auguste), à Paris, rue Montmartre, 62. — Appareils cosmographiques. **(PALAIS.)**

56. GATINES (Réné de), à Paris, rue de Vintimille, 22. — Deux ouvrages : Les arts du dessin appliqués à la topographie et à la géographie. De l'ethnographie par les Beaux-Arts. **(E. C.) (PALAIS.)**

57. GAULTIER (Jules L. S.), à Paris, quai des Grands-Augustins, 55. — Cartes géographiques, plans. **(PALAIS.)**

58. GAUTHIER-VILLARS et Fils, à Paris, quai des Grands-Augustins, 55. — Ouvrages scientifiques. **(PALAIS.)**

Maison fondée en 1791, par Jean-Marie Courcier, Imprimeurs-libraires du Bureau des longitudes, de l'École Polytechnique, du Bureau central météorologique, de l'École Centrale, des Observatoires de Paris, Montsouris, Bordeaux, Toulouse, Marseille, Nice, etc.

59. GEISENDORFER (J.), à Paris, rue de l'Abbaye, 12. — Cartes géographiques. **(PALAIS.)**

60. GRANDIDIER (Alfred) & le R. Père ROBLET, à Paris, Rond-Point des Champs-Élysées, 6. — Carte à 1/200,000ᵉ de la province d'Imerina (Madagascar). **(PALAIS.)**

61. GRILLON (A. P. G.), lieutenant au 151ᵉ Régt. de Ligne, à Belfort, (territoire de Belfort). — Plan en relief de la ville de Laval et de ses environs. **(PALAIS.)**

62. GUÉNERET (Maximin), à Dijon (Côte-d'Or), rue du Chancelier-l'Hôpital, 17. — Plan. **(PALAIS.)**

Ce Relief de la Côte appartenant à l'École de Viticulture de Beaune, est exposé dans la classe 79.

63. GUILLARD (Victor), à Lorient (Morbihan), rue Paul-Bert, 42. — Cartes des zônes de pêche en 1887. **(PALAIS.)**

64. GUILLEUX (Alexandre), à Courbevoie (Seine), rue de Bezons. — Calendrier commençant à l'Ère Chrétienne, et pouvant se prolonger indéfiniment. **(PALAIS.)**

65. GUYOT (Prosper), à Castel (Jura). — Cartes astronomiques. **(PALAIS.)**

66. HACHETTE et Cie, à Paris, boulevard Saint-Germain, 79. — Cartes géographiques, atlas, ouvrages de géographie. **(PALAIS.)**

67. HANSEN (Jules), à Paris, rue Laromiguière, 4. — Peinture décorative de cartes murales, lever et relief du Grand-Duché de Luxembourg. Itinéraire pour la Société de Géographie. **(PALAIS.)**

68. HAUTE-LOIRE (département de la), Préfet : **Hélitas**, au Puy (Haute-Loire). — Carte géologique du département. **(PALAIS.)**

69. HÉRAULT (Département de l'), à Montpellier (Hérault). — Cartes géographiques et géologiques du département. **(PALAIS.)**

70. IKELMER (Alfred), à Paris, rue Amelot, 128. — Globes terrestres et célestes, sphères armillaires et copernic, cartes géographiques. **(PALAIS.)**

71. Indicateurs DUCHEMIN, à Paris, rue de Grammont, 16. — Collection d'Indicateurs des chemins de fer pour les Bains de mer, villes d'eaux, stations d'hiver et la Banlieue de Paris, cartes, pierres et clichés. **(PALAIS.)**

Ces Indicateurs s'adressent aux voyageurs qui se rendent chaque année dans les stations balnéaires et hivernales.

72. JOLIOT (J. Nicolas), à Violot (Haute-Marne). — Globe géographique. **(PALAIS.)**

73. JULLIEN (Mme A.), à Paris, rue de Rennes, 103. — Ouvrage sur la Nièvre, par Amédée Jullien. Carte chorographique et topographique, par le même, **(E. C.) (PALAIS.)**

74. KLEINHANS (Mlle Caroline), à Paris, rue Guénégand, 12. — Relief du réseau de Paris-Lyon-Méditerranée, au 500,000e. **(PALAIS.)**

75. LACOSTE (Charles J.), à Paris, rue Claude-Bernard, 75. — Cartes géographiques, dessins pour la gravure et pour la reproduction, plans, cartes-murales. **(PALAIS.)**

76. LAGIER (F. A.), à Paris, rue Aumaire, 21. — Cartes kilométriques, système à rubans, chemins de fer et canaux de France, plans de Paris et de l'Exposition de 1889. **(PALAIS.)**

77. LAMIRAULT (Henri) & Cie, à Paris, rue de Rennes, 61. — Cartes géographiques de « La Grande Encyclopédie ». **(PALAIS.)**

78. LANÉE (Eugène C. A.), à Paris, rue de la Paix, 8. — Planisphère indiquant les lignes de navigations, chemins de fer, carte d'Europe, carte de France, plans de Paris et environs. **(PALAIS.)**

Agent direct pour la vente de la carte d'État-Major. Cartes françaises et étrangères ; atlas, plans et guides pour le voyage en toutes langues.

79. LAUNAY (J. A.), à Paris, rue Pergolèse, 1. — Carte perspective de l'Afrique à l'échelle de 1:25,000,000e. **(PALAIS.)**

80. LAROCHETTE (Ch. E.), à Sartrouville (Seine-et-Oise). — Plan topographique de Dunkerque. **(E. C.) (PALAIS.)**

81. LEFORT (Ernest), à Paris, rue Gudin, 1. — Avant-projet du chemin de fer de Melun à Bray-sur-Seine. **(E. C.) (PALAIS.)**

82. LEROUX (Ernest), à Paris, rue Bonaparte, 28. — Ouvrages géographiques. **(PALAIS.)**

83. LÉTOT (A. Eugène), à Paris, boulevard du Montparnasse, 74. — Dessins et cartes géographiques. **(PALAIS.)**

84. LE VASSEUR (A.) & Cie, à Paris, rue de Fleurus, 33. — Cartes géographiques, atlas. **(PALAIS.)**

85. LOIRET (département du), représenté par le Préfet, à Orléans (Loiret). — Cartes cantonales. **(PALAIS.)**

86. LOUIS (Léon), à Épinal (Vosges). — « Le Département des Vosges », descriptions, histoire, statistique, collection de l'Annuaire général des Vosges. **(PALAIS.)**

87. LUCY (Armand), au Vésinet (Seine-et-Oise), route de la Borde, 6. — Index géographique. Manuel des ports. Crayon topographique, lecture directe des cartes.

(PALAIS.)

L'Index Géographique. — 1885, prix extraordinaire du Ministère de la Marine, destiné à récompenser tout progrès de nature à accroître l'efficacité de nos forces navales (Institut de France). Médaille d'or, et d'argent, Anvers. — 1888, commandeur du Nicham Iftikar.

88. MABYRE (Maxime), à Paris, rue Jacob, 41. — Cours de topographie civile et militaire, cours de géographie économique. **(E. C.)** (PALAIS.)

89. MAGNE (Léon), à Versailles, rue de l'Orangerie, 97. — Carte en relief d'une partie des Cévennes, carte-plan correspondante en phototypie. **(E. C.)** (PALAIS.)

90. MANIER (J. E. L.), à Paris, rue Hallé, 4. — Album et cartes de l'ancien Paris. (PALAIS.)

91. MARTEL, (E. A.) à Paris, rue Richelieu, 60. — Plan topographique de Montpellier-le-Vieux (Aveyron), au 10,000e. (PALAIS.)

92. MARTY, à Levallois-Perret (Seine), rue Couard, 4 bis. — Indicateur rapide pour plans et cartes géographiques. (PALAIS.)

93. MASSON (Georges), à Paris, boulevard Saint-Germain, 120. — Atlas et ouvrages de géographie. (PALAIS.)

94. MATAIGNE (Henri, F.), à Auvers-sur-Oise (Seine-et-Oise). — Nouvelle géographie de la France. (PALAIS.)

95. MAUPIN (Jules), à Courbevoie (Seine). — Carte kilométrique pour le calcul rapide des distances légales par les voies ferrées ou navigables. (PALAIS.)

96. MENIER (Gabriel, C. J.), à Paris, rue Poliveau, 39. — France Militaire au 800,000e, frontières du Nord-Est, camps retranchés et forts d'arrêt. (PALAIS.)

97. MILNE-EDWARDS (A.), à Paris, rue Cuvier, 57. — Carte du bassin de l'Océan, exploré par « le Travailleur » et le « Talisman ». (PALAIS.)

98. Ministère de l'Agriculture (Administration des Forêts), Directeur : M. **Daubrée** (Administrateur : M. **Demontzey**) à Paris.—Cartes, plans d'aménagement des forêts, plans, reliefs, vues dioramiques du reboisement des montagnes, etc. (TROCADERO.)

99. Ministère de l'Agriculture (direction des Haras), Directeur : de Cormette, à Paris.— Rapports, plans, publications, photographies et documents divers. (PALAIS.)

100. Ministère de l'Agriculture (service central), (1er bureau, secrétariat, personnel et matériel), à Paris. — Atlas forestier de la France, dressé par M. E. Cury, sous la direction de M. F. Bénardeau. La science forestière, illustrée par M. H. Labbé, sous la direction de M. F. Bénardeau. (PALAIS.)

101. Ministère de la Guerre (Service géographique de l'armée), à Paris, rue de Grenelle, 138. — Quatre spécimens des cartes de France et d'Algérie, savoir: 1° Carte de France au 600,000e gravée sur cuivre ; 2° Carte de France au 200,000e gravée sur zinc, en couleurs ; 3° Carte du département de la Seine au 20,000e gravée sur zinc, en couleurs ; 4° Carte de l'Algérie au 50,000e gravée sur zinc, en couleurs. (PALAIS.)

102. Ministère de la Justice (bureau de la statistique), à Paris, rue Cambon, 36. — Cartogrammes à teintes graduées, relatif à la criminalité, aux suicides, aux divorces et aux faillites et diagrammes concernant les mêmes faits. (PALAIS.)

103. Ministère de la Justice et des Cultes, Chef de Cabinet : **Louis Fauvette**, à Paris. — Statistique judiciaire. Diagrammes, cartogrammes. (PALAIS.)

104. Ministère de la Marine, à Paris. — Service hydrographique. (PALAIS.)

105. Ministère de l'Intérieur, à Paris. — Carte de France, service vicinal. (PALAIS.)

106. **Ministère de l'Intérieur (Archives),** Chef de bureau : **Cl. de Lacroix,** à Paris. — Documents originaux depuis la Révolution jusqu'à nos jours.
(**PALAIS.**)

107. **Ministère de l'Intérieur (Direction de l'Administration départementale et communale),** Bureau de l'Administration financière des communes. — Diagrammes représentant le mouvement des recettes et des dépenses dans les villes, chefs-lieux de département et d'arrondissement, depuis 1837 jusqu'en 1887. Travaux d'utilité communale entrepris par les mêmes villes de 1837 à 1887 à l'aide soit d'emprunts, soit de fondations spéciales. Séries de cartogrammes à toutes graduées dressés par M. Hennequin en vue de la comparaison entre les années 1836, 1862, 1868, 1877 et 1885 : 1° des recettes et dépenses effectuées dans toutes les communes ; 2° des impositions et des emprunts grevant les communes ; 3° des travaux extraordinaires d'utilité communale ; 4° des dettes locales. Collection de la situation financière annuelle des communes. Les grandes situations de 1877 et 1885.
(**PALAIS.**)

108. **Ministère de l'Intérieur (Direction de l'Administration départementale et communale),** Service de la carte de France au 1/100,000° dressée sous la direction de **M. Anthoine,** ingénieur, chef du service. — Assemblage de la carte de France au 1/100,000°. Détails et utilisations diverses de la carte au 1/100,000°. Feuilles types, côtes et intérieur. Cartes de département, d'arrondissement, de région. Cartes cantonales complètes et muettes pour écoles. Environs de Paris. Dessins, minutes, originaux. Étude de lumière oblique. Épreuves de cuivres gravés. Assemblage des Alpes, complètes et muettes. Collections des feuilles en albums. État d'avancement de la carte au 1/100,000°.
(**PALAIS.**)

109. **Ministère des Finances (bureau de statistique et législation),** à Paris, palais du Louvre. — Documents statistiques concernant les finances françaises et étrangères, atlas de statistique financière, cartes murales.
(**PALAIS.**)

110. **Ministère des Finances (Direction générale des Contributions directes),** à Paris. — Documents cadastraux de la commune de Scientrier (Haute-Savoie), établis suivant le système des plans cotés. Plan d'une commune abornée et remembrée, spécimens des anciens cadastres de la France, tables manuscrites composées par M. Bounevie, géomètre en chef du cadastre de la Haute-Savoie, en vue de simplifier et d'abréger les calculs géodésiques. Documents administratifs ou statistiques.
(**PALAIS.**)

111. **Ministère des Travaux Publics (Exposition collective des Services du) :**

MM. Sébillot, chef du Cabinet, du personnel et du secrétariat ; Descubes-Desguenaines, chef-adjoint du Cabinet ; Boudar, sous-chef au Cabinet ; Norécourt, chef de division ; Michelot, chef de bureau ; Willaume, Meysenheym, Martin. — Bulletin du Ministère.

MM. Sébillot, chef du Cabinet, du personnel et du secrétariat ; Norécourt, chef de division ; Raimond Hulis, chef de bureau ; Cordier, sous-chef. — Recueil de lois, ordonnances, décrets, etc., concernant les services du Ministère.

MM. Guillain, conseiller d'État, ingénieur en chef, directeur ; Roquet, chef de division ; Bescherelle et Delaplane, chefs de bureau. — Recensement de la circulation sur les routes nationales (1885).

MM. Guillain, conseiller d'État, ingénieur en chef, directeur ; Beaurin-Gressier, chef de division ; Pelissier, d'Hénouville, Lebeau, chefs de bureau ; Gomerski, sous-chef. — Recueil de formules-types pour la construction des canaux. — Relevé général du tonnage des marchandises transportées sur les fleuves, rivières et canaux (1887). — Statistique de la navigation intérieure, dépenses de premier établissement.

MM. Leblanc, inspecteur général ; Lemoine, ingénieur en chef ; Babinet, ingénieur ordinaire. — Observations du service hydrométrique du bassin de la Seine.

MM. Gay, inspecteur général, directeur ; Schelle et Mayer, chefs de division ; Chabriet, Moreau, Cochin, Gaillard, Condamin, chefs de bureau. — Recueils de formules-types pour la construction des chemins de fer.

MM. Guillain, conseiller d'État, ingénieur en chef, directeur ; Droguet, chef de division ; Keller, ingénieur en chef ; Orsat et Sol, chefs de bureau. — Statistique de l'industrie minérale et des appareils à vapeur en France et en Algérie. — Statistique détaillée des sources minérales. — Statistique des phosphates de chaux.

MM. Sédillot, chef du Cabinet, du personnel et du secrétariat ; Cheysson, ingénieur en chef ; Nobécourt, chef de division ; Raimond Hulin, chef de bureau. — Album de statistique graphique.

MM. Lorieux, inspecteur général des mines, président ; Dequet, chef de la division des mines ; Keller, ingénieur en chef des mines, secrétaire ; Zeiller, ingénieur en chef des mines ; Odent, secrétaire-adjoint ; Sol, chef de bureau, commissaires chargés de la publication :

Carte de l'industrie minérale. — I. Carte de la production minérale de la France en 1887. — II. Carte de la production minérale de l'Algérie en 1887. — III. Carte statistique de la production minérale et métallurgique des principaux pays du globe en 1887. — IV. Carte statistique de l'exploitation des phosphates de chaux. — V. Carte de la production des carrières de la France en 1887. — VI. Stéréogramme représentant la production houillère de la France depuis 1789.

MM. Marx, inspecteur général en retraite ; Durand-Claye, ingénieur en chef des ponts et chaussées ; Lallemand, ingénieur des mines ; Laurent et Leroy, opérateurs ; Prévot, calculateur. — Nivellement général de la France.

MM. Jacquot et Michel Lévy, directeurs ; Fuchs, Potier, Douvillé, Bertrand, Le Verrier, Delafond, Olry, ingénieurs en chef des mines ; de Grossouvre, Soubeiran, Rolland, de Launay, ingénieurs ordinaires ; Thomas, garde-mines. — Carte des eaux minérales. — Carte géologique détaillée de la France.

MM. Gay, conseiller d'État, inspecteur général, directeur ; Systermans et Schelle, chefs de division ; Cochin, chef de bureau. — Carte des chemins de fer d'intérêt général, des chemins de fer d'intérêt local, des chemins de fer de l'Algérie.

École nationale supérieure des mines.

MM. Fuchs, ingénieur en chef, et Durassier, ingénieur breveté. — Carte des gîtes minéraux de la France.

École nationale des ponts et chaussées.

MM. de Dartein, Huguenin. — Atlas des ports de France.

MM. Croisy, Morel, Barroux. — Cartes de routes, de la navigation. — Carte de France au 200,000°.

MM. Laroche. — Atlas des ports étrangers. — Atlas des canaux.

112. Ministère du Commerce & de l'Industrie (bureau de la statistique générale de France), à Paris. — Cartes et tableaux statistiques, album de statistique graphique, collection des publications du bureau.   **(PALAIS.)**

113. MOIREAU (C. M. Alexandre), à Dijon (Côte-d'Or), rue Saint-Lazare, 10. — Cosmographie.   **(PALAIS.)**

114. MONTMÉJA (Jean), à Montclar (Lot-et-Garonne). — Brochure météorologique.   **(PALAIS.)**

115. MOSENTHAL (Charles de), à Paris, boulevard Péreire, 58. — Cartes géographiques.   **(PALAIS.)**

116. MURET (Charles), à Paris, rue Notre-Dame-des-Champs, 99. — Reliefs topographiques divers pour l'enseignement ou les travaux publics.   **(PALAIS.)**

117. NALOT (S. M.), directeur de l'École communale de Nogent-le-Rotrou (Eure-et-Loir). — Cartes en relief du département d'Eure-et-Loir, cartes topographiques.   **(E. C.) (PALAIS.)**

118. ORNE (département de l'), représenté par le Préfet, à Alençon (Orne). — Cartes et notices relatives au département de l'Orne.   **(PALAIS.)**

119. PARIS (Bibliothèque municipale de la ville de). — Tableaux statistiques des bibliothèques populaires.   **(PARC.)**

120. PARIS (Direction des Finances de la ville de), Directeur : M. Descamps. — Tableaux statistiques.   **(PARC.)**

121. PARIS (Service des plans de la ville de), à Paris. — Plans divers de la ville de Paris. (PARC.)

122. PARIS (Statistique municipale de la ville de), Directeur : Dr **Bertillon**, à Paris. — Volumes statistiques divers, diagrammes et cartogrammes relatifs aux causes de décès par quartier et par arrondissement de 1865 à 1886 ; aux mariages (même période), aux résultats du recensement. Densité de la population. Nombre de logements, nombre des étrangers, population par âge, par états civils, par professions. (PARC.)

123. PARQUET (Gabriel), à Paris, rue de Provence, 67. — Programme synthétique d'un système de géographie. (PALAIS.)

124. PERRIN (Maurice), successeur de **Paul Méa**, à Paris, rue des Boulangers, 34. — Cartes géographiques, machines, vignettes, etc. (PALAIS.)

125. PILLON (N. Émile), à Compiègne (Oise), impasse Hersan, 6. — Cahiers de topographie et de cartographie. (E. C.) (PALAIS.)

126. PONSARD (Eugène), capitaine au 93e Régt. de Ligne, à La Roche-sur-Yon (Vendée). — Carte topographique des environs de La Roche-sur-Yon. (PALAIS.)

127. PULLIGNY (Vicomte de), à Chesnay-sur-Ecos (Eure). — Plan en relief des monuments de la station mégalithique de l'Epte. (PALAIS.)

128. QUILLATRE (Alfred, F.), à Monthermé (Ardennes). — Les « Ardennes », travail sur l'histoire et la géographie du département. (PALAIS.)

129. RICHARDIN (Henri), à Saint-Mandé (Seine), rue Sacrot, 7. — Carte de France en relief. (PALAIS.)

130. ROBLET (Le Révérend Père), chez **M. Grandidier**, à Paris, Rond-Point des Champs-Elysées, 6. — Carte à 1/300,000^e de la province des Betsileo (Madagascar). (PALAIS.)

131. ROGER (Reymond), à Vienne (Isère). — Globe terrestre, d'un mètre de diamètre, à l'usage des écoles. (PALAIS.)

132. ROUEN (la Ville de), représentée par **C. Gogeard**, ingénieur-voyer, à Rouen. — Plan de la Ville de Rouen. (PALAIS.)

133. ROUSSEAU (Théodore), à Carcassonne (Aude), rue d'Alsace, 19. — Plan géologique en relief de la vallée du Rialsesse. (PALAIS.)

134. SALES (Gaston), à Paris, rue des Petites-Ecuries, 48. — Carte en relief. (E. C.) (PALAIS.)

135. SANARD-DERANGEON & Cie, à Paris, rue Saint-Jacques, 174. — Carte de France murale. (PALAIS.)

Successeurs de Ch. Bazin et Cie, (Ancienne Maison Vuablotaque, fondée en 1790). Cartes murales, atlas élémentaires, cartes détachées.

136. SCHRADER (Franz), à Paris, rue Madame, 75. — Cartes dessinées et gravées. (PALAIS.)

137. SEINE-ET-MARNE (Les ingénieurs-voyers de), à Melun (Seine-et-Marne). — Carte murale et cartes en album. (PALAIS.)

138. SIMON (Alphonse J.), à Paris, rue du Val-de-Grâce, 13. — Cartes géographiques. (PALAIS.)

139. SIMON (Jules, A.), à Ivry-sur-Seine (Seine), rue de Beauvais, 2. — Plan en relief de Paris et de ses environs à l'échelle de 1/20,000^e. (PALAIS.)

140. Société de Géographie commerciale de Bordeaux, (Président : **Marc Maurel**), à la Bourse de Bordeaux (Gironde). — Travaux et bulletins de la Société. (PALAIS.)

141. Société de Géographie commerciale de Paris, à Paris, rue de Savoie, 5. — Bulletin, ouvrages imprimés, cartes, tableaux statistiques, etc. **(PALAIS.)**

Catalogue du Musée commercial, avec échantillons de produits nationaux, coloniaux ou étrangers utilisables ou utilisés par le commerce et l'industrie (importation et exportation) ; voyages et travaux des Membres de la Société.

142. Société de Géographie Commerciale de Saint-Nazaire, à Saint-Nazaire (Loire-Inférieure). — Carte des atterrages de Saint-Nazaire, bulletin de la Société. **(PALAIS.)**

143. Société de Géographie de Lille, à Lille (Nord). — Bulletin, travaux de la société. **(PALAIS.)**

144. Société de Géographie de Marseille, à Marseille (Bouches-du-Rhône), rue Montgrand, 25. — Collection des bulletins de la société. **(PALAIS.)**

145. Société de Géographie de Paris, à Paris, boulevard Saint-Germain, 184. — Cartes, atlas, albums et volumes publiés par la Société. **(PALAIS.)**

146. Société de Statistique de France (Secrétaire-Général : **T. Loua**), à Paris, rue de l'Université, 110. — Vitrine contenant la collection du « Journal de la Société », tableau graphique. Ouvrages des membres de la Société. **(PALAIS.)**

147. SOCIÉTÉ DE TOPOGRAPHIE (Exposition collective organisée par la) Président : De Gatines, à Paris, rue de Vintimille, 24. **(PALAIS.)**

Batton (L.).	Drapeyron (L.).	Mabyre (M.).
Berthelot (A.).	Enguehard (R.).	Magne (L.).
Bazin (P.).	Espérandieu (E.).	Nalot (S. M.).
Boulnois (A. T.).	Gatines (René de).	Pillon (E.).
Colas (E. A.).	Julien (Mme A.).	Salès (G.).
Conte (M. P. A.).	Larochette (Ch.).	Tixidre (C.).
Dennery (J.).	Lefort (E.).	Wiart (S.).
Drussault (Ph.).		

148. Société fermière des Grands Annuaires Étrangers, G. E. PUEL de LOBEL & Cie, à Paris, rue Lafayette, 58. — Annuaires de commerce (genre Botin). **(PALAIS.)**

149. SONNET (Louis, J.), à Paris, boulevard Saint-Germain, 99. — Tableau composé de différentes cartes. **(PALAIS.)**

150. SURUGUES (Charles), à Auxerre (Yonne), rue Philibert-Roux. — Carte du département de l'Yonne. Deux cartouches. **(PALAIS.)**

Carte départementale économique dressée en utilisant la gravure de la carte vicinale de la France au 1/100,000e.

151. THUILLIER (Louis), à Paris, rue Pernéty, 16. — Cartes géographiques, plans de villes, etc. **(PALAIS.)**

152. TIXIDRE (Claudius), à Paris, rue Littré, 8. — Plan en relief représentant le terrain avec sa végétation. **(E. C.) (PALAIS.)**

153. TURQUAN (Victor), à Paris, rue de Galilée, 10. — Cartes statistiques. **(PALAIS.)**

154. TÜRR (M. le Général), à Paris, boulevard Haussmann, 11. — Cartes et plans en relief. **(PALAIS.)**

155. VIENOT (Paul, A.), à Amiens (Somme), rue Blasset, 10. — Plan colorié de la Ville d'Amiens, édition 1889. **(PALAIS.)**

156. VILLARD (Th.) & COTARD (Ch.), à Paris, avenue de l'Opéra, 38. — Globe terrestre au millionème, tournant sur son axe, avec la représentation à l'échelle des principales données géographiques. **(PARC.)**

157. VUILLAUME (Raoul, F. F.), à Paris, rue Pigalle, 24. — Cartes spéciales des principales voies navigables de la France. **(PALAIS.)**

158. WEISSEN (F. X. Alfred), à Embrun (Hautes-Alpes). — Guide du touriste dans la Savoie. **(PALAIS.)**

159. WIART (Stanislas), à Paris, rue de Clignancourt, 54. — Profil d'un projet de canal maritime. **(E. C.) (PALAIS.)**

160. WÜHRER (L. C.), à Paris, rue de l'Abbé-de-l'Epée, 4. — Spécimens de gravure lithographiques, chromo-lithographiques. **(PALAIS.)**

COLONIES.

ALGÉRIE.

1. BAILS (Jean), à Oran (Algérie). — Documents géologiques, cartes viticole, agricole, et des cultures industrielles concernant le département d'Oran. **(ESPLANADE.)**

2. BATNA (La subdivision de), à Batna (Constantine). — Carte de sondages artésiens effectués dans le Sud. Coupes de terrains, etc. **(ESPLANADE.)**

3. BENZELIN (J. F.), à Bel-Abbès (Oran). — Plan de Bel-Abbès et de ses environs, carte historique, topographique et statistique de l'arrondissement. **(ESPLANADE.)**

4. BOULLIER (Lucien), à Oran (Algérie). — Annuaire spécial du département d'Oran. **(ESPLANADE.)**

5. BOUTY (Joseph), à Oran (Algérie). — Carte viticole de la province d'Oran, carte météorologique d'Oran. **(ESPLANADE.)**

6. CHABASSIÈRE (J. A.), à El Guerrah (Constantine). — Vues panoramiques des trois départements de l'Algérie. **(ESPLANADE.)**

7. CHAPPUIS (Louis), à Alger. — Dernière édition du guide de poche algérien, indicateur officiel des chemins de fer Algériens et Tunisiens. **(ESPLANADE.)**

8. Comice agricole de Médéah (Exposition collective du), à Médéah. — Carte des Alfas (Département d'Alger). **(ESPLANADE.)**

9. CONSTANTINE (Ecole de la rue Nationale), Directeur : **Jean-Émile**, à Constantine. — Carte de l'Algérie, relief des environs de Constantine exécuté par les élèves, atlas départemental de Constantine. **(ESPLANADE.)**

10. DARRU (Émile), à Oran, Saint-Pierre. — Plan des rues et plans d'Oran. Feuille diagramme du climat d'Oran (Mars 1888). **(ESPLANADE.)**

11. DESSOLIERS, à Ténès (Alger). — Brochures : Habitation dans les pays chauds. Note sur le dévasement et l'agrandissement des barrages-réservoirs. **(ESPLANADE.)**

12. FERRÉ (Charles), à Oran, rue de Gênes, 7. — Relief du barrage de l'Oued-Fergoug. **(ESPLANADE.)**

13. GARDAIA (La commune de), (Alger). — Carte du M'Zab. **(ESPLANADE.)**

14. LABATUT (C. B.), à Tizi-Ouzou (Alger). — Projet d'adduction des eaux du Sébaou à Tizi-Ouzou. **(ESPLANADE.)**

15. LANGARD (Paul), à Paris, avenue Trudaine, 17. — Grand Annuaire officiel, commercial industriel, administratif et viticole de l'Algérie et de la Tunisie. **(ESPLANADE.)**

16. ORAN (La Société de Géographie d'), à Oran (Algérie). — Carte du trans-saharien, bulletin de la Société et publications.   (ESPLANADE.)

17. REDON (Eugène de), à Alger, boulevard de la République, 21. — Dessins et plans concernant le projet de transformation de la ville d'Alger.   (ESPLANADE.)

18. ROBERT (Adolphe), à Bône (Constantine). — Plans de Bône en 1850 et en 1888.   (ESPLANADE.)

19. Société Agricole et Industrielle de Batna et du Sud Algérien, à Paris, rue Saint-Lazare, 7. — Cartes de l'Oued R'hir et autres.   (ESPLANADE.)

20. TARRY (Harold), à Saint-Eugène (Alger). — Carte géographique du Sahara au 1,000,000°.   (ESPLANADE.)

RÉUNION.

1. LOUGNON, Directeur de l'Intérieur, à Saint-Denis. — Carte murale de la Réunion.   (ESPLANADE.)

2. SZYMANOKI, à Saint-Denis. — Cartes diverses et plan en relief.
                    (ESPLANADE.)

PAYS DE PROTECTORAT.

ANNAM-TONKIN.

1. Protectorat de l'Annam et du Tonkin, province de Quang-Yen. — Carte annamite de la province de Sontay.   (ESPLANADE.)

2. Province de Hanoï. — Plans en cartes (province et ville de Hanoï).
                    (ESPLANADE.)

PAYS ÉTRANGERS.

RÉPUBLIQUE ARGENTINE.

1. **BEYER (Charles)**. — Atlas général de la République Argentine. **(PARC.)**

2. **BRACKENBUSCH (L.)**, à Cordoba. — Carte en relief (articulé) de la République Argentine. **(PARC.)**

3. **Commission auxiliaire**, à Cordoba. — Carte démographique de la Province. Plan cadastral de la Province. **(PARC.)**

4. **Commission auxiliaire**, à Entre-Rios. — Registres graphiques. **(PARC.)**

5. **NOLTE (Ernest)**, à Buenos-Ayres. — Cartes de géographie et plans. **(PARC.)**

6. **YFERNET (Jean M.)**, à Buenos-Ayres. — Description physique et statistique de la République Argentine et de ses colonies. **(PARC.)**

BELGIQUE.

1. **ADRIEN (Emile)**, à Bruxelles, Galerie du Roi, 3. — Appareil de cosmographie à planisphère céleste tournant automatiquement. **(PALAIS.)**

2. **Cercle de la Librairie et de l'Imprimerie (Falk**, Président), à Bruxelles, rue des Paroissiens, 29. — Cartes géographiques, géologiques, etc. **(PALAIS.)**

3. **Députation permanente du Conseil provincial**, à Liége. — Carte de la voirie de la province de Liége. **(PALAIS.)**

4. **DEWALQUE (Gustave)**, à Liége, rue de la Paix, 17. — Carte géologique de la Belgique et des provinces voisines à l'échelle de 1/500,000ᵉ. **(PALAIS.)**

5. **DU FIEF (Jean)**, à Bruxelles, rue Potagère, 171. — Atlas et cartes murales de géographie historique et de géographie contemporaine. **(PALAIS.)**

6. **FALK (Th.) Institut national de géographie**, à Bruxelles, rue des Paroissiens, 18. — Cartes, globes et atlas. **(PALAIS.)**

7. **FRANCOIS (J.)**, à Namur, rue des Champs-Elysées, 11. — Guide du niveleur, etc. **(PALAIS.)**

8. **HENRY (J. C. Edouard)**, à Ixelles, rue Maes, 80. — Atlas relief des provinces de la Belgique, à l'échelle de 1/320,000ᵉ. **(PALAIS.)**

9. **LEBEGUE (J.) & Cie**, à Bruxelles, rue de la Madeleine, 46. — Globes terrestres et célestes. **(PALAIS.)**

10. **MALHERBE (Renier)**, à Liége, rue d'Artois, 14. — Carte géologique. **(PALAIS.)**

11. **Société internationale pour la propagation de la géographie**, à Bruxelles, Grand'Place, 14. — Sphères terrestres, cartes géographiques. **(PALAIS.)**

12. **VAN DER WEE (F. Florent)**, à Anvers, rue Herreyns, 9. — Cartes géographiques. **(PALAIS.)**

13. **ZBOINSKI (Claude H. C.)**, à Cruybeke. — Carte géologique et géographique du Bas-Congo. Carte géologique de l'Afrique. Carte du bassin houiller de la Turquie d'Asie. **(PALAIS.)**

RÉPUBLIQUE DE BOLIVIE.

1. **ARTOLA (Comte Daniel de)**, à Paris, rue de l'Echiquier, 27. — Carte générale officielle de la République bolivienne.   (PARC.)

2. **BRESSON (André)**, à Paris, rue Lafayette, 1. — Cartes géographiques, cartes minéralogiques, plans et profils.   (PARC.)

3. **FARFAN (Ventura)**, à Paris, rue de Phalsbourg, 13. — Plan en relief du lac Titicaca.   (PARC.)

4. **Légation de Bolivie**, à Paris, rue de Berri. 8. — Cartes géographiques, publications diverses.   (PARC.)

5. **ORTIZ (Nicolas)**, à Paris, avenue Carnot, 21. — Plans en relief géographiques, le lac Titicaca, les Yungas (Vallées chaudes).   (PARC.)

6. **SALINAS-VEGA (Georges)**, à Paris, rue de Berri, 8. — Cartes géographiques, publications diverses, vues photographiques.   (PARC.)

BRÉSIL.

(Voir son Catalogue spécial).

CHILI.

1. **Commissariat de l'Exposition du Chili**, à Santiago. — Cartes géographiques, géologiques, agricoles, industrielles, etc.   (PARC.)

2. **Direction générale des travaux publics**, à Santiago. — Carte graphique des chemins de fer du Chili.   (PARC.)

3. **MONERY (Carlos)**, à Santiago. — Carte typographique du Chili, en relief.   (PARC.)

DANEMARK.

1. **HANSEN (Carl)**, à Copenhague. — Carte botanique.   (PALAIS.)

ESPAGNE.

1. **CASANAL (Dionisio), Centro geodesico topografico**, à Saragosse. — Plans de différentes villes.   (PALAIS.)

2. **FERNANDEZ de CASTRO (Manuel)**, à Madrid. — Carte.   (PALAIS.)

3. **PARRA NICARAZO (Gorgonio)**, à Pampelune. — Carte géographique.   (PALAIS.)

ÉTATS-UNIS.

1. **RAND, MAC NALLY & Co**, à New-York, N. Y., 322, Broadway. — Cartes montées, étuis pour cartes atlas.   (PALAIS.)

2. United states signal service (By Gen. **A. W. Greely**, Chief signal officer), à Washington, D. C. — Cartes météorologiques du bureau du service des signaux. **(PALAIS.)**

3. WHITEHOUSE (F. Cope), à Londres, S. W. (Angleterre), 10, Cleveland row, Saint-James street. — Cartes en relief d'après les levés originaux des dépressions de Raïyan et Fayoum, dans la moyenne Égypte. **(PALAIS.)**

GRANDE-BRETAGNE.

1. BACON (G. W.) & Co, à Londres, Strand, 127. — Gravures d'histoire naturelle, mappemondes et atlas de tous genres. **(PALAIS.)**

2. JOHNSTON (W. & A. K.), à Édimbourg, Edina works, Easter road et à Londres, White Hart street, 5. — Mappemondes, atlas, globes terrestres et célestes. **(PALAIS.)**

GRÈCE.

1. CHRYSOCHOOS (Michel), à Athènes. — Cartes. **(PALAIS.)**

2. DIMITSA (Margueriti), à Athènes. — Cartes. **(PALAIS.)**

3. MILIARAKI (Antoine), à Athènes. — Cartes. **(PALAIS.)**

4. Ministère de la Guerre, à Athènes. — Cartes. **(PALAIS.)**

5. PETROFF (J.), à Athènes. — Plan de la ville d'Athènes. **(PALAIS.)**

6. RODOCANACHI (Em.) & VLASTO (E.), à Paris. — Tableaux statistiques des progrès du royaume de Grèce (1821-1889). **(PALAIS.)**

7. Syllogue pour la propagation des études grecques, à Athènes. — Cartes. **(PALAIS.)**

GUATEMALA.

1. Gouvernement de Guatemala. — Collection des codes administratifs et d'autres publications officielles.

HAWAI.

1. Gouvernement Hawaïen, à Hawaï. — Carte en relief de l'île de Maui. Lots de cartes des îles. **(PARC.)**

ITALIE.

1. LOCCHI (Dominique), à Turin, 5, via Andrea Provana. — La Sicile en relief plastographique : Palerme et alentours, île d'Ischia, Rome et alentours, San-Remo, Trente, etc. **(PALAIS.)**

JAPON.

1. Ministère de l'Agriculture & du Commerce (Direction de Géologie), à Tokio. — Esquisse géologique du Japon ; cartes géologiques, topographiques et des reconnaissances ; cartes géologiques du Japon ; bulletin des Géologues ; le Japon géologue. **(PALAIS.)**

2. **Ministère de l'Intérieur** (Direction de Géographie), à Tokio. — Cartes de
géographie et de cosmographie; observations météorologiques : température, vents,
pluie, changements de temps, état atmosphérique, tremblements de terre, tableaux
synoptiques et documents divers, tableaux synoptiques des phares existant et de ceux
projetés.   (PALAIS.)

3. **SUZUKI (Yoshinobu)**, Tokio-fu, Yotsuya-Ku. — Tableau statistique de
l'Empire du Japon.   (PALAIS.)

GRAND-DUCHÉ DE LUXEMBOURG.

1. **HANSEN (Jules A. A.)**, à Paris. — Carte en relief de l'Ardenne Luxembour-
geoise.   (PALAIS.)

2. **SCHMIT (J. P.)**, à Bruxelles. — Carte topographique de la vallée de la Sûre et
de ses affluents.   (PALAIS.)

PRINCIPAUTÉ DE MONACO.

1. **MONACO (Albert H. C., prince héréditaire de)**, à Paris, rue Saint-
Guillaume, 16. — Hydrographie, zoologie.   (PARC.)

2. **NATUREL (Pierre)**, à Monte-Carlo. — Plan en relief de la principauté de
Monaco.   (PARC.)

NORVÈGE.

1. **Association des Journalistes norvégiens**, à Christiania. — Carte dé-
montrant la distribution des journaux norvégiens.   (PALAIS.)

2. **CAMMERMEYER (F. Albert)**, à Christiania. — Cartes géographiques.
                                                                           (PALAIS.)

3. **DIETRICHSON (Joergen L. W.)**, à Molde. — Cartes graphiques : pêche-
ries de la côte norvégienne et exportation de poisson ; production de fer, de charbon,
d'argent, d'or, de denrées coloniales, de textiles de la terre entière.   (PALAIS.)

4. **HOLMBOE (Othar)**, à Christiania. — La Norvège comme pays de touristes,
grande carte ornementale encadrée.   (PALAIS.)

5. **KRUM (N. S.)**, à Christiania. — Cartes topographiques et de statistique graphique.   (PALAIS.)

6. **LINDGAARD (Henry)**, à Trondhjem. — Cartes et travaux sur le système
légal employé en Norvège, pour le partage des terrains par indivis.   (PALAIS.)

PARAGUAY.

1. **CRIADO (Matias)**, à Madrid. — Cartes du Paraguay, description, histoire et
statistique de la République, plan d'Assomption et croquis illustré du Rio de la Plata.
                                                                           (PARC.)

2. **MORGENSTERN (Wisner de)**, à Assomption. — Carte géographique du
Paraguay.   (PARC.)

PAYS-BAS.

1. **Bureau topographique de l'État** (Directeur : C. A. Eckstein), à la
Haye. — Atlas des Colonies néerlandaises aux Indes Orientales, par Steemfort et J. J.
ten Siethoff.   (PALAIS.)

2. HUGO-SURINGAR, à Leuwarden. — Carte des Communes (Gemeente-Atlas), des Pays-Bas, atlas de Kuyper.   **(PALAIS.)**

3. SYTHOFF (A. W.), à Leyde. — Atlas des Pays-Bas et de leurs possessions orientales. Atlas du monde entier de F. J. Weih. Atlas de la Belgique. Atlas historique de G. Mees.   **(PALAIS.)**

4. THIEME & Cie, à Zutfen. — Carte des Pays-Bas, atlas et représentation en relief d'un polderland de A. A. Beekman.   **(PALAIS.)**

5. VOLTELEN (J.), à Arnhem. — Mappemonde de Kan et Posthumus, carte d'Europe de Dozy, carte des Pays-Bas de Witkamp.   **(PALAIS.)**

6. ZEGGELT (A. E.), à Arnhem. — Globes de diverses grandeurs.   **(PALAIS.)**

PORTUGAL.

COLONIES.

1. Commission de cartographie, à Lisbonne. — Collection de cartes géographiques des colonies portugaises.   **(PALAIS.)**

2. Direction générale des colonies, à Lisbonne. — Collection de cartes et plans d'établissements de l'État aux colonies portugaises.   **(PALAIS.)**

3. PRADO (A. de S.), à Lisbonne. — Cartes et plans des travaux des chemins de fer, à Angola.   **(PALAIS.)**

RUSSIE.

1. BOCHNO (V.), à Kiew. — Plan de la Ville de Kiew.   **(PALAIS.)**

GRAND-DUCHÉ DE FINLANDE.

1. Amis touristes (Les), à Helsingfors. — Cartes, ouvrages et tableaux statistiques.   **(PALAIS.)**

SAINT-MARIN.

1. Commission du Gouvernement, à Saint-Marin. — Plan en relief de la ville, de la citadelle et du bourg de Saint-Marin.   **(PALAIS.)**

SALVADOR.

1. Gouvernement de Salvador, à San Salvador. — Carte de la République.
                                                                           (PARC.)

SERBIE.

1. Ministère de l'instruction publique et des cultes, à Belgrade. — Tableaux statistiques concernant l'instruction publique en Serbie. Statistique de la Grande École (Université de Belgrade). Statistique des établissements d'enseignement secondaire. — Tableaux statistiques des écoles primaires. — Tableau statistique de toutes les écoles en Serbie. — Tableau des dépenses pour toutes les écoles en Serbie et cartes statistiques.   **(PALAIS.)**

RÉPUBLIQUE SUD-AFRICAINE.

1. JEPPE (Frédéric), à Prétoria. — Cartes géographiques.   (ESPLANADE.)

2. TROYE (G. A.), à Prétoria. — Cartes géographiques.   (ESPLANADE.)

SUISSE.

1. BOUTHILLIER DE BEAUMONT (Henri), à Genève. — Cartes reproduisant la sphère terrestre, en planisphère, et donnant l'heure universelle par l'heure locale, sur tous les points des continents.   (PALAIS.)

2. Bureau Topographique Fédéral, à Berne. — Cartes topographiques. Echelles 1/100.000°, 1/250.000°, 1/50.000°, 1/25.000°.   (PALAIS.)

3. HEIM (Albert), à Hottingen (Zurich). — Relief idéal des phénomènes physiques du globe.   (PALAIS.)

4. HOFER et BURGER, à Zurich — Atlas graphique de statistique, cartes géographiques et topographiques.   (PALAIS.)

5. IMFELD (Xavier), à Zurich. — Cartes topographiques, panoramas, reliefs du massif du Mont-Rose et du lac des Quatre-Cantons, relief du chemin de fer du Gothard.   (PALAIS.)

> Exposition universelle internationale Paris 1878, médaille d'argent.
> Spécialités de cartes et reliefs topographiques. Vues panoramiques en photographie et gravure. Collaborateur du bureau topographique de la Confédération Suisse (Voir classe 61).

6. RINGIER (Abraham), à Berne. — Relief fait avec des cartes à courbes découpées et superposées ; dessins des rochers retouchés à la plume. Echelle : 1/50.000.   (PALAIS.)

7. SIMON, à Bâle. — Relief de la Jungfrau à 1/100,000°.   (PALAIS.)

8. WURSTER, RANDEGGER & Cie, à Winterthur. — Cartes topographiques, administratives, géologiques, statistiques ; ouvrages scientifiques, plans de ville et de cadastre.   (PALAIS.)

URUGUAY.

1. Association rurale, à Montevideo. — Carte de l'Uruguay.   (PARC.)

2. BARRIAL Y POSADAS (Clemente), à Montevideo. — Carte de la région aurifère de Tacuarembo.   (PARC.)

3. DAVIAULT (Francisco L.), à Montevideo. — Coupe verticale du mont de Montevideo (tableau).   (PARC.)

4. PACCARD (Ernest), à Montevideo. — Tableau démonstratif de la transformation des forces physiques.   (PARC.)

5. RIVAS (Serafin), à Montevideo. — Observations météorologiques (tableaux).   (PARC.)

PAPETERIES DE CLAIREFONTAINE
ÉTIVAL (VOSGES).

P. BICHELBERGER, E. CHAMPON & Cie

MAISON A PARIS : 16, Quai du Louvre.

HISTORIQUE. — Les papeteries de Clairefontaine ont été fondées en 1858 par M. J.-B. Bichelberger, sous la raison sociale **J.-B. Bichelberger et Cie**. — En 1877, à la mort de M. J.-B. Bichelberger, la gérance de la Société a passé entre les mains de MM. Paul Bichelberger, son fils, et Emile Champon, son gendre.

La raison sociale actuelle est **P. Bichelberger, E. Champon et Cie**. — Le siège social est aux usines de Clairefontaine, et les bureaux de vente pour Paris, sont situés 16, quai du Louvre.

Primitivement l'établissement possédait trois machines à papier ; deux autres ont été montées en 1878, et une sixième en 1881.

En 1875, il a été adjoint à la papeterie une fabrique de pâte de bois chimique à la soude ; cette fabrique, à son tour, a subi, en 1883, une nouvelle transformation quant au procédé chimique du traitement. On a substitué à l'ancien le procédé au bisulfite de chaux.

USINES. — Les usines de Clairefontaine sont situées à Étival (Vosges). Elles occupent une superficie de 25 hectares environ, et la surface totale des ateliers et magasins n'est pas de moins de 20,000 mètres carrés.

Elles peuvent produire journellement plus de 15,000 kilogrammes de papiers qui sont en partie transformés, dans l'usine même, en enveloppes de lettres, en cahiers d'écoliers, en brochures, registres et façonnages de tous genres.

Clairefontaine est une des premières usines où l'on ait transformé chimiquement le bois en pâte à papier.

Une **Caisse de secours** assure aux ouvriers malades ou blessés, les soins du médecin, les médicaments et une indemnité de chômage. — Une **Caisse de retraites** garantit un revenu aux vieux ouvriers de l'établissement, proportionné à leurs salaires et à leur temps de service.

DÉBOUCHÉS. — Les produits de Clairefontaine sont répandus dans la France entière par l'intermédiaire de ses dépôts de Paris et de Marseille, et par ses voyageurs. Ils s'écoulent également dans les pays d'Outremer et particulièrement dans l'Amérique du Sud et les Colonies espagnoles.

RÉCOMPENSES. — Nous nous bornerons à rappeler que la maison P. Bichelberger, E. Champon et Cie a été honorée, à l'Exposition universelle de 1878, à Paris, d'une MÉDAILLE D'OR, pour l'excellente qualité de ses produits et ses procédés de fabrication.

Ancienne Maison LAURENT & DEBERNY

DEBERNY & CIE

58, RUE D'HAUTEVILLE

A PARIS.

La maison Deberny et Cie, une des plus anciennes de Paris dans son industrie, s'occupe de la fonderie des caractères d'imprimerie, et spécialement des caractères de luxe.

NOTIONS HISTORIQUES. — En 1827, Laurent, fondeur, Balzac, le célèbre romancier, et l'imprimeur Barbier, s'associèrent pour l'exploitation de la vieille fonderie de Gillé, ancienne maison qui avait eu son heure de prospérité. Mais cette association fut éphémère. Au bout d'une année à peine, elle avait cessé d'exister, et M. Laurent seul restait de la combinaison, associé avec M. Deberny. Cette nouvelle société dura jusqu'en 1848.

Pendant près de 30 ans, M. Deberny resta seul à la tête de sa maison. Son œuvre fut considérable. C'est à son intelligente direction et au concours des graveurs les plus réputés, les frères Aubert et Huchot, que la typographie est redevable de ces belles séries de lettres *Latines* qui se retrouvent dans les spécimens de presque toutes les fonderies du monde.

En 1877, il s'associa avec M. Tuleu, ancien élève de l'Ecole Polytechnique.

A la mort de M. Deberny, en 1881, M. Tuleu resta seul directeur de l'usine qu'il transporta, en 1888, de la rue Visconti où elle existait depuis l'origine, dans de vastes locaux construits et installés ad hoc au N° 58 de la rue d'Hauteville.

PRODUCTION. — IMPORTANCE. — La production de cette fonderie est surtout celle des caractères de luxe, dont la gravure d'abord, et la fonte ensuite, réclament le concours d'artistes et d'ouvriers habiles que la maison a toujours su s'attacher.

La Fonderie possède 41 machines : un nombreux personnel est employé aux opérations et façons multiples qu'exige la confection des caractères d'imprimerie. Par la création de nouveaux caractères d'écriture fondus sur des moules de son invention, M. Tuleu a donné aux imprimeurs le moyen de lutter avec avantage, pour certains travaux avec la lithographie, et même avec la taille douce.

INSTITUTION EN FAVEUR DES OUVRIERS. — En tête des institutions établies en faveur des ouvriers, il faut placer la *participation aux bénéfices*, établie en 1848 par M. Deberny. Cette part de bénéfices sert à alimenter une *Caisse d'atelier* bien prospère dont le budget annuel moyen de dépenses pour les cinq dernières années et un mouvement de 140 personnes environ, est de 26,000 fr., se décomposant comme suit : 8,000 fr. de secours de toute nature ; soins médicaux et pharmaceutiques, etc., et 18,000 fr. de pensions. L'actif de la **Caisse d'Atelier** est aujourd'hui de 142,000 fr.

DÉBOUCHÉS. — Les principaux débouchés à l'étranger sont l'Espagne et le Portugal.

RÉCOMPENSES OBTENUES. — La maison Deberny et Cie, a obtenu dans toutes les expositions et concours où elle a présenté ses produits, et à l'unanimité, les récompenses les plus élevées qui se soient données dans ce genre d'industrie. Nous citerons notamment une Médaille d'or, à l'Exposition universelle de 1878, à Paris. Dernièrement, elle vient de recevoir une Médaille d'or à l'Exposition internationale de 1888, à Barcelone.

J. Staub.

PIANOS. — 32, Faubourg Stanislas, 32. — NANCY.

La fondation de la Maison **J. Staub** remonte à 1849. Dès ses débuts, qui furent modestes, son fondateur, désireux de se signaler par des succès de bon aloi, et de donner ainsi les plus solides assises à sa Maison, se consacra à des recherches dont la longueur et la persévérance n'étaient pas pour lasser ses efforts. Il appela auprès de lui des ouvriers habiles, aptes à comprendre et à exécuter ses ordres, et se lança ainsi dans la voie qu'il s'était tracée.

Dès les premières expositions auxquelles il prit part, sa fabrication fut remarquée du public artistique et des amateurs. Cet encouragement, qui donnait aux débuts de la Maison la sanction la plus flatteuse, fut le signal d'un agrandissement qui, depuis lors, s'est reproduit à différentes reprises. Graduellement, M. **J. Staub** en est venu à figurer au rang des maisons les plus anciennes et les plus renommées de son industrie, et c'est dans cette situation solidement établie sur les nombreux progrès réalisés, qu'il se présente à l'Exposition de 1880.

Ces progrès, d'une incontestable utilité, ont paré aux inconvénients les plus graves. En 1854, désireux de prévenir la séparation des cordes, et frappé des conséquences souvent désastreuses qu'entraîne, pour le piano, un changement de température, inévitable dans les transports de l'exportation, il établit un nouveau barrage en fer forgé, d'une solidité à toute épreuve et d'un poids insignifiant. Du même coup, il obtenait une parfaite liaison sans courbure entre les deux parties d'attache. En 1870, M. **J. Staub** créa une nouvelle mécanique avec échappement à équerre, un nouveau système de lames d'étouffoirs et un genre de pédale céleste progressive à bascule, remplaçant la céleste avec de remarquables avantages. Mais, à ce sujet, nous laisserons la parole au rapporteur du jury de la classe XIII, à l'exposition internationale de 1879 : « En première ligne figure la Maison **J. Staub** de Nancy. Belles qualités de sons, chaudes et nourries, égalisation presque absolue, fabrication très soignée. Les deux pianos (droit et oblique) présentés par M. **J. Staub** se recommandent particulièrement à l'attention par un système de pédale qui permet d'obtenir les *pianissimo* les plus délicats par gradations insensibles. ..... La course du marteau, comme celle de la touche, se trouvent ainsi diminuées simultanément, sans secousse, on arrive à produire des sonorités voilées, éteintes, tout à fait charmantes. »

En 1860, création et application aux pianos droits d'une mécanique à double échappement. En 1875 apparaît une mécanique à répétition simple. Tout récemment la Maison **J. Staub** produisait un piano oblique à coudage renversé avec cadre en fer; construit de façon à pouvoir se prêter, au gré des amateurs, à l'adaptation du clavier transpositeur, système nouveau inventé par M. **J. Staub** et parant à tous les inconvénients auxquels on n'avait pas remédié jusqu'à ce jour.

Ces perfectionnements, d'une utilité indéniable, avaient cependant besoin, pour s'affirmer hautement, de la consécration artistique. Or, les artistes et les amateurs, par la préférence qu'ils donnent à la Maison **J. Staub**, lui ont apporté cette consécration, et elle a été officiellement confirmée dans toutes les expositions où cette Maison a produit ses œuvres.

C'est ainsi que Toulouse, Angers, Bayonne, Paris, Metz, etc....., lui ont décerné des médailles de 1re classe. L'Académie Nationale a maintes fois couronné ses inventions. Parmi les récompenses des dix dernières années, obtenues par M. **J. Staub**, nous trouvons:

Médaille de 1re classe. E. U., Paris, 1878.

1re Médaille d'Or. Exposition Internationale Paris, 1879.

Diplôme d'honneur. — Hors concours. Exposition industrielle, Bar-le-Duc, 1880.

1re Médaille d'Or. — Exposition Industrielle Épinal, 1881, offerte par la Chambre de Commerce des Vosges.

AU BON MARCHÉ

Nouveautés

MAISON ARISTIDE BOUCICAUT

PLASSARD, MORIN, FILLOT & Cⁱᵉ

Société en commandite par Actions au capital de 20 millions entièrement versé.

Réserves actuellement réalisées: 21,800,000 francs

PARIS

Maison reconnue la plus digne de ce titre par la qualité et le bon marché réel de toutes ses marchandises.

Toute marchandise qui a cessé de convenir ou qui ne répond pas à la garantie donnée, est sans difficulté échangée ou remboursée.

Vue générale des Magasins du Bon Marché.

Les Magasins du BON MARCHÉ spécialement construits pour un *commerce de Nouveautés* sont les plus grands, les mieux agencés et les mieux organisés ; ils renferment tout ce que l'expérience a pu produire d'utile, de commode et de confortable, et sont à ce titre, une des curiosités les plus remarquables de Paris.

Les récents agrandissements sont très considérables et font de la Maison du BON MARCHÉ un magasin unique au Monde.

Des INTERPRÈTES dans toutes les langues sont à la disposition des Étrangers qui désirent visiter les Magasins et les Agencements.

Le système de vendre tout à petit bénéfice et entièrement de confiance est absolu dans les Magasins du BON MARCHÉ. Ce principe, sincèrement et loyalement appliqué, leur a valu un succès non interrompu et sans précédent.

La Maison du BON MARCHÉ a pour principe de ne mettre en vente, même aux prix les plus réduits, que des marchandises de premier choix et de très bonne qualité.

Envoi franco, sur demande, dans le monde entier, de tous les Échantillons, Catalogues, Prospectus, Albums, etc. Expéditions franco de port des commandes à partir de 25 francs, pour la France, la Belgique, la Hollande, l'Allemagne, l'Autriche-Hongrie, la Suisse, l'Italie continentale, l'Angleterre, l'Écosse et l'Irlande.

MANUFACTURE DE PIANOS

HENRI HERZ

Officier de la Légion d'Honneur

48, RUE DE LA VICTOIRE

PARIS

HORS CONCOURS

ET

MEMBRE DU JURY A L'EXPOSITION UNIVERSELLE DE 1867

1878, MÉDAILLE D'OR (RAPPEL)

1881, DEUX MÉDAILLES D'OR, EXP. UNIV. DE MELBOURNE, 1881

1888, Barcelone, Médaille d'Or.

ERARD & Cᵒ
Première Manufacture de Pianos & de Harpes fondée à PARIS en 1780 par Sébastien ERARD
INVENTEURS DU DOUBLE ÉCHAPPEMENT POUR LE PIANO ET DU DOUBLE MOUVEMENT POUR LA HARPE
Fournisseurs du Ministère des Beaux-Arts, du Conservatoire National de Musique de Paris, des Conservatoires de Musique de France et de la Maison d'Éducation de la Légion-d'Honneur.
13, Rue du Mail, PARIS. 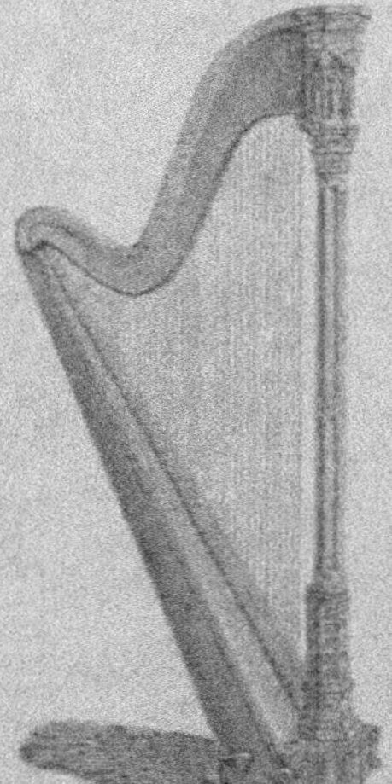
FOURNISSEURS de S. M. la Reine d'Angleterre. 
FOURNISSEURS de S. M. la Reine des Belges. 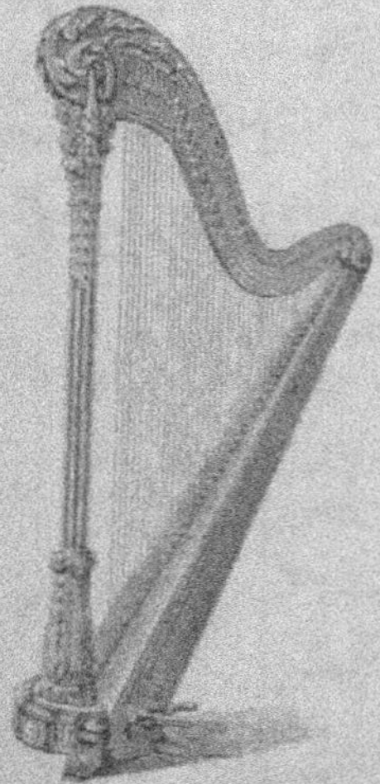
Erard
Erard
SEULE GRANDE MÉDAILLE A L'EXPOSITION UNIVERSELLE DE LONDRES 1851.
MÉDAILLES d'OR aux Expositions de 1819, 1823, 1827, 1834, 1839, 1844, 1855, 1878, 1879, 1880.
HORS CONCOURS : Paris 1849-1857; Vienne 1873; Barcelone 1888.

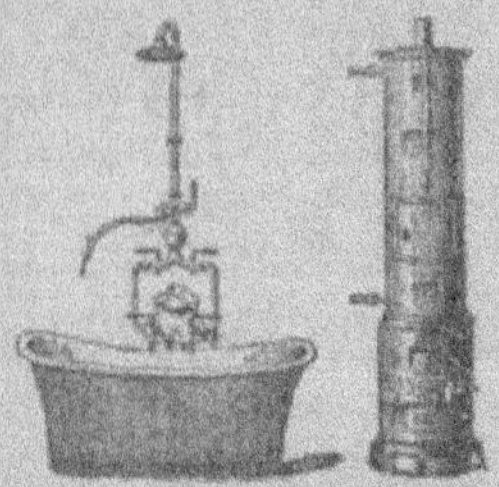

PAPIERS HYGIÉNIQUES à CIGARETTES

DE

JOSEPH BARDOU & FILS

Vue de l'Établissement

PERPIGNAN (FRANCE)

Société en Commandite des USINES de PERPIGNAN, PETIT - MONTBRON (Angoulême), MALAUCÈNE et

PAPIERS à CIGARETTES en CAHIERS, PAQUETS 10,000 Mles

RAMES et BOBINES.

SPÉCIALITÉS de PAPIERS GOUDRON de NORWÈGE, BLANC EXTRA, MAÏS pour la Russie; GENRES A LA CUVE, pour l'Amérique; PAPIERS AVEC IMPRESSION sur chaque feuille en couleur et or pour le Brésil et le Levant; PAPIERS A BORDS GOMMÉS, BOBINES DE TOUTES QUALITÉS DE PAPIER, de tout métrage et largeurs, avec et sans impression de marques de fabrique, etc., etc.

FOURNISSEURS DE LA RÉGIE FRANÇAISE, de la Manufacture Impériale de Strasbourg, du Royaume d'Italie, des Royaumes de Roumanie et de Serbie, de la Compagnie Laferme de Dresde et de Saint-Pétersbourg, de l'Empire Ottoman, de la Régie de Tunis, de la C^{ia} générale des Tabacos de Filipinas, etc., etc.

60 Médailles d'or, argent, bronze, 16 grands Diplômes d'Honneur et Hors Concours.

14 FOIS MEMBRES du JURY aux DERNIÈRES EXPOSITIONS INDUSTRIELLES INTERNATIONALES et UNIVERSELLES.

EXPOSITION UNIVERSELLE de BARCELONE 1888, MEMBRES du JURY
Décret du 22 août, de M. le Ministre du Commerce et de l'Industrie.

PAVILLON DE LA PRESSE

M. VAUDOYER, Architecte.

Sté ANONYME DES ATELIERS DE NEUILLY,
O. ANDRÉ, Administrateur-Directeur.
CONSTRUCTIONS FER ET BOIS

BEAU, H. et M. BERTRAND-TAILLET,
226, rue Saint-Denis, PARIS
BRONZE ET FERRONNERIE D'ART POUR LE GAZ ET L'ÉLECTRICITÉ. — ENTREPRISE COMPLÈTE
DE DISTRIBUTION D'ÉLECTRICITÉ. — CANALISATION POUR LE GAZ.
Diplôme d'honneur, Fournisseurs de l'Opéra, des Ministères, des grands hôtels
de la ville de Paris.

BOISON, Ameublement
49 bis, rue de Charenton, PARIS.
Exposant dans la classe 17. Membre du Comité d'admission et d'installation de cette classe.

Léopold BROT et Fils, Fabricants miroitiers,
89, faubourg St-Denis, PARIS. — Maison fondée par BROT Père, en 1826,
GLACES D'EXPORTATION, MIROIRS DORÉS, DE STYLE, DE VENISE, ETC.
CONSOLES, VITRINES ET MEUBLES DORÉS, Fabricants brevetés du MIROIR TRIPLE A VOLETS MOBILES,
PSYCHÉS, MEUBLES, ETC.
Médailles aux Expositions de Paris 1865, Vienne 1873, Philadelphie 1876,
Melbourne 1880, Paris 1878, Nice 1884, Barcelone 1888.
TÉLÉPHONE. — (Voir à l'Exposition, cl. 18).

Ancienne Maison MARÉCHAL et CHAMPIGNEULLE de Metz.
Charles CHAMPIGNEULLE,
Vve Charles et Emmanuel CHAMPIGNEULLE,
Seuls successeurs,
ÉTABLISSEMENTS ARTISTIQUES DE PEINTURE SUR VERRE
Diplôme d'honneur Paris 1855, 1867, 1878.
a BAR-LE-DUC-SALVANGES (Meuse).

COMPAGNIE CONTINENTALE EDISON
Exposition Internationale d'Électricité Paris 1881. Grand Diplôme d'honneur.
ADMINISTRATION : 8, Rue Caumartin, PARIS.

A. DAMON et Cie (Ancienne Maison KRIÉGER),
74-76, faub. St-Antoine et 13-15, boulev. de La Madeleine, PARIS.
INSTALLATION, MEUBLES, SIÈGES ET TAPISSERIES du pavillon de la Presse.

FACCHINA, ✤ ✝, Jean-Dominique,
Maître mosaïste, Entrepreneur breveté,
47, rue Cardinet, PARIS (parc Monceau). — Maison fondée en 1852.
(CI-DEVANT : RUE LEGENDRE, 2 BIS)

FAVARON,
Directeur de la Société des Ouvriers charpentiers de La Villette,
Médaille d'or, Paris 1885.
SIÈGE SOCIAL : 49, rue St-Blaize, PARIS (20e arrondissement).

AUTO-CLAVIER

Ou clavier somnambule et muet, à percussion, pour apprendre à lever les doigts sans fatigue, serait-ce même en dormant ; cette invention permet à tout mélomane d'obtenir en quelques minutes avant l'exécution des études ou pièces de musique de longue haleine, toute la souplesse que donne la chaleur aux mains, rendue par la vélocité très rapide et automatique de l'auto-clavier ; voir le système très curieux qui, bien employé, permet de réduire le temps du travail de chaque jour avec les mêmes résultats.

F. BARROUIN, FABRICANT DE PIANOS
91, rue de Sèvres, PARIS

Inventeur de l'appareil régulateur pour durcir les claviers graduellement, breveté s. g. d. g. également fabricant de l'auto-clavier, breveté s. g. d. g. (voir le Catalogue de l'Exposition).

Par Série alphabétique, avec Lettres brillantes en relief. Il n'y a de véritables que celles portant la marque de fabrique ci-dessus (Armes de la cité de Londres) en relief sur l'étiquette des boîtes.
FABRICANTS DE PLUMES EN TOUS GENRES. (Voir le Catalogue Officiel, Vol. 2, Classe 10, Page

FABRIQUE
DE COSTUMES & CONFECTIONS
POUR ENFANTS & FILLETTES.
Pelisses, Douillettes & Tabliers pour Enfants.

JOSEPH RÉMOND
33, Rue Étienne-Marcel, PARIS.

MANUFACTURE de CARTONNAGES fondée en 1828.
J. STREBEL
19, Rue Jean-Jacques-Rousseau, PARIS.

TÉLÉPHONE

Fabrication par procédés mécaniques brevetée S. G. D. G.

CARTONS COINS MÉTALLIQUES pour FOURRURES, MODES, CONFECTIONS, DENTELLES, PASSEMENTERIES et autres
BOITES DE TOUS SYSTÈMES POUR BUREAUX ET MAGASINS.
Cartons Vitesse et Classeurs instantanés brevetés, pour monter et relier soi-même.
Emballages spéciaux pour MM. les Raffineurs et Casseurs de sucre.

INSTITUT MÉDICAL DU DOCTEUR LENOIR

Fondé en 1873

11, RUE DE CLUNY, 11

PARIS

Il existe à Paris et en province un nombre considérable de pères de famille dont l'ambition serait de voir leur fils embrasser une carrière libérale et devenir, qui médecin, qui pharmacien. Certainement ces professions aussi honorables que respectées, constituent pour bien des jeunes gens un but désirable; mais aussi, que de difficultés en hérissent les commencements : difficultés de toutes sortes, études laborieuses et longues avances de sommes relativement fortes qui constituent un capital dans les intérêts duquel on ne rentrera que longtemps après. D'autre part, un père hésite à envoyer un jeune homme, frais émoulu du collège, avide de liberté, dans une ville comme Paris, où, seul et sans conseils, il perdra forcément un temps précieux pour l'étude. C'est la crainte légitime de ce danger que combat avec succès l'institut médical fondé par le Dr Lenoir.

Avec le système d'études du Dr Lenoir, système dont l'excellence est démontrée par de longues années de pratique, aucun inconvénient n'est à craindre; tous les quinze jours, les parents des élèves reçoivent un bulletin les tenant au courant de la situation de leurs fils.

Les titres et grades universitaires du Dr Lenoir sont de ceux qu'on ne discute pas et dont la réunion chez un seul homme est une garantie aussi rare que précieuse de son aptitude à diriger à tous les points de vue l'instruction d'un jeune homme. M. le Dr Lenoir est *docteur en médecine, pharmacien de 1re classe, licencié ès sciences, mathématiques et physiques, ancien professeur de l'Université, officier d'Académie.*

L'organisation et l'aménagement intérieur de l'institut médical ne laissent rien à désirer tant au point de vue technique qu'au point de vue du confort.

Outre les cours de médecine et pharmacie, le Dr Lenoir a créé un service permanent de préparations à tous les examens, baccalauréat ès-sciences, baccalauréat ès lettres, etc., etc.

L'œuvre du Dr Lenoir est une œuvre éminemment pratique que nous ne saurions trop recommander à l'attention des familles, convaincu d'avance que nous leur rendrons ainsi service.

Machines à coudre les livres
et les Registres au fil métallique.

Machine à coudre les livres
au fil de lin.

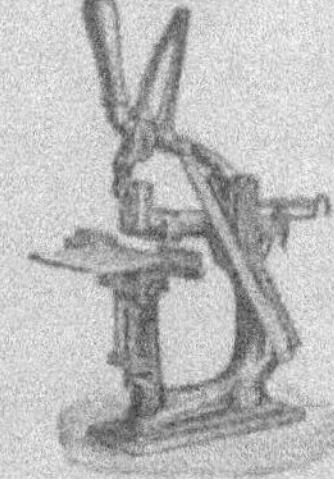

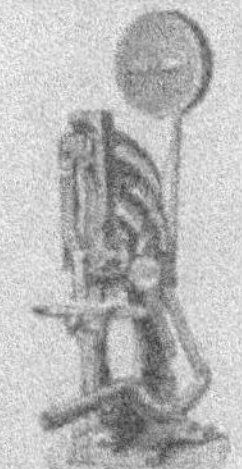

Machines à piquer les cahiers au milieu de la pliure ou par
le côté de 1 à 30 mm.

Machine à coudre
les coins de Boîtes
à fil de fer continu.

BREHMER & Cᴵᴱ

60, Quai Jemmapes, 60

PARIS.

FABRIQUE DE BOITES PLIANTES

POUR TOUTES INDUSTRIES

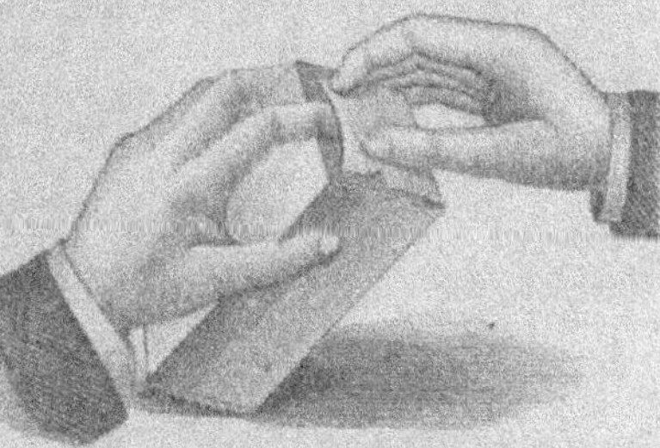

pour
Confiserie,
Pharmacie,
Chaussure,
Chocolaterie,
Pâtes Alimentaires,

pour
Cartouches,
Biscuits,
Epingles,
Thés,
Cafés.

SOLIDITÉ, ÉLÉGANCE, PAS DE PLACE EN DÉPOT, etc.

L. L. BROWN PAPER CO.

FABRICANTS DE

Papiers de Fil pour Registres et Documents

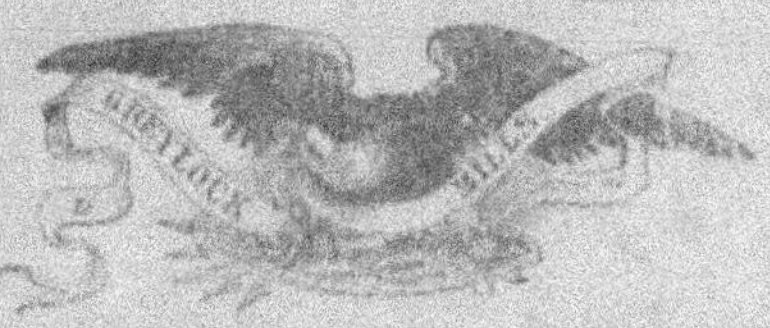

Ces Papiers sont depuis quarante ans considérés comme les meilleurs par tous les papetiers des États-Unis.

Une grande force fibreuse et un encollage animal séché à l'air pour résister aux encres trop fluides et permettre le grattage et écrire de nouveau sont les qualités pour lesquelles ces papiers sont supérieurs à tous les autres.

PAPETERIES A ADAMS, MASS., ÉTATS-UNIS

L. L. BROWN PAPER CO.'S

FIRST-CLASS

Linen Ledger and Record Papers

Have been the standard brand for forty years with leading makers of Blank, Account and Record Books in the United States.

Strength of fibre for durability and air dried animal sizing to resist fluid inks and admit of erasure and rewriting when required are qualities in which they excel all competitors.

MILLS AT ADAMS, MASS., U. S. A.

L. L. BROWN PAPER CO.

FABRICANTES DE

Papel de Hilo para Libros de Cuentas y para Documentos

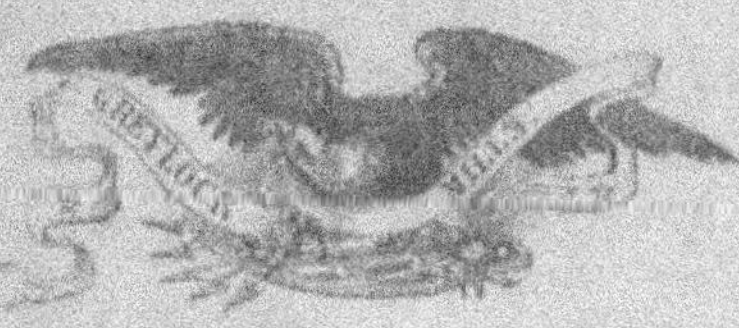

Durante cuarenta años estos papeles han sido considerados por los fabricantes de Libros de Cuenta y Registros de los Estados Unidos, como de la mejor clase.

La resistencia de las fibras, la duración del papel y cuidado hecho con cola animal secada al aire, que permiten que el papel resista la tinta y que se pueda raspar y volver á escribir son cualidades que poseen en más alto grado que cualquier otro papel.

FABRICAS EN ADAMS, MASS., E. U. DE AMERICA

F. A. RINGLER & Co.
Manufacturers of
Plates for all Printing Purposes
By Various Processes.
NEW YORK.

MÉDAILLE D'OR
PARIS. 1878.
PLUMES MÉTALLIQUES
DE JOSEPH GILLOTT
EN VENTE CHEZ TOUS LES PAPETIERS DU MONDE.
Chaque boîte porte la signature de
Seul dépôt en gros pour la France
Chez P. A. ANGOT
131, boulevard Sébastopol, PARIS.

GOLDENE MEDAILLE
PARIS 1878.
STAHLFEDERN
VON JOSEPH GILLOTT
Sind zu haben in allen Schreibmaterialien Handlungen der Welt.
Jede Schachtel Federn ist versehen mit der Unterschrift von
glaziges Engros Lager für Frankreich
bei P. A. ANGOT
131, boulevard Sébastopol, PARIS.

MEDALLA DE ORO
PARIS 1878.
PLUMAS METALICAS
DE JOSEPH GILLOTT
Se venden por todos los libreros del Mundo.
Cada cajita de plumas lleva la firma de
Único depósito para la Francia:
en casa de P. A. ANGOT
131, boulevard Sébastopol, PARIS.

GOLD MEDAL,
PARIS, 1878.
JOSEPH GILLOTT'S
CELEBRATED
STEEL PENS.
SOLD BY ALL DEALERS THROUGHOUT THE WORLD.
Every Packet bears the facsimile
Signature,

GIL BLAS

Journal Quotidien

LE PLUS LITTÉRAIRE DES JOURNAUX DE PARIS

10, Boulevard des Capucines, 10

Directeur : RENÉ d'HUBERT

GIL BLAS publie chaque semaine VINGT-HUIT Chroniques

Signées : Aramis, Emmanuel Arène, Paul Arène, Arlequin, Emile Bergerat,
Paul Bourget, Gustave Claudin, Colombine, Louis Davyl, Albert Delpit,
Dubut de Laforest, Abraham Dreyfus, Georges Duruy, Georges d'Esparbès,
Hector France, Paul Ginisty, Emile Goudeau, Grosclaude, Abel Hermant,
Clovis Hugues, L'Ingénu, Jacqueline, Léopold Lacour, Camille Lemonnier,
Marcel L'Heureux, Hugues Le Roux, Pierre Loti, René Maizeroy, Tancrède
Martel, Guy de Maupassant, Oscar Méténier, Octave Mirbeau, Maurice
Montégut, Joseph Montet, Nazim, Georges Ohnet, Pompon, Marcel Prévost,
Ricard, Richepin, Santillane, Maurice Talmeyr, Louis Ulbach et Villiers de
l'Isle-Adam.

ET CHAQUE JOUR :

Nouvelles et Echos, par le Diable Boiteux ; *A travers la politique*, par
Le Sage ; *la Gazette parlementaire*, par Nitouche ; *la Critique dramatique*,
par Léon Bernard-Dérosne ; *la Critique musicale*, par Victor Wilder ; *la
Soirée parisienne*, par Richard O'Monroy ; *la Critique d'art*, par Firmin
Javel et Paul de Katow ; *les Propos de coulisses*, par Gaultier-Garguille ; *les
Articles de Grand Reportage*, par Ivan de Wœstyne et Johan des Ruelles ;
les Articles militaires, par Charles Leser ; *les Faits du jour*, par Jean Pau-
wels ; *les Coulisses de la finance*, par Don Caprice ; *le Monde judiciaire*,
par Maurice Talmeyr, *la Revue des Journaux*, par Jean Ciseaux ; *les Propos du Docteur*, par le Docteur E. Monin ; *le Conseil municipal*, par Mau-
cellière ; *la Causerie littéraire et la Curiosité*, par Paul Ginisty ; *la Vie
Sportive*, par le baron de Vaux ; *le Sport*, par The Farmer.

PRIX DES ABONNEMENTS

	1 MOIS	3 MOIS			3 MOIS	12 MOIS
PARIS	4 f. 50	13 f. 50	DÉPARTEMENTS.....		16 f. >>	60 f. >>

Etranger, frais de poste en plus

PLEYEL, WOLFF & Cie

MANUFACTURE DE PIANOS FONDÉE EN 1807

CHANTIERS
ATELIERS ET USINE
A VAPEUR
15, rue de la Récilie, 15
SAINT-DENIS

MÉDAILLE D'OR
1827 — 1834 — 1839 — 1844

MÉDAILLE D'HONNEUR
1855

PRIZE MEDAL
1862

SUCCURSALE
POUR LA
LOCATION & LA VENTE
52, rue de la Chaussée-d'Antin, 52
PARIS

HORS CONCOURS
1849 — 1867 — 1873 — 1883 — 1887 — 1888

MÉDAILLE D'OR
(Rappel)
A L'EXPOSITION UNIVERSELLE
1878

MAGASINS, SALLE DE CONCERT ET ÉTABLISSEMENT PRINCIPAL
PARIS, 22 et 24, rue Rochechouart, 22 et 24, PARIS.

LONDRES, 170, New bond street W., 170, LONDRES.

Envoi franco des Catalogues et Prix Courants. — TÉLÉPHONE.

A. BORD
MEMBRE du JURY
Hors Concours
1878
MÉDAILLES D'OR
aux grandes
EXPOSITIONS
POISSONNIÈRE
14 bis, Bould
Usine à Vapeur
A St OUEN.
ATELIER
Rue des Poissoniers
SEULE MAISON
fabriquant
12 FRANCS par JOUR
Imp. ROSE, Paris